普通高等学校卓越工程师教育培养规划教材

建筑环境学

主　编　吴延鹏
副主编　钱付平　王海涛
主　审　吴德绳

科 学 出 版 社
北　京

内 容 简 介

“建筑环境学”是建筑环境与能源应用工程专业（简称建环专业）最核心的专业基础课，是本专业区别于能源与动力工程等专业的学科代表性课程。建筑环境学是一门跨学科的综合科学，包含了建筑、传热、声、光、材料以及人的生理、心理等多门学科的知识。本书是按照高等学校研究型教学的需求以及卓越工程师计划的培养要求编写的，体现了先进的教学理念和特色。本书分为三篇共 11 章，包括建筑室外环境、建筑室内环境、建筑环境与能源应用三个模块。具体分别介绍建筑气候学基础、建筑室外环境对室内环境的影响、建筑热湿环境、热舒适环境、室内空气环境、建筑光环境、建筑声环境、建筑电磁环境、工业建筑的室内环境与职业卫生、建筑环境与节能、绿色建筑与建筑环境性能综合评价等内容。本书按照 48 学时编写，各高校可以根据自己的实际情况合理安排授课学时和进行内容的取舍。

本书可以作为高等学校建筑环境与能源应用工程专业本科生教材，也可以作为本专业研究生相关课程(如“高等建筑环境学”“人工环境学”等)的参考教材，还可以作为其他专业(如建筑学、城市规划、能源与动力工程、环境科学与工程、安全技术及工程等)的选修课教材以及工程技术人员的参考书。

图书在版编目（CIP）数据

建筑环境学 / 吴延鹏主编. —北京：科学出版社，2017.3
普通高等学校卓越工程师教育培养规划教材
ISBN 978-7-03-051007-5

Ⅰ. ①建… Ⅱ. ①吴… Ⅲ. ①建筑学–环境理论–高等学校–教材 Ⅳ. ①TU-023

中国版本图书馆 CIP 数据核字（2016）第 301605 号

责任编辑：毛　莹　张丽花 / 责任校对：郭瑞芝
责任印制：张　伟 / 封面设计：迷底书装

科学出版社 出版
北京东黄城根北街16号
邮政编码：100717
http://www.sciencep.com
北京厚诚则铭印刷科技有限公司 印刷
科学出版社发行　各地新华书店经销
*
2017 年 3 月第 一 版　开本：787×1092 1/16
2021 年 8 月第三次印刷　印张：17 1/2
字数：447 000

定价：68.00 元

（如有印装质量问题，我社负责调换）

序

建筑业历史悠久，可以说人类走出洞穴就是起始，“有巢氏”就是中国文字记载的史实。

供热通风与空调工程专业（简称暖通空调专业，现在叫建环专业）走进建筑业只有近百年，但对建筑业的支持和使其总体水平的提升具有巨大的作用。因为“有所为才能有所位”，暖通空调专业自身也得到了高速的发展，并被社会各界所认可，直至今日已成为建筑环境与能源应用工程专业，涵盖了建筑物的室内外环境和建筑业之外的范围。

科技和专业的发展是相关联的，所以时代背景必然是专业技术发展的动力，当然也会造成一定的局限性。

我国建筑业的泰斗吴良镛恩师创新性地提出了“人居环境科学”的概念，这正是我们行业的先祖专家梁思成老先生在当时的背景下所不可能提出的，证明了科技工作者对社会的贡献必须紧紧结合时代的背景，进行最有效的努力，包括创造和纠偏。

习近平主席提出实现中华民族伟大复兴中国梦的时代背景是我们专业科技创新追求的基础，也是我们创新的指导方向。我学习的初步体会是我们应主动努力，更加适应工业化和市场经济发展的需要。

在专业教育领域，有关部门和敬业的教师们对教育的更大贡献必然是紧贴时代特点、辨明工业化和市场经济的时代背景，对学生之所学应有新的标准，这其中也包含对学生时代使命感和思想品质潜移默化的影响。

本书主编吴延鹏老师是前述理念的多年关注者和实践者，他所组织的编写专家团队也是这种理念的贯彻者，可喜的是上述理念在本书中已得到具体的体现，如学科基础的拓展、理论结合实践、工程设计贯彻供给侧改革、教材有助于学生逻辑思维和创新性思维提升等方面。

时代提出的改革任务，领先者是伟大的，但难处和留有的缺憾也较多。建环专业的高校教师们可以学习吴延鹏老师和编写团队的敬业精神，也应共同探索我们学科教学、教材的改革之路。本书的不足之处请读者多指正。

2016年8月19日于北京

前　言

建筑环境与能源应用工程专业（简称建环专业）属于土木工程一级学科下属的二级学科，研究生授予学位专业为供热、供燃气、通风及空调工程。该专业的本科生专业基础课为传热学、工程热力学、流体力学和建筑环境学。建筑环境学是本专业区别于其他相近专业的学科代表性课程。

本书是按照高等学校研究型教学示范课以及卓越工程师计划的培养要求编写的，注重教材学术性的同时增加了教材的趣味性，改变传统的理工科教材枯燥无味的现象，本书特别注重学生创新性思维和自学能力的培养以及激发学生从事本专业的热情，体现了先进的教学理念和鲜明的特色。在每章的正文前都配备了本章要点、案例导引、预备知识、兴趣实践、探索思考。特别是案例导引和探索思考，目的是充分调动学生的学习积极性，带着问题和疑问去学习，也增强了学习的针对性和主动性；在每章的正文后都配备了课外自学、课后习题、知识拓展，大部分章节设置了研究型专题以及院士简介，目的是充分锻炼学生的自学能力，拓宽学生的知识面，培养学生对本课程乃至本专业的兴趣，为将来从事本专业的工作打下良好的基础。

研究型专题的设计与实施在目前中国建环专业高校教材中还是第一次探索和尝试，这也是本书的鲜明特色。研究型专题授课老师可以根据自己的教学情况自行安排和进行教学设计，基本原则是做到教材内容学以致用，突出趣味性、知识性和创新性。研究型专题具有可操作性，根据本校的实际教学条件和学生情况因地制宜地选用，因此鼓励教师多设计几套研究型教学专题，便于学生选择。研究型专题的类型可以灵活多样，如调查研究类、实验测试类、计算分析类、参观实际工程或专业展览、参加学术会议、撰写文献综述等，也可以针对教材的理论内容设计验证性实验。研究型教学专题的答案一般不唯一，鼓励学生独立思考、提出自己的见解。通过研究型教学专题的设计和实施，改革现有传统的课堂教学模式，使课程成绩考核更加科学，改变高分低能现象。便于因材施教，激发本科生的学习积极性，锻炼实际动手能力，培养创新意识、团队精神和综合素质。

本书由北京科技大学吴延鹏担任主编，北京市建筑设计研究院有限公司顾问总工程师吴德绳教授担任主审。安徽工业大学钱付平、安徽建筑大学王海涛担任副主编。各章节内容的编写分工如下：北京科技大学吴延鹏编写绪论、第 1 章的 1.2 节、1.3 节和 1.5 节、第 4 章、第 6 章和第 8 章，以及大部分案例导引、研究型专题和所有院士简介；安徽工业大学钱付平、韩亚芳编写第 5 章和第 9 章；安徽建筑大学王海涛、胡宁编写第 10 章和第 11 章；四川大学龙恩深、王军编写第 2 章、第 3 章和第 7 章的 7.1～7.3 节；华北电力大学王锡编写第 7 章的 7.4 节；北方工业大学邹雪编写第 1 章的 1.1 节、1.4 节。在编写过程中，本书编委会分别于 2013 年 2 月在山东曲阜和 2015 年 11 月在北京召开了两次会议，本书充分体现了会议的成果。全书由北京科技大学吴延鹏拟定编写大纲并统稿。

衷心感谢我国建筑环境与能源应用工程专业泰斗、德高望重的吴德绳教授在百忙之中对本书进行了认真仔细的审阅并作序，吴老师提出了很多宝贵的指导性意见，使本书更加切合实际、更加具有可读性和学术性；同时衷心感谢我国建筑环境与能源应用工程专业泰斗、中国建筑科学研究院顾问总工、中国建筑学会暖通空调分会名誉理事长吴元炜教授对笔者多年的关怀和教导。

衷心感谢美国科罗拉多大学 John Zhai 教授对本书提出了宝贵的修改意见，使得本书内容的逻辑和条理更清晰，顺应建筑环境学国际发展的新形势。

衷心感谢中国建筑科学研究院建筑环境与节能研究院徐伟院长和路宾副院长、宋波主任对本书的编写提纲和内容提出的宝贵意见。衷心感谢同济大学范存养教授、龙惟定教授，清华大学江亿院士、朱颖心教授、杨旭东教授、李先庭教授、张寅平教授，上海理工大学黄晨教授，湖南大学李念平教授、张国强教授，大连理工大学陈滨教授，天津大学由世俊教授、王立雄教授，上海交通大学王如竹教授、连之伟教授，重庆大学付祥钊教授、李百战教授、严永红教授，西安建筑科技大学刘加平院士、李安桂教授等对笔者建筑环境学教学工作及相关科研工作的指导。

清华大学博士研究生谢洋旸、北京科技大学硕士研究生叶睿、谢先平、崔向红、陆禹名、王志华、郭占闯参与了部分制图与文字录入以及校对工作，向这些同学表示感谢！

本书在编写过程中，参考了众多国内外专家学者的教材、专著和学术论文，引用了许多相关的资料、图表等，同时也汇集了编者多年来的教学经验和科研成果，谨向这些文献的作者表示感谢！也向编写组 6 所大学的 8 位教师的辛勤工作表示感谢，对三年多来愉快的合作表示祝贺！

本书的编写得到了国家重点研发计划项目“公共机构高效用能系统及智能调控技术研发与示范”（2016YFB0601700）的资助，本书的内容融入了本项目的最新研究成果，在此表示感谢！

本书的编写得到了高等学校本科教学质量与教学改革工程建设项目和北京科技大学教材建设经费资助，以及精品课程、研究型教学示范课程建设经费的资助，衷心感谢北京科技大学教务处的大力支持！

由于编者水平有限，第一次尝试编写适应研究型教学需求的教材，加之书中涉及内容非常广泛，若存在疏漏之处，恳请读者批评指正，以便再版时修订。

联系方式：

地址：北京市海淀区学院路 30 号北京科技大学土木与资源工程学院建筑环境与能源工程系

邮编：100083

邮箱：wuyanpeng@126.com

吴延鹏

2016 年 12 月

目　　录

第三篇 建筑环境与能源应用

绪　论

建筑环境是人类生存和发展的重要载体，自从建筑出现以后，随着建筑技术的不断进步，人类逐渐告别了恶劣的气候条件对自身生存的严重挑战，大大提高了人类的寿命和生活质量，使人类得以可持续发展。建筑环境与能源应用工程专业的任务是以建筑为主要对象，在充分利用自然能源的基础上，采用人工环境与能源利用工程技术去创造适合人类生活与工作的安全、健康、舒适、节能、环保的建筑环境和满足产品生产与科学实验要求的工艺环境，以及特殊应用领域的人工环境(如地下工程环境、国防工程环境、运载工具内部空间环境等)。本专业所涉及的建筑环境是人工环境(也称为建成环境，Built Environment)的重要组成部分，包括民用建筑环境和工业建筑环境。前者是保障人们居住的安全、健康、舒适、节能和环保；后者是保障生产工艺环境的安全、节能、环保和高效。

1. 建筑环境学的基本概念

建筑环境学是研究各类建筑环境的营造机理、影响因素和创造方法的一门科学，是建筑环境与能源应用工程专业的特色专业基础课，是有别于能源与动力工程等专业的学科代表性课程。建筑环境学的英文名称可以译成“Building Environmental Science”，英国也有类似的教材称为“Environmental Science in Building”，是研究建筑内部环境以及与之密切相关的外部环境的科学。建筑有着悠久的历史，从原始社会人们开始利用穴居、树居以来有上万年的历史，而利用主动技术营造舒适的环境只有近百年的历史。因此建筑环境的营造有很多科学问题需要解决，如室内空气质量问题、病态建筑综合征、建筑中的能源消耗过高问题等相继出现。近年来中国大部分地区出现的雾霾现象，对建筑环境提出更严峻的挑战。建筑环境学的理论和研究内容随着时代的发展需要进一步拓宽和深入。

从建筑学或环境艺术的角度来讲，建筑环境学的概念十分宽泛，环境相对于人而言，环境等于场所，人生活在其中产生了各种各样的环境意识，包括艺术环境、审美环境、空间环境、文化环境、景观环境、心理环境、微观和室内环境、城市环境、水环境、光环境和声环境等。建环专业所指的建筑环境学概念与建筑学专业相比更加关注人在建筑环境中的安全、健康与舒适。

建筑环境学的概念不同于建筑环境工程学，因为前者更加关注建筑环境中的科学原理和共性规律，后者更加注重创造建筑环境所采用的工程方法。

建筑环境学的概念也有别于建筑学专业学习的建筑技术科学(也称为“建筑物理”)，后者主要研究建筑中的热学、光学和声学的一般原理和方法，和建筑环境学有交叉之处，两者也都会涉及建筑物理现象中与自然、气候相关的问题，但是建筑环境学还研究与人的舒适性相关的生理和心理问题以及室内空气质量和建筑环境的健康问题，因为涉及人-建筑-自然环境的相互关系，研究的深度和广度大大增加。建筑技术科学属于建筑学专业的一个研究方向，建筑环境与能源应用工程属于土木工程下属的二级学科，建筑技术主要侧重被动式的建筑环境调控方法，涉及的建筑声、光、热的基础理论相对成熟，而建筑环境与能源应用工程专业主要侧重运用主动的手段，如采暖、制冷、通风、空调、净化等人工环境设备与技术去调控环境。其实随着学科的发展，各专业的交叉和融合越来越明显，被动式的建筑环境调控方法也是目前建环专业的一个研究热点。要想营造良好的建筑环境也离不开材料科学与技术等学科的发展。因此建筑环境学是一门新兴的、处于正在发展中的基础科学，随着学科的发展而不断更新和完善，还需要更多的有志于改善人类建筑环境事业的人们付出艰苦不懈的努力。

2. 建筑环境学的研究内容

由于建筑环境涉及建筑外的大气候环境和微气候环境以及人与建筑的关系、人与气候的关系、建筑和气候的关系、建筑与能源的关系，还涉及人的心理和生理问题，因此建筑环境学是一门典型的交叉科学。由于涉及方方面面的内容，知识点非常多，对于初学者来说未免觉得知识有些零散，感觉抓不到重点。建筑环境学包含的各个组成部分，如建筑热环境、建筑光环境、建筑声环境、建筑空气环境和建筑电磁环境等，虽然各个部分遵循的基础理论有所不同，但是它们又是一个有机的整体，缺一不可。

建筑热环境重点研究建筑与外部环境的传热、建筑内部各组成要素之间的传热以及建筑围护结构的传热，不同地区、不同建筑类型的传热大有不同，这就形成了各种不同的建筑热环境。建筑是适应气候的产物，满足不同气候条件下营造热环境的要求，因此不同地区的建筑材料、建筑构造都有所差异。不同地区的人对热环境的耐受性不同，对室内热环境的参数要求也不同，即使同一地区的人由于性别不同、年龄不同等原因对建筑环境舒适性的体验也不同，这就造成了建筑热环境营造的复杂性。建筑热环境在建筑所有环境中居首要位置，人们首先改善了建筑热环境，夏季抵御炙热的酷暑，冬季抵御彻骨的严寒，这一基本要求满足之后，才能对其他建筑环境提出更高的要求。因此建筑热环境是本书的重点内容之一。

本书分为建筑室外环境、建筑室内环境、建筑环境与能源应用三个模块，每个模块又分为若干章节。建筑环境包括建筑热环境、建筑光环境、建筑声环境、空气质量以及建筑电磁环境、建筑水环境等。由于建筑水环境专门有建筑给水排水专业涉及，因此本书重点介绍前几种建筑环境。人们生活的环境，总受到热、光、声等各种因素的刺激，因此要设法调整控制各种刺激量，如环境温度、湿度、空气流速、日照、采光和噪声等，使这些环境的刺激量处于最佳的范围。

3. 建筑环境的营造方法

建筑环境的营造方法有主动式和被动式两种。建筑物建造完成后，本身已经创造了一个微气候环境，内部环境的调节是靠围护结构的隔热、隔声、天然采光和自然通风等手段实现的，这一系列手段称为被动式建筑环境营造方法。随着人们对建筑环境特性的理解进一步深入，单靠被动式建筑环境调控模式已经不能满足人们的需求，于是出现了供热、制冷空调等主动式调节方式，诞生了建筑环境与能源应用工程专业。建筑环境的控制技术也从简单到复杂、从单一参数过渡到多参数调节。建筑环境控制手段坚持“被动方式优先、主动方式优化”的原则，本专业近年来研究和推广的“绿色建筑”“被动式超低能耗建筑”“近零能耗建筑”等就是这一原则的具体体现。

随着建筑环境科学与技术的发展，建筑环境与能源应用工程专业不但培养能够熟练掌握和应用建筑能耗模拟软件、从被动式到主动式进行建筑能源设计和规划的建筑能源工程师，而且还培养掌握建筑室内和区域环境模拟预测的软件和方法为基础，对包括从建筑室内环境到城市热岛，以及针对建筑对全球环境影响的建筑环境问题进行规划和设计的建筑环境工程师。

4. 建筑环境学的研究型教学方法

建筑环境学的研究方法包括调查研究、实验研究和理论分析方法。对于大量不同的建筑环境现象，需要通过调查研究的方法积累基础数据，通过实验研究验证建筑环境现象的科学性，通过理论分析奠定建筑环境的理论基础，揭示其共性规律。在建筑环境学的学习过程中，不但要仔细阅读教材，对基本概念、基本原理理解掌握，还要采用上述方法动手实践，积极开展研究型的学习。

建议采用贯通式、参与式、研讨式、案例式等“多模式协同”的研究型教学新模式。采用参与式教学模式，学生亲自参与教学全过程，撰写报告并讲解。采用研讨式教学模式。如在讲授热舒适时，采用课堂调查问卷的方式，让学生对自己的热感觉进行投票，然后把投票结果进行分析讨论，和教材上的国际公认的热舒适公式进行对比，这样让学生完全参与到教学活动中，真正对基本概念和理论深入理解和掌握。关于热舒适和热感觉的关系，国际上也有很多学术争论，可以采用课堂辩论的方式，使学生意识到独立思考的重要性，自己应该有所发现、有所创新，从而增强学生的自信心。各种教学模式合理安排、协同发挥研究型教学的作用。教师在课堂上只讲授重要的、新的、学生理解起来有难度的内容，学生自己能看懂的完全交给学生，然后通过提问、随堂测验等方式检查学习效果。如果时间允许，由学生讲解部分内容，提高学生的分析问题能力和表达能力。

传统的课程考核主要依赖于期末考试，往往一卷定成绩，平时作业有时存在抄袭现象，因此成绩并不能真实反映学生的学习状况。为了改变以上情况，建议在期末考核中增加面试环节。面试一般占 10～15 分，通过面试能了解每一位同学的学习状况，也能增进师生的感情，增加教师和学生的相互沟通和充分了解，改变传统教学中大学教师不了解甚至认不全自己教的学生的情况。平时成绩包括考勤、作业，还包括课堂回答问题、课堂表现、研究型大作业完成情况、PPT 的制作、研究报告的撰写情况等，比例达到 50%。在期末考试环节，建议进行相应的改革，考试分为两部分，第一小时闭卷考试，重点考基本概念和基本原理，但是也大大减少死记硬背题目的比例，取消诸如名词解释等题目，将只需要记忆就能答对的题目控制在 30%以内，大部分的题目需要学生真正理解才能答对。第二小时开卷考试，考查学生能否利用学过的基本概念和基本原理解决实际问题，重点考学生是否真正掌握了基础知识。设置需要利用整门课程知识回答的综合题，比较灵活，密切结合实际，没有唯一的标准答案，学生之间无法相互抄袭。这种研究型考核模式更接近于学生的真实水平，成绩更加客观公正。

课外自学

1. 课外阅读《建筑环境与能源应用工程专业概论》(中国建筑工业出版社，2014 年)的第 1 章“初识专业”和第 3 章“建筑环境的基本科学概念”。

2. 课外阅读顾孟潮编《钱学森论建筑科学》(中国建筑工业出版社，2014 年第 2 版)，学习领会钱老对山水城市的概念以及对建筑科学发展的论述。

知识拓展

国内外与本课程相关的学会(协会)简介

1. 美国供热制冷与空调工程师协会(ASHRAE)

成立于1894年，总部设在美国亚特兰大。网址：http://www.ashrae.org

2. 国际室内空气质量和气候协会(ISIAQ)

成立于1990年，总部设在丹麦。网址：http://www.isiaq.org

3. 英国皇家屋宇设备工程师学会(CIBSE)

成立于1897年，总部设在伦敦。网址：http://www.cibse.org

4. 中国环境科学学会(CSES)

成立于1978年，总部设在北京。网址：http://www.chinacses.org

5. 中国建筑学会暖通空调分会(CCHVAC)

成立于1978年，秘书处设在北京。网址：http://www.chinahvac.com.cn

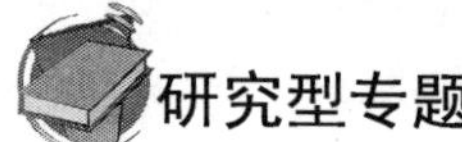

研究型专题

1. 通过各种途径，如图书馆查阅文献、与专业教师咨询、网上浏览等方式，调研一下钱学森院士、清华大学江亿院士、西安建筑科技大学刘加平院士、火箭军后勤科学技术研究所侯立安院士的成长足迹、研究领域和对科学技术的杰出贡献，谈谈你的体会。本次作业不需提交书面报告，由教师安排口试，口试结果计入平时成绩。

2. 请查阅文献，写一篇文献调查报告，说明生态建筑、健康建筑、绿色建筑、低碳建筑、可持续建筑、零能耗建筑、被动式超低能耗建筑这些概念的区别与联系，谈谈你理想中的建筑环境应该是什么样的？

3. 结合下面的材料进行分析。

高中生考大学选专业是很迷茫的，有的是继父母之业，还算明白一些，否则真可谓并不了解专业。深刻地了解专业真是需要从业几十年！常听到人们退休时说，对自己一生从事的专业还会有新认识，不就足以证明了吗？那么，考大学选什么专业常有偶然性，这现象既普遍又无害。除了需要特殊天赋的少数专业外，不管什么原因偏爱了什么专业，就选什么吧！这称为“择我所爱”。继而倒是应主动地努力地“爱我所择”才是硬道理。因为懂得“爱我所择”的同学会赶快努力学习专业，不犹豫，不彷徨。学而知之，必有进步，必得成就感，并能化为继续努力的乐趣和动力。不懂“爱我所择”的人当然学不好，无成就感，也就不爱学，反倒抱怨“此专业我不喜欢，要是去某某专业我喜欢，就爱学习，就学得好”，其实我们见到最多的结果是到哪儿他也学不好，因为缺乏“爱我所择”的品质。只有“择我所爱”是替代不了后面最重要的“爱我所择”的。

——北京市建筑设计研究院有限公司顾问总工　吴德绳教授
(资料来源：《暖通空调》杂志2016年第7期)

通过阅读行业大师的名言，你有什么体会？你选择建环专业是怎么选的？至今对本专业感觉如何？入学以来是否对本专业产生了兴趣？请谈谈你的理解，写一篇500字左右的感想。

院士简介

扫描二维码，领略专家风采，指引前行之路。

参考文献

柳孝图. 2008. 建筑物理环境与设计[M]. 北京：中国建筑工业出版社.

单士元. 2015. 故宫营造[M]. 北京：中华书局.

天津大学，清华大学，同济大学，等. 2014. 建筑环境与能源应用工程专业概论[M]. 北京：中国建筑工业出版社.

第一篇　建筑室外环境

建筑室外环境是建筑环境的重要组成部分，了解室外环境的特性能够更好地控制和改善室内环境。只有实现建筑环境的内在和外在的统一，才能实现建筑环境的可持续发展，才能从真正意义上营造安全、健康、舒适、节能、环保的建筑室内环境。随着我国室外环境近年来出现的雾霾天气、极端气温等现象，使得营造良好的室内环境的难度越来越大。建筑环境与能源应用工程专业的责任和使命重大，既有难得的发展机遇又面临严峻的挑战。学好建筑室外环境的基础知识，是营造良好室内环境的基础和保障。

第 1 章　建筑气候学基础

本章要点

1. 建筑与环境的关系。
2. 太阳辐射、地温、有效天空温度、长波辐射、湿度的基本概念。
3. 城市中的风环境特点。
4. 城市环境中污染物扩散的基本规律。
5. 雾霾的产生机理和防控方法。
6. 建筑布局和日照。
7. 我国的气候分区特点。

案例导引

案例一：

美国能源部原部长、美籍华裔诺贝尔奖获得者朱棣文曾经提出，尽可能将建筑物屋顶刷成白色或其他冷色，这样可以大量反射太阳光并节省使用空调耗费的能源，实验已证明这一方法在美国有一定的可行性。在美国，反光屋顶更是作为了“沃尔玛”的标准设备，75%以上的店面都安装了反光屋顶，在加利福尼亚州、佛罗里达州和佐治亚州甚至还鼓励商业建筑安装“反光屋顶”，似乎美国将“白色屋顶化”。可是也有人指出，“冷色屋顶”的倡导者忽略了一个很重要的因素——气候，他们指出在寒冷的地方，冷色屋顶意味着更高的加温账单，这与省下的空调钱相比，可就……不过在向北最远的地方，例如纽约或芝加哥的大多数建筑物来说，反光屋顶反而产生了更大的利润。虽然这些城市有寒风的冬天，但它们在夏天是“热岛”，有数百万平方英尺的屋顶表面吸收能源。那么这种方法在中国是否适用？结合所学知识综合分析，提出你自己的看法。

案例二：

近年来雾霾天气频频袭击大半个中国，引起了全社会的高度关注。网络上也出现了很多视频和评论，有一则视频的语音是这样表述的：“雾霾，我只吸北京的，相比于冀霾的厚重，鲁霾的激烈，蒙霾的阴冷，我更喜欢京霾的醇厚、真实，和独一无二的乡土气息。脱硫脱硝的低温湿润煤烟，与秸秆焚烧的碳香充分混合，还有工业排放的芬芳，加上尾气的催化和低气压的衬托。最后，再经袅袅硫烟的勾兑，使得它经久而爽口、甘洌且绵长。吸入后，挂肺、沁心、入肺，让品味者肺腑欲烧，欲罢而不能。雾是帝都厚，霾是北京醇！”谈谈你对这段话的理解，你觉得这段话写的科学吗？你知道雾霾的概念是什么吗？形成机理又是什么？与建筑环境与能源应用工程专业又有什么关系？我们专业该怎么应对雾霾？

预备知识

1. 传热学中的辐射换热计算公式。
2. 半无限大物体不稳态导热的基本方程和求解方法。
3. 地球绕日运动的规律、太阳高度角和方位角的概念。

兴趣实践

用温度自记仪或其他温度测量仪器测量校园内不同下垫面上方 1.5m 以内的温度分布情况，你会发现哪些有趣的现象？白天和夜间的空气垂直分布应该是怎么样的？

探索思考

1. 为什么自行车放在车棚里车座不会结露，而放在敞开的室外车座有时候会有结露现象？
2. 从建筑环境与能源应用工程专业的角度，思考减少雾霾的可行途径。
3. 针对雾霾，北京等城市正在规划建设城市通风廊道，你觉得能否吹散雾霾？存在哪些问题？

1.1　建筑与环境

建筑内环境与其外环境是人类最基础的生存活动空间。建筑外环境指的是建筑周围或建筑与建筑之间的环境，即建筑所处的气候和环境条件，会通过围护结构直接影响室内环境。因此了解当地主要气候要素的变化规律和特征，并加以合理利用，不仅可以营造良好的室内环境，也可达到节能环保的目的。

环境，从广义上来说是指影响某一主体或中心的周围自然环境和社会因素的总和。人类的一切生存生产活动都离不开其生活的环境，同时人类的生存和发展影响着环境。可以说，人类与其生存的环境相互作用着，是对立统一的结合体。

一般认为，人类生存的环境分为自然环境、人工环境和社会环境。建筑是人工环境的重要组成部分，它是为满足人们生存需求，利用物质技术手段，结合科学技术、风水以及美学等所创造出的人工环境。环境在满足人类社会生活需求的同时，人类也在通过建筑的规划和塑造影响着环境。

建筑构成的人工环境为人类生产、生活提供了环境条件。其主要包含几种环境：建筑热环境、建筑光环境、建筑声环境、建筑空气环境。建筑热环境是指建筑空间内影响人体热感觉和热舒适的物理因素。建筑光环境是指建筑周围及内部的光场分布，营造适宜的光环境是建筑环境工作者的重要任务。建筑声环境即为通过人耳对人体感觉产生作用的声场分布，其中噪声是人们不愿意听到的声音，它影响着人们的生活质量。因此，建筑设计应尽量降低噪声对人们生产、生活的影响。建筑空气环境主要指室内的气流状态和空气质量，所涉及的参数包括空气龄和各类大气污染参数。

建筑环境是人们生活、工作的场所，它的品质对人们身体健康、生活质量、工作效率有着重要的作用。当前建筑已不仅仅只为满足遮风挡雨的要求，随着建筑科学和环境科学技术的不断进步，打造空气清新、光线柔和、温湿度适宜、宁静舒适的环境成为了新的追求。通过对建筑环境学的系统学习，掌握其营造机理，并对影响因素进行合理控制，从而创造对人们适宜的环境。

1.2　太 阳 辐 射

建筑外环境是建筑、环境与人的有机统一，是在众多因素综合作用下形成的。与建筑外环境相关的物理参数可分为几类：太阳辐射、大气压力、风、气温、湿度、降水等。其中太阳辐射是决定气候的主要原因，也是建筑物外部最主要的气候条件之一。

太阳辐射的波长范围在 0.2～3μm，涵盖波长为 0.28～0.38μm 的紫外线、波长为 0.38～0.78μm 的可见光和波长在 2.5μm 以下的近红外线三个区域。太阳辐射波谱图如图 1-1 所示。

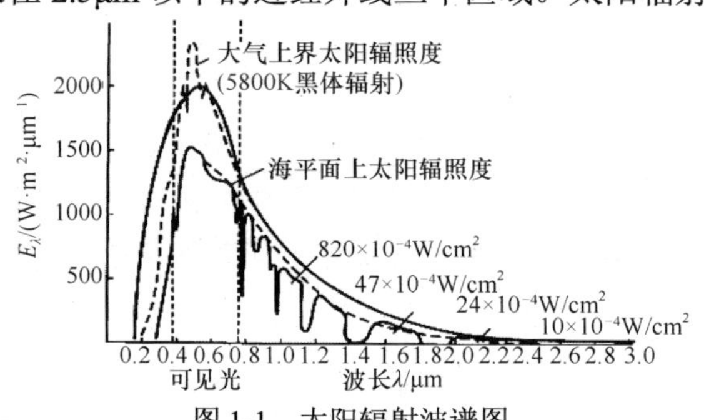

图 1-1　太阳辐射波谱图

地球接收的太阳辐射能约为 173×10^{12}kW，仅为辐射总能的二十二亿分之一左右。我国太阳辐射空间分布情况总体上呈现以内蒙古中西部—宁夏—甘肃西北部—四川西部—云南西北部为分界线、西高东低的特征，与此同时，西部地区年太阳辐射总量呈南高北低的纬向分布特征，以西藏南部(除东南部的山南地区)、青海柴达木盆地的太阳辐射最高，西藏大部分地区年太阳辐射总量超过 5900MJ/m^2，这一特征主要受地理纬度、海拔双重因素影响。东部地区以华北年太阳辐射总量最大，东南、东北地区太阳辐射相对较低。

1.2.1　太阳辐射的基本概念

(1) 辐射通量：太阳以辐射形式发射出的功率称为辐射功率，也称为辐射通量，单位为 W。

(2) 曝辐射量：单位面积上接收到的辐射能称为曝辐射量，单位为 J/m^2。

(3) 辐照度：投射到单位面积上的辐射通量称为辐照度，单位为 W/m^2。

(4) 太阳常数：在日地平均距离的条件下，在地球大气层上界，垂直于太阳光线的单位面积上，在单位时间内所接收的太阳辐射能量称为太阳常数。

太阳可以看成是一个表面温度 T_S= 5763K 的黑体。取太阳直径 D_S=1.39253×10^6km，利用斯特藩-玻尔兹曼定律，太阳辐射可以计算如下：

$$Q_S = I_S A_S = A_S \sigma T_S^4 = \pi D_S^2 \sigma T_S^4 = 3.8 \times 10^{26}\,(\mathrm{W})$$

式中，I_S为单位太阳表面的辐射能，I_S= 62.5×10^6 (W/m^2)。

1981 年 10 月，世界气象组织仪器和观测方法委员会确定太阳常数为(1367±7) W/m^2，对于太阳能利用技术的研究和开发，可以取太阳常数为 1367W/m^2。

(5) 太阳高度角和方位角：太阳光线与地平面夹角 (h) 称为太阳高度角。太阳光线在地平面的投影线与地平面正南方向所夹的角 (A) 称为太阳方位角。

太阳方位角以正南为 0°，顺时针方向的角度为正值，表示太阳位于下午的范围；逆时针方向的角度角为负值，表示太阳位于上午的范围。

在任何一天里，上、下午的位置对称于中午。例如，上午 10 点和下午 2 点对称，两个时间的太阳高度和方位角的数值相同，只是方位角的符号相反。

影响太阳高度角 (h) 和方位角 (A) 的因素有三个，即赤纬 (δ)、时角 (t) 和地理纬度 (ϕ)。其计算公式如下：

$$\sin h = \sin\phi \cdot \sin\delta + \cos\phi \cdot \cos t \cdot \cos\delta \tag{1-1}$$

$$\sin A = \frac{\cos\delta \sin t}{\cos h} \tag{1-2}$$

$$\cos A = (\sin h \cdot \sin\phi - \sin\delta) / (\cos h \cdot \cos\phi) \tag{1-3}$$

正午时太阳方位角在正南，其方位角为 0°。这时的高度角计算式可简化为

当$\phi>\delta$时　$$h = 90° - (\phi - \delta) \tag{1-4}$$

当$\phi<\delta$时　$$h = 90° - (\delta - \phi) \tag{1-5}$$

日出、日落时间的时角及其方位角的计算式为

太阳高度角 h=0°　$$\cos t = -\tan\phi \cdot \tan\delta \tag{1-6}$$

太阳高度角 h=0°　$$\cos A = -\sin\delta \cdot \cos\phi \tag{1-7}$$

式中，δ 为赤纬 (°)；ϕ 为纬度 (°)；t 为时角 (°)；A 为方位角 (°)。

(6) 大气透明度：大气透明度 P 是评价室外空气质量的标准之一，它是衡量大气透明度的标志。当太阳位于天顶时 (日射垂直于地面)，到达地面的太阳辐射行程为 L，则到达地面的太阳辐射强度为

$$I_L = I_0 \exp(-a) \tag{1-8}$$

式中，I_0 为大气层上边界处太阳法线方向上太阳辐射强度 (W/m^2)，即太阳常数。a 为大气层消光系数，与大气成分、云量等有关。

令 $P = I_L / I_0 = \exp(-a)$，称为大气透明度。P 越接近 1，大气越清澈。P 值一般为 0.65～0.75。即使在晴天，大气透明度也是逐月不同的，这是因为大气中水蒸气含量不同。但在同一个月的晴天中，大气透明度可以近似认为是常数。我国将大气透明度作了 6 个等级的分区，1 级最透明。

1.2.2 晴天地球表面的太阳辐射强度

1. 太阳直射辐射强度

水平面：

$$I_{DH} = I_{DN}\sin h \tag{1-9}$$

垂直面：

$$I_{DC} = I_{DN}\cos h\cos\theta \tag{1-10}$$

式中，h 为太阳高度角，即在水平面内，太阳入射角与太阳高度角互为余角；θ 为太阳光线在水平面上的投影与建筑表面法线的夹角(°)。

2. 太阳散射辐射强度

建筑围护结构外表面从空中所接收的散射辐射包括三项，即天空散射辐射、地面反射辐射和大气长波辐射。天空散射辐射是主要项。

(1) 天空散射辐射：天空散射辐射是阳光经过大气层时，由于大气中的薄雾和少量尘埃等，使光线向各个方向反射和绕射，形成一个由整个天穹所照射的散乱光。因此天空散射辐射也是短波辐射。多云天气，散射辐射增多，而直射辐射则成比例降低。

晴天水平面上的太阳散射轻射强度可由下式计算：

$$I_H = \frac{1}{2}I_0\sin h\cdot\frac{1-p^m}{1-1.4\ln p} \tag{1-11}$$

对于垂直面 $I_{cs} = \frac{1}{2}I_H$；对于倾斜面 $I_q = I_H\cdot\cos^2\nu$。其中，ν 为倾斜面对地面的高度角(°)。

(2) 地面反射辐射：太阳光线射到地面上以后，其中一部分被地面所反射，由于一般地面和地面上的物体形状各异，可以认为地面是纯粹的散射面。这样，各个方向的反射就构成由中短波组成的另一种散射辐射。一般认为水平面是接收不到地面反射辐射的，对于垂直面，θ=90°，其所获得的地面反射辐射强度 I_{RV} 为

$$I_{RV} = \frac{1}{2}\rho_Q I_{SH} \tag{1-12}$$

式中，I_{SH} 为水平面所接收的太阳总辐射强度（$\mathrm{W/m^2}$）；ρ_Q 为地面的平均反射率，一般城市地面近似取 0.2。

(3) 大气长波辐射：阳光透过大气层到达地面的途中，其中一部分(约 10%)被大气中的水蒸气和二氧化碳所吸收，同时，它们还吸收来自地面的反射辐射，使其具有一定温度而会向地面进行长波辐射，这种辐射称为大气长波辐射。其辐射强度 I_B 按黑体辐射的四次方定律计算：

$$I_B = C_B\left(\frac{T_S}{100}\right)^4\varphi(\mathrm{W/m^2}) \tag{1-13}$$

式中，C_B 为黑体的辐射常数，为 $5.67\mathrm{W(m^2\cdot K^4)}$；$\varphi$ 为接收辐射的表面对天空的角系数，对于屋顶平面可取为 1，对于垂直壁面可取为 0.5；T_S 为天空当量温度(K)。

3. 太阳总辐射强度

太阳总辐射强度 $I_{S\theta}$ 等于表面上所接收的直射辐射强度和散射辐射强度的总和。工程上在需要给出太阳总辐射强度的数据时，散射辐射一般只计算天空散射辐射一项。

1.2.3　建筑日照

日照是指物体表面被太阳光直接照射的现象。波长为 200～380nm 的紫外线具有极强的灭菌作用，波长为 290～320nm 的紫外线照射人体后，能使皮肤产生许多活性物质，如维生素 D，可提高人的免疫功能。适宜的日照可以杀灭室内空气中的致病微生物，提高肌体抗菌能力，降低空气中化学污染物浓度和细菌数量，使室内有良好的卫生条件。

日照不足可能会引发多种疾病，如儿童或老人易发的佝偻病、黄疸、骨质疏松症等，以及成年人在人工环境中由于光照不足所引起的建筑相关疾病（BRI）和病态建筑综合征（SBS）。同时，日照强度大小和时间长短会对人类的行为产生影响，日照时间短会导致人容易变得胆小、疲劳和抑郁。

建筑对日照的要求主要根据使用性质和当地气候情况而定。例如，病房、婴儿活动室等一般都需要充足的日照，而展览室、化工车间和绘画室等都对日照直射有所限制，避免产生危害。

建筑设计需要满足日照标准，即根据各地区的气候条件和居住卫生要求确定的向阳房间在规定日获得的日照量。一般由日照时间和日照质量作为衡量住宅室内的日照标准的两个指标。为保证最低日照时间，考虑到建筑物之间的相互遮挡，总是优先考虑低层用户。中国地处北半球地区，居住建筑一般希望夏避阳，冬日晒。北半球的太阳高度角在冬至日达最小，因此，冬至日低层住宅得到的日照时间作为最低的日照标准。日照质量是通过日照时间的积累和每小时的日照面积组成。只有二者均得以保证，才能达到日照的要求。

为了满足建筑的日照要求，设计时需要合理考虑建筑的布置，包括建筑群的组合、排列、间距、朝向和体型等，并分析日照与住宅建筑的功能要求，包括日照时间、日照面积，从而在设计中控制室内日照深度、日照量，以此做出合理的设计。

1.2.4　太阳辐射与建筑节能

太阳辐射是影响室内环境的重要因素。当太阳照射到围护结构表面时，发生反射和吸收，对室内冷热负荷产生很大影响。在冬季，太阳辐射有利于提高室内的温度，减小热负荷；而在夏季，太阳辐射使室内温度显著升高，增大室内的冷负荷。对于不同形式的围护结构，太阳辐射对建筑热环境的影响过程不同，见图 1-2。对于太阳辐射，围护结构的表面越粗糙、颜色越深、吸收率就越高，反射率越低。

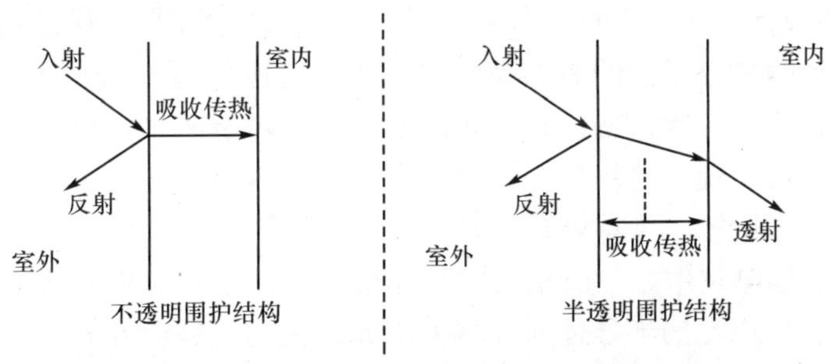

图 1-2　太阳辐射对不同形式围护结构的作用

玻璃对不同波长的辐射有选择性，不同玻璃对辐射的反射率、透射率和吸收率有所差异，见图 1-3。绝大部分可见光和短波红外线将会透过普通玻璃，只有长波红外线(也称长波辐射)会被其反射和吸收，具有温室效应。相比较来说，吸热玻璃的特点是太阳光透射率和反射率都较低，可见光透射比、玻璃的颜色可以根据玻璃中的金属离子的成分和浓度变化。可见光反射比、传热系数、辐射率则与普通玻璃差别不大。反射玻璃具有较低的长波红外线发射率和吸收率，反射率高，但传热系数、辐射率则与普通玻璃差别不大。因此，在考虑建筑节能时，可以考虑房间对太阳辐射量的要求，来对玻璃种类进行科学选择。

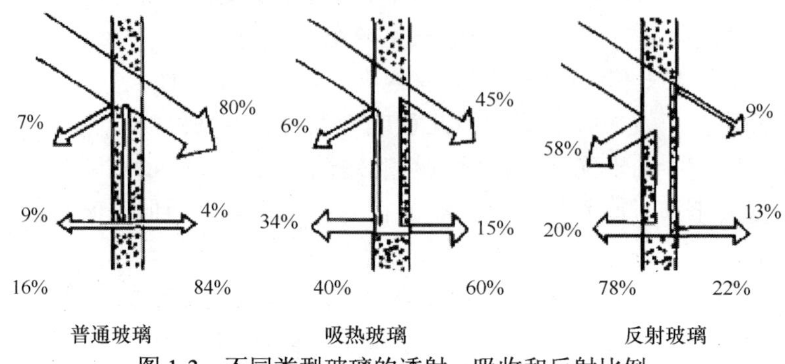

图 1-3　不同类型玻璃的透射、吸收和反射比例

太阳辐射对室内的影响也包括室内天然采光。室内的采光量决定于室外太阳直接辐射量与建筑对直射光的透过率以及室外太阳散射辐射量与建筑对散射光的透过率。利用围护结构对太阳辐射的吸收反射性能，以尽量满足室内采光量为目的，最大限度地对太阳辐射进行有效利用。

目前，利用太阳辐射在建筑节能的运用主要包括以下几个方面。

(1) 建筑朝向设计。建筑朝向从建筑节能方面考虑有三个着眼点：①太阳辐射。在我国北方采暖地区，应以尽量获得太阳辐射为主，这样可以提高室温，有利于降低供暖能耗；而对于我国的南方非采暖地区，应以减少太阳辐射为主，以降低太阳辐射对室温的影响。②自然通风。我国南方地区夏季气候炎热，应考虑住宅建筑的长轴方向垂直于夏季主导风向，才能获取较理想的穿堂风；而北方地区冬季寒冷，住宅建筑的长轴方向应平行于冬季主导风向。③建筑采光。建筑朝向越偏正南方向，建筑采光越好。

(2) 建筑节能窗利用。大型公共建筑往往采用大量不同种类的玻璃，科学选择玻璃对建筑节能有显著效果。夹层玻璃和吸热玻璃对紫外线有良好的阻挡功能，减少了紫外线对室内家具和衣物的损害作用。热反射镀膜和吸热玻璃可以吸收或反射太阳光谱中特定波长的光。Low-E 玻璃表面辐射率低，$E \leqslant 0.15$，红外线反射率高，即吸热少、升温低、二次辐射热量低，合成中空玻璃后有更加明显的优势特点。透光率可为 33%～72%，遮阳系数为 0.25～0.68。

(3) 建筑体型设计。南向墙面冬季最有利，东、西向墙面夏季最不利，因此把建筑外表面中最大的表面朝向南向，最小的表面朝向东、西方向将有利于冬季取暖夏季防热。从建筑冬季日照和夏季防热综合考虑，南向是建筑最佳朝向。对于南北向长方体形建筑，存在一个最佳的长宽比和高宽比，使得建筑外表面所得太阳辐射量最少。按照这种方法设计的建筑体形与同容积的立方体形比较，夏季可减少太阳总辐射热 4%左右。

(4) 太阳能的光-电利用。一般指太阳能光伏发电技术，简称光伏发电，是利用太阳能电池组件接收太阳光，电池的半导体属性将太阳光转换为电势能并通过后续的储能装备存储后加以利用的一项便捷的能源转换技术。

(5) 太阳能热水技术。太阳能热水技术在太阳能利用技术中最为成熟、实际应用最多且在经济上能与常规能源竞争。太阳能集热器是太阳能热水器的核心部件，是用于吸收太阳辐射并使之转换为热能传递给热介质的装置。

(6) 太阳能的光-光利用。主要指利用太阳能进行天然采光，详细内容请参考第 6 章。

1.3　城市热湿环境

1.3.1　空气温度

大气中的气体分子在吸收和放射辐射能时具有选择性。它对以可见光与近红外线为主的太阳辐射几乎是透明体的，因此大气直接接收太阳辐射的增温是非常微弱的。而它对部分波段的长波红外线有较高的吸收率，它主要靠吸收地面的长波辐射(波长 3～120μm) 而升温。地面与空气热量交换是气温升降的直接原因。

影响地面附近气温的因素主要有三个。首先，入射到地面上的太阳辐射热量，它起着决定性的作用。例如，气温的季节变化、日变化以及随着地理纬度的变化，都是由此引起的。其次，大气的对流作用对空气温度的影响最大，空气的流动会使高低温度的空气混合，从而减少地域间空气温度的差异。第三，地面的覆盖面和地形，不同的地形及地表覆盖面(如草原、森林、沙漠和河流等) 对太阳辐射的吸收和反射的性质均不同，由此引起地面的增温也不同。

地面上不同高度的空气温度是不一样的。室外气温是地面气象观测规定高度(即国外为 1.25～2.00m，国内为 1.5m) 上的空气温度。室外气温可由安装在百叶箱中的温度表或温度计测定。我国气温记录一般采用摄氏度(℃) 为单位，它与华氏度的换算关系是 $C=(F-32)\times 5/9$。气温有年变化和日变化。一般在晴朗天气下，气温一昼夜的变化是有规律的。如图 1-4 所示，气温在一昼夜内有一个最高值和一个最低值，分别被称为日最高气温和日最低气温，二者之间的差值称为气温日较差，通常用来表示气温的日变化。最高气温一般出现在下午 2 时左右，最低气温一般出现在日出前后。当然，如果天气发生剧烈变化，气温的日变化就不一定遵循这一规律了。由于海陆分布与地形起伏的影响，我国各地气温的日较差一般从东南向西北递增。我国多数地区的夏季计算日较差，在 5～10℃的范围内。

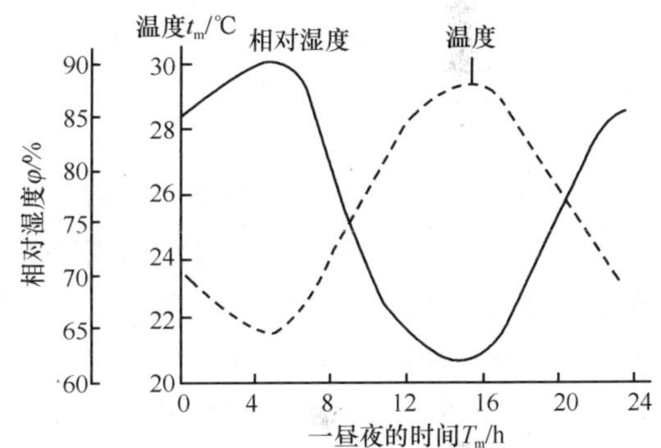

图 1-4　室外温度和相对湿度的日变化

一年中各月平均气温也有最高值和最低值。一年内最热月与最冷月的平均气温差称为气温的年较差。在中纬度和高纬度地区，年最高气温出现在 7 月(大陆地区) 或 8 月(沿海或岛屿)，而年最低气温出现在 1 月或 2 月。处于北半球的我国大部分地区地处中纬度，属季风气候，四季分明，气温年较差变化较大。我国各地气温的年较差自南到北、自沿海到内陆逐渐增大。华南和云贵高原为 10～20℃，长江流域增加到 20～30℃，华北和东北南部为 30～40℃，东北的北部与西北部则超出了 40℃，我国冬季最冷的地方是黑龙江的漠河镇，1 月份平均气温为–30.6℃。我国夏季最热的地方是新疆的吐鲁番，7 月份的平均气温为 33℃，人称“火洲”。

1.3.2 有效天空温度

大气中的 CO_2、H_2O 和臭氧等气体分子与尘埃、水汽在吸收来自太阳和地面的反射辐射后，会具有一定的温度，因此大气层也会向地面进行长波辐射，其波长范围主要集中在 5～8μm 及 13μm 以上。如果将天空看作黑体，我们可以通过用地面向大气层的辐射能量 Q_g 减去大气层向地面的逆辐射能量 Q_{sky}，而计算得到地面与大气层之间的辐射换热量 Q_R。

$$Q_R = Q_g - Q_{\text{sky}} = \sigma\left(\varepsilon T_g^4 - T_{\text{sky}}^4\right) \tag{1-14}$$

式中，σ 为斯特藩-玻尔兹曼常数，5.67×10^{-8}[W/(m^2·K^4)]；ε 为地面的长波发射率，平均为 0.9；T_g 为地表温度(K)；T_{sky} 为有效天空温度。

根据式(1-14)可得

$$T_{\text{sky}} = \sqrt[4]{\varepsilon T_g^4 - \frac{Q_R}{\sigma}} \tag{1-15}$$

地面与大气层之间的红外辐射换热量 Q_R，在气象学上称为地表“有效辐射”，它可以用地面辐射平衡表测出，计算出 Q_{sky} 的值。

有效天空温度不仅与气温有关，而且与大气的水汽含量及地表温度等有关，其分布范围为 230～285K(冬天晴朗的夜里和夏天多云条件)。此外，它还会受到地方海拔的影响。海拔越高，空气中水汽和灰尘越少，所以大气逆流辐射也会减少，因此有效天空温度也会随之减小。

1.3.3 空气湿度

空气湿度是表示空气中水蒸气的含量，也是表示空气湿润程度的气象要素。这些水蒸气来源于江河湖海的水面、植物及其他水体的水面蒸发，一般以绝对湿度和相对湿度来表示。绝对湿度是指在某个温度和压力下一个单位体积的湿空气中的所含水分的重量，通常以 g/m^3 来表示。相对湿度指在特定温度下的水蒸气分压力和饱和水蒸气分压力之比，是用百分比(%)来表示。地面空气湿度可由安装在百叶箱中的干湿球温度表和湿度计等仪器测定。相对湿度受温度的影响很大，压力也会改变相对湿度。

一天中绝对湿度比较稳定，而相对湿度有较大的变化，这是由于气温的日变化引起的。相对湿度日变化趋势与气温日变化趋势相反。相对湿度的日变化受地面性质、水陆分布、季节寒暑、天气阴晴等因素的影响，一般是大陆大于海面，夏季大于冬季，晴天大于阴天。晴天时的最高值出现在黎明前后，此时虽然空气中的水蒸气含量少，但温度最低，所以相对湿度最大；最低值出现在午后，此时空气中的水蒸气含量虽然较大，但由于温度已达最高，所以相对湿度最低。显著的相对湿度日变化主要发生在气温日相差较大的大陆上。

在一年中，最热月份的绝对湿度最大，最冷月份的绝对湿度最小。这是因为蒸发量随温度的变化而变化的缘故，我国因受海洋气候的影响，大部分地区的相对湿度在一年中以夏季为最大，秋季最小。华南地区和东南沿海一带，因春季海洋暖湿气团比较活跃，暖湿气团蕴含充沛的水汽，当湿热气流汹涌北上时，也就是人们常说的南风大，吹入室内，遇到较冷的地面和墙壁家具等器物，其水汽便凝结为小水珠，甚至形成流动水层，即所谓的“返潮”也称为“回潮”。尤其是贴了瓷砖的地面、墙面，油漆的家具面以及水银镜面、铝合金门窗等硬器物因为不透气，水汽不易吸收或渗透，“返潮”现象就更重。江南地区一般冬春之交会有几次“返潮”天气过程。返潮的气候有利于细菌生长繁殖，这大大增加了人体患伤寒、痢疾、各种消化系统病及皮肤病的机会。

空气中水蒸气的浓度随着海拔的增加而降低，上部空气层的水蒸气含量低于近地面的空气层。

1.3.4 地温

由于长期受太阳辐射作用，地壳浅部吸收部分热能，保存了一定的热量。地表面及地面以下不同深度会有不用的温度。我们将地表面和以下不同深度处的土壤温度统称为“地温”。地温是气象观测项目之一，更是十分有用的气候资源。地温又可以分为地面温度和地中温度。地面表层土壤的温度称为地面温度，地面以下土壤中的温度称为地中温度。地温要用特制的地温表来测量。

通常，在地下 8m，地下温度随季节的变化为不同，而地下 25～30m 深度，地下温度既不受地表季节性影响，又不受深部地热源影响，保持恒温，称为恒温带。恒温带的温度一般高于当地多年平均气温 1～2℃，如北京地区约为 15℃，海口约为 25℃，哈尔滨约为 4℃，广州约为 22℃，上海约为 17℃等。恒温带以下的温度，按照每加深 100m 增加 3℃的地温梯度(3℃/100m)变化。例如，华北平原区，大部分地区的地下温度按照这一规律增加，只有少部分地区受地质构造断裂的影响高于这一梯度，形成地热异常地区。在地壳不同深度的温度，形成地下资源，可以成为地温资源。地温资源储藏在岩土和地下水中，人们根据这一特点，运用特定的设备和手段开发利用地温资源，从而为人类社会的发展提供能源。

由于大地本身的绝热性，其土壤的温度比外界空气的温度更加稳定。在同一地点空气的最高(低)温度与年平均大气温度的差值可以达到±28℃。而对于地温而言，其随着地层深度的增加，温度波动越来越小。此外，随着深度的增加，温度波的衰减越大，温度达到最大值的时间滞后越长。甚至在冬季和夏季，土壤的最高和最低温度均比地表温度延迟几周或十几周。也就是说，当达到一定深度时，在最热月份时此处的温度反而低于该点的全年平均温度；而在最冷月份时，该处的温度高于全年平均温度。由于这个优点，在年平均大气温度波动较大的地区，地源热泵的应用具有很大的优势。

地层表面温度对地面上的建筑围护结构的热过程有着显著影响，而地层深部的温度变化又对地下建筑的热过程起着决定性的作用。此外，地下水的温度往往取决于地下含水层的地层温度。因此在建筑环境控制中，对地层温度的了解也是十分重要的。假定地壳是一个半无限大的物体，不考虑地热的影响，对不同深度处的地层温度可以用如下方法进行预测

$$\frac{\partial \theta}{\partial \tau} = a\frac{\partial^2 \theta}{\partial y^2} \tag{1-16}$$

式中，a 为地层材质的导温系数(m^2/h)；y 为地表深度(m)；τ 为时间(h)；θ 为过余温度(℃)，即地层内任意点的瞬间温度与全年地层表面平均温度的差值。

平原地区的地层表面温度的变化取决于太阳辐射和地面对天空的长波辐射，可看作是周期性的温度波动。因此，可以得到求解的第一类边界条件

$$\theta_{(0,\tau)} = A_g \cos\frac{2\pi}{Z}\tau \tag{1-17}$$

式中，$\theta_{(0,\tau)}$ 为初始的地表过余温度(℃)；A_g 为地面温度波动振幅(℃)；Z 为温度波的波动周

期(h)。

由此，对式(1-17)进行积分求解，最后可得地层在周期性热作用下的温度场

$$\theta_{(y,\tau)} = A_Z \mathrm{e}^{-y\sqrt{\frac{\pi}{aZ}}} \cos\left(\frac{2\pi}{Z}\tau - y\sqrt{\frac{\pi}{aZ}}\right) \tag{1-18}$$

根据过余温度的定义，在任意瞬间地层内任意点的温度为$t_{(y,\tau)}$，$\theta_{(y,\tau)}$为地层某一深度在某一瞬间的过余温度值，而全年地面平均温度为t_g，则有

$$\theta_{(y,\tau)} = t_{(y,\tau)} - t_g \tag{1-19}$$

因此得到计算地层原始温度所用的计算公式，即地层内任一深度 y、任一 τ 时刻的原始温度 $t_{(y,\tau)}$ 的统一表达式

$$t_{(y,\tau)} = t_g + A_Z \mathrm{e}^{-y\sqrt{\frac{\pi}{aZ}}} \cos\left(\frac{2\pi}{Z}\tau - y\sqrt{\frac{\pi}{aZ}}\right) \tag{1-20}$$

1.3.5　降水

从大地蒸发出来的水蒸气进入大气层，经过凝结后又降到地面上的液态或固态水分，简称降水。雨、雪、冰雹等都属降水现象。表示降水性质的量有降水量、降水时间和降水强度等。降水量是指降落到地面的雨雪冰雹等融化后未经蒸发或渗透流失而积累在水平面的水层厚度，以毫米(mm)为单位。降水时间是指一次降水过程从开始到结束的持续时间，用 h 或 min 表示。降水强度是指单位时间内的降水量。降水强度等级以 24h 的降水总量(mm)划分：小雨为小于 10mm；中雨为 10～25mm；大雨为 25～50mm；暴雨为 50～100mm。

影响降水分布的因素很复杂。首先是气温，在寒冷地区水的蒸发量不大，而且由于冷空气饱和水蒸气分压较低，不能包容很多的水蒸气，因此寒冷地区不可能有大量的降水。在炎热地区，由于蒸发强烈而且饱和水蒸气分压也较高，所以水蒸气凝结时会产生较大的降水。此外大气环流、地形、海陆分布的性质及洋流对降水规律都有影响，它们往往互相作用。

我国大部分地区受季风影响雨量多集中在春、夏季节，由东南向西北递减，山岭的向风坡常为多雨地带，年降雨量变化很大。春末夏初，东南暖湿气流北上，与由北向南的低温气流在长江流域相遇，形成长江流域的梅雨期，其基本特征是在某一特定的时间内，长时期、大量连续降水。华南地区季风降水从 5 月开始到 10 月结束，长江流域为 6 月至 9 月间。梅雨期一般气压偏低，湿度较高，由于正值入夏，气温有时可高达 35℃，湿度有时可高达 98%，为此梅雨期的不舒适日较多。由于梅雨期内气候的特殊性，长江流域这一时期的气候对建筑物和室内热环境都有着不可忽视的影响。珠江口和台湾南部在 7、8 月间多暴雨，这是由西南季风和热带风暴或台风的综合影响所致，其特征是降水强度大，往往会造成不同程度的灾害，但一般持续时间不长。降雨过程中，大气中的污染物大多会溶于水或被水携带，使空气得到净化。但是携带污染物的雨水(如酸雨等)会扩展到更远的地区，影响地面环境和人体健康。

1.3.6　城市热湿气候

城市热湿气候是指在大城市特殊下垫面和城市中人类活动的影响下形成的一种特殊的局地热湿气候。其形成的主要原因有两个方面：一是由于城市中建筑物、沥青或水泥地面代替

了原有的植被；二是城市化的发展，带来了大量的能源消耗，排放出许多的“人为热”、“人为水汽”和污染物。

其对城市热湿气候的影响，主要表现在以下两个方面。

首先，城市的气温较高，会出现了城市热岛效应。由于城市“人为热”和特殊下垫面对近地面大气散发的热量多于郊区，造成城市气温高于郊区气温，且由市区中心地带向郊区逐渐降低，此种特殊的气温分布现象称为城市的热岛效应。城市热岛是城市气候中的典型特征之一，我国大规模地研究城市热岛效应开始于 20 世纪 80 年代，如对上海、广州和北京等地进行热岛效应测量研究。城市热岛效应的强度用热岛强度来表示，即热岛中心气温减去同时间同高度(距离地面 1.5m 高处)附近郊区的气温差值。

热岛强度的大小和城市规模、季节以及天气状况等有关。大城市的热岛效应很明显，一般热岛强度在 1.1～6.5℃。在晴朗、无风或微风的稳定天气条件下，热岛效应较为明显，而风大、阴雨天气则不利于热岛形成。

其次，城市的蒸发减弱，湿度较小。城市区域由于大量的建筑物和大面积的道路硬质铺装，且城市降水容易排泄，地面较为干燥，使得自然蒸发量减小，空气绝对湿度和相对湿度较郊区略低，日波动模式亦与郊区有所不同。

1.4 城市风环境

1.4.1 风及风的特征

风是指由于大气压差所引起的大气水平方向的运动。地表增温不同是引起大气压力差的主要原因，也是风的主要成因。

风向和风速是描述风的特征的两个要素。通常，人们把风吹来的地平方向确定为风的方向，除静风处外，在陆地上常用 16 个方位表示。风速则为单位时间风所行进的距离，单位为 m/s。为了直观地反映出一个地区的风向和风速，通常用当地的风玫瑰图(Breese Rose Diagram)来表示，见图 1-5。

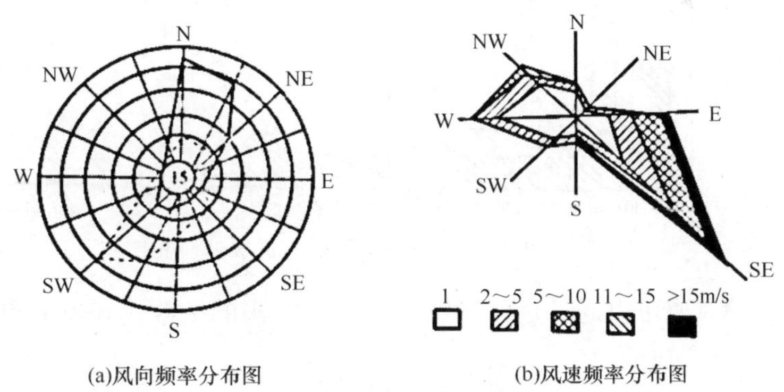

(a)风向频率分布图 (b)风速频率分布图

图 1-5 某地的风玫瑰图

风玫瑰图包括风向频率分布图和风速频率分布图，风向频率是按照逐时所实测的各个方向风所出现的次数，分别计算出每个方向风的出现的次数占总次数的百分比，并按一定比例在各方位线上标出，最后连接各点而成。风向频率图可按年或按月统计，分为年风向频率图和月风向频率图。

图 1-5(a)表示了某地区全年(实线部分)及 7 月份(虚线部分)的风向频率，圆半径为频率值坐标，中心圆圈内的数字代表了静风的频率，圆心以外每个圆环间隔代表频率为 5%。因此，该地区全年以北风为主，出现频率为 23%；7 月份以西南风为最盛，频率为 19%；静风的频率为 15%。根据我国各地 1 月、7 月和全年的风向频率图，按其相似形状进行分类，可分为季节性变化、主导风向、双主导风向和准静风(风速小于 1.5m/s)等五大分类。

风速频率分布图的绘制也类似。在城市设计规划与建筑布局设计时，都需要考虑风向频率和风速频率的影响，所以风玫瑰图是该过程中最为主要的必不可少的工具之一，一般由当地气象部门提供。

1.4.2 边界层的风

从地球表面到 500～1000m 高的空气层称为大气边界层。在城市区域上空，则称为城市边界层(Urban Boundary Layer)。大气边界层的厚度没有一个定数，它只是一个定性的分层高度，其厚度取决于地表的粗糙度。在平原地区边界层薄，在城市和山区边界层厚，见图 1-6。

边界层内风速沿纵向(垂直方向)发生变化的原因是下垫面对气流有摩擦作用和空气层结构的不稳定，其中下垫面的粗糙程度是主要的影响因素。在摩擦力作用下，贴近地面处的风速为 0；由于地面摩擦力的影响沿垂直方向越往上越小，所以风速沿着高度方向递增；到达一定高度以后，风速不再增大，人们往往把这个高度称为摩擦厚度或摩擦高度，甚至直接将其称为边界层高度。此处高度对应的风速称为地转风风速。

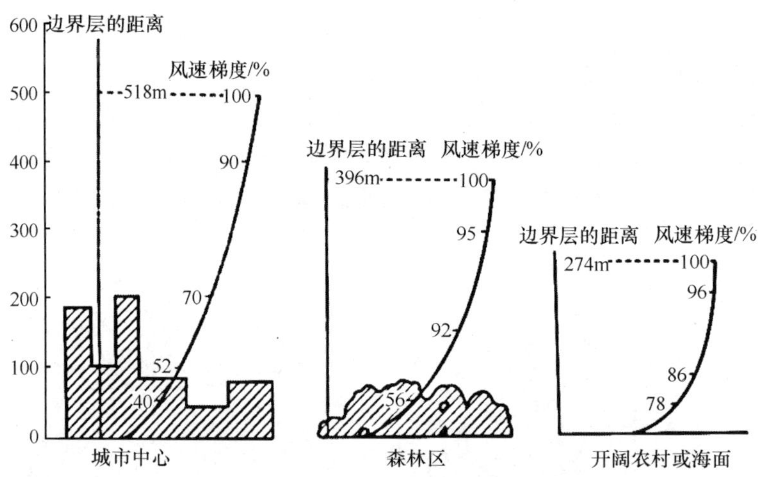

图 1-6　不同下垫面区域的风速分布图

不同高度处的风速可以通过达芬堡(Davenport)提出的指数式来表示和计算

$$V_h = V_g\left(\frac{h}{h_g}\right)^a \tag{1-21}$$

式中，V_h 为高度 h 处的风速(m/s)；V_g 为当地地转风风速(m/s)；h_g 为当地边界层厚度(m)；a 为当地下垫面粗糙度系数。

在一般工程设计计算中，a 和 h_g 可参考表 1-1 取值。

表 1-1　不同下垫面上的 a 和 h_g

下垫面性质	指数	边界层厚度 h_g/m
开阔农村	0.16	270～350
近郊居民点	0.28	390～460
城市中心区	0.40	420～600

但对于工程计算，大多数地方的地转风风速 V_g 是未知的，而且同一个地区自由大气中的盛行风还包括梯度风和大气紊流等，所以人们一般用气象台站通常记录 10m 高度处的风速来替代地转风风速，即

$$V_h = V_s\left(\frac{h}{h_s}\right)^{a'} \tag{1-22}$$

式中，h_s=10m，V_s 为 10m 高处的风速，其值由我国气象台站提供。a'在已知 V_s 的情况下，通过现场观测任一高度处(h>10m)的风速，然后通过式(1-22)计算得到

$$a' = \frac{\lg V_h - \lg V_s}{\lg h - \lg 10} \tag{1-23}$$

1.4.3　城市的风

城市的风变化多端，较为复杂，由于城市的发展，建筑密度较大，街道纵横交错，建筑物高低错落，在一定条件下城市热岛效应等现象造成城市风具有其本身的特点，可以总结为以下两点。

1. 城市热岛环流

在天气晴朗无云、大范围内气压梯度极小的形势下，由于城市热岛的存在，城市中形成一个低压中心，在一定高度范围内，城市的空气都比郊区同高度的空气暖和，因此随着市区热空气的不断上升，郊区近地面的空气必然会从周围各个方向流入市区。此时，由于郊区近地面的空气流失需要补充，于是热岛中心上升的空气又在一定高度上流回郊区，在郊区下沉，形成一个缓慢的热岛环流。

2. 城区风与郊区风的差异

由于城市的发展，人口的增多，建筑物的不断增加，使得下垫面的粗糙度不断加大，造成城区和郊区的风存在很大的差异。具体表现在：城市的平均风速比郊区小；城市与郊区风速的差值因地、因时、因风速而异；城市中风的垂直变化速度较郊区偏小；城市内部的局地存在很大差异。城市风环境会影响城市的污染状况，因此在城市规划和建设中，一定要考虑城市风的特点，考虑城市的主导风向，将工业区设置在主导风向的下游区域，有利于城市人民的健康。

1.5　室外空气质量

1.5.1　城市中的空气污染物

城市中空气污染物的来源分为固定源和流动源。固定源是指污染物从固定地点排出，向大气排放污染物主要通过能源利用、废物焚化和工业生产三种过程。汽车、火车、轮船、飞

机等往来频繁的交通工具，构成大气污染物的流动源。

城市空气污染物有数十种之多，主要污染物有：一氧化碳(CO)、氮氧化物(主要是 NO、NO_2)、碳氢化合物、硫氧化物(SO_2、SO_3等)、光化学烟雾、微粒等。其中，微粒是指空气中分散的液态或固态物质，其粒度在分子级，即直径为 0.0002～500μm，具体包括气溶胶、烟尘、雾和碳烟等，微粒对雾霾天气的形成有重要影响。

根据南京信息工程大学章炎麟和曹芳的研究成果《中国城市的 PM2.5》，系统地对我国 190 个城市进行了长达一年的 PM2.5 浓度监测。研究结果表明，被监测的 190 个城市中，仅 25 个城市达到了国家环境空气质量标准。从空间分布来看，中国北方城市的 PM2.5 浓度普遍高于南方；从时间分布来看，PM2.5 浓度冬天最高，夏天最低，每天晚上最高，下午最低。

1.5.2　城市空气污染特征

城市形状、单体建筑特征尺寸和建筑群布置间距对周边污染物浓度分布都有影响。气流将相对洁净的乡村空气带入城市，对城市大气环境起净化作用。城市和来流的相互作用对街道内的空气龄起着重要作用。对于仅有一条较短主街道的城市，当来流平行于该街道时，空气从街道上风向开口进入，然后一部分空气向上从街道顶层流出，并且水平流量沿街道逐渐下降。对于双主街道的街区，当有一股来流平行于街道时，与方形城市相比，圆形城市街区中平行来流的街道上空气龄更小，而当风向垂直时则更大。此外，狭长城市街区的空气龄比小方形街区的大，但两者的换气效率基本相同。污染物浓度均随主干道宽度变小而变大，污染物沿着风向向下风扩散，下风向街区的污染物浓度远高于上风向街区。

当街道上方存在顶盖时，会阻碍街道上空污染物扩散，街道两侧机动车尾气的污染物浓度会有所增加。街道中架设高架道路后，将出现明显的“顶盖效应”，当下方形成不良通风隔断时，将造成高架道路及附近空气质量更加恶化。

1.5.3　雾霾的形成机制及防控

1. 雾霾的概念

近年来，我国部分高能耗、高污染产能及机动车车辆的迅速增加，造成严重的大气污染，给环境带来了恶劣影响，对人体形成不可忽视的危害。“雾霾”一词频频出现，目前关于其对人体危害机理的研究尚未成熟，导致大众甚至出现“谈霾色变”。因此，通过对我国，特别是京津冀重灾区的雾霾现状、污染物来源分析，从而阐明雾霾成因及危害，提出相应防控策略势在必行。

作为自然天气现象，中国气象局《地面气象观测规范》中对雾和霾有明确定义。雾是大量微小水滴浮游空中，常呈乳白色，使水平能见度小于 1km 的天气现象，记为“≡”。微小水滴或已湿的吸湿性质粒所构成的灰白色的稀薄雾幕，使水平能见度大于等于 1km、小于 10km 的天气现象定义为轻雾，记为“＝”。霾则是大量极细微的干尘粒等均匀地浮游在空中，使水平能见度小于 10km 的空气普遍混浊现象，记为“∞”。“雾霾”天气，就是区域性能见度低于 10km 的空气普遍浑浊的现象。

在工业革命以前，传统空气环境中，人类活动对其影响较弱，大气中的气溶胶粒子可视为背景气溶胶，其主要来源为自然环境，比如地面扬尘、海洋表面吹入大气的液滴，以及突发性的剧烈自然活动。而随着工业的发展、经济的进步，人类活动影响程度显著增强，工业生产、机动车尾气都使得人为源气溶胶排放量加大。这些人为源气溶胶造成的能见度恶化事件越来越多，特别是严重空气污染的城市，雾霾频繁出现。因此“雾霾”是人为源气溶胶粒子主导，在高湿度条件下引发的低能见度极端天气。

2.“雾霾”成因

1) 气溶胶颗粒物

随着人类活动的加剧，大气气溶胶污染日趋严重。尤其在中国近二三十年，大城市每年雾霾天数平均超过 100 天，个别城市甚至超过 200 天，此外雾霾天气的污染强度也越来越大，能见度可以恶劣到 1～2km。经过分析气溶胶与能见度数据关系后得出，人为排放的气溶胶颗粒物是导致近年中国中东部地区雾霾天气频发的主因。

颗粒物粒径越小，在大气中停留时间越长，传输距离越远，去除机制越复杂。颗粒物的粒径大小受来源和化学成分等因素影响。刘庆阳、常清对北京冬季重污染过程颗粒物及其化学组分粒径分布特征的研究，白鹤鸣在京津冀地区空气污染时空分布的研究，张妍芬对于 2013 年石家庄市首要空气污染物颗粒的研究，均表明首要空气污染物为可吸入颗粒物和细颗粒物。

常清和高怡等对北京冬季雾霾天气下颗粒物及其化学组分进行分析，得出气溶胶颗粒物中 SO_4^{2-}、NO^{3-}、NH_4^+、Cl^-和 Ca^{2+}是最主要的水溶性离子，随着大气污染加重，此类水溶性离子质量浓度也明显升高，尤其是硝酸盐浓度上升对重度雾霾形成的贡献巨大。煤、石油类燃料燃烧排放的 NO^{3-}可加速气态 SO_4^{2-} 向颗粒态 SO_4^{2-} 转化。

在大气中的强氧化物质——臭氧 (O_3) 的作用下，氮氧化物 (NO_X)、挥发性碳氢化合物 (VOC) 等，将与 OH^-自由基发生化学反应，形成硫酸盐、硝酸盐、细颗粒物等物质。

含碳化合物中的 EC 具有强烈的吸光性，可造成大气能见度的降低；含碳化合物中的 OC 一方面可充当大气化学反应氧化剂，另一方面也可发挥物理散射作用。大气颗粒物中的 EC 主要来自于采暖或交通源的直接排放。大气中的 OC 可能有两个来源：一方面来自于机动车或煤燃烧直接排放；另一方面来自多环芳烃、有机酸等挥发性有机物在大气中的二次转化。

2) 气象条件

气象条件和大气边界层结构变化虽然只是雾霾污染形成的外因，但在排放源相对稳定的情况下，外因往往是决定性因素。研究结果表明：各种不利气象因素对大气污染的诱发助推作用不可小觑，其中低风速、高湿度、大气纬向环流、大气边界层和逆温层等气象现象的出现都可能导致雾霾天气的发生或加重。

在对北京大气颗粒物数浓度粒径分布特征及与气象条件的相关性的研究中得出：风速对颗粒物数浓度分布影响最为显著，核模态与风速呈显著正相关，其他模态及总颗粒物数浓度均与之呈负相关。

大气中存在明显的逆温层，逆温层厚度大 (0.5～1.0km)，强度强 (逆温温差 5～10℃)，这使得近地面南向风和东向风将水汽输送到华北地区，上层大气的西北风将沙尘输送到华北地区，有助于气溶胶的吸湿增长和浓度的聚集。

北半球大气纬向环流和气候变化致使大气污染物向中纬度区域聚拢，使位于这一区域的广大地区极易遭受大气污染之害；另外，较低的边界层也严重抑制了污染物的有效扩散。

赵晨曦等研究北京冬季 PM2.5 和 PM10 的质量浓度与相对湿度正相关，并且相关程度较高。

徐敬等通过研究北京地区空气指数与气压的关系得出，在非夏季时段，两者为负相关，相关系数为–0.41～–0.35；但在夏季时段两者呈正相关，相关系数为 0.10。北京地区空气指数在夏季与气压呈正相关关系主要是因为当地副热带高压活动较为活跃，易导致高温、闷热、风速小、相对湿度大的“桑拿天”现象，这种气象条件常常会导致空气污染物浓度持续累积。

另外，季节性变化和特殊的地理位置对空气污染物浓度亦有较大影响。

3. 雾霾防控方法

城市细颗粒物来源，主要有以工业、交通、电力、其他生产和生活活动以及天然源排放的一次颗粒物(包括沙尘、风尘、扬尘、建筑、道路尘、各种燃烧过程和工业过程产生的尘等)、由气体向颗粒物转化而生成的二次颗粒物(硫酸盐、硝酸盐、铵盐及有机颗粒物)。

综合以上雾霾成因，除气象因素外，工业排放、汽车尾气、化石燃料燃烧、施工作业等方面应该是重点治理对象。

(1) 从源头抓起，严控污染物排放。在化工、造纸、印染等产业集聚区，逐步淘汰分散燃煤锅炉，推进脱硫、脱硝、除尘等流程安装改造，加快煤改电等清洁能源工程建设，加大工业挥发性有机物排放整治力度；多部门联动，加强对施工工地的控尘监管，积极引导施工单位人员进行绿色施工；城区开展餐饮油烟污染治理；着力减少移动源污染，合理优化城市布局，引导绿色出行等方式降低机动车使用强度，加快淘汰排放不达标车辆并大力推广新能源汽车；农业区应减少生物质的无组织燃烧，建议在严禁秸秆无序焚烧的同时，配套建设生物质综合利用设施，引导民众将秸秆杂草等生物质变废为宝。

(2) 改变传统治理对象。以控制一次污染为主转变为控制一次污染物和二次污染物并存。控制一次污染物排放源的同时，加强控制二次污染物的排放。

(3) 建立多部门监测应急机制。环保部门加强与其他部门的联动合作和信息共享，全面深入构建重污染天气的监测应急机制，完善大气污染应急体系，根据不同污染等级相应地采取限产停产、限车限号以及切实有效的气象干预等应对措施。

(4) 建立健全法律法规。建立完善的环境保护法制，制定治理污染的全国性战略，细化大气相关的法律、行政法规及规章，规定空气质量标准及相关问责办法。

1.5.4 大气污染物的传输与扩散规律

烟气排放是大气污染的主要原因。烟气排放的方式是多种多样的，如交通工具在快速移动中向近地面处排放的废气，我国城市居民使用的开敞式煤炉和煤气炉排放的废气，工矿企业通过烟囱向大气排放的污染物等。作为城市建设领域的技术人员，可通过规划与设计的手段来降低城市区域的污染浓度，如加强城市的自然通风方法、抬高烟囱高度等方法，将大气污染物排放到较高处以利于污染物传输和扩散到远处。

烟气从烟囱口排出后，在浮升力和风力及惯性力的作用下，向下风方向逐渐扩散，形成像羽毛状的烟气流，称为烟羽。其扩散的范围取决于气象条件、地理地物特点等多种因素。多年来，国内外研究人员提出了许多定量计算大气扩散物理过程的计算模型，其中最为简单并被工程界接受使用的是高斯烟羽模型。

1. 高斯烟羽模型的假定条件

(1)烟气是从高架点源连续排放的。

(2)污染物扩散是被动的，它完全随周围空气一起流动，烟气中污染物排放到空气中不发生化学反应，从它排出来到接收地面之间，污染物量既没有损失，也无增加。地面不但对污染物不吸收，而且还将污染物完全反射到大气中去。

(3)污染物处在同一类温度层结的大气层之中，计算的扩散范围以不超过 10km 为宜。

(4)风在空间分布平直且均匀稳定，不涨落，平均风速和风向都没有显著的变化。虽然风速、风向随时都在变化，但是变化范围不大，只是在一定的范围内波动。

(5)应用高斯烟羽模型估算污染物浓度，仅适用于平均风速大于 1m/s 以上的情况。

(6)污染物在空间的分布规律呈正态分析，即假定污染物的浓度在中轴线上最大，离轴线越远，浓度越低，不论在水平方向还是垂直方向。

2. 高斯烟羽扩散模型[①]

烟气中污染从烟囱连续排出以后，在烟囱下风向的大气中扩散。在接近烟囱的地方，污染物浓度最小，随着污染物向下风向的扩散，其浓度逐渐增大，其扩散到一定距离时，污染物浓度达到最大，污染物再进行扩散，其浓度开始逐渐减小。随着在下风向扩散距离增大，浓度达到一个最小值。由正态分布假设条件可得，在下风处任一点的浓度 C 与源强 Q 成正比，与风速成反比，与烟囱位移的标准差成正比，即

$$C = A \cdot \exp\left[-\frac{1}{2}\left(\frac{y}{\sigma_y}\right)^2\right] \tag{1-24}$$

式中，$A = \dfrac{1}{2\pi\sigma_y}$；$\sigma_y$ 为烟尘横向位移的标准差，由此得到无空间连续点源的高斯扩散模型为

$$C(x,y,z) = \frac{Q}{2\pi\mu\sigma_y\sigma_z}\exp\left[-\frac{1}{2}\left(\frac{y^2}{\sigma_y^2}+\frac{z^2}{\sigma_z^2}\right)\right] \tag{1-25}$$

由于地面限制物质扩散，扩散微粒碰到地面必须反射，近地面大气层中物质垂直扩散会偏离正态分析，采用虚像法模拟这种情况，如图 6-4 所示。连续高架点源的大气高斯烟羽扩散模型则为

$$C(x,y,z,H_e) = \frac{Q}{2\pi u\sigma_y\sigma_z}\exp\left[-\frac{1}{2}\left(\frac{y}{\sigma_y}\right)^2\right]\left\{\exp\left[-\frac{1}{2}\left(\frac{z-H_e}{\sigma_z}\right)^2\right]\right\} \tag{1-26}$$

式中，Q 为污染物的排放率(或称源强，g/s)；u 为烟囱出口处的平均风速(m/s)；σ_y 为烟气在横向方向分布的标准差，又称 y 方向上的扩散参数，为 x 的函数(m)；σ_z 为烟气在垂直方向分布的标准差，又称 z 方向上的扩散参数，为 x 的函数(m)；H_e 为烟囱有效高度(m)，$H_e = h+\Delta H$，h 为烟囱实际高；x 为从烟源到下风向任意点的距离(m)；y 为横向方向任意点的距离(m)；z 为垂直方向任意点的距离(m)；C 为任意点的浓度(mg/m^3)。

①引自刘加平等编著的《城市环境物理》，中国建筑工业出版社，2011 年。

式(1-26)右边的 $\dfrac{Q}{2\pi\mu\sigma_y\sigma_z}$ 表示根据质量保持不变的条件而决定的烟气中心轴上的浓度变化。式(1-26)右边的 $\exp\left[-\dfrac{y^2}{2\sigma_y^2}\right]$ 表示烟气中心轴水平面上的浓度分布，σ_y 为该正态分布的标准偏差，$\exp\left[-\dfrac{1}{2}\left(\dfrac{z-H_e}{\sigma_z}\right)^2\right]$ 表示地面上实源产生的浓度分布，$\exp\left[-\dfrac{1}{2}\left(\dfrac{z+H_e}{\sigma_z}\right)^2\right]$ 表示地面上反射(虚源)到空间产生的浓度分布，见图 1-7。

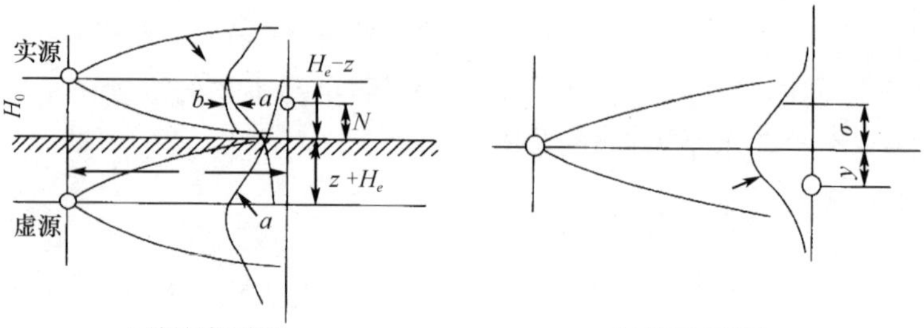

(a)烟气剖面图　(b)烟气平面图

图 1-7　烟气扩散说明图

由式(1-26)可以看出污染物的浓度与污染物的排放率成正比，排放率越大，浓度就越高；污染物浓度与平均风速成反比，烟囱有效高度越高，污染物浓度也就降低越快，污染物浓度在横向方向和垂直方向均符合正态分布。

3. 高斯烟羽模型应用特例

1) 高架物污染物的落地浓度

由一般式可化为高架源(烟囱、排气筒等)排放污染物的落地浓度计算公式，令 z=0，即污染物落到地面，得到高架源的落地浓度为

$$C(X,Y,0,H)=\frac{Q}{\pi\mu\sigma_y\sigma_z}\exp\left[-\left(\frac{y^2}{2\sigma_y^2}+\frac{H_e^2}{2\sigma_z^2}\right)\right] \tag{1-27}$$

在污染源附近，污染物在下风向落地浓度接近于 0，然后逐渐增高，在某个距离上达到最大值，再缓缓减少。在 Y 方向上，污染物浓度，也按正态分布规律向两边减小。

2) 地面污染物轴线浓度

轴线浓度是指从烟囱排出来的烟气流，有时称为烟云，这个烟云是圆锥形体。圆锥形体的中心线是(y=0)投影到地面(z=0)称为 X 轴线(下风向和 X 轴方向一致)。轴线上的浓度就是在 X 轴上的浓度分布。其计算公式为

$$C(X,0,0,H)=\frac{Q}{\pi\mu\sigma_y\sigma_z}\exp\left(-\frac{H_e^2}{2\sigma_z^2}\right) \tag{1-28}$$

3) 扩散参数 σ_y 和 σ_z

距离烟囱下风方向(轴线上)X 处的扩散参数 σ_y 和 σ_z 是坐标 x 的函数。在前述各式中，确定浓度分布的关键是确定扩散参数 σ_y 和 σ_z。我国《制定地方大气污染排放标准的技术方法》

(GB 3840—1991)中推荐采用下述方法确定 σ_y 和 σ_z。

令 y 方向上的扩散参数 σ_y 和 z 方向上的扩散参数 σ_z 均为 x 的幂函数，并有以下关系：

$$\sigma_y = ax^b, \quad \sigma_z = cx^d \tag{1-29}$$

式中，a、b、c 和 d 在一个相当长的时间内可看作常数，称为扩散系数，随地区不同和稳定度不同而变化。所以，应按前述方法首先确定大气的稳定度，然后查表 1-2，确定 a、b、c 和 d 值，可确定 σ_y 和 σ_z。

表 1-2　扩散参数幂函数表达式数据

$\sigma_y=ax^b$				$\sigma_z=cx^d$			
稳定度	b	a	下风距离/m	稳定度	b	a	下风距离/m
A	0.90 0.85	0.42 0.60	0～1000 ＞1000	B	0.96 1.09	0.12 0.05	0～500 ＞500
B	0.91 0.86	0.28 0.39	0～1000 ＞1000	B-C	0.94 1.00	0.11 0.07	0～500 ＞500
C	0.92 0.88	0.18 0.23	0～1000 ＞1000	C	0.91 0.83	0.10 0.12	＞0 0～2000
C-D	0.93 0.88	0.14 0.18	0～1000 ＞1000	C-D	0.75 0.81 0.82	0.23 0.13 0.10	2000～10000 ＞10000 0～2000
D	0.93 0.89	0.11 0.14	0～1000 ＞1000	D	0.63 0.55	0.40 0.81	2000～10000 ＞10000
E	0.92 0.89	0.08 0.10	0～1000 ＞1000	D-E	0.77 0.57 0.49	0.11 0.52 1.03	0～1000 2000～10000 ＞10000
F	0.93 0.89	0.05 0.73	0～1000 ＞1000	E	0.78 0.56 0.41	0.09 0.43 1.73	0～10000 1000～10000 ＞10000
A	1.12 1.51 2.11	0.07 0.00 0.06	0～300 300～600 ＞500	F	0.78 0.52 0.32	0.06 0.37 2.40	0～1000 1000～10000 ＞10000

4)地面最大污染浓度

按《制定地方大气污染排放标准的技术方法》(GB 3840—1991)推荐的方法，高架点源下风向最大地面污染物浓度由下式确定：

$$C_m = \frac{Q \times 2}{\pi \cdot e \cdot \mu \cdot H_e^2 \cdot P_{11}} \tag{1-30}$$

式中，P_{11} 为横向稀释系数，准确计算 P_{11} 值较为复杂，近似条件下可取其值为 $P_{11}=6$，则式(1-30)成为

$$C_m = \frac{Q}{3\pi \cdot e \cdot \mu \cdot H_e^2} \tag{1-31}$$

准确确定 C_m 所处的位置，即最大浓度点距烟囱的距离 X_m 亦较复杂。工程界一般认为 X_m 所处的范围在

$$X_m = (15-20)H_e \tag{1-32}$$

由式(1-32)可以看出：

(1) 最大污染浓度与源强成正比。污染源排放的烟尘越多，造成的污染浓度就越大。控制大气污染最有效的办法是在未排出之前采取消烟除尘措施；我国目前已基本普及消烟除尘设施，但效率有待进一步提高。

(2) 烟囱出口处平均风速越大，则在同样的强源之下，造成的最大污染浓度就越小。

(3) 在同样污染源强度下，加大烟囱有效高度能大大降低最大污染浓度，其一是因为 C_m 与 H_e 的平方成反比；其二是加大烟囱高度能提高排烟口处的风速。

由于不论采取什么措施，也不能达到烟囱排出物中完全没有污染物，所以合理选址和合理设计烟囱高度，对降低大气环境污染有现实意义。

本章小结

本章主要介绍了太阳辐射、地温、有效天空温度、长波辐射、湿度等建筑室外环境的基本物理参数；城市中的风环境特点；城市环境中污染物扩散的基本规律；雾霾的产生机理和防控方法等基本知识，要求对基本概念深入理解并能够利用这些基本概念解释建筑环境现象、解决相关的工程问题。

课外自学

自学《民用建筑热工设计规范》(GB 50176—2016) 和《建筑气候区划标准》(GB 50178—1993)，自学我国的建筑热工设计分区和建筑气候区划标准的分区法的特点。

课后习题

1. 影响建筑小区微气候的要素有哪些？

2. 大气逆温层产生的原因是什么？

3. 在你所在地区的夏季，选取当地的某一气温，计算一下夜里的有效天空温度大约是多少？(说明：该题目没有唯一的标准答案。)

4. 说明低反射率和高反射率的地面对建筑小区微气候的影响有什么不同？

5. 结合[探索思考]第 1 题，说明自行车座在敞开的环境中放置，什么情况下容易结露？什么情况下不容易结露?请结合所学知识加以说明。

知识拓展

1. 请在图书馆查阅图书文献，学习土壤环境的概念，了解地质环境是如何影响建筑外环境的？

2. 通过查阅相关文献学习植被对室外环境的影响。

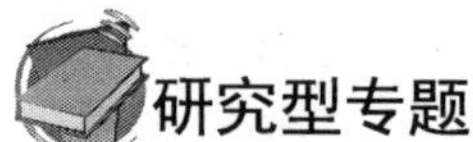

研究型专题

北京故宫又称“紫禁城”，北倚万岁山。永乐年间用挖护城河的泥土堆积成山，主峰高 88.7m，周围二里余，成为紫禁城的一座天然屏障。此山五峰耸峙，中峰在全城中轴线上，又处南北两城墙的正中，形成全城的制高点。它使得全城堂堂正正，庄严而匀称大方。紫禁城前方有金水河横过天安门前，然后由内金水河成眠弓状绕抱太和门；城外西侧为中海、南海，西北部有北海；城内金水河流过宫城的西侧、南侧。

结合中国传统的风水理论以及本章的学习，说明其建筑环境设置的科学合理之处和理论依据。

院士简介

扫描二维码，领略专家风采，指引前行之路。

参考文献

白鹤鸣. 2013. 京津冀地区空气污染时空分布研究[D]. 南京：南京信息工程大学.

常清，杨复沫，李兴华. 2015. 北京冬季雾霾天气下颗粒物及其化学组分的粒径分布特征研究[J]. 环境科学学报，(12)：363-370.

陈步尚，张春梅. 2007. 建筑日照间距在规划设计中的应用[J]. 辽宁工程技术大学学报，26(1)：37-39.

陈璐璐，王怡. 2009. 建筑朝向对自然通风的分析及确定[J]. 山西建筑，35(27)：30，31.

崔海亭，杨锋. 2004. 蓄热技术及其应用[M]. 北京：化学工业出版社.

冯国会，梁若冰，宁经洧，等. 2007. 太阳辐射对人体热舒适性的影响分析[J]. 沈阳建筑大学学报(自然科学版)，23(5)：790-793.

高怡，张美根. 2014. 2013 年 1 月华北地区重雾霾过程及其成因的模拟分析[J]. 气候与环境研究，(2)：140-152.

李新妹，于兴娜. 2011. 灰霾期间气溶胶化学特性研究进展[J]. 中国科技论文在线，6(9)：661-664.

刘加平. 2011. 城市物理环境[M]. 北京：中国建筑工业出版社.

刘庆阳，刘艳菊，杨峥. 2014. 北京城郊冬季一次大气重污染过程颗粒物的污染特征[J]. 环境科学学报，(1)：12-18.

路娜，周静博，李治国，等. 2015. 中国雾霾成因及治理对策[J]. 河北工业科技，(04)：371-376.

马勇. 2007. 建筑日照设计[J]. 山西建筑，33(27).

申彦波，赵宗慈. 石广玉. 2008. 地面太阳辐射的变化、影响因子及其可能的气候效应最新研究进展[J]. 地球科学进展，23(9)：1-17.

汪凯，叶红，陈峰，等. 2010. 中国东南部太阳辐射变化特征、影响因素及其对区域气候的影响[J]. 生态环境学报，19(5)：1119-1124.

王跃思，姚利，王莉莉. 2014. 2013 年元月我国中东部地区强霾污染成因分析[J]. 中国科学：地球科学，(1)：15-26.

魏嘉，吕阳，付柏淋. 2014. 我国雾霾成因及防控策略研究[J]. 环境保护科学，(5)：51-56.

吴兑. 2012. 近十年中国灰霾天气研究综述[J]. 环境科学学报，(2)：51.

谢浩. 2010. 节能玻璃的种类及特点[J]. 江苏建材，(1)：51.

徐海荣，钟史明. 2006. 充分利用我国太阳能资源开发太阳能光伏产业[J]. 沈阳工程学院学报(自然科学版)，2(4)：299-302.

杨卫国，夏红卫，魏生贤，等. 2013. 竖直墙面不同方位上太阳辐射量的计算分析[J]. 西南师范大学学报(自然科学版)，33(2)：22-25.

张播，赵文凯. 2010. 住宅日照标准的多学科认识[J]. 城市规划，34(12)：83-87.

张妍芬，杨晓. 2014. 2013 年石家庄市空气质量情况及污染成因分析[J]. 广东化工，(14)：155-156.

中国气象局. 1979. 地面气象观测规范[M]. 北京：气象出版社.

周秉荣，颜亮东，校瑞香. 2012. 三江源地区太阳辐射与日照时空分布特征[J]. 资源科学，34(11)：2074-2079.

朱颖心. 2016. 建筑环境学[M]. 4 版. 北京：中国建筑工业出版社.

第 2 章　建筑室外环境对室内环境的影响

本章要点

1. 城市热岛形成的原因与控制方法。
2. 建筑中庭对室内环境的影响及其作用。
3. 室外声环境对室内环境的影响及其控制方法。
4. 室外光环境对室内环境的影响及光污染防治。

案例导引

案例一：雾霾天公共场所室内 PM2.5 接近室外

近一个多月来，北京出现多次重污染天气，2015 年 12 月 7 日，北京市空气重污染红色预警首次启动。口罩成为市民的出行必备品，不过记者发现，不少市民仅习惯于在室外行走时戴口罩，进入室内则马上将口罩摘下。近日，记者在雾霾天走访地铁站、商场、五星级酒店、医院、图书馆等多处公共场所，使用两种品牌不同的手持式空气质量检测仪进行检测，结果显示室内 PM2.5 的数值与室外接近，而在个别地铁站内数值甚至会高于室外。专家及医生建议市民，雾霾天除在室外需注意防护外，在室内同样应做好个人防护。室内封闭若不严密，污染或比室外更重。

14 日上午 10 时许，位于王府井的新东安商场内，PM2.5 数值为 230～245，与室外相差无几。随后，记者又来到大悦城附近的某大型健身会所，在器械场区，PM2.5 的浓度约为 260，跑步区的浓度则为 240，10 余位市民正在跑步机上快走或跑步，大汗淋漓，一名锻炼者看到记者的测量结果后表示十分吃惊。“以为室内锻炼的话空气会稍好一些，没想到污染还是这么严重。”张先生说。中科院大气物理研究所研究员王庚辰表示，一般情况下，我国室内的空气污染状况比室外还要重一些。“众所周知，雾霾是非常小的颗粒物，只要室内封闭得不是特别严密，在室外雾霾比较严重的情况下，会慢慢地渗透进室内，导致内外的污染程度差别不大。”王庚辰说。2014 年 11 月至今年 1 月，清华大学电子工程系、清华大学建筑环境检测中心等单位曾联合发起北京室内空气质量调研，张林是这一调研项目的负责人。调研组收集了北京市 407 名志愿者累计 11 万小时的室内数据，公布了《室内空气质量调研的数据分析报告》。报告显示，采样期间，北京市室外的平均 PM2.5 浓度为 91.5 微克/米^3，居民室内空气的平均 PM2.5 浓度为 82.6 微克/米^3，处于轻度污染范畴。室内 20 小时的 PM2.5 暴露量约为每日总暴露量的 82%，而室外 4 小时的 PM2.5 暴露量约为每日总暴露量的 18%。人均室内 PM2.5 的吸入量是室外的 4 倍。

资料来源：大河网 http://newpaper.dahe.cn/dhjkb/html/2015-12/22/content_1346788.htm?div=-1

案例二：玻璃屋顶反光数百米外亮瞎眼

夏日灼灼的阳光下，漳州芗城区腾飞路一正在改造的建筑，玻璃屋顶反射出耀眼的光芒，就像个亮晃晃的小太阳。数百米外，解放军第 175 医院的工作人员却被这光线刺得睁不开眼。一路之隔的福海阳光小区，也有住户感受到这光的威力，戏说“被亮瞎了眼”。陈先生在解放军第 175 医院工作，办公室在住院部 9 楼。最近一段时间，每天上午 9～10 点多，办公室总是明晃晃的，光线亮到刺眼。他从窗户向外看时，更是连眼睛都睁不开。一番搜寻，他发现罪魁祸首竟是腾飞路一处正在改造的建筑，玻璃屋顶反射出的一团耀眼的光。陈先生把此事发到同事间的微信群里，没想到不只他一人深受其扰，同事们也都反映强烈。而住在福海阳光小区的住户苏先生，也被这一人造“小太阳”困扰得不行。每天上午 10 点多，光线就反射到他家里，这段时间，他只能拉紧窗帘。昨日上午 11 点，海都邦邦找到该改造项目工程部负责人邹先生，一同爬到屋顶寻找光源，经过一番搜寻，发现是两栋建筑之间的一个造型屋顶惹的祸。随着太阳的移动，玻璃屋顶向不同角度反射光线。邹先生说，这是三个月前安装的造型屋顶，用的是普通钢化玻璃，玻璃下面还装了一些白色的造型板，没想到反光会这么厉害。昨日下午，该改造项目另一负责人在了解情况后，表示将召集工程部现场查看，商量出一个解决方案，看是要贴膜还是如何处理，将在近期给出答复。

光污染，是一种新的环境污染源，主要包括白亮污染、人工白昼污染和彩光污染。镜面建筑反光、夜晚不合理亮光，是比较常见的光污染。当太阳光照射强烈时，城市里建筑物的玻璃幕墙、磨光大理石等装饰反射光线，明晃白亮、炫眼夺目。专家研究发现，长时间在白色光亮污染环境下工作和生活的人，视网膜和虹膜都会受到不同程度的损害，还使人头昏心烦，甚至发生失眠、食欲下降、情绪低落、身体乏力等类似神经衰弱的症状。夏天，玻璃幕墙强烈的反射光进入附近居民楼房内，也使室温平均升高 4～6℃，影响正常生活。

资料来源：福州新闻网 http://news.fznews.com.cn/fuzhou/20150630/5591fe88814cc_3.shtml

预备知识

1. 传热的基本方式。
2. 空气流动的动力和遵循的规律。
3. 声音传播的规律。
4. 光波的传播规律。

兴趣实践

选取城市中心某一位置在距地面 1.5m 高度，用温度计测量其干球温度，对比测量同一时段城市郊区某一位置在距地面 1.5m 高度的干球温度，比较二者的差异，分析原因是什么？

探索思考

1. 城市绿化和水体表面对环境空气温度有哪些影响？在营造微气候环境时应该如何做？
2. 在现代建筑设计中，很多建筑采用中庭，这种做法对建筑环境营造有哪些作用？
3. 在室内光环境营造过程中为什么要重视天然采光？怎样提高天然采光的效果？

2.1　城市热岛效应

2.1.1　热岛效应的形成

城市地面覆盖多，发热体多，加上密集的城市人口的生活和生产中产生大量的人为热，造成市中心的温度高于郊区温度，且市内各区的温度分布也不一样。如果绘制出等热曲线，就会看到与岛屿的等高线极为相似，人们把这种气温分布的现象称为“热岛现象”（hot island effect)。此时，城市犹如一个温暖的岛屿，从而形成城市热岛效应(urban hot island effect)。城市热岛效应的强弱以热岛强度 ΔT 来定量描述，即以热岛中心气温减去同时间同高度(距地1.5m 高处)附近郊区的气温差值，如图 2-1 所示。

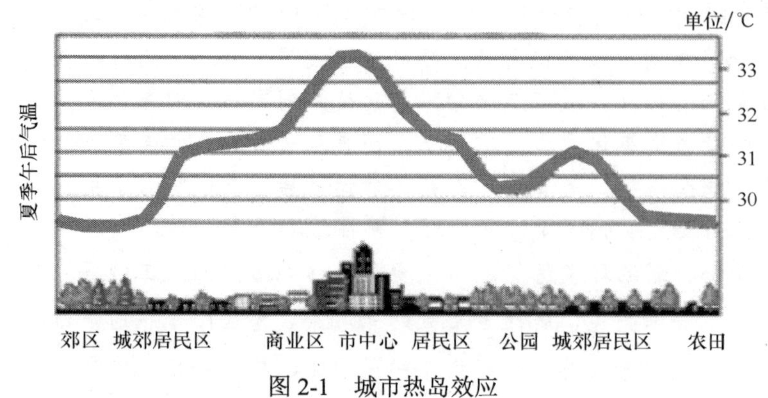

图 2-1　城市热岛效应

近年来随着我国城市建设的快速发展，城市热岛效应也变得越来越明显。气候条件是造成城市热岛效应的部分因素，而城市化才是热岛形成的内因。由于城市下垫面特殊的热物理性质、城市内的低风速、城市内较大的人为热等原因，造成城市的空气温度要高于郊区的温度，这是城市热岛产生的原因。

2.1.2　室内热环境与城市热岛效应

现代人类社会的生产生活集中化，使城市规模不断扩大，城市的热环境压力也不断增加，巨大的热能排放，使城市建筑无法逃脱热环境的困扰。1995 年，美国芝加哥城市的高温热岛，造成 700 多个老人患病死亡。城市热岛效应加重了城市高温的出现频率和高温灾害，这使得人们的居住环境更加炎热，也使得空调等调节室内热湿环境的设备的工作状况恶化，其能效比 COP 值降低。同时空调的应用，虽然相对改善了室内的小环境温度，但对城市大环境来说，由于空调能耗向室外环境排热，反过来又加强了热岛效应，这就更加重了空调系统的负担，从而使环境更加恶劣。如此便使人类步入环境不断升温和不断需要热工设备提高工作强度来降低温度的恶性循环之中。有统计计算显示，北京的 2001 年夏天，北京市居民仅空调的用电量就高达 200×10^4kW · h，相当于向室外排放 800×10^4kJ 的热能，这相当于燃烧 800000kg 煤的热量。城市工业生产、服务业的运转和公共设施运行保障，更是运行在热环境之中，不但释放着大量的热能，同时还释放着大量的温室气体，反过来为城市热岛效应的产生作出了极大的“贡献”。因此，城市热岛效应已是现代人类社会城市中，普遍存在的特殊气候现象，是与人类生产生活有着密切关系。

有统计表明，在城市中，人类每天生产生活向自然环境中所释放的热能，相当于太阳辐射能的 3～4 倍，这等于在我们的天空上又产生了三四个太阳。这不是亮度的增加，而是热辐射量和热辐射强度的增加，是在时间和空间上平均热释放强度所造成的温度增加。在危害城市居住环境的同时，也危害着全球的大气环境和能量平衡条件，破坏了生态系统的稳定，这是城市热岛效应形成的必然危害。

2.1.3　热岛效应的控制

控制城市的人口密度和建筑物密度过快发展，合理规划城市，保护并增大城区的绿地和水体面积，提高能源的利用率，减少“人为热”的释放和减少温室气体的排放建设等措施均可减少城市的热岛效应。

1) 优化城市建筑布局

由于降低热岛效应最有效的措施就是风，所以要在城市中形成一个有利于风的循环环境。当风刮起来的时候，通过大气环流，热岛与周围地区的空气进行交换，以降低城市的温度。因此，城市建筑物的平面和立面的有效布置，体量和高度的有机结合，使风流能够在一定的范围内形成一个环流。另外，应合理考虑城市中的生活区、办公区、商业区和工业区的布局，以减少资源和能源的浪费，并减少工业废气、废物的产生。

2) 提高城市绿化率

绿地能充分吸收太阳的辐射能量，所吸收的辐射能量又有大部分在光合作用中转化为化学能，可以大大减弱热岛效应。同时，城市绿化覆盖率与热岛强度成反比，当覆盖率大于 30%，热岛效应则得到明显的削弱；覆盖率大于 50%，绿地对热岛的削减作用则极其明显。规模大于 3 公顷且绿化覆盖率达到 60%以上的集中绿地，基本上可与郊区自然下垫面的温度相当，因此可消除热岛现象，并在城市中形成以绿地为中心的低温区域。

3) 利用城市水体

水的热容量大，在吸收相同热量的情况下，温度升值相对较小，水面还可通过蒸发吸热，以降低空气的温度。如果水体流动，还可带走城市的大量热量。此外，水中的生物吸收了太阳能，将其转换成生物能，又带走了大量的热量，以降低周边的温度。因此，要维系好城市中已有的湖泊和河流，充分利用这些资源，来改善城市热环境，降低热岛效应。在热岛效应明显的闹市区也可采用人工水体(如喷泉)来降低地面温度。

4) 推广应用新技术

一是要大力提倡采用外墙隔热涂料，如外墙应以白色或浅颜色的涂料为主，并限制采用面砖和玻璃幕墙，以尽量减少外墙吸收太阳的辐射。二是要在住宅小区内大力提倡中水回用技术、雨水利用技术，节约可贵的水资源，改善小环境。三是要大力提倡屋面植被、立体植被技术。如果城市所有的平屋面都能绿化，则城市的环境会大大改善，热岛效应也会大大降低。此外，城市的热岛效应关系到每一个人的切身利益，因此每个人要从自身做起，来减缓热岛效应。如坐公交车出行，短距离的出行最好骑自行车；夏天空调温度尽量不要调得太低等。

2.2　室外空气环境对室内空气质量的影响

近年来，生活在现代建筑物内的人们呈现出某些较为严重的病态反应，这一问题引起了专家学者的广泛关注。于是，病态建筑(sick building)和病态建筑综合征(sick building syndrome)的概念出现了。同时，也出现许多空调综合征(如眼睛发红、流鼻涕、嗓子疼、头痛、发困等)。从而使人们的健康受到了很大的影响，降低了工作效率，病休及医疗费用上升等问题也随之出现。因此，室内空气质量问题已成为当前建筑环境领域新的研究热点。

引起室内空气质量问题的原因一般有两类：一是暖通空调(HVAC)系统设计或运行不当；二是各类污染源产生的污染物的作用。第一类原因一般包括：①通风和气流组织问题，如新风不足，室内气流组织不好等；②热舒适问题，当室内未达到希望的温湿度时，人们就会对室内空气质量抱怨。第二类原因包括：①室外大气质量的恶化(由新风入口或门窗等进入的污染物)；②交叉污染，由于设计时各房间的压力分布不当而导致地下停车场、打印室、吸烟区、餐厅等散发的污染物流入建筑的其他区域；③室内污染，如室内办公设备、家具、装潢、人员等产生的污染物；④微生物污染，常由空调凝水或漏水造成的。室外环境与室内环境是有密切联系的，室外的污染必定影响到室内。室外空气中存在着许多污染物，主要的污染物有二氧化硫、氮氧化物、颗粒物等。一旦有条件，室外空气就通过门窗、孔隙等途径进入室内。

2.3　室外声环境对室内环境的影响

2.3.1　室内声环境标准

大量的资料表明，对于日常的起居生活，室内噪声水平理想值不应大于 40dB(A)，若超过 55dB(A)，就会普遍地引起不满；对于睡眠而言，理想值是不大于 30dB(A)，超过 45dB(A)，约有 50%以上的人会感到受到干扰。为创建优良的居住声环境，实现高标准的居住舒适度，国家制定了相关政策法规以保障人们享有健康安静的居住声环境，见表 2-1。

表 2-1　住宅室内允许噪声标准

房间名称	时间	允许噪声/A 声级，dB		
		一级	二级	三级
卧室、书房	白天	≤40	≤45	≤50
	夜晚	≤30	≤35	≤40
起居室	白天	≤45	≤50	≤50
	夜晚	≤35	≤40	≤40

注：引自《民用建筑隔声设计规范》(GB 50118—2010)。

2.3.2　室内主要噪声源

住宅内的噪声可分为外部噪声和内部噪声。外部噪声主要是从街道上传来的交通噪声、邻近工厂传来的工业噪声，以及附近建筑等施工场所传来的工地噪声等；内部噪声是由人们自己在室内的各种活动而产生的噪声，以及住宅楼内左邻右舍楼上楼下住户生活噪声的相互干扰。室内噪声的产生和传播主要决定于室内噪声的强弱和频谱以及外墙、间隔墙、门窗、楼板等的隔声性能。关闭窗户时外界噪声进入室内有一定的衰减，衰减的程度与窗户敞开面积成反比。当关闭面积为 1m^2 时，噪声约衰减 10dB。住户之间的噪声传播主要与建筑材料的隔声措施有关，不同墙体材料、楼板材料的隔声效果差异很大。

2.3.3　噪声的传播

噪声按传播途径主要分为结构传声、空气传声及驻波，其中驻波危害最严重。结构传声是指安装在大楼内的变压器、水泵、中央空调主机等设备通过居住大楼的基础结构大梁、承重梁将低频振动的声波传导到各家各户。空气传声是指低频噪声通过空气直接传播到小区住户。驻波是指低频噪声在传播过程中经过多次反射形成驻波，低频噪声在波幅中的振幅最强，对人的健康危害最严重。

2.3.4　外部噪声控制

建筑内的外部噪声源主要即指城市噪声，城市噪声的控制问题涉及面十分广泛，这是因为噪声来源很广，不仅有交通噪声，而且有工厂噪声、建筑施工噪声及生活噪声等。如果这些噪声都能解决，当然会使整个城市噪声水平降低。这就需要从法规、规划、道路交通几个方面全面综合考虑。噪声控制法规是为保证已制定的环境噪声标准实施，从法律条款上保证人民群众在适宜的环境中工作与生活，消除人为的噪声对环境的污染。

1) 合理的城市功能分区

城市经济和交通运输的发展，必然导致城市区域噪声源种类和强度的增加。但是城市总体规划与城市旧区改造、城市道路系统的规划建设与改造，都为改善城市区域声环境带来了难得的机遇。城市合理的功能分区以及完善的道路系统是整个城市区域具有良好声环境的前提。

2) 配套实施管理法规

制定并执行强制性的噪声控制和管理法规是保证城市宁静环境的重要措施。交通噪声源噪声级别高且流动性大，污染范围广。加宽道路、以立交桥代替平面交叉、在城市的主次干道强化对机动车的禁鸣管理、限制车速、在交道口处安置测声器和数字显示器等措施，均可以降低交通噪声级。另外，由于有些居住区的环境噪声级已接近甚至高于工业、建筑施工噪声，亦必须有管理办法严加控制，其中包括加强对居民的环境意识、社会公德的教育。

3) 科学的单体建筑设计

从声环境质量考虑建筑群的总体布局、单体建筑物的设计，乃至建筑物外围护结构材料和构造，都可以防止或减弱噪声干扰。

4) 声屏障的应用

声屏障技术在降噪应用中是一种最简单有效的方法。为了避免和减少交通噪声的干扰，可以通过设置不同形式的声屏障、障壁建筑物和优化的土地使用规划来达到降噪的效果。声屏障在日本已经得到广泛应用，例如，1993 年在高速公路沿线设置的隔声屏障总长度为 3300km。根据靠近道路的具体位置，所选择的屏障高度一般为 3～5m。

5) 噪声传播控制

噪声的传播一般分为噪声源、传播途径、接收者三个部分。传播途径包括反射、衍射等形式的声波行进过程。控制噪声就是在噪声到达耳膜之前，采取阻尼、隔声、吸声、消声器、个人防护和建筑布局等措施，尽量减弱或降低声源的振动，或将传播中的声能吸收掉，或设置障碍使声音全部或部分反射出去，减弱噪声对耳膜的作用，以达到控制噪声的目的。根据噪声传播的三个部分，可分别采用从声源上降低噪声、在传输途径上控制噪声、在接收点阻止噪声的途径控制噪声。

2.4　室外光环境对室内环境的影响

2.4.1　天然采光

在良好的光照条件下，人眼才能进行有效的视觉工作。良好光环境可利用天然光和人工光创造。但单纯依靠人工光源(即电光源)需要耗费大量常规能源，间接造成环境污染，不利于生态环境的可持续发展。而充分利用室外光源——天然采光，则是对自然能源的利用，是实现可持续建筑的路径之一。同时充分采用自然光源可以营造室内良好的光环境，舒适度好，不易引起视觉疲劳，有利于视觉健康；通过天然采光的亮度强弱变化、光影的移动，在室内生活的人们可以感知昼夜的更替和四季的循环，有利于心理健康。

2.4.2　采光口与室内光环境的关系

1) 采光口形式对室内光环境的影响

为了获得天然光，在建筑外围护结构上(如墙和屋顶等处)设计各种形式的孔洞，并在其外装上透明材料，如玻璃或有机玻璃等，这些透明的孔洞统称为采光口。可按采光口所处的位置将它们分为侧窗和天窗两类。最常见的采光形式是侧窗，它可以用于任何有外墙的建筑内。但由于它的照射范围有限，故一般只用于进深不大的房间采光。这种采光形式称为侧窗采光。任何有屋顶的室内空间均可使用天窗采光。由于天窗位于屋顶上，在开窗形式、面积、位置等方面受到的限制较少，因而无论从分布方式和数量上，都容易控制室内照度。同时采用这两种采光形式时，称为混合采光。

(1) 侧窗。侧窗可以开在墙的一侧或同时开在两侧墙上，透过侧窗的光线有强烈的方向性，有利于形成阴影，对观看立体物件特别适宜，并可以直接看到外界景物，视野宽阔，满足了建筑通透感的要求，故得到了普遍的使用。侧窗窗台的高度通常为 1m 左右。有时，为获得更多的可用墙面或提高房间深处的照度，或有其他需要，可能会将窗台的高度提高到 2m 以上靠近天花板处，这种窗口称为高侧窗。在高大车间、厂房和展览馆建筑中，高侧窗是一种常见的采光口形式。

(2) 天窗。利用房屋屋顶设置的采光口称天窗，这种采光方式称天窗采光或顶部采光。一般用于大型工业厂房和大厅房间。这些房间面积大，侧窗采光不能满足视觉要求，故需用顶部采光来补充。天窗与侧窗相比，有以下特点：一是采光效率较高，约为侧窗的 8 倍；二是具有较好的照度均匀性；三是一般很少受到室外遮挡。按使用要求的不同，天窗又分为多种形式，如矩形天窗、锯齿形天窗、平天窗、横向天窗和井式天窗。

①矩形天窗。在单层工业厂房中，矩形天窗应用很普遍。对于室内产热量大或有有害气体产生的车间，需要利用自然通风排除热量或有害气体时，矩形天窗是适宜的。

②锯齿形天窗。这种天窗为单面顶部采光。屋面顶棚为倾斜面，以利用顶棚的反射光，采光效率高于矩形天窗，可满足精细工作车间的采光要求。当窗口朝北布置时，完全接收北向天空扩散光，阳光不会直射入室内，减小了室内空气温度和湿度的波动。因此，锯齿形天窗适合于要求室内温湿度稳定的车间，如纺织厂的纺、织和印染等车间，以及美术馆、体育馆等建筑。

③平天窗。平天窗的形式很多，其共同的特点是采光口位于水平面或接近水平面。由立体角投影定律可知，平天窗的采光效率比其他所有天窗都高，为矩形天窗的 2～2.5 倍。考虑到安全问题，平天窗常用的采光材料有钢化玻璃、铅丝玻璃及塑料板等。平天窗不需要特殊的天窗架，降低了建筑高度，结构简单，施工方便，并且可根据采光需要均匀分散，灵活布置，使室内照度均匀度较好。但平天窗不宜兼做通风口，同时会有大量阳光直射入室内，易造成室内过热，在寒冷地区的冬季，室内湿度较大的车间，平天窗内表面容易形成冷凝水，严重影响生产。另外，平天窗外表面容易污染，影响窗玻璃的透光性能，这些问题在使用平天窗时应予以重视。

2) 采光口的形式要求与选择

采光口在为室内提供天然光照度的同时，一般情况下也兼作通风口，同时又是保温隔热的薄弱环节，对于有爆炸危险的房间还可作为泄爆口。故在选择采光口时必须针对具体房间，结合其用途综合考虑。

(1) 不允许阳光直射的房间。直射阳光进入室内，可能会引起眩光，也可能由于日射负荷过大导致室内空气温湿度随着太阳高度角的变化波动过大。不希望有这种现象的空间在窗户的选择、朝向、材料等方面应加以注意。不希望阳光直射的空间，侧窗和矩形天窗的朝向最好是南北朝向，锯齿形天窗则应朝北布置，平天窗不可能选择朝向，需采取其他措施弥补。如果要减少日射负荷导致的室内空气参数变化，应该选择锯齿形天窗为采光口，使射入室内阳光最少。

(2) 有通风要求的房间。各种采光口的通风效果不同，矩形天窗最好，而平天窗不能兼作通风口。在选择采光口时必须考虑房间对通风的要求。若是展览馆，则以采光为主，通风次之，可选高侧窗或平天窗。

(3) 有保温隔热要求的房间。由于窗户的热阻很小，因而成为冬季保温和夏季防热的薄弱点，开窗面积直接影响到冬季采暖能耗和夏季空调能耗，同时，对创造良好的室内热环境也是不利的。因此在确定开窗面积时，应特别注意各类建筑能耗之间的平衡。

(4) 有爆炸危险的房间。这时窗户还承担泄爆功能。为了减低爆炸压力，保存承重结构，可设置大面积泄爆窗，从窗的面积和构造处理上解决减压问题。在面积上泄爆要求往往超过采光要求，从而引起眩光和过热，需要注意处理。

天然光具有很多优点，但它的应用受到时间和地点的限制。建筑物内不仅在夜间必须采用人工照明，在某些场合，白天也需要人工照明。人工照明的目的是按照人的生理、心理和社会的需求，创造一个人为的光环境。人工照明主要可分为工作照明(或功能性照明)和装饰照明(或艺术性照明)。前者主要着眼于满足人们生理上、生活上和工作上的实际需要，具有实用性的目的；后者主要满足人们心理、精神上和社会上的观赏需要，具有艺术性的目的。在考虑人工照明时，既要确定光源、灯具、安装功率和解决照明质量等问题，还需要同时考虑相应的供电线路和设备。

2.5　光　污　染

2.5.1　光环境与光污染

光辐射引起人的视觉，人们才能看到五彩缤纷的世界，人从外界得到信息约有 80%来自视觉，所以无论是白天还是夜晚，舒适的光环境对任何人都是至关重要的。光环境的内涵很广，它指的是由光(照度水平和分布、照明和颜色)与颜色(色调、色饱和度、颜色分布、颜色显现)在室内外环境建立的同空间形状有关的生理和心理环境。人们对光环境的需求与他从事的活动有密切关系。在进行生产、工作和学习的场所，优良的光环境能振奋人的精神，提高工作效率和生产产品的质量，保障人身安全与视力健康。因此，充分发挥人的视觉效能是营建这类光环境的主要目标。而在休息、娱乐和公共活动的场合，光环境的首要作用则在于创造舒适优雅、生动活泼，或庄重严肃的特定环境气氛。相反，不适宜的光环境会严重影响人们的身心健康。目前人们把那些对视觉、人体和环境有害的光称为光污染。光污染是一类特殊形式的污染，它包括可见光、红外线和紫外线等造成的光污染，其中可见光污染较常见，可见光污染又表现为白亮污染、人工白昼和彩光污染 3 种类型。白亮污染即眩光，是阳光或人工高发光体照射到建筑物的玻璃或金属幕墙、釉面砖墙、磨光大理石和各种亮光涂料面层所产生的强烈反射光线。医学研究发现，人们长期生活或工作在过量或不协调的光辐射下，会出现头晕目眩、失眠、视力减退、食欲缺乏、心悸和情绪低落等神经衰弱症状，严重影响正常生活节律和工作效率，诱发各种疾病和事故。

2.5.2　建筑表皮与城市光污染

一个具体建筑中建筑表皮与城市光污染的关系最为密切。建筑表皮是指具有改变建筑室内外物理环境功能的建筑外围护结构，主要包括外墙、屋面以及与其共同作用改变建筑室内外物理环境的附属构件，如遮阳设施、表面绿化等。建筑表皮作为内外空间的转换介质，通过室内外物质、能量、信息等交流对物理环境因子具有反射、吸收、透射和转换等作用，不同程度地改变了建筑室内外物理环境的品质。它不仅能为人类提供庇护，而且具有重要的人类生存环境意义，承担着改善和维系良好的建筑室内外物理环境的责任。建筑表皮所使用的材料及其构造方式不同，对室内外声、光、热等物理环境将产生积极或消极的影响。

城市空间被大量的建筑充斥着，建筑表皮的性状构成了城市外部空间形态的特征。人们漫步街头或驱车在城市中穿梭，映入眼帘的大都是建筑的表皮。由于在建筑立面造型设计时，更多考虑的是建筑单体本身的艺术效果，在建筑表面材质的选择和构造处理上，往往为追求建筑的性格特征和表达建筑文化寓意等，而忽视了建筑表皮对城市光环境的不利影响。待工程完工后，才发现产生严重的光污染问题。由玻璃或金属幕墙、釉面砖、磨光大理石以及各种亮光涂料构成的建筑表皮，在日光照射下，对城市环境都存在着不同程度的光污染问题，其中玻璃幕墙光污染问题最为严重，应予以高度重视并加以解决。

2.5.3 玻璃幕墙光污染问题

玻璃幕墙作为现代建筑的新元素于 20 世纪 80 年代引入我国，现在全国各城市采用玻璃幕墙的建筑已随处可见。玻璃幕墙的应用在给人们带来耳目一新的建筑形象的同时，也带来一些新的环境问题，其中最引人关注的就是光污染问题。玻璃幕墙(或高可见光反射比材料建筑表皮)的光污染为白亮污染，主要是指在建筑的外墙上采用了大面积的热反射镀膜玻璃幕墙，当直射阳光照射到玻璃表面上，由于玻璃的镜面反射而产生的强烈反射光会干扰人们的正常生活和工作。有些玻璃幕墙是半圆形的，反射光汇聚还容易引起火灾。据报道，1987 年德国柏林曾发生一场大火，警方在建筑物内部始终未找到起火原因，最后才发现对面高层玻璃幕墙产生的聚光才是真正的“元凶”。更为严重的是，强烈的反射眩光可能刺激得人眼无法睁开，危害行人和司机的视觉功能，甚至造成交通事故，威胁人们的生命安全。

玻璃幕墙光污染必须在特定条件下才会产生，首先是使用大面积较高可见光反射比的玻璃材料；其次玻璃幕墙应朝向太阳或高发光体且与人眼形成特定的角度；再有玻璃幕墙光污染程度还与幕墙的方向、形状、位置、高度以及表面的构造有关。掌握了以上玻璃幕墙产生光污染的形成条件，就能采取相应技术措施加以解决或减弱其污染程度。

2.5.4 城市光污染防治技术

为解决城市光污染问题，可通过对建筑表皮的材料选择、安装位置以及细部构造设计等方面进行研究，提出基于建筑表皮的城市光环境改善技术策略。

(1) 选择可见光透射比高的玻璃材料。采用光透射比高的玻璃，能够减少玻璃幕墙的定向反射光，是一种较为简捷有效的解决玻璃幕墙光污染的建筑表皮技术构造方法。热反射镀膜玻璃的光反射比一般都在 40%左右，镀膜玻璃都有镜面效果，容易造成光污染。可以采用新技术降低玻璃光反射比，即采用低辐射镀膜玻璃(Low-E 玻璃)，可获得较高的可见光透射比(80%以上)和较低的光反射比(11%以下)，则光污染会有一定程度的减轻。另外，玻璃幕墙技术也在不断发展，除了在提高玻璃本身的热工性能和采光效率方面外，还通过研究玻璃幕墙的通风、节能等方面的构造技术，达到既能提高建筑内部的热舒适度，又能防止城市外部的光污染。如“双层呼吸式玻璃幕墙”，由于其外层采用无色透明玻璃或低辐射玻璃，可最大限度减少光污染的影响，同时利用双层表皮玻璃幕墙中间的空气间层进行有效的通风组织与控制，提高建筑保温隔热性能，满足建筑节能的需要。

(2) 玻璃幕墙表面安装遮阳分隔构件。为避免像大面积玻璃幕墙等高光反射建筑表皮的光污染，可采用可见光反射比低或均匀扩散漫反射的材料对建筑表皮进行水平或垂直分隔，避免阳光直接照射到玻璃幕墙，不仅能防止光污染，而且利用突出幕墙的水平或垂直分隔构件对玻璃幕墙进行遮阳，在夏季能减少玻璃幕墙的能耗，具有一定的节能作用。除玻璃材料的建筑表皮外，像磨光的金属表皮、白色釉面砖、玻璃马赛克等具有高光反射比的建筑表皮也可采取设置遮阳构件的方法控制阳光直射建筑表皮所造成的光污染。

(3)控制建筑表皮材料可见光反射比和照度值。磨光的金属幕墙、白色釉面砖、马赛克、磨光大理石以及各种光亮涂料构成的建筑表皮的光反射比大都在 0.6 以上，在阳光照射时极易造成光污染。因此，建议建筑表皮装饰材料的光反射率控制在 0.12 以下或选用均匀扩散的漫反射材料作为饰面，以避免定向反射材料带来的光污染。除白昼的光污染问题外，还要高度重视城市夜景照明中的光污染问题，改变以往认为夜景照明越亮越好的错误看法，大力提倡节约能源的城市绿色照明工程建设。城市夜景照明应合理选择光源、灯具和布灯方案，避免光污染的产生。在进行建筑泛光照明时，应严格控制建筑表皮的照度，被照建筑表皮的平均照度不得超过国际照明委员会规定的照度值，控制人工光源对建筑表皮造成的光污染。

2.6 建筑中庭对室内环境的影响

中庭通常是指建筑内部的庭院空间，其最大的特点是形成具有位于建筑内部的“室外空间”，是建筑设计中营造一种与外部空间既隔离又融合的特有形式，或者说是建筑内部环境分享外部自然环境的一种方式。中庭的应用可解决地下建筑固有的一些问题，诸如不良的心理反应、外部形象与特征不明显、观景与自然光线的限制、方向感差等。

2.6.1 室内外环境的缓冲器

中庭是建筑内部有效的联系空间，同时对室内环境与室外环境形成有益的缓冲和补充，对建筑空间的整体节能、气候控制、天然采光、环境净化等各方面起作用。根据中庭采光面的布置及内部空间开敞方式，建筑内部与中庭空间通过多种方式发生联系。而远离中庭光热环境影响的暗角部分可以设置为设备核心加以利用。于是作为半室内环境的中庭，是人工舒适环境与室外环境之间有效的缓冲器。在一般情况下人工环境中所能享受到的舒适质量主要依赖于现代建筑技术及新材料的使用。人工环境中应避免持续消耗非可再生能源而达到舒适，从这个意义上讲，中庭建筑应在设计中提倡在节约能源前提下提高室内舒适度。

2.6.2 中庭的热工效应

中庭可以用最小的外表面来缓冲尽可能多的内部环境的温度变化要求，大进深的建筑物可以有最短的外墙，从而减少外墙体的热工损耗，它以庭院的形式减少了夏日的降温负荷，并且可以收集、储存冬日热能。在日照时间允许的情况下，还可以将中庭设置为有效的太阳能采集器。在不同类型及不同地区的建筑中，中庭可以具备不同的气候调节特性，使建筑物基地气候的影响与中庭的使用相结合。

常年寒冷气候较长的地区通常需要利用中庭采暖。如北欧国家冬季严寒，春秋季阴冷，夏季短暂且气候反复无常。在建筑设计中利用中庭尽量减少照明、制冷所需的耗电量，同时通过良好的绝热或周边能源的收集来降低采暖的耗能，以较低的基本能耗获取建筑使用所需的热量。采暖中庭应能无阻碍地接收阳光，以使室内外能保持一定的温差，中庭内墙和地面应具备储热能力，尤其是内墙面宜采用浅色调，使昼光反射热能而不是吸收热量，减缓有阳光直射时中庭周围房间内热量的聚集，并且在短暂的多云天气里中庭内与外的正温差可以使热量由中庭向周围房间散发，从而使建筑使用空间的温差波动减缓到最低；中庭的围护结构(即内墙与外壳)应具有较高的绝热性能，以减缓热量的传递。如瑞典斯德哥尔摩某共生房，中庭也是一个日光收集器。白天，朝南的垂直玻璃面从太阳得到热能并供给建筑；夜晚，保温屋面则大大降低热量的辐射损失。内庭中的温度保持在 8～15℃。

炎热地区为首的建筑内部保持不受高温、高湿以及强烈日晒影响，可以将中庭考虑为降温结构，中庭对于建筑的使用空间起着空气的冷却和除湿的缓冲作用，通过中庭形成强制送、回风系统，为内部使用空间供应冷空气，同时通过夜间对内部空间及围护结构的冷却来减缓白天的热量积聚。在降温的中庭中，一般应避免阳光对中庭的直射，避免东、西向开窗，在天窗高度充足的情况下，可以利用全遮阳、有色玻璃、篷布结构等处理方式避免无阻拦的直接昼光。降温中庭对于外围护结构的绝热性能要求不高，主要强过通风组织、遮阳和反射等方式进行防热处理，同时由于在炎热地区避免昼光直射，顶部采光要求不高，中庭的较大屋顶面为利用太阳能装置提供了有利条件。在印度马德拉斯的 MRF 大厦是利用中庭调节炎热气候的典型例子：各办公空间围绕建筑中庭开放布置，由单独的自由柱托起漂浮于平台上的遮阳棚架，以抵挡对中庭的太阳辐射，在建筑与生态两方面取得了较好的结合。

大部分中庭建筑希望是可调温的中庭。即在冬季起着采暖中庭的作用，夏季又要防止中庭内阳光直射带来的热量积聚，在不同季节分别具有采暖与降温的特性。中庭在设计中可以针对气候控制的可变性，按照气候与日照特点设置符合气候变化的固定的或可操控的遮阳装置，如遮阳板、遮阳帘、遮阳百叶等，以改变建筑围护结构的隔热性能。例如，在冬天太阳高度角较低，夏季则太阳高度角较高，可以在设计中有计划地遮挡较高角度的阳光，同时不影响冬季基本日照需求。在不同的控制要求下，还可以通过通风系统的操纵改变冬、夏季的气候控制特点。

2.6.3 中庭的通风效能

建筑空间面向中庭开放，避免了外部气候条件波动带来的不良影响，当建筑对外部采取有选择的封闭时，中庭的通风成为改善气候小环境的有效措施。由于中庭易于收集太阳能使空气升温，同时，顶部的天窗开口易于形成井口效应，进出风口高差越大的空间，被动式的自然通风模式越容易实现。如在费城儿童医院中庭的处理中，以 U 形平面围绕一个南向的中庭。向街的外墙采用光滑和热绝缘性能好的材料，并使窗开到最小。朝向中庭的内墙都采用透光性能好的轻质墙体。中庭用作餐厅及入口门厅，炎热的夏天利用屋顶内的遮阳板和南墙来遮阳隔热。中庭成为强制通风、回风部分，同时利用中庭来收集太阳能使空气升温，热空气借此排放而不用中庭内的空气循环。福斯特的法兰克福商业银行总部大楼被誉为世界首座生态型高层塔楼，在三角形的塔楼平面中央设置一个竖向贯通的巨大中庭，提供了自然的通风道。建筑在不同的高度分别设置四层楼高的空中花园，并沿着建筑的三边交错排列，使每一层楼都能获得绿色视野并避免了大面积的连续办公空间，每一间办公室均向花园开窗，避免高空气流的影响并通过中庭获取自然通风。

课外自学

1. 小区风环境评估、城市通风理论。
2. 热岛模拟分析方法。
3. 室外大气污染的成因、扩散规律。

4. 环境噪声计算分析方法。

5. 建筑遮挡与采光之间的关系。

知识拓展

1. 室外大气雾霾污染的加重，是否会引起室内 PM2.5 浓度上升？原因是什么？如何减少这种影响？

2. 在建筑通风设计过程中，如何借助中庭强化自然通风效果？

3. 对于靠近马路的住宅楼，如何降低外部噪声源对室内声环境的影响？

4. 建筑天然采光和遮阳是对外部日照影响的两种考虑，在实际工程设计过程中如何合理发挥二者的优势？

课后习题

1. 如何控制城市热岛效应？

2. 建筑中庭有哪些作用？

3. 室外空气环境是如何影响室内空气质量的？

4. 如何控制外部噪声的影响？

5. 如何合理地选择采光口？

6. 如何防治城市光污染？

研究型专题

如图 2-2 所示为某高校教学和实验楼的空调系统室外机的布置，结合以前的认识实习指出这是什么空调系统？请结合建筑外环境的学习指出这种布置是否合理。写出 500～1000 字的评论谈谈你自己的观点。

图 2-2　某高校教学和实验楼的空调系统室外机布置图

评分标准及要求：

(1) 可以阅读相关书籍或查阅相关文献，但是要谈自己的观点。

(2) 本次作业能谈出自己观点的，不论对错都记满分。

(3) 抄袭他人的一经发现，抄袭者和被抄袭者都记零分。

(4) 要求布置作业的第二天交作业，电子版发到课程邮箱，不可拖延，拖延者扣 5 分。

院士简介

扫描二维码，领略专家风采，指引前行之路。

参考文献

狄曼特 R M E. 1975. 建筑物的保温[M]. 吕绍泉，译. 北京：中国建筑工业出版社.

弗兰裘克 A M. 1964. 房屋围护结构受潮理论与计算[M]. 詹天佑，译. 北京：中国建筑工业出版社.

何平，孙刚. 2000. 供热工程[M]. 3 版. 北京：中国建筑工业出版社.

黄晨. 2016. 建筑环境学[M]. 2 版. 北京：机械工业出版社.

贾衡. 2001. 人与建筑环境[M]. 北京：北京工业大学出版社.

江亿，林波荣，曾剑龙，等. 2006. 住宅节能[M]. 北京：中国建筑工业出版社.

刘加平. 2009. 建筑物理[M]. 4 版. 北京：中国建筑工业出版社.

刘念雄，秦佑国. 2016. 建筑热环境[M]. 2 版. 北京：清华大学出版社.

柳孝图. 2000. 建筑物理[M]. 2 版. 北京：中国建筑工业出版社.

陆亚俊，马最良，邹平华. 2002. 暖通空调[M]. 北京：中国建筑工业出版社.

陆耀庆. 1993. 实用供热空调设计手册[M]. 北京：中国建筑工业出版社.

秦佑国. 2002. 城市住宅声环境[J]. 绿色建筑，(5)：51-53.

松浦邦男. 1978. 建筑环境工学[M]. 鸟取：朝仓书店.

王淑莹，高春娣. 2004. 环境导论[M]. 北京：中国建筑工业出版社.

王永恒. 1993. 建筑玻璃应用手册[M]. 武汉：武汉工业大学出版社.

王宇清. 2005. 供热工程[M]. 北京：机械工业出版社.

徐祥德，汤绪，等. 2002. 城市化环境气象学引论[M]. 北京：气象出版社.

杨世铭. 1991. 传热学[M]. 北京：高等教育出版社.

赵荣义，范存养，薛殿华，等. 2009. 空气调节[M]. 4 版. 北京：中国建筑工业出版社.

Hart S U S. 2007. Census bureau[J]. Architect Ural Record，(3)：131-133.

Klepeis N E， Neslon W C，Ott W R，et al. 2001. The national human activity pattern survey (NHAPS)：a resource for accessing exposure to environmental pollutions[J]. Journal of Exposure Analysis and Environment Epidemiology，(30)：152-231.

Kurokawa K，Sekkei N. 2007. The National Art Center Tokyo[J]. Shinkenchiku，(1)：58-61.

Stephenson D G，Mitalas G P. 1971. The national human activity pattern survey (NHAPS)：a resource for accessing expo calculation of heat conduction transfer function formultilayer slabs[J]. ASHRAE Transactions，(2)：1-17.

第二篇　建筑室内环境

建筑室内环境是建筑环境的核心内容。人的一生中大约有 90%以上的时间是在室内度过的，因此本篇内容非常重要。本篇包括建筑热湿环境、热舒适环境、室内空气环境、建筑光环境、建筑声环境、建筑电磁环境、工业建筑的室内环境与职业卫生 7 章内容。热湿环境、空气环境、光环境、声环境和电磁环境正如人体的各个器官，虽然从功能上讲彼此独立，但是组成了一个有机联系的整体，对于建筑环境来说缺一不可。比如建筑环境与能源应用工程专业（简称“建环”专业）的前身“供热通风与空调工程”专业的研究范畴主要是室内热湿环境和空气质量以及如何通过良好的室内气流组织创造所需要的空气环境，但是一个建筑要达到绿色建筑、健康建筑的标准，光有良好的热湿环境和空气质量是远远不够的，良好的建筑光环境和声环境等也是重要的评价标准。因此在本科学习阶段，“建环”专业的同学必须要掌握建筑光环境、建筑声环境的基础知识，对于建筑电磁环境也要做一定的了解，这样才能适应专业发展的需要。近年来工业建筑的室内环境与职业卫生得到越来越多的重视，这部分内容在本篇最后也做了介绍。关于建筑环境的健康问题是本专业目前的研究前沿，与相关的医学研究关系密切，本篇在相关的章节也做了适当的介绍。

第 3 章　建筑热湿环境

本章要点

1. 围护结构及其材料的热物性指标、热湿传递模型。
2. 通过非透光和透光围护结构的显热得热计算方法。
3. 通过围护结构潜热得热的计算方法。
4. 特殊围护结构的热湿传递过程。
5. 以其他形式进入室内的热量和湿量。
6. 冷负荷与热负荷的计算原理和方法。

案例导引

案例一：宁波拟推广外遮阳节能卷帘屋内温度降 1.8～5℃

“一拉下帘子，房间里的热气一下就少了。”昨天正午，在自家书房的窗边，岳先生拉下安装在窗外的一道卷帘，开始给房间“降温”。这种据称可以让室内温度下降 1.8～5℃的“建筑外遮阳节能卷帘”，宁波市拟将之大范围推广。岳先生所住的柳庄小区，是宁波市区内第一个大规模安装了此种卷帘的老小区。“柳庄小区在去年老小区整治时，以业主自愿的方式，给小区里的 7 幢房屋免费统一安装了节能卷帘。”市住建委人士称，安装方位为每户人家的东、西、南三面窗户。据记者观察，这种节能卷帘外形和普通纱窗相似，看上去并没有什么特别之处。不过，其网格要密很多，能透光。据介绍，它是以功能性高分子复合遮阳材料制成的，隔热保温性好，而且能抗强风，其抗风性可达 6 级，即相当于可抗 17 级强风。值得一提的是，柳庄小区去年安装此种卷帘后，即使来了“海葵”台风，台风过后各户卷帘基本完好如初。“在宁波，目前很少有建筑在建造前预先设计外遮阳系统。但从建筑节能的角度看，外遮阳系统的节能效果是最好的。”宁波大学的姚健博士对记者表示。据其研究，安装了外遮阳系统的建筑，室内热舒适的时间一般可提高 9.6%，极端不舒适的时间可减少 32%。所谓热舒适，就是人对周围热环境所作的主观满意度评价，具体可细分为冷、凉、微凉、中性、微暖、暖、热等感受。

资料来源：凤凰网 http://news.ifeng.com/gundong/detail_2013_06/26/26810092_0.shtml

案例二：业主说地下车库里返潮，物业称结露属正常现象

近日，市民杨女士碰到了烦心事。据杨女士介绍，从今年 3 月起，她家的地下车库出现返潮现象，放在里边的东西开始发霉、生锈。她向负责管理该小区的某物业公司反映此事，被告知是空气湿度大形成的结露现象，等天气凉爽空气干燥后会自然消失。

业主：地下车库返潮难存物

据杨女士介绍，她和母亲、妹妹都住在某小区 28 栋 3 门，为了家人储物方便，去年 11 月，杨女士花 37 万元全额购买了小区的一间地下车库，地下车库的管理费为 130 元/月。从今年 3 月起，杨女士放在地下车库内的家具长毛了，地下车库的玻璃、墙面、地面上经常有水珠，导致车库内无法储存物品。22 日上午，记者来到该小区，一走进杨女士家的地下车库，明显感到室内空气潮湿。这间不大的车库内除了一些旧家具外，还堆放着生活用品。记者看到放在车库里的一个书包的带已经发霉，墙角还长了绿毛。杨女士说，从 3 月到现在，她为此事多次找过物业公司，希望物业公司能帮忙解决地下车库返潮的问题，但物业公司的工作人员来车库看过后告知：“地下车库结露属于正常现象，过了雨季就好了。”杨女士对物业公司的答复很不满意。杨女士说：“现在东西放进去就发霉、生锈，那当初我们花钱买地下车库有什么用呢？还不如买个车位。我不能每年一到雨季就把车库里的东西全搬出来呀。车库里特别潮，每次把车从车库里开出来前，车表面都是水珠，需要擦拭 10 多分钟才能出行。我担心车子总停在潮湿的车库内，对车的损害大。”

物业公司：结露属正常现象

记者随后与某物业公司的陈经理取得联系，他说经过检查和试验，结论是夏季空气湿度大，而地下室又多处于封闭状态，容易形成结露。陈经理称，他们考察了周围一些小区，同样发现夏季存在结露现象，立秋以后就会消失。陈经理强调，地下车库的建筑质量没有问题，“而且，我们发现打开地下车库的排风设备后，结露现象就会改善，目前，我们每天都会定点把排风设备打开，不会给车辆带来损害。”陈经理说。加强通风可除潮，消除结露现象。昨日，记者就地下车库返潮现象咨询了某物业集团的一位房管员。该房管员说，结露是指物体表面温度低于附近空气露点温度时表面出现冷凝水的现象。结露会使墙体表面潮湿、发霉，甚至淌水，恶化室内卫生条件，影响建筑物使用。造成结露的原因有很多种，比如墙体的内外保温、建筑材料的复杂及设计方面的缺陷等，都有可能在建筑物的内部形成返潮现象。该房管员建议开发商或业主可在储藏室墙上开小窗或开一小孔，形成空气对流，加强通风，可以有效地预防和消除地下储藏室内的返潮现象。该房管员建议业主不要把长期不用的家具、杂物堆放在地下储藏室内，防止出现霉变和生锈现象。

资料来源：长春晚报 http://ccwb.1news.cc/html/2014-07/23/content_386425.htm

预备知识

1. 导热传递的基本定律和计算方法。
2. 光的反射和折射规律。
3. 空气流动基本定律。

兴趣实践

针对同一面外墙，在上午、中午、下午三个时段，分别测量墙体内外表面温度和窗户玻璃内外表面温度，比较各自内外表面温度的差异，墙体与窗户玻璃内外表面温度之间的差异。分析出现差异的原因。

探索思考

1. 在建筑环境与能源应用工程专业为什么既要考虑墙体传热又要考虑墙体传湿？
2. 建筑外墙的保温层是不是越厚越好？如何选择保温层的厚度？
3. 以木屋、竹屋为代表的特殊建筑的围护结构保温隔热性能通常较差，在不明显增加围护结构厚度的前提下，如何提高这一类建筑围护结构的热工性能？
4. 在什么情况下可以用稳态法简化计算房间冷负荷？

3.1　建筑围护结构的热湿传递

3.1.1　围护结构及材料的热物性指标

通过围护结构由室外向室内传递热量的大小，不仅取决于室外空气综合温度、室内空气温度和室内围护结构壁面的温度，还取决于围护结构本身的热工特性。这些热工特性可以采用一些如导热系数、表面传热系数、辐射系数、蓄热系数等热工参数进行描述。

1) 材料的导热系数及其影响

材料的导热系数是指在稳定传热条件下，1m 厚的材料两侧表面的温差为 1℃，在 1s 内通过 $1m^2$ 面积传递的热量。它的大小直接关系到导热的传热量，是一个非常重要的物理参数，这一参数通常由专门的实验获得。不同状态材料的导热系数相差很大，如通常情况下空气的导热系数最小，仅为 0.006~0.6W/(m·K)，液体的导热系数为 0.07～0.7W/(m·K)，金属的导热系数最大，为 2.2～420W/(m·K)。材料导热系数的大小受多种因素的影响，主要因素分析如下：

(1) 材质。材料的导热性能受材料的组成成分或者结构影响各有不同，其导热系数也随之而异。对于建筑材料中非金属材料，绝大多数的导热系数为 0.3～3.5W/(m·K)。工程上常把导热系数小于 0.3W/(m·K) 的材料称为绝热材料，做保温、隔热用，如矿棉、泡沫塑料、珍珠岩、蛭石等。而砖砌体，钢筋混凝土等材料的导热系数就比较大。

(2) 材料密度。材料的密度反映材料密实的程度，材料密度越大，材料内部的孔隙越少，其导热性能越强。因此，在同一类材料中，密度是影响其导热性能的重要因素。在建筑材料中，一般来说，密度小的材料导热系数也小，尤其是像泡沫混凝土、加气混凝土等一类多孔材料表现得很明显；但有某些材料例外，当密度降低到某一程度后，如再继续降低，其导热系数不仅不随之变小，反而增大，如图 3-1 和图 3-2 所示材料导热系数与密度之间的关系。显然，这类材料存在一个最佳密度值。

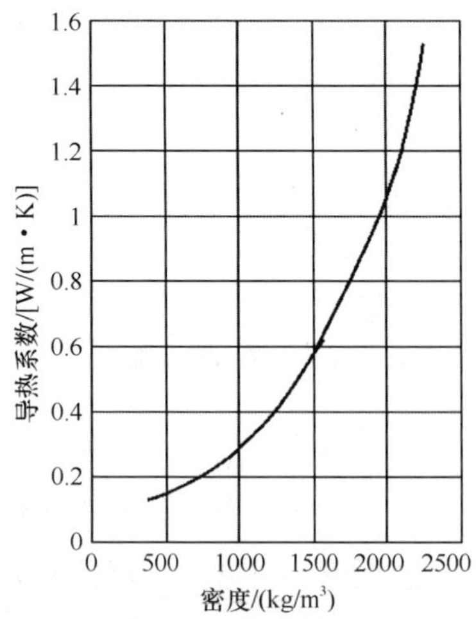

图 3-1　混凝土密度与导热系数的关系

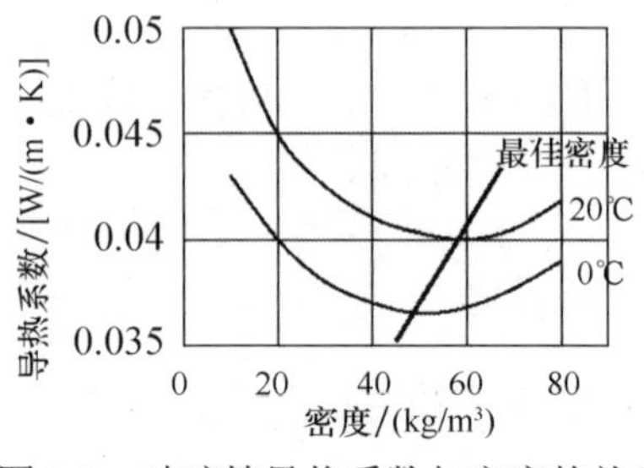

图 3-2　玻璃棉导热系数与密度的关系

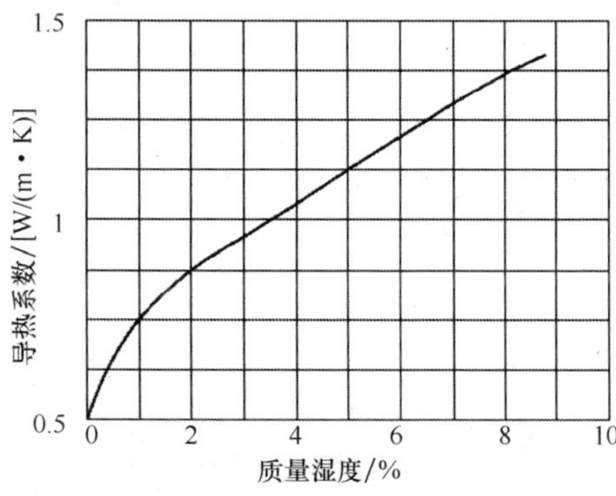

图 3-3　砖砌体导热系数与质量湿度的关系

(3) 材料的含湿量。在自然条件下，一般非金属材料并非绝对干燥，而是不同程度上含有水分，这些水分占据了一定体积的孔隙，含湿量越大，水分所占的体积越多。由于水的导热性能约比空气高 20 倍，因此材料的含湿量的增大必然使导热系数增大。图 3-3 是砖砌体导热系数与质量湿度(材料中水分质量与绝对干燥状态下材料质量的比率)的关系。从图 3-3 中可以看出，当砖砌体的质量湿度由 0 增至 4%时，导热系数由 0.5W/(m·K)增至 1.04W/(m·K)。因此，湿度对导热系数的影响必须引起充分注意。

材料的导热系数除受到上述因素影响较大外，使用的温度状况和某些材料的方向性对它也有一定的影响。不过，在一般工程中往往忽略不计。

对于多层均质材料，其热阻为各单一材料层热阻之和，即 $R=\sum R_i$ 。对于带封闭空腔如空心砌块等节能建筑材料，其空气间层内进行的是导热、对流和辐射换热综合的热交换，由于空气导热系数小，封闭空气间层内的传热强度主要取决于对流及辐射换热的强度。在垂直的空气间层中，当间层两界面存在温差时，空腔内形成了热表面附近空气上升和冷表面附近空气下降的空气对流，其空气对流换热强度随厚度的变化影响不大。对于水平空气间层，当热面在上方时，间层可视为不存在气体的对流，当热面在下方时，热气流的上升和冷气流的下降相互交替形成自然对流，这时空气间层换热强度增加，其热阻减少。为了进一步提高材料的保温性能，提高空气层热阻，常在空气间层内壁涂贴铝箔等辐射系数较小的反射材料。铝箔一般应设在间层的高温侧，否则会使间层低温侧的温度进一步降低，从而增加间层内部结露的可能性，影响其保温性能。

当围护结构内部个别层次由两种以上材料组合而成时，如空心砌块、填充保温材料的组合墙体，在垂直于热流方向已非匀质材料，内部也不是单向传热，而是一个二维的导热过程。

在工程计算时，首先将组合墙体在垂直于热流方向上划成若干个均质层和组合层，而组合层按不同材料所占面积大小加权计算平均导热系数。

2) 表面传热系数

围护结构表面对流是指流体与围护结构表面发生热量交换的现象，表面传热系数反映了围护结构表面传热的强度。表面传热系数 h 的大小取决于表面光滑程度、壁面形状和大小、流体与固体壁面温度、主体气流速度等。建筑热工中常遇到的表面传热问题都是指固体壁面与空气之间的换热，建议根据具体情况选用表 3-1 所列公式。

表 3-1　围护结构表面传热系数的计算公式

空气运动发生原因	壁面位置	表面状况	热流方向	计算公式
自然对流	垂直壁			$h=2.0\sqrt[4]{\Delta t-t}$
	水平壁		由下而上	$h=2.5\sqrt[4]{\Delta t-t}$
			由上而下	$h=1.3\sqrt[4]{\Delta t-t}$
强制对流	内表面	中等粗糙度		$h=12.5+4.2v$
	外表面	中等粗糙度		$h=12.5+4.2v$

注：h 是表面传热系数，Δt 是围护结构表面温度与室外空气温度的差值，t 是室外空气温度，v 是室外空气流动速度。

3) 材料的蓄热系数

建筑材料在周期性波动的热作用下，均有蓄存热量或放出热量的能力，借以调节材料层表面的温度。材料的蓄热系数 S 被定义为：材料表面的热流波动振幅与表面温度波动振幅的比值。其物理意义为：表面温度幅度为 1℃时，流入材料表面的最大热流密度。蓄热系数反映了材料在周期热作用下蓄热和放热的能力大小。在同样的热作用下，蓄热系数越大，表面温度波动越小；反之亦然。通常希望围护结构的材料蓄热系数值要大些，这样当热流有波动时，可以减少围护结构内表面以及室内空气温度的波动。半无限厚壁体在谐波热作用下，单材料层的蓄热系数不仅与材料的热物理性质有关，还与外界热作用的波动周期 T 有关，其关系可由式(3-1)表示

$$S=\sqrt{\frac{2\pi c\rho\lambda}{T}} \tag{3-1}$$

式中，λ 为材料的导热系数[W/(m · K)]；c 为材料的比热容[kJ/(kg · K)]；ρ 为材料的密度(kg/m^3)。

在一般手册中，给出各种不同材料的蓄热系数 S 时，采用下标表示周期，如 S_{24} 就是周期为 24h 材料的蓄热系数。对于同样的表面温度，蓄热系数较大的材料，表面换热较大。松木的 S_{24}=11.2 W/(m^2 · K)。如果地表温度低于人体体温，当人赤脚在地面上行走时，感到松木比混凝土暖和些，这是因为松木的蓄热系数较小，从皮肤吸取的热量较混凝土少些的缘故。

4) 材料层的热惰性指标

厚度为 x 的材料层的热惰性指标 D 是一个无因次物理量，它表示为 $D=RS$，R 是厚度为 x 的材料层的热阻。当围护结构表面温度波振幅相同的条件下，材料的 D 值越大，材料层离表面 x 处的温度波动就越小，温度波幅的衰减就越大，滞后的时间越长。D 值反映了围护结构在周期热作用下，反抗温度变化的能力。

多层围护结构的热惰性指标为各分层材料热惰性指标之和。若其中有封闭的空气层，因间层中空气的材料蓄热系数甚少(接近于零)，间层的热惰性指标可忽略不计。于是，多层围

护结构的热惰性指标为

$$D=\sum D_i=\sum R_i S_i \tag{3-2}$$

若多层围护结构中间某层由两种以上材料组成时，该层的热惰性指标则是该层的平均热阻系数 $\overline{R}$ 和平均蓄热系数 $\overline{S}$ 之积。

工程上常以 D 值区分围护结构的类型，$D\geqslant 6$ 为重型材料，$3\leqslant D<6$ 为中型材料，$D<3$ 为轻型材料。

5）反射率、吸收率和透射率

凡是温度高于绝对零度（即 0K）的物体，必然会从表面向外界空间辐射发出热射线。热射线的传播过程称为热辐射，通过热射线传播热量称为辐射传热，当某一热射线投射到物体表面，其中一部分能量被反射，另一部分能量被物体吸收，还有一部分能量可能透过物体，物体表面的反射、吸收、透射特性分别可以用反射率 ρ、吸收率 a、透射率 τ 表示，根据能量守恒定律

$$\rho+a+\tau=1 \tag{3-3}$$

凡是将外来辐射能全部反射的物体（$\rho=1$）称为白体，能全部吸收的物体（$a=1$）称为黑体，能全部透射的称为透明体或透热体（$\tau=1$）。在自然界中没有绝对的黑体、白体及透明体，在应用科学中，常把吸收率接近 1 的物体称近黑体，少于 1 的物体称灰体。在建筑工程中，绝大多数材料都是非透明体，其透射率等于 0，故 $\rho+a=1$，所以善于反射的物体，则一定不善于吸收辐射能；反之亦然。

不同类型的表面对辐射热的吸收、反射及投射性能不同，对辐射的波长的选择性也不同，这些特性不仅取决于材质、材料的分子结构、表面光洁度等因素，对于短波辐射热辐射强度还与物体表面的颜色有关。黑色表面对各种波长的辐射几乎全部吸收，而白色表面对不同波长的辐射反射率不同，它能反射约 90%的可见光，所以采用白色外围护结构或玻璃窗挂上浅色窗帘都可以减少进入室内的太阳热辐射。

总的来说，对于太阳辐射，围护结构的表面越粗糙，颜色越深，吸收率越高，反射率越低。值得注意的是，绝大多数材料的表面对长波辐射的吸收率和反射率随波长的变化并不大，可以近似认为是常数，而且不同颜色的材料表面对长波辐射的吸收率和反射率也差别不大。除抛光的表面以外，一般建筑材料的表面对长波辐射的吸收率都在 0.9 左右。表 3-2 是某些材料的围护结构外表面对太阳辐射的吸收率 a。

表 3-2　各种材料的围护结构外表对太阳辐射的吸收率

材料类别	颜色	吸收率	材料类别	颜色	吸收率
石棉水泥板	浅	0.72～0.87	红砖墙	红	0.70～0.77
镀锌薄钢板	灰黑	0.87	硅酸盐砖墙	青灰	0.45
拉毛水泥面墙	米黄	0.65	混凝土砌块	灰	0.65
水磨石	浅灰	0.68	混凝土墙	暗灰	0.73
外粉刷	浅	0.40	红褐陶瓦屋面	红褐	0.65～0.74
灰瓦屋面	浅灰	0.52	小豆石保护屋面层	浅黑	0.65
水泥屋面	素灰	0.74	白石子屋面		0.62
水泥瓦屋面	暗灰	0.69	油毛毡屋面		0.86

建筑材料中的玻璃属半透明体围护结构，其反射率、吸收率和透射率均为 0～1。玻璃对太阳光射线的中短波辐射来说是半透明体，而对于长波热辐射则几乎是不透明体，这种特点

从图 3-4 中可以看出，对于可见光和波长为 3μm 以下的近红外线几乎是透明的，但却能够有效地阻隔长波红外线辐射。因此，当太阳直射在普通玻璃窗上时，绝大部分的可见光和近红外线将会透过玻璃(普通玻璃对其的吸收率很小，多为 10%～20%)，只有长波红外线(也称为长波辐射)会被玻璃反射和吸收(普通玻璃的吸收率可达 90%～95%)，但这部分能量在太阳辐射中所占的比例很少。由于玻璃能有效地阻隔室内向室外发射的长波辐射，玻璃所具有的这种性能就是所谓的“温室效应”，也就是以玻璃为围护结构的建筑，如温室，太阳辐射能透过玻璃进入室内，而室内发出的热辐射却不能够过玻璃传至室外。

对于单层玻璃窗，如图 3-5 所示当阳光照射到两侧均为空气的玻璃时，射线要通过两个分界面才能从一侧透射到另一侧。阳光首先从空气入射进入玻璃薄层，即通过第一个分界面。此时，如果用 r 代表空气-半透明薄层界面的反射百分比，代表射线单程通过半透明薄层的吸收百分比，由于分界面的反射作用，只有辐射能进入半透明薄层。经半透明薄层的吸收作用，有的辐射能可以达到第二个分界面。由于第二个分界面的反射作用，只有 $f_{c1}=A_{c1}/A_D$ 的辐射能可以进入另一侧的空气，其余 $(1-r)(1-a_0)r$ 的辐射能又被反射回去，再经过玻璃吸收以后，抵达第一分界面……循环往复。

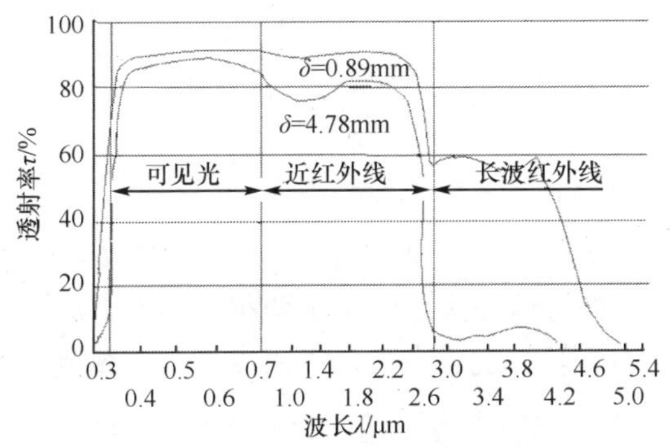

图 3-4 普通玻璃对太阳光谱的透射率

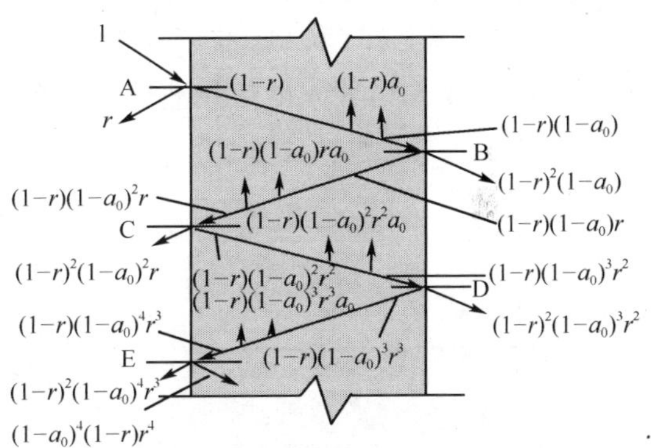

图 3-5 单层半透明薄层中光的形成

因此，半透明薄层对于太阳辐射的总发射率、吸收率和透射率则是太阳辐射在半透明薄层内进行无穷次反射、吸收和透射后的总和。

半透明薄层的总吸收率 a 为

$$\begin{aligned}a&=(1-r)a_0+(1-r)(1-a_0)ra_0+(1-r)(1-a_0)^2r^2a_0+\cdots\\&=a_0(1-r)\sum_{n=0}^{\infty}r^n(1-a_0)^n=\frac{a_0(1-r)}{1-r(1-a_0)}\end{aligned}\tag{3-4}$$

半透明薄层的总反射率 ρ 为

$$\rho=r+r(1-a_0)^2(1-r)^2\sum_{n=0}^{\infty}r^{2n}(1-a_0)^{2n}=r\left[1+\frac{(1-a_0)^2(1-r)^2}{1-r^2(1-a_0)^2}\right]\tag{3-5}$$

半透明薄层的总透射率 τ 为

$$\tau=(1-a_0)(1-r)^2\sum_{n=0}^{\infty}r^{2n}(1-a_0)^{2n}=\frac{(1-a_0)(1-r)^2}{1-r^2(1-a_0)^2}\tag{3-6}$$

同理，太阳辐射通过双层透明薄层时，其总反射率、总透射率和各层的吸收率也可以通过类似方式求得。

总反射率 ρ 为

$$\rho=\rho_1+\tau_1^2\rho_2\sum_{n=1}^{\infty}(\rho_1\rho_2)^n=\rho_1+\frac{\tau_1^2\rho_2}{1-\rho_1\rho_2} \tag{3-7}$$

总透射率 τ 为

$$\tau=\tau_1\tau_2\sum_{n=0}^{\infty}(\rho_1\rho_2)^n=\frac{\tau_1\tau_2}{1-\rho_1\rho_2} \tag{3-8}$$

第一层半透明薄层的总吸收率 a_{z1} 为

$$a_{z1}=a_1\left(1+\frac{\tau_1\rho_2}{1-\rho_1\rho_2}\right) \tag{3-9}$$

第二层半透明薄层的总吸收率 a_{z2} 为

$$a_{z2}=\frac{\tau_1 a_2}{1-\rho_1\rho_2} \tag{3-10}$$

式中，ρ_1、ρ_2 分别是第一层、第二层半透明薄层的反射率；τ_1、τ_2 分别是第一层、第二层半透明薄层的透射率；a_1、a_2 分别是第一层、第二层半透明薄层的吸收率。

上述各参数所用的空气-半透明薄层界面的反射百分比 r、单层吸收百分比 a_0 与射线的入射角等有关。r 与射线入射角和波长的关系，可用下式计算：

$$r_i=\frac{I_\rho}{I}\left[\frac{\sin^2(i_2-i_1)}{\sin^2(i_2+i_1)}+\frac{\tan^2(i_2-i_1)}{\tan^2(i_2+i_1)}\right] \tag{3-11}$$

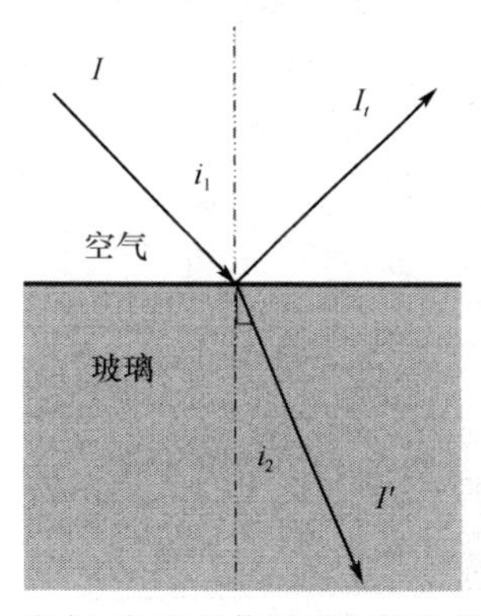

图 3-6　空气-半透明薄层界面的反射和折射

式中，i_1 和 i_2 分别为入射角和折射角，见图 3-6。

入射角和折射角的关系取决于两种介质的性质，即与两种介质的折射指数 n 有关，可用以下关系式为

$$\frac{\sin i_1}{\sin i_2}=\frac{n_1}{n_2} \tag{3-12}$$

空气的平均折射指数 n_1=1；在太阳光谱范围内，玻璃的平均折射指数 n_2=1.526。

半透明薄层单层的吸收百分比 a_0 取决于对应波长的材料消光系数 K_λ 与射线在半透明薄层中的行程 L，而行程 L 又与入射角和折射指数有关，消光系数 K_λ 与射线波长有关。在太阳光的主要波长范围内，消光系数近似于常数，如普通窗玻璃的消光系数 $K_\lambda\approx0.045$，白水玻璃的消光系数≤0.015。

太阳辐射通过半透明薄层时，其对太阳辐射的吸收现象与大气层对太阳光辐射的吸收规律相同，即单层吸收百分比 a_0 可通过以下公式计算：

$$a_0=1-\exp(-KL) \tag{3-13}$$

因此，随着入射角不同，空气-半透明薄层的反射百分比 r 不同，射线单程通过半透明

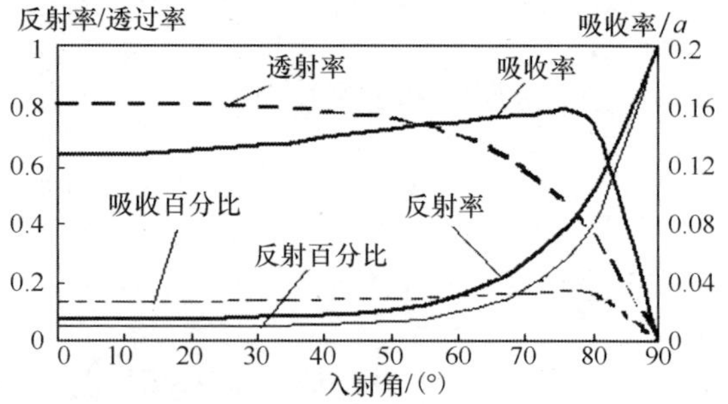

图 3-7　3mm 厚普通窗玻璃的吸收率、反射率和透射率与入射角之间的关系曲线

薄层的吸收率 a_0 也不同，从而导致半透明薄层吸收率、反射率和透射率都随入射角改变，如图 3-7 所示。

由理论计算分析可知，散射辐射作用下的玻璃的吸收率、反射率和透射率与直接辐射在入射角为 45°～60°的数值接近，工程计算时，一般可直接采用入射角为 45°的直射辐射光学性能代替。

3.1.2　围护结构的热湿传递模型

1. 多孔墙体的热湿传递模型

多孔介质是由固体物质组成的骨架和由骨架分隔成大量密集成群的微小空隙构成的介质。大部分的材料都具有多孔介质特性。从墙体材料的结构上讲，墙体材料属于多孔介质的范畴。传统的传热传湿理论用于墙体可以进行近似计算。然而在中/高湿度地区，室内外空气湿度较大，在墙体内部或者冷热桥位置很容易出现内部结露现象，墙体的保温性能大大降低。因此在本节任务是分析墙体作为多孔介质时的热湿传递过程和特点。

在不考虑热量传递和温度梯度对湿度影响的情况下，实验研究表明，对于不同的相对湿度，材料存在四个阶段。

(1) 吸收阶段：相对湿度小于 0.6%的阶段。该阶段内，湿分进入多孔介质但没有被传递出去，全部都吸附在了介质内部的毛细表面，形成单分子表面。

(2) 蒸汽传递阶段：相对湿度比 0.6%稍高一点的阶段。材料继续吸湿，湿分开始传递向介质外，此时为纯蒸汽分子扩散。

(3) 蒸汽和水传递阶段：相对湿度更高一些的阶段，其上限相对湿度大约为 98%。在该阶段，由于多孔介质的毛细作用，冷凝首先在最小的毛细孔内产生，然后随着相对湿度的增加逐渐充满全部的空隙空间。此时的湿分是以水蒸气和液态水两种状态同时传递，正是由于液态水的存在使得湿迁移率大大提高。

(4) 水传递阶段：相对湿度大于 98%的阶段。该阶段内冷凝水已经充满所有的孔隙而形成连续相，此时为纯水传递。

根据传热传质理论，如果平面板壁的高(长)度和宽度是厚度的 8～10 倍，按一维问题处理时，其计算误差不大于 1%。墙体、屋顶等建筑构件的宽与高的尺寸比厚度大得多，室内外的热湿传递过程可视为只有沿厚度一个方向的一维传递。由于围护结构材料的不均质性，外界热作用的变化性，以及围护结构如墙体、屋顶等曲率半径较大，所以把墙体、屋顶等建筑构件的传热过程看作非均质板壁的一维不稳定导热过程，x 为板壁厚度方向的坐标，如图 3-8 所示。

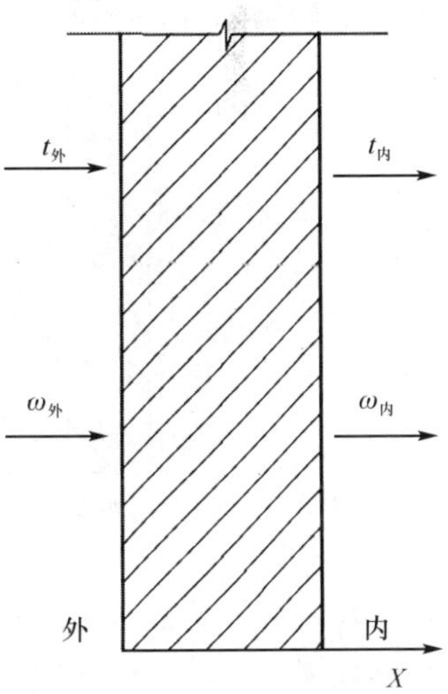

$t_{外}$ $t_{内}$ $\omega_{外}$ $\omega_{内}$ 外 内 X

图 3-8　热湿传递的原理图

一般情况下，墙体内部热传输通常可由 Fourier 定律表示，湿传输则通常根据 Fick 扩散定律进行描述。通常描述热传输和湿传输的控制方程可以表示为

能量方程
$$\rho C_p \frac{\partial t}{\partial \tau} = \lambda \frac{\partial^2 t}{\partial x^2} \tag{3-14}$$

质量方程
$$\rho C_m \frac{\partial \omega}{\partial \tau} = \delta \frac{\partial^2 \omega}{\partial x^2} \tag{3-15}$$

然而，在多孔介质的热湿传递，需要考虑湿空气在墙体传播过程中，湿空气的凝水结露

的现象。当墙体温度低于内部湿空气的露点温度，墙体内部空气中会发生结露现象。当水结露时，气体液化放出热量，使得墙体和附近空气的温度升高。因此，在多孔介质墙体中，热量和湿度传递的耦合传递模型如下：

热湿耦合的能量方程

$$\rho C_p \frac{\partial t}{\partial \tau} = \lambda \frac{\partial^2 t}{\partial x^2} + \rho C_m (\sigma q + \gamma) \frac{\partial \omega}{\partial \tau} \tag{3-16}$$

热湿耦合的质量方程

$$\rho C_m \frac{\partial \omega}{\partial \tau} = \varepsilon \delta \frac{\partial^2 t}{\partial x^2} + \delta \frac{\partial^2 \omega}{\partial x^2} \tag{3-17}$$

式中，C_m 为比湿（m^3/g）；C_p 为比热容［J/(kg·K)］；δ 为湿扩散系数（m^2/s）；q 为相变潜热（kJ/kg）；λ 为导热系数［W/(m·K)］；τ 为时间（s）；t 为温度（K）；ω 为含水蒸气量（kg/m^3）；γ 为吸附或者解吸附热（kJ/kg）；σ 为相变因子；ρ 为含湿多孔介质密度（kg/m^3）；ε 为温度梯度系数［$kg/(m^3 \cdot K)$］。

其中，热湿耦合的能量方程（3-16）的等式左边表示墙体的温变蓄热，等式右边第一项表示墙体的热流差，第二项表示墙体由于相变而吸热、放热产生的热汇和热源；热湿耦合的质量方程（3-17）的等式左边表示墙体的湿度变化，等式右边第一项表示墙体与温度梯度相关的湿源或湿汇，第二项表示墙体的湿度差。

2. 复合墙体的热湿传递模型

多年来，建筑墙体一般采用单一材料砌筑，如砖砌墙体、空心砌块墙体、加气混凝土墙体等。近来，由于建筑节能的需要，很多单一材料墙体本身导热系数太大，不能满足保温隔热的要求，因此往往用承重材料与高效保温材料进行复合，组成复合墙体。

在复合墙体中，由于保温材料所处的相对位置不同，又有外保温复合墙体、内保温复合墙体以及夹心保温复合墙体之分。保温材料设在承重墙外侧的为外保温复合墙体；保温墙体设在承重墙内侧的为内保温复合墙体；保温材料夹在承重墙之间的为夹心复合墙体。图 3-9 为复合保温的几种形式。

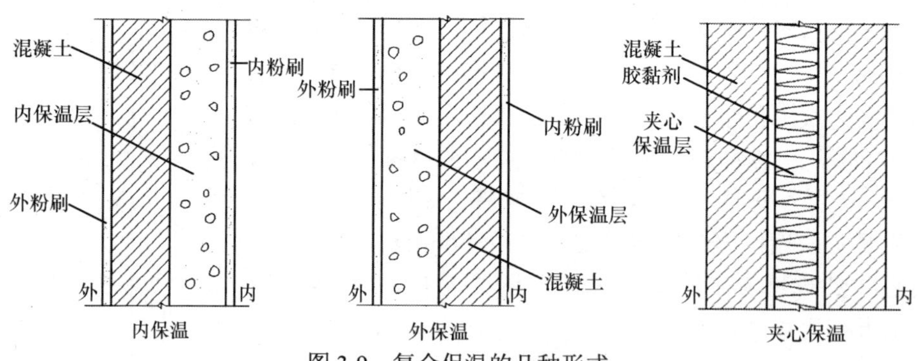

图 3-9　复合保温的几种形式

复合墙体的热湿传递等于多个物理性质不同的多孔介质复合而形成的墙体，其热湿传递的基本规律服从多孔介质的传递规律，复合墙体第 j 层多孔介质层的热湿传递的微分方程为

$$\rho_j C_{pj} \frac{\partial t_j}{\partial \tau} = \lambda_j \frac{\partial^2 t_j}{\partial x^2} + \rho_j C_{mj} (\sigma_j q_j + \gamma_j) \frac{\partial \omega_j}{\partial \tau} \quad (x_j \leqslant x \leqslant x_{j+1}) \tag{3-18}$$

$$\rho_j C_{mj}\frac{\partial \omega_j}{\partial \tau}=\varepsilon_j\delta_j\frac{\partial^2 t_j}{\partial x^2}+\delta_j\frac{\partial^2 \omega_j}{\partial x^2}\qquad (x_j\leqslant x\leqslant x_{j+1}) \tag{3-19}$$

其中每层之间的热阻和湿阻很小，可以认为层与层之间的温度和湿度为连续的。

3. 热湿传递模型的求解方法

总体上说，多孔介质热湿传递求解问题从求解方向上讲分为正方向和反方向，即正问题和反问题。

1) 热湿传递正问题求解方式

多孔介质传热传质正问题的求解方法可以归纳为以下三类。

(1) 解析解法。对由基本方程和其边界条件所组成的某些定解问题，若为适定的，可根据其数学表达式的性质和特点，采用解析法来求解。具体的求解方法包括直接积分法、分离变量法、叠加法、Duhamel 积分法、影像法、小扰动法、保角映射法、拉普拉斯变换法及近似积分法等。不过解析解法的应用受到的限制非常多，只能应用于一些非常简单的场合。例如，线性齐次问题或者简单的非线性非齐次问题。解析解法的优点是数学表达式推导严格、表达清晰，而且为其他解法提供了比较的标准。因此，对各类问题的求解最好能采用解析解法来求解。

(2) 模拟实验法。模拟实验法主要包括热质模拟、动量模拟、电模拟和水力模拟等。实验法有模拟实验和实物实验两种方式。模拟实验的基础是对应场、势分布的相似性。如果物理现象由相同的微分方程式描述，则现象在物理性能方面就是相似的。对于建筑热物理方面的模拟实验法的研究最早可以追溯到 20 世纪 20 年代，当时就陆续有苏联学者对不定常导热问题和有内热源的定常问题进行了模拟实验。当数学模型过于复杂，数值计算工作量又很大以致现有计算资源无法实施的时候，模拟实验法是最有效、最可靠的方法。同时，实验模拟还为解析解和数值解提供了可靠的检验手段。另外，其又是观察和探讨各种复杂的多孔介质传热传质问题的一种必要途径。

(3) 数值解法。这是近几十年来随着电子计算机技术的高速发展而发展起来的一种求解方法，它在求解许多较复杂的传热传质及流动问题时比较有效。其中主要有 Crank-Nicholson 方法、有限控制容积方法、有限差分方法、传递函数法、基于实验数据的经验公式、边界元法等。数值解法的适用性很强，只要采用的离散化方法与求解方法得当，计算结果就是相当精确的，尤其是对于那些难以用解析法求解同时又不能用实验解决的问题，采用数值解法就成了唯一的选择。由于数值解法本身有许多相互关联和约束性的原则，所以只要按照规定的程序和原则进行边界条件的设置和分析计算，其计算结果就会无限逼近实际的结果。当然，数值解也有其所固有的缺点，比如数值解法得到的结果只能是一系列的离散数据，而不能得到具体的公式表达式。另外，数值解也会有误差，而且要让数值解不发生发散的情况也必须要满足一定的前提条件，否则最后很难得到一个合理的结果。

综上可以看到，对于一般的传热传质耦合方程，想利用解析解法很明显是无法计算的，而利用模拟实验法又非常耗时，并且不利于推广应用，所以只有采用数值解法来进行计算。

2) 热湿传递反问题求解方式

围护结构热湿传递反问题是通过区域内的温度、湿度测量信息来估计边界条件、源项、热物性参数、围护结构几何形状等。由于反问题常常存在非线性、不适定性和计算量大的特点，在求解反问题时通常会非常困难。为了克服计算上的这些困难，多年来研究人员针对反问题提出了以下的解法：

(1)解析法或半解析法。由正问题的解析公式出发，找到联系已知条件与反问题解答的积分方程，再用数学工具(积分变换、Fourier 积分算子)和附加的已知信息求解积分方程。解析法可以运用各种数学技巧，针对特定反问题采用特定的数学方法进行求解。此方法的优点是计算成本低，缺点是数学工具不具普遍性。仅仅适用一些简单的线性问题。

(2)启发式反演算法。其思想是对非线性问题形成一种迭代格式，逐次逼近求解反演变量。其基本原理是从某一初始模型出发，按照一定的办法在初始模型附近进行搜索，得到模型修正量，根据修正量修改原模型得到新的模型，如此反复直至满足收敛条件。此类方法的优点是收敛速度快、计算量小，缺点是全局收敛方面不够完善。

(3)非启发式反演算法。其基本思路是按一定的约束条件对整个模型空间进行搜索，依次对所有这些模型进行正演计算，将计算结果与实测数据进行比较，选取合适的模型。此类方法的优点是全局收敛能力很强，缺点是迭代次数较多、计算量大。

3.1.3 通过非透光围护结构的显热得热

某时刻在内外扰作用下进入房间的总热量称为该时刻的得热。这里“房间”的范围是指围护结构的内表面包络的范围之内，包括室内空气、室内家具以及围护结构的内表面。所谓得热，是指在外部气象参数作用下，由室外传到外围护结构内表面以内的热量和室内热源散发在室内的全部热量，两者均包括了以对流换热形式进入室内空气的热量和通过辐射落在围护结构内表面和室内家具上的热量。

室内热源形成的总得热量比较容易求得，基本取决于热源的发热量，与室内空气参数和室内表面状态无关。但通过围护结构的总得热量却与很多条件有关，不仅受室外气象参数和室内空气参数的影响，并且与室内其他表面的状态有显著的关系。因此其求解复杂，需要做一定的假设条件来简化得热的求取过程。

建筑物的得热包括显热得热和潜热得热两部分。通过外围护结构的显热传热过程也有两种不同类型，即通过非透光围护结构的热传导以及通过透光围护结构的日射得热，通过围护结构形成的潜热得热主要来自于非透光围护结构的湿传递。本章的得热表达方式基本是指显热得热，而潜热得热则是以进入室内的湿量的形式来表述的。

1. 周期性不稳定传热

透过围护结构传入室内的热量来源于室外空气与围护结构外表面之间的对流换热量和太阳辐射热量，两者共同通过外围护结构以导热形式传入室内。处于自然气候条件下的建筑物，受到各种气候因素的影响。当外界热作用随时间而变时，围护结构内部的温度和通过围护结构的热流量亦发生变化，这种传热过程称为不稳定传热。如果外界热作用随时间呈周期性变化，则称周期性传热。显然，周期性传热是不稳定传热的一个特例。

1)简谐热作用

气候因素的变化都近似于周期性，如春夏秋冬一年四季，周而复始，日出日没，昼夜交替。如果将特定季节的某一段时间气候变化因素固定，如夏季连续若干天太阳辐射和气温等因素都以代表性的数值逐时变化，在一段时间内便可近似地看作每天出现重复的周期性变化。即使冬季采用间歇供热，室内温度的波动也可视为周期性热作用。因此，研究周期性热作用下的围护结构传热，具有广泛的实用意义。

在周期性波动的热作用中，最简单最基本的是谐波热作用，即温度随时间正弦或余弦函数作规则变化，如图 3-10 所示，一般都用余弦函数表示为

$$t_\tau = \bar{t} + \Delta t_{a,z} \cos\left(\frac{2\pi}{T} - \phi\right) = \bar{t} + \theta_{a,z} \quad (3\text{-}20)$$

$$\theta_t = \Delta t_z \cos\left(\frac{2\pi}{T} - \phi\right) \quad (3\text{-}21)$$

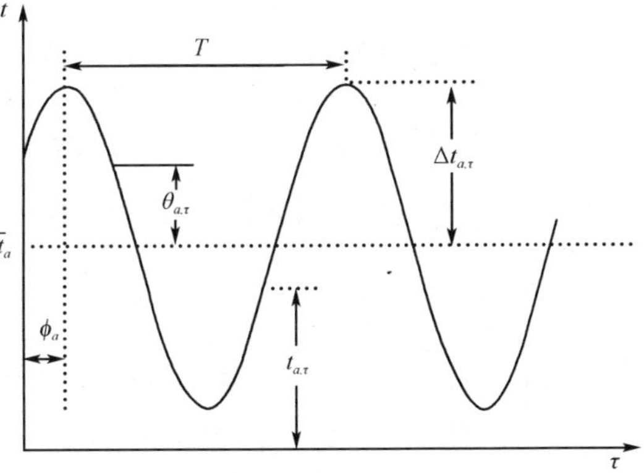

图 3-10　简谐热作用

式中，t_τ 为在 τ 时刻的介质温度(℃)；$\bar{t}$ 为一个周期内的平均温度(℃)；Δt 为温度波的振幅，即最高温度与平均温度之差(℃)；T 为温度波的波动周期(h)；τ 为以某一指定时刻(如昼夜时间内的零点)起算的计算时间(h)；ϕ为温度波的初相位(°)；若坐标原点取在温度出现最大值处，则$\phi = 0$。θ_t 为是以平均温度为基准的相对温度，它是一个谐量。

事实上，围护结构所受到的周期热作用，并不是随时间的余弦(或正弦)函数规则变化。在分析计算精度要求不高的情况下，可近似按谐波热作用考虑，取实际温度的最高值与平均值之差作为振幅，并根据实际温度出现最高值的时间确定其初相位角。若计算精度要求较高时，可用傅里叶级数展开，通过谐量分析把周期性的热作用变换成若干阶谐量的组合。由于各种周期性变化热作用，均可变换成谐波热作用的组合，所以通过研究谐波热作用下的传热过程，即能反映围护结构和房屋在周期热作用下的传热特性。

2) 谐波热作用下的传热特征

根据传热学理论的分析和实测证明，半无限厚壁在简谐热作用下，壁体内部的温度也将随之波动，温度波随时间和位置的变化见图 3-11。为使问题的讨论简单化，假设壁体各点的平均温度都与空气的平均温度相同，都等于$\bar{t}_a$。空气温度的振幅 Δt_a。波动周期 T，计算时间以空气温度出现最高值的时间为起点。图 3-12 表示谐波传入壁体其温度和温度振幅随与表面距离 x 而变化的情况。

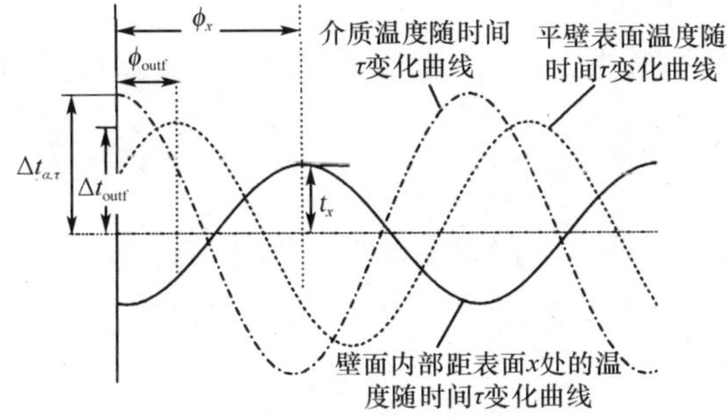

图 3-11　介质温度、平壁表面和壁面内部距表面 x 处的温度随时间的变化曲线

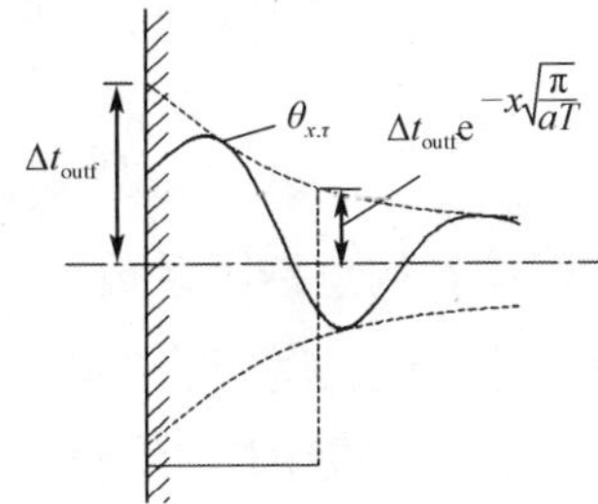

图 3-12　某瞬间平壁内部温度分布曲线及波幅变化

通过理论分析和数学推导，可解得任一时刻壁体内部距表面任一距离 x 处的温度波幅，即瞬时温度与平均温度之差为

$$\theta_{x,\tau}=\Delta t_x\cos\left(\frac{360}{T}\tau-\phi_x\right)=\Delta t_{\text{outf}}\mathrm{e}^{-x\sqrt{\frac{\pi}{aT}}}\cos\left[\frac{360}{T}\tau-\left(\phi_{\text{outf}}+x\sqrt{\frac{\pi}{aT}}\right)\right] \tag{3-22}$$

式中，$\theta_{x,\tau}$ 为离表面 x 处 r 时刻的温度波幅(℃)；a 为材料的导温系数(m^2/h)；τ 为以空气温度出现最高值为起点的计算时间(h)；T 为温度波的周期(h)；ϕ_x 为离表面 x 处温度谐波相对于空气温度谐波相位差(rad)；ϕ_{outf} 为表面温度谐波相对于空气温度谐波的相位差(rad)；$x\sqrt{\frac{\pi}{aT}}$ 为离表面 x 处温度谐波相对于表面温度谐波的相位差(rad)；Δt_{outf} 为表面处的温度波幅(℃)。

把围护结构表面温度波振幅 Δt_{outf} 与离表面 x 处壁体内部的温度波振幅 Δt_x 之比称为材料层温度波的衰减度，以 v 表示，是一个无因次量，即

$$v=\frac{\Delta t_{\text{outf}}}{\Delta t_x}=\mathrm{e}^{x\sqrt{\frac{\pi}{aT}}} \tag{3-23}$$

温度谐波从围护结构表面传到距离 x 处的壁体内部的振幅衰减度，简称材料层温度波的衰减度，是个无因次量。

由于

$$\cos\left[\frac{2\pi}{T}-\left(\phi_{\text{outf}}+x\sqrt{\frac{\pi}{aT}}\right)\right]=\cos\frac{2\pi}{T}\left[\tau-\left(\frac{\phi_{\text{outf}}}{2\pi/T}+x\frac{\sqrt{\pi/2T}}{2\pi/T}\right)\right] \tag{3-24}$$

令

$$\xi=x\frac{\sqrt{2\pi/aT}}{2\pi/T}=\frac{x}{2}\sqrt{\frac{T}{a\pi}}\quad\varphi_{\text{outf}}=\frac{\phi_{\text{outf}}}{2\pi/T} \tag{3-25}$$

根据式(3-24)和式(3-25)可以将式(3-22)整理成

$$\theta_{x.\tau}=\frac{\Delta t_{\text{outf}}}{v}\cos\left[\frac{2\pi}{T}(\tau-\varphi_{\text{outf}}-\xi)\right] \tag{3-26}$$

式中，ξ 为离表面 x 处温度谐波相对于表面温度谐波的相位延迟时间(h)，延迟时间是 $x\sqrt{\frac{\pi}{aT}}$；φ_{outf} 为围护结构表面温度谐波相位对于空气间歇的相位差(h)。

根据式(3-26)物理意义，如果采用室外空气温度参数来表示围护结构内表面温度波幅 $\theta_{\text{inf},\tau}$ 时

$$\theta_{\text{inf},\tau}=\frac{\Delta t_a}{v_0}\cos\left[\frac{2\pi}{T}(\tau-\varphi_a-\xi_0)\right] \tag{3-27}$$

式中，v_0 为围护结构总衰减系数，即室外空气温度波幅与室内表面温度波幅之比；ξ_0 为总延迟时间，即室外空气温度谐波出现最大值的时间与内表面温度谐波出现最大值时间的差(h)；φ_a 为室外空气温度谐波的相位(rad)。

从以上分析和图 3-11 中可以看出，半无限厚平壁在简谐热作用下的传热特征如下。

(1) 平壁表面及内部任一点处的温度，都会出现和介质温度周期 T 相同的简谐波动。

(2) 从介质到壁体表面及内部，温度波动的振幅逐渐减小，这种现象称为温度波的衰减。

(3) 从空气到壁体表面及内部，温度波动的相位逐渐向后推延，这种现象称为温度波动的相位延迟，即从外到内各个面出现最高温度的时间向后推延。

温度波在传递过程中产生衰减和延迟现象，是在升温和降温过程中材料的比热容作用和热量传递中材料层的热阻作用造成的。设想把一匀质实体平壁结构划分成四个厚度相同的薄层，如图 3-13 所示，进入每一层的热流使该层的温度有所提高，为此所用的热量储存于该层内，多余的热量便依次转移至相邻较低的层内。由于在壁体内部储热的结果，到达最内层的热量要比通过最外层的热量少，其温度提高值也最小。当外层的温度达到其最高值，开始冷却时，上述的过程便相反，即出现各层依次冷却的过程。由此可见，壁体的任一截面均经历着加热及冷却的周期变化过程，内表面温度的波动振幅要低于外表面的波动振幅。内表面出现最高温度的时间比外表面出最高温度的时间要晚。内表面与外表面的温度振幅比，取决于壁体的热物理性能及厚度，当壁体的厚度及热容量增大而材料的导热系数降低时，即热惰性指标越高，内表面的波振幅就越小，出现最高值的延迟时间就越长。

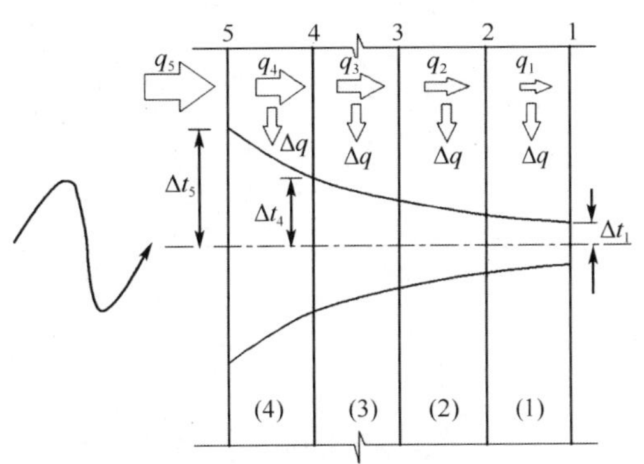

图 3-13　温度波衰减的形成

图 3-14 所示为墙体得热和墙体内表面温度与室外温度之间的关系。由于围护结构存在热惯性，因此通过围护结构的传热量和温度的波动幅度与外扰波动幅度之间存在衰减，在时间上存在延迟的关系。由于重型墙体的热惰性能力($D \geq 6$)比轻型墙体的热惰性能力($D<3$)大得多，因此其得热量的峰值就小，延迟时间要长。

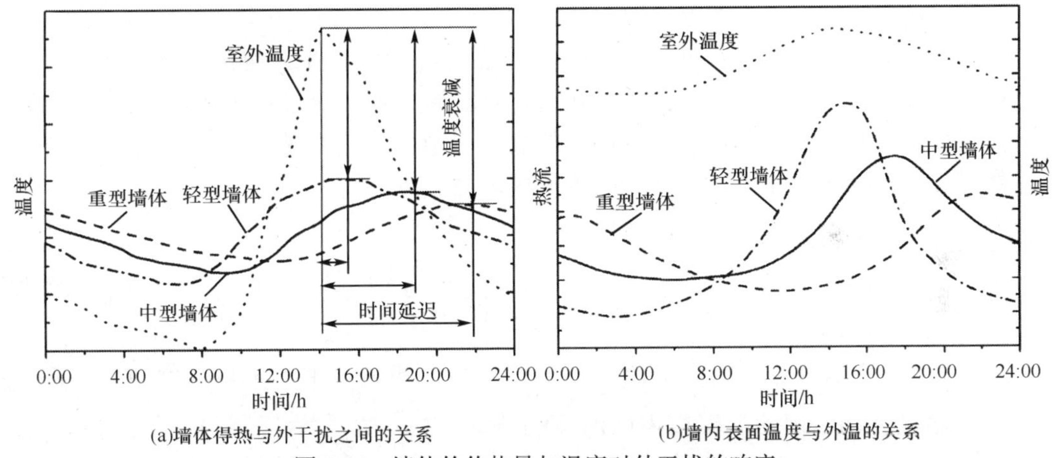

图 3-14　墙体的传热量与温度对外干扰的响应

3)有限厚壁在简谐热作用下的传热

在建筑围护结构中，无论是单层结构还是多层结构，其厚度都是有限的，两侧都有空气介质的热作用，有的可能是一侧受简谐温度波作用，另一侧处于稳定或准稳定温度状态；有的两侧都受到简谐波作用，尽管它们波动周期是相同的，但是波动的振幅及作用到围护结构同一点的相位却是有差异的，也就是“双向温度波”的作用。显然，在传热理论上，这种双向温度波的作用更为复杂些，所涉及的工程实际问题也更具普遍性。

解决这类问题，可将综合过程分解成几个单一过程，分别进行计算后利用叠加原理，把各个单一过程的计算结果叠加起来，即得最终结果，如图 3-15 所示。

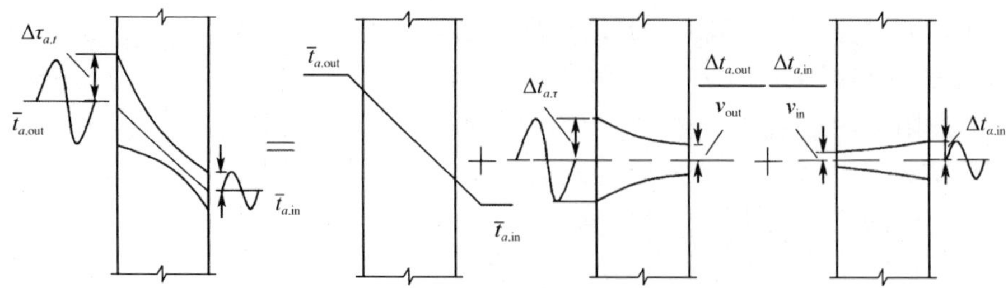

图 3-15 双向谐波热作用传热过程的分解 $\overline{t}_{a,\text{out}}$

假设平壁两侧受到的简谐温度波分别为

外侧
$$t_{a,\text{out}} = \overline{t}_{a,\text{out}} + A_{a,\text{out}} \cos\left(\frac{360}{T}\tau - \phi_{a,\text{out}}\right) \tag{3-28}$$

内侧
$$t_{a,\text{in}} = \overline{t}_{a,\text{in}} + A_{a,\text{in}} \cos\left(\frac{360}{T}\tau - \phi_{a,\text{in}}\right) \tag{3-29}$$

把综合过程分解成三个分过程，如图 3-15 所示。

在外侧和内侧空气平均温度 $\overline{t}_{a,\text{out}}$、$\overline{t}_{a,\text{in}}$ 作用下的稳定传热过程，以计算出内表面的平均温度值。

(1) 在外侧简谐温度波作用下的传热过程，此时不考虑内侧空气温度波的影响，以求得在外侧简谐温度波作用下，通过壁体达到内表面的温度波动状态。

(2) 在内侧简谐温度波作用下的传热过程，此时不考虑外侧空气温度波的作用，以计算出内侧空气温度波对平壁内表面的温度波动状态。

(3) 对以上单一过程计算后，把各个单一过程的结果叠加起来，得出最终结果。

后两个过程同属一类问题，只是热作用方向和振幅大小、波动相位不同而已，其传热特征与半无限厚壁体相同，也存在着温度振幅的衰减和相位的延迟现象。

这样，在双向谐波热作用下，任一时刻的内表面温度为

$$\begin{aligned} t_{\text{in},\tau} &= \overline{t}_{\text{in}} + \theta_{\text{inf,out}} + \theta_{\text{inf,in}} \\ &= \overline{t}_{\text{in}} + \frac{\Delta t_{a,\text{out}}}{v_{\text{out}}} \cos\left[\frac{360}{T}(\tau - \varphi_{\text{out},a} - \xi_{\text{out}})\right] + \frac{\Delta t_{a,\text{in}}}{v_{\text{in}}} \cos\left[\frac{360}{T}(\tau - \varphi_{\text{in},a} - \xi_{\text{in}})\right] \end{aligned} \tag{3-30}$$

式中，$t_{\text{in},\tau}$ 为平壁内表面任一时刻的温度(℃)；$\overline{t}_{\text{in}}$ 为平壁内表面的平均温度(℃)；$\theta_{\text{inf,out}}$ 为因室外空气温度波动引起的平壁内表面温度的波动(℃)；$\theta_{\text{inf,in}}$ 为因室内空气温度波动引起的平壁内表面温度的波动(℃)；$\Delta t_{a,\text{out}}$ 为室外空气温度的波动振幅(℃)；$\Delta t_{a,\text{in}}$ 为因室内空气温度波动引起的平壁内表面温度波动的振幅(℃)；v_{out} 为温度波动过程由室外空气传至平壁内表面的振幅总衰减度；v_{in} 为温度波动过程由室内空气传至平壁内表面的振幅衰减度；$\varphi_{\text{out},a}$ 为以小时为单位的室外空气温度谐波的初相位(h)；$\varphi_{\text{in},a}$ 以小时为单位的室内空气温度谐波的初相位(h)；ξ_{out} 为室外空气传至平壁内表面的延迟时间(h)；ξ_{in} 为室内空气传至平壁内表面的延迟时间(h)。

式中后两项谐波的合成，往往因两个温度波的相位角不等(因两个温度波出现最高值的时间不一致)，应用谐量分析的方法计算，或近似地把两者相加后再乘以时差修正系数。

从式(3-30)可知，欲得出在双向温度谐波作用下平壁内表面的温度，必须计算出谐波的

衰减度 v_{out}、v_{in} 和相位延迟时间 ξ_{out}、ξ_{in}。然而对衰减和延迟的精确计算是很复杂的。《民用建筑热工设计规范》中采用苏联学者 A.M.什克洛维尔提出关于谐波的衰减度 v_{out}、v_{in} 和相位延迟时间 ξ_{out}、ξ_{in} 的近似计算方法，此处不作具体介绍。

2. 通过非透光围护结构的显热得热

1) 通过非透光围护结构的热平衡方程

根据传热学知识，如果平面板壁的高(长)度和宽度是厚度的 8～10 倍，按一维导热处理时，其计算误差不大于 1%。墙体、屋顶等建筑构件的宽与高的尺寸比厚度大得多，室内外的传热过程可视为只有沿厚度一个方向的一维传热。由于围护结构材料的不均质性，外界热作用的变化性，以及围护结构如墙体、屋顶等曲率半径较大，所以把墙体、屋顶等建筑构件的传热过程看作非均质板壁的一维不稳定导热过程，x 为板壁厚度方向的坐标。其热平衡的微分方程为

$$\frac{\partial t}{\partial \tau}=a(x)\frac{\partial^2 t}{\partial x^2}+\frac{\partial a(x)}{\partial x}\frac{\partial t}{\partial x} \tag{3-31}$$

式中，$a(x)$ 为墙体材料的导温系数(m/s)；τ 为时间(s)；t 为墙体中 x 处的温度(℃)；x 为墙体沿厚度方向的位置(m)。

如果定义 $x=0$ 为围护结构外侧，$x=\delta$ 为围护结构内侧，考虑太阳辐射、长波辐射和围护结构内外侧空气温差的作用，它的边界条件是

$$h_{out}\left[t_{a,out}(\tau)-t(0,\tau)\right]+Q_{sol}+Q_{lw,out}=-\lambda(x)\left.\frac{\partial t}{\partial x}\right|_{x=0} \tag{3-32}$$

$$h_{in}\left[t(\delta,\tau)-t_{a,in}(\tau)\right]+\sigma\sum_{j=1}^{m}x_j\varepsilon_j\left[T^4(\delta,\tau)-T_j^4(\tau)\right]-Q_{shw}=-\lambda(x)\left.\frac{\partial t}{\partial x}\right|_{x=\delta} \tag{3-33}$$

式中，δ 为墙体厚度(m)；$t(0,\tau)$ 为墙体外表面的温度(℃)；$t(\delta,t)$ 为墙体处 δ 的温度(℃)；$t_{a,in}(\tau)$ 为围护结构内侧的空气温度(℃)；$t_{a,out}(\tau)$ 为围护结构外侧的空气温度(℃)；$\lambda(x)$ 为墙体材料的导热系数[W/(m·K)]；h_{out} 为围护结构外表面传热系数[W/(m^2·℃)]；h_{in} 为围护结构内表面传热系数[W/(m^2·℃)]；Q_{sol} 为围护结构外表面接收的太阳辐射热量(W/m^2)；$Q_{lw,out}$ 为围护结构外表面接收的长波辐射热量(W/m^2)；Q_{shw} 为围护结构内表面接收的短波辐射热量(W/m^2)；x_j 为所分析的围护结构内表面与第 j 个室内表面之间的角系数；ε_j 为所分析的围护结构内表面与第 j 个室内表面之间的系统黑度；m 为室内表面的个数(除被考察的围护结构以外)；$T_j(\tau)$ 为第 j 个室内表面的温度(K)；下标 a 为空气；in 为室内侧；out 为室外侧；lw 为长波辐射；shw 为短波辐射；sol 为太阳辐射。

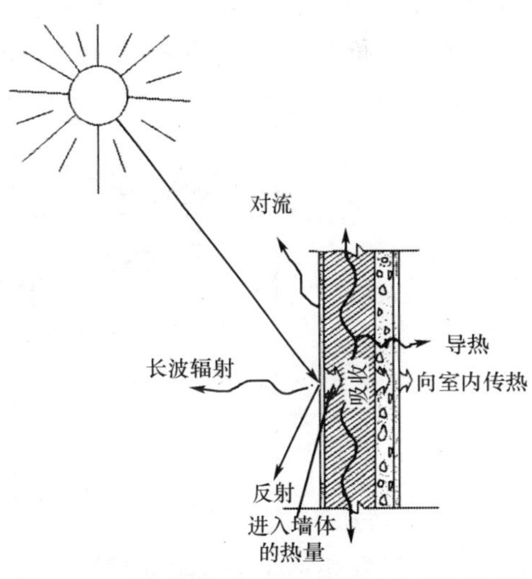

图 3-16　太阳辐射在墙体上形成的传热过程

太阳辐射的作用使得墙体外表面温度升高，然后通过板壁向室内传热，如图 3-16 所示。但是由于太阳辐射作用的求解很复杂，因此可以利用前面介绍的室外空气综合温度 $t_z(\tau)$ 来代替式(3-32)中的围护结构外侧空气温度。即有

$$h_{\text{out}}\left[t_z(\tau)-t_z(0,\tau)\right]=-\lambda(x)\left.\frac{\partial t}{\partial x}\right|_{x=0} \tag{3-34}$$

式(3-34)所描述的其实就是通过非透光围护结构的导热传入室内的热量，这些热量到达围护结构内表面后，通过对流和辐射的形式传给室内空气与室内其他内表面。如果对式(3-33)的长波辐射项进行线性化，即

$$\sigma\sum_{j=1}^{m}x_j\varepsilon_j\left[T^4(\delta,\tau)-T_j^4(\tau)\right]=\sum_{j=1}^{m}\alpha_{r,j}\left[T(\delta,\tau)-T_j(\tau)\right]=\sum_{j=1}^{m}\alpha_{r,j}\left[t(\delta,\tau)-t_j(\tau)\right] \tag{3-35}$$

式中，$\alpha_{r,j}$ 为被考察的围护结构内表面与第 j 个围护结构内表面的当量辐射换热系数[W/(m^2·℃)]。

此时，由式(3-33)获得的通过非透光围护结构导热得热量 $Q_{\text{wall,cond}}$ 可表示为

$$\begin{aligned}Q_{\text{wall,cond}}&=-\lambda(x)\left.\frac{\partial t}{\partial x}\right|_{x=0}=\sum_{j=1}^{m}\alpha_{r,j}\left[T(\delta,\tau)-T_j(\tau)\right]\\&=\sum_{j=1}^{m}\alpha_{r,j}\left[t(\delta,\tau)-t_j(\tau)\right]-Q_{\text{shw}}\end{aligned} \tag{3-36}$$

在一定的温度范围内，线性化所求得的当量辐射换热系数接近常数，它综合了两个表面的面积比、角系数及表面温度等因素。因此式(3-36)可看作是常系数的线性方程。

由式(3-36)可见，如果各时刻各围护结构内表面和室内空气温度已知，就可以求出通过围护结构的传热量。但各围护结构内表面温度和室内空气温度之间存在着显著的耦合关系。因此，需要联立求解一组形如式(3-31)～式(3-33)的方程组和房间的空气热平衡方程才能获得其解，求解过程相当复杂。

2)通过非透光外围护结构的得热

(1)非透光围护结构得热的定义。

式(3-31)描述的是围护结构内的温度分布，式(3-36)给出的是通过围护结构导热传到室内的热量，这些都是由室外条件与室内扰动共同作用造成的。如图 3-17 所示，室外条件和室内空气温度没有改变的情况下，如果提高室内热源落在围护结构内表面的辐射强度，围护结构内表面的温度随之升高，通过围护结构的导热传入室内的热量 $Q_{\text{wall,cond}}$ 会因此减少，室内表面与空气之间的对流换热量却增加。所以 $Q_{\text{wall,cond}}$ 是由室外条件和室内扰动共同作用造成的。

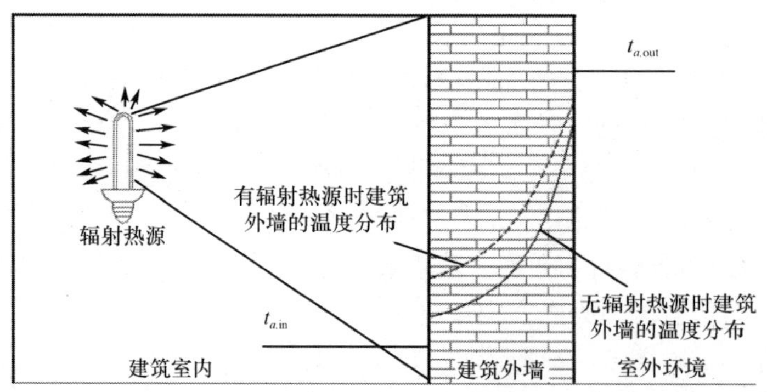

图 3-17　外围护结构受到内辐射源的照射后通过围护结构的热量的变化情况

室外气象和室内空气温度对围护结构的影响比较清楚而且有一定的确定性，而室内其他表面长波辐射以及辐射热源的作用的求解比较复杂，需要了解各内表面间的角系数和实际表面温度，

而且还应该考虑邻室的影响才能求得。因此在研究通过非透光围护结构得热量时，把室外扰动和室内扰动的作用分开进行分析，在分析室外气象参数的作用时，需要剔除其他室内因素的影响。

为更好地分析以上问题，在此先对由外扰作用引起的“非透光围护结构得热” HG_{wall} 定义。假定除所考虑的围护结构内表面以外，其他各室内表面的温度均与室内空气温度一致，室内没有任何其他短波辐射热源发射的热量落在所考虑的围护结构内表面上，即 $Q_{shw}=0$。此时，通过该围护结构传入室内的热量就被定义为“非透光围护结构得热 HG_{wall}，其数值就等于该围护结构内表面与空气的对流换热热量与该围护结构内表面对其他内表面的长波辐射换热量之和。

在该定义条件下，由于各室内表面的温度均与室内空气温度一致，即有 $T_j(\tau)=T_{a,\text{in}}(\tau)$ 或者 $t_j(\tau)=t_{a,\text{in}}(\tau)$，则由式(3-36)，可以得到“非透光围护结构得热”的表达式为

$$\begin{aligned}\text{HG}_{\text{wall}} &= \text{HG}_{\text{wall,conv}} + \text{HG}_{\text{wall,lw}} \\ &= h_{\text{in}}\left[t_1(\delta,\tau)-t_{a,\text{in}}(\tau)\right]+\sum_{j=1}^{m}\alpha_{r,j}\left[t_1(\delta,\tau)-t_{a,\text{in}}(\tau)\right]\end{aligned} \tag{3-37}$$

式中，HG 为得热量；下标 wall 为墙体、非透光围护结构；conv 为对流换热部分。

(2)“非透光围护结构得热” HG_{wall} 与通过非透光围护结构的实际传热量 $Q_{wall,cond}$ 的差别。

在实际情况下，室内其他各表面的温度与室内空气温度常常不一致，也就是与非透光护结构得热 HG_{wall} 的定义条件不符。为了定量地求出实际上通过围护结构传到室内的热量 $Q_{wall,cond}$，需要分析 $Q_{wall,cond}$ 与 HG_{wall} 的差别。利用线性方程的叠加原理，可以将 $Q_{wall,cond}$ 分为两部分：一部分为式(3-37)所表达的由于室外气象条件和室内空气温度决定的围护结构的温度分布和室内得到的“非透光围护结构得热” HG_{wall}；另一部分为室内其他表面温度 $t_j(r)$ 与空气温度不同以及室内辐射源存在造成的围护结构温升、蓄热和传热量。

用 $t_1(x,t)$ 表示由于室外气象条件和室内空气温度决定的围护结构的内部温度，即满足“非透光围护结构得热” HG_{wall} 定义条件而形成的围护结构内部温度，相当于图 3-17 中的墙体温度分布曲线中的实线部分。$\Delta t_2(x,\tau)$ 表示由于室内其他表面温度与空气温度不同以及室内辐射源存在，即与围护结构的得热定义条件存在差别的部分造成的围护结构内部温度分布的差值，相当于图 3-17 中实线与虚线之间的差别部分，即有

$$t(x,\tau)=t_1(x,\tau)+\Delta t_2(x,\tau) \tag{3-38}$$

则由式(3-31)、式(3-32)和式(3-33)可得出

$$\frac{\partial t_1}{\partial\tau}+\frac{\partial\Delta t_2}{\partial\tau}=a(x)\frac{\partial^2\Delta t_1}{\partial x^2}+a(x)\frac{\partial^2\Delta t_2}{\partial x^2}+\frac{\partial^2 a(x)}{\partial x^2}\frac{\partial t_1}{\partial x}+\frac{\partial a(x)}{\partial x^2}\frac{\partial t_2}{\partial x} \tag{3-39}$$

$$h_{\text{out}}\left[t_{a,\text{out}}(z)-t_1(0,\tau)-\Delta t_2(0,\tau)\right]+Q_{\text{sol}}+Q_{\text{lw,out}}=-\lambda(x)\left.\frac{\partial t_1}{\partial x}\right|_{x=0}-\lambda(x)\left.\frac{\partial t_2}{\partial x}\right|_{x=0} \tag{3-40}$$

$$\begin{aligned}&h_{\text{in}}\left[t_1(\delta,\tau)+\Delta t_2(\delta,\tau)-t_{a,\text{in}}(\tau)\right]+\sum_{j=1}^{m}a_{r,j}\left[t_1(\delta,\tau)+\Delta t_2(\delta,\tau)-t_j(\tau)\right]-Q_{\text{shw}}\\&\qquad=-\lambda(x)\left.\frac{\partial t}{\partial x}\right|_{x=\delta}-\lambda(x)\left.\frac{\partial\Delta t_2}{\partial x}\right|_{x=\delta}\end{aligned} \tag{3-41}$$

当室内侧没有任何短波辐射影响且室内各表面温度 $t_j(\tau)$ 等于空气温度 $t_{a,\text{in}}(\tau)$ 时，由式(3-39)、式(3-40)和式(3-41)有

$$\frac{\partial t_1}{\partial \tau}=a(x)\frac{\partial^2 t_1}{\partial x^2}+\frac{\partial^2 a(x)}{\partial x^2}\frac{\partial t_1}{\partial x} \tag{3-42}$$

$$h_{\text{out}}\left[t_{a,\text{out}}(\tau)-t_1(0,\tau)\right]+Q_{\text{sol}}+Q_{\text{lw,out}}=-\lambda(x)\left.\frac{\partial t_1}{\partial x}\right|_{x=0} \tag{3-43}$$

$$h_{\text{in}}\left[t_1(\delta,\tau)-t_{a,\text{in}}(\tau)\right]+\sum_{j=1}^{m}a_{r,j}\left[t_1(\delta,\tau)+\Delta t_2(\delta,\tau)-t_{a,\text{in}}(\tau)\right]=-\lambda(x)\left.\frac{\partial t_1}{\partial x}\right|_{x=\delta} \tag{3-44}$$

通过式(3-42)～式(3-44)可求得由于围护结构在室外气象条件和室内空气温度作用下传热过程决定的围护结构的温度分布 t_1。此时式(3-44)描述的通过围护结构内表面传入室内的热量，就相当于式(3-37)所表达的“非透光围护结构得热”。

结合式(3-39)～式(3-41)可求出 Δt_2

$$\frac{\partial \Delta t_2}{\partial \tau}=a(x)\frac{\partial^2 \Delta t_2}{\partial x^2}+\frac{\partial^2 a(x)}{\partial x^2}\frac{\partial t_2}{\partial x} \tag{3-45}$$

$$h_{\text{out}}\Delta t_2(0,\tau)=\lambda(x)\left.\frac{\partial t_2}{\partial x}\right|_{x=0} \tag{3-46}$$

$$h_{\text{in}}\Delta t_2(\delta,\tau)+\sum_{j=1}^{m}a_{r,j}\left[t_1(\delta,\tau)+\Delta t_2(\delta,\tau)-t_{a,\text{in}}(\tau)\right]=-\lambda(x)\left.\frac{\partial t_1}{\partial x}\right|_{x=\delta} \tag{3-47}$$

式(3-45)为通过非透光围护结构实际传热量 $Q_{\text{wall,cond}}$ 与“非透光围护结构得热”HG_{wall} 的差值，而这个热量的差值相当于式(3-37)与式(3-36)的差，即

$$\begin{aligned}\Delta Q_{\text{wall}}&=\text{HG}_{\text{wall}}(\tau)-Q_{\text{wall,cond}}=\lambda(x)\left.\frac{\partial t_2}{\partial x}\right|_{x=\delta}\\&=Q_{\text{shw}}-h_{\text{in}}\Delta t_2(\delta,\tau)-\sum_{j=1}^{m}a_{r,j}\left[t_2(\delta,\tau)+\Delta t_j(\delta,\tau)+t_{a,\text{in}}(\tau)\right]\end{aligned} \tag{3-48}$$

为了表述方便，在这里把 ΔQ_{wall} 称为通过非透光围护结构实际传热量与非透光围护结构得热的差值。如果室内各表面温度高于空气温度，且有短波辐射，则 ΔQ_{wall} 是正值，即 $\Delta Q_{\text{wall}}<\text{HG}_{\text{wall}}$；反之 ΔQ_{wall} 为负值，$\Delta Q_{\text{wall}}>\text{HG}_{\text{wall}}$。

3. 常见的保温形式

建筑保温可以增加墙体的热惰性和导热热阻，减少建筑能耗提高室内舒适性。常见的墙体保温可以根据地方气候特点及房间使用性质，可以采用的构造方案是多种多样的。保温构造大致可分为以下几种类型。

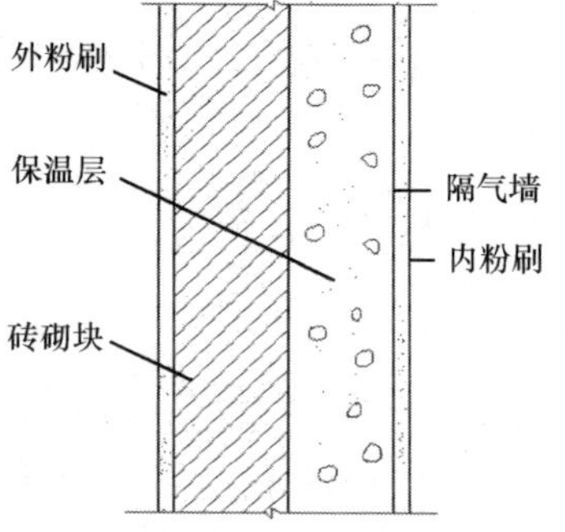

图 3-18　单设保温层

1) 单设保温层

不论屋顶或外墙，总有其构造的不同层次，单设保温层的做法是保温构造的普通方式。这种方案是用导热系数很小的材料作保温层而起主要保温作用的。由于不要求保温层承重，所以选择的灵活性比较大，不论是板块状、纤维状还是松散颗粒材料，均可应用。图 3-18 是单设保温层的外墙，这是在砖砌体上贴水泥珍珠岩板或加气混凝土板作保温层的做法。至于在屋

顶上单设保温层的做法就更多了。

当采用单设保温层的复合墙体(或屋顶)时，保温层的位置对结构及房间的使用质量，造价、施工、维护费用等各方面都有重大影响。保温层在承重层的室内侧，称为内保温；在室外侧，称为外保温，有时保温层可设置在两层密实结构层的中间，称为夹心保温。过去，墙体多用内保温，屋顶则多用外保温。近年来，在严寒和寒冷地区外墙、屋顶采用外保温和夹心保温的做法较为常见。相对而言，外保温的优点多一些，主要有：

(1) 使外墙或屋顶的主要结构部分受到保护，大大降低温度应力的起伏，提高结构的耐久性。保温层放在内侧，使其外侧的承重部分，常年经受冬夏季的很大温差(可达 80～90℃)的反复作用。如将保温层放在承重层外侧，则承重结构所受温差作用大幅度下降，温度变形减小。此外，由于一般保温材料的线膨胀系数比钢筋混凝土小，所以外保温对减少防水层的破坏，也是有利的。

(2) 由于承重层材料的热容量一般远大于保温层，所以外保温对结构及房间的热稳定性有利。当供热不均匀时，承重层因有大量蓄存的热量，故可保证围护结构内表面温度不致急剧下降，从而使室温也不致很快下降。反过来说，在夏季，外保温也能靠位于内侧的热容量很大的承重层来调节温度。从而附在大热容量层外侧的外保温方法，可使房间冬季不太冷，夏季不太热。

(3) 外保温对防止或减少保温层内部产生水蒸气凝结，是十分有利的，但具体效果则要看环境气候、材料及防水层位置等实际条件。

(4) 外保温法使热桥(Thermal Bridge)处的热损失减少，并能防止热桥内表面局部结露。

(5) 对于旧房的节能改造，外保温处理的效果最好。首先，在基本上不影响住户生活的情况下，即可进行施工。其次，采用外保温墙体，不会占用室内的使用面积。

外保温的许多优点是以一定条件为前提的。例如，只有在规模不太大的建筑(如住宅)，才能准确地判断外保温是否能提高房间的热稳定性。而在大办公楼，因其内部有大量热容量很大的隔墙、柱、各种设备参与蓄热调节，外围护结构的外保温蓄热作用就不那么显著了。再如，墙体外保温处理，在构造上比内保温复杂。因为保温层不能裸露在室外，必须有保护层。而这种保护层不论在材料及构造上的要求，都比内保温时的内饰面层高。

当前，我国不断研发并推广各类保温系统，以适应迅猛发展的建筑节能市场的需求。从目前的工程实践成功经验中可以看出，在极严寒地区(采暖期度日数≥6000℃·d)，建筑外墙采用夹心保温、屋顶采用外保温较为可行；在严寒和寒冷地区，建筑外墙与屋顶均采用外保温系统较为科学；在夏热冬冷地区，居住建筑采用内保温，公共建筑采用外保温较为合理；在夏热冬暖地区，建筑围护结构以保温与承重相结合的自保温系统或内保温系统为主；而在温和区，非透明围护结构的构造对建筑的节能影响较小，应充分重视透明围护结构的遮阳与隔热处理。不论在什么地区，对于特殊或特种建筑，如冷藏室、冷冻室等，其围护结构都应采用专门设计的混合型构造。

2) 封闭空气间层

封闭空气层有良好绝热作用。围护结构中的空气层厚度，一般以 4～5cm 为宜。为提高空气层的保温能力，间层表面应采用强反射材料，如涂贴铝箔就是一种具体方法。如果用强反射遮热板来分隔成两个或多个空气层，当然效果更大。值得注意的是，这类反辐射材料必须有足够的耐久性，然而铝箔不仅极易被碱性物质腐蚀，长期处于潮湿状态也会变质，因而应当采取涂塑处理等保护措施。

3) 墙体自保温

用保温绝热材料注塑成形在空心砖、空心砌块的孔洞内复合而成的带灰缝阻热条的保温砌块，称为自保温砌块。用此种材料砌成的墙体称为自保温墙体，与其他保温墙体相比，自保温墙体能有效地消除热桥，充分发挥保温材料的保温性能，同时具有施工简单、建筑造价低、使用寿命(耐候性)与建筑物相一致等特点，具有其他保温墙体无法比拟的优势。此外，自保温砌块还可以利用建筑废弃物作为原材料。通过资源化再生建筑废弃物加工成废混凝土再生原料、废砖再生原料或它们的混合物，再应用到自保温砌块中，具有显著的社会环境效益。常见的自保温墙材料有空心板、多孔砖、空心砌块、轻质实心砌块等，图 3-19 所示的双排孔混凝土空心砌块砌筑的保温与承重相结合墙体，其保温能力接近于普通实心砖 1.5 倍。

4) 混合型构造

当单独用某一种方式不能满足保温要求，或为达到保温要求而造成技术经济上不合理时，往往采用混合型保温构造。例如既有保温层，又有空气层和承重层的外墙或屋顶结构。显然，混合型的构造比较复杂，但绝热性能好，在恒温室等热工要求较高的房间，是经常采用的。图 3-20 是一个 20℃±0.1℃的恒温车间外墙构造，为了提高封闭空气层的热阻，使用了铝箔纸板。

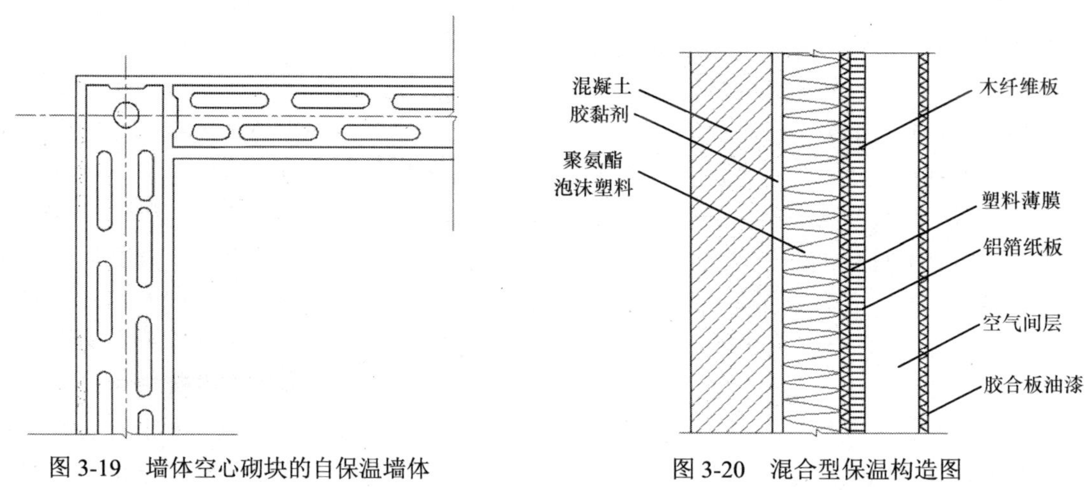

图 3-19　墙体空心砌块的自保温墙体

图 3-20　混合型保温构造图

3.1.4　通过透光围护结构的显热得热

透光围护结构主要包括玻璃门窗和玻璃幕墙等，是由玻璃与其他透光材料如热镜膜、遮光膜等以及框架组成的。玻璃窗由窗框和玻璃组成。窗框型材有木框、铝合金框、铝合金断热框、塑钢框、断热塑钢框等。窗框数目有单框(单层框)、多框(多层窗)。单框上镶嵌的玻璃层数有单层、双层、三层，也称为单玻、双玻或三玻窗。玻璃层之间可充气体如空气(称中空玻璃)、氮、氩、氪等或者有真空夹层，密封的夹层内往往放置了干燥剂以保持气体干燥。玻璃类别有普通透明玻璃、有色玻璃、吸热玻璃、反射玻璃、低辐射(Low-E)玻璃、可由电信号控制透射率的电致变色玻璃等。玻璃表面可以有各种辐射阻隔性能的镀膜或贴膜，如反射膜、Low-E 膜、有色遮光膜等，有的在两层玻璃之间的中空夹层中架 1～2 层 Low-E 热膜镜。有的透光围护结构中还含有磨砂玻璃、乳白玻璃等半透明材料或者太阳能光电板。玻璃幕墙除了面积比玻璃窗大，没有窗框而有隐式的或明式的框架支撑以外，其热物性特点和玻璃窗基本一样。

透光围护结构的热阻往往低于实体墙，例如实体墙传热系数很容易达到 0.8W/(m^2·℃)以下，但普通单层玻璃窗的传热系数高于 5W/(m^2·℃)，双层中空玻璃窗也只能达到 3.5W/(m^2·℃)左右。所以透光围护结构往往是建筑保温中最薄弱的一环。玻璃窗或璃幕墙采用不同种类的玻璃层数和特殊的夹层气体，目的主要是尽量增加玻璃的传热热阻，避免冷桥。如果单框窗的热阻仍然达不到要求，可以安装双层窗；采用不同类型的玻璃和镀膜，则可以解决采光与遮阳隔热的矛盾。

透光围护结构的热传递过程与非透光围护结构有很大的不同。透光围护结构可以透过太阳辐射，这部分热量在建筑物热环境的形成过程中发挥了非常重要的作用，往往比通过热传导传递的热量对热环境的影响还要大。所以通过透光围护结构传入室内的显热得热主要包括两部分：通过玻璃板壁的热传导和透过玻璃的日射辐射的热量。这两部分的传热量与透光围护结构的种类及其热工性能有重要关系。但与非透光围护结构不同的是，这两部分的热量传递之间不存在强耦合关系。尽管太阳辐射对玻璃表面的温度有一定的影响，从而对通过玻璃板壁的热传导也有一定的影响，但由于玻璃本身对太阳辐射的吸收率远远低于非透光围护结构对太阳辐射的吸收率，导致这种影响非常有限，因而在工程应用中往往可以忽略。所以，通过透光围护结构传入室内的显热量和通过非透光围护结构的传热量求解方法有很大不同：通过玻璃板壁的热传导和透光玻璃的日射得热是分别独立求解的。

1. 透光围护结构的显热传递模型

由于有室外温差存在，必然会通过透光外围护结构进行热传导与室内空气进行热交换。玻璃和玻璃间的气体夹层本身有热容，因此与墙体一样有衰减延迟作用。但由于玻璃和气体夹层的热容很小，所以这部分热惰性往往被忽略。将透光外围护结构的传热近似按稳态传热考虑，由此可得出通过透光外围护结构的传热得热量为

$$HG_{\text{wind, cond}}=K_{\text{wind}}F_{\text{wind}}(t_{a,\text{out}}-t_{a,\text{in}}) \tag{3-49}$$

式中，$HG_{\text{wind,cond}}$ 为通过透光外围护结构的传热得热量(W)；K_{wind} 为透光外围护结构的总传热系数，包括了框架的影响[W/(m^2·℃)]；F_{wind} 为透光外围护结构的总传热面积(m^2)，下标 wind 为玻璃窗或透光外围护结构。

尽管式(3-49)右侧的温差给出的是室内外空气的温差，但室外空气通过玻璃板导热进入室内的热量并不全以对流换热的形式传给室内空气，而是其中有一部分以长波辐射的形式传给了室内其他表面。室外侧与环境之间同样有长波辐射热交换，因此式(3-49)传热系数 K_{wind} 除对流换热部分外，还应包含长波辐射的折算部分。

不同类型的透光外围护结构的传热系数有很大差别，即便是类型相同的透光外围护结构，工艺水平不同对传热系数也有很大影响。

2. 通过透光围护结构的太阳辐射得热计算方法

1)透过标准玻璃的太阳辐射得热 SSG

如图 3-21 所示阳光照射到玻璃或透光材料表面后，一部分被反射掉；一部分直接透过外

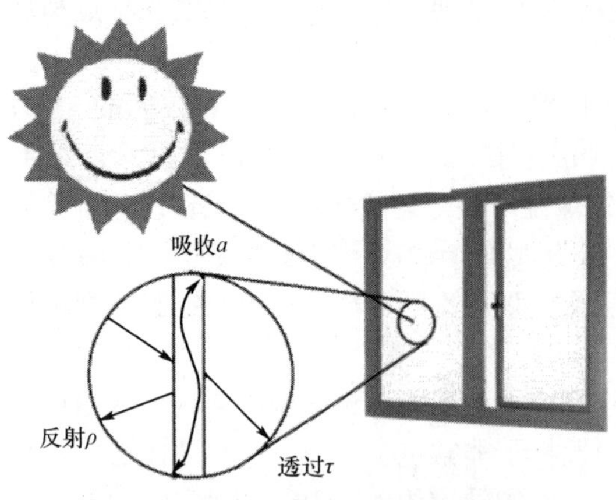

图 3-21　照射到窗玻璃上的太阳辐射

围护结构进入室内，全部成为房间得热量；还有一部分被玻璃或透光材料吸收，使玻璃或透光材料的温度升高。这样，其中一部分又将以对流和辐射的形式传入室内，而另一部分则同样以对流和辐射的形式散至室外，不会成为房间得热。

被玻璃或透光材料吸收后又传入室内的热量有两种计算方法：一种方法是以室外空气综合温度的形式考虑到玻璃或透光材料板壁的传热中，因为玻璃或透过材料吸收太阳辐射后，相当于室外空气温度增加；另一种方法是作为透过的太阳辐射中的一部分，计入太阳辐射得热中。如果按后一种方法，透过无遮阳玻璃或透光材料的太阳辐射得热 HG_{glass} 应包括透过的全部 $HG_{glass,\tau}$ 和吸收中的一部分 $HG_{glass,a}$，即

$$HG_{glass} = HG_{glass,\tau} + HG_{glass,a} \tag{3-50}$$

透过单位面积玻璃或透过材料的太阳辐射得热量为

$$HG_{glass} = I_{D_i}\tau_{glass,D_i} + I_{dif}\tau_{glass,dif} \tag{3-51}$$

假定玻璃或透光材料吸收后同时向两侧空气放热，且两侧玻璃表面与空气的温差相等，则玻璃由于吸收太阳辐射所造成的房间得热为

$$HG_{glass,a} = \frac{R_{out}}{R_{out}+R_{in}}(I_{D_i}a_{glass,D_i} + I_{dif}a_{glass,dif}) \tag{3-52}$$

式中，HG_{glass} 透过单位面积玻璃或透过围护结构的太阳得热；I 为太阳辐射强度（W/m^2）；τ_{glass} 为玻璃或透光材料的透射率；a_{glass} 为玻璃或透光材料的吸收率。下标 D_i 为入射角为 i 的直射辐射；dif 为散射辐射；glass 为玻璃或透光材料；in 为内；out 为外。

由于玻璃或透光材料的种类繁多，而且厚度也各不相同，所以通过同样大小玻璃或透光材料的太阳辐射的得热量也随之不同。为了简化计算，常以某种类型和厚度的玻璃作为标准透光材料，取其在无遮挡条件下的太阳得热量作为标准太阳得热量，用符号 SSG（Standard Solar heat Gain）来表示，单位为 W/m^2。当采用其他类型和厚度的玻璃或透光材料，或透光材料内外有某种遮阳设施时，只对标准玻璃的得热量加以修正即可计得实际太阳辐射得热量。根据式（3-51）和式（3-52），可得出入射角为 i 时标准玻璃的太阳得热量为

$$\begin{aligned} SSG &= (I_{D_i}\tau_{glass,D_i} + I_{dif}\tau_{glass,dif}) + (I_{D_i}a_{glass,D_i} + I_{dif}a_{glass,dif}) \\ &= I_{D_i}\left(\tau_{glass,dif} + \frac{R_{out}}{R_{out}+R_{in}}a_{glass,dif}\right) \\ &= I_{D_i}g_{D_i} + I_{dif}g_{dif} \\ &= SSG_{D_i} + SSG_{dif} \end{aligned} \tag{3-53}$$

式中，SSG 为入射角为 i 时标准玻璃的太阳得热量（W/m^2）；g 为标准太阳得热率。

2）通过透光外围护结构的太阳辐射的得热量

为求解通过透光围护结构的实际太阳得热量，对标准玻璃太阳的热量进行修正的方法包

括采用玻璃或透光材料本身的遮挡系数 C_s 和遮阳设施的遮阳系数 C_n 得到。通过透光外围护结构的太阳辐射得热量 $HG_{wind,sol}$ 可为

$$HG_{wind,sol} = (SSG_{D_i} X_s + SSG_{dif}) C_s C_n X_{wind} F_{wind} \tag{3-54}$$

式中，$HG_{wind,sol}$ 为通过透光围护结构的太阳辐射得热量(W)；X_{wind} 为透过外围护结构有效面积系数(一般取单层木窗 0.7，双层木窗 0.6，单层钢窗 0.85，双层钢窗 0.75)；F_{wind} 为透光外围护结构面积(m^2)；C_n 为遮阳设施的遮阳系数；C_s 为玻璃或其他透光外围护结构材料对太阳辐射的遮挡系数；X_s 为阳光实际照射面积比，即透明外围护结构上的光斑面积与透光外围护结构面积之比，可以通过几何方法计算求得。

3. 通过透光围护结构的显热得热量计算方法

综上所述，通过透光外围护结构的瞬时得热量等于通过透光外围护结构的传热得热量与通过透光外围护结构的太阳辐射得热量之和，可通过下式求得

$$\begin{aligned} HG_{wind}(\tau) &= HG_{wind,cond}(\tau) + HG_{wind,sol}(\tau) \\ &= F_{wind}\left\{\left(K_{wind}\left[t_{a,out}(\tau) - t_{a,in}(\tau)\right] + \left[SSG_{D_i}(\tau) X_s + SSG_{dif}(\tau)\right]\right) C_s C_n X_{wind}\right\} \end{aligned} \tag{3-55}$$

式中，HG_{wind} 为通过透光外围护结构的瞬时得热量(W)；$HG_{wind,cond}$ 为通过透光外围护结构的瞬时传热得热量(W)；$HG_{wind,sol}$ 为通过透光外围护结构的瞬时太阳辐射得热量(W)。

式(3-55)求出的热量与通过透光围护结构实际进入室内的热量之间是有差别的，该得热是在一定的假定条件下所得到的。其产生差别的原因有以下几方面。

(1) 采用标准玻璃的太阳得热量 SSG 求得的 $HG_{wind,sol}$ 与实际情况存在偏差，其偏差的原因是：其一，因为实际上室内外温度不同的情况居多，与前述的 SSG 定义中两侧玻璃表面与空气之间的温差相等的假定不一致。例如，当玻璃温度处于室内外空气温度之间时，即比一侧高，又比另一侧低，则玻璃只会向单侧对流散热，而不会向两侧对流散热。其二，玻璃吸收太阳辐射后，不仅会通过对流换热散热，而且还会通过长波辐射散热。

(2) 玻璃和透光材料吸收部分太阳辐射热后，其内部温度分布与内表面温度会有显著的改变，见图 3-22。在这种情况下，即便室内外空气温度一定，通过玻璃的总传热量也会产生变化，因为玻璃内表面与室内表面之间的辐射换热量有所不同，玻璃内表面与空气之间的对流换热量也有所不同。

(3) 当室内存在对玻璃内表面的热辐射热源时，同样也会导致通过玻璃的总传热量的改变。

因此在计算冷负荷时无论是对于非透光围护结构热传导引起的得热或是透光围护结构由于热传导和辐射引起的得热，采用的得热量数值并非实际进入室内的热量，而是在某些假设条件的得热量计算值。

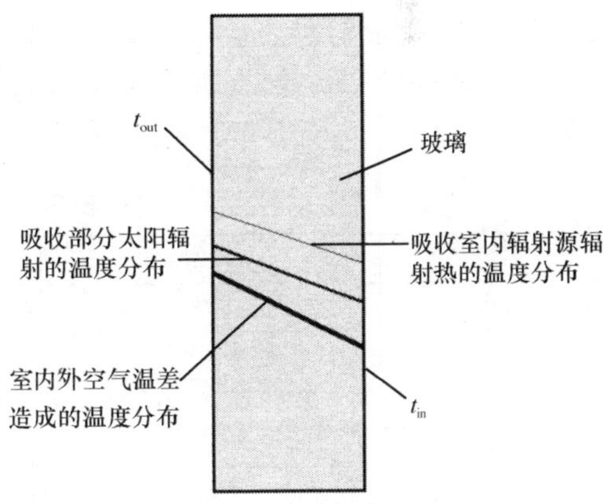

图 3-22　窗玻璃的温度分布

4. 遮阳形式对透光围护结构显热传递的影响

为了有效遮挡太阳辐射，减少夏季空调负荷，常常采用遮阳设施。遮阳设施能阻断直射阳光透过玻璃进入室内，防止阳光过分照射和加热建筑围护结构。遮阳设施设置在透光外围护结构的内侧和外侧，对透光外围护结构的遮阳效果是完全不同的，如图 3-23 所示。虽然外遮阳和内遮阳设施都同样可以反射部分阳光，吸收部分阳光，透光部分阳光，但对于外遮阳，只有透光外遮阳设施的部分阳光才会到达玻璃外表面，到达中的一部分透过玻璃进入室内形成冷负荷。而被外遮阳设施吸收的太阳辐射，一般都会同通过对流换热和长波辐射散射到室外环境而几乎不会对室内造成影响。

设置在室内的内遮阳设施，尽管同样可以反射掉部分太阳辐射，但向室外方向反射的一部分会被玻璃再反射回室内，使反射出室外的太阳辐射减少。另一方面，内遮阳设施吸收的辐射热会慢慢在室内释放，全部转化成得热。所以，内遮阳设施只会反射少量太阳辐射，而其余部分全部成为室内得热，只是得热的峰值被延迟和衰减，因此对太阳辐射得热的削减效果比外遮阳设施要差得多。

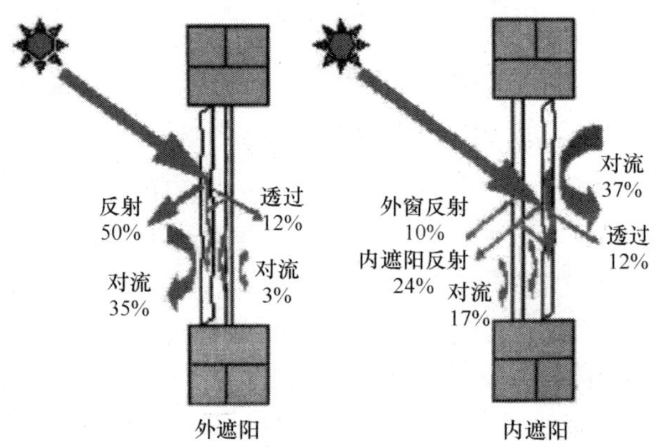

图 3-23　外遮阳设施和内遮阳设施对太阳辐射的作用

遮阳设施的遮阳作用以遮阳系数 C_n 来描述。其物理意义就是设置了遮阳设施后的透光外围护结构太阳辐射得热量与未设置遮阳设施的太阳辐射得热量之比，包含了通过包括遮阳设施在内的整个外围护结构透射部分和通过吸收散热进入室内的两部分热量之后。表 3-3 给出了一些常见内遮阳设备的遮阳系数 C_n。

表 3-3　内遮阳设备的遮阳系数 C_n

内遮阳类型	颜色	C_n	内遮阳类型	颜色	C_n
布窗帘	白色	0.50	活动百叶(叶片 45°)	白色	0.60
布窗帘	中间色	0.60	活动百叶(叶片 45°)	浅灰色	0.75
布窗帘	深黄、紫红、深绿色	0.65	毛玻璃	次白色	0.40

玻璃或透光材料本身对太阳辐射也具有一定的遮挡作用，用遮挡系数 C_s 来表示。其定义是太阳辐射通过某种玻璃或透光材料的实际太阳得热量与通过厚度为 3mm 厚标准玻璃的太阳得热量 SSG 的比值，同样包含了通过玻璃或透光材料直接透射进入室内和被玻璃或透光材料吸收后又散射到室内的两部分热量总和。不同种类的玻璃或透光材料具有不同的遮挡系数。

对于外遮阳而言，挑檐、遮阳篷或者部分打开的外百叶、外卷帘等遮阳设施并不会把吸收的辐射热又放到室内，所以其遮阳本质是减少透光围护结构上的光斑面积，因此往往不用遮阳系数来描述遮阳作用，而用阳光实际照射面积比 X_s 来描述。

3.1.5　通过围护结构的潜热得热

舒适的热环境要求有适量的水蒸气，以保持适宜的相对湿度。湿度过大或者过小不仅给人带来不舒适感，而且还会影响围护结构的性能，甚至对保温构造，建筑寿命等产生不利的影响。所谓冷凝，是特指当部分围护结构表面温度低于附近空气露点温度时，表面出现冷凝水的现象。表面冷凝是由水蒸气含量较多的高温空气遇到冷的表面所致。内部凝结是当水蒸气通过围护结构时，遇到结构内部温度达到或低于露点温度时，水蒸气即形成凝结水。在围护结构中应尽量避免在围护结构的内表面产生结露，同时更应该防止在围护结构内部因水蒸气渗透而产生凝结受潮。

1. 围护结构传湿过程

当围护结构两侧空气的水蒸气分压力不相等时，水蒸气将从分压力高的一侧向分压力低的一侧转移。而目前在建筑设计中为考虑围护结构的湿状况，通常按照稳定条件下单纯的水蒸气渗透过程考虑。在计算中，室内外空气的水蒸气的分压力都取定值，不随时间而变；不考虑围护结构内部液态水分的转移；不考虑热湿交换过程之间的相互影响。

稳态下水蒸气渗透过程计算与稳态传热的计算方法完全相似。在稳态条件下通过围护结构的水蒸气渗透量，与室内外的水蒸气分压力差成正比，与渗透过程中受到的阻力成反比，即

$$\omega = \frac{1}{H_0}(P_{\text{out}} - P_{\text{in}}) \tag{3-56}$$

$$H_0 = \frac{1}{\beta_{\text{in}}} + \sum \frac{\delta_i}{\lambda_{vi}} + \frac{1}{\beta_a} + \frac{1}{\beta_{\text{out}}} \tag{3-57}$$

式中，ω 为单位时间内通过单位面积围护结构传入室内的水蒸气量，即通过围护结构的湿量[kg/(m^2·s)]；H_0 为围护结构的总水蒸气渗透阻[(N·s)/kg]或(m/s)；P_{in}、P_{out} 为围护结构内、外侧的水蒸气分压力(Pa)；β_{in}、β_{out}、β_a 分别为围护结构内表面、外表面和腔体中封闭空气间层的散湿系数[kg/(N·s)]，见表 3-4；λ_{vi} 为第 i 层材料的水蒸气渗透系数[(kg·m)/(N·s)]，见表 3-5；δ_i 为第 i 层材料厚度(m)。

表 3-4　围护结构表面和空气层的散湿系数

条件	散湿系数[×10^{8}kg/(N·s)]	条件	散湿系数[×10^{8}kg/(N·s)]
室外垂直表面	10.42	水平空气层湿流向下	0.73
室内垂直表面	3.48	空气层厚度 10mm	1.88
水平面湿流向上	4.17	空气层厚度 20mm	0.94
水平面湿流向下	2.92	空气层厚度 30mm	0.21
水平空气层湿流向上	0.13		

表 3-5　材料的蒸发渗透系数 λ_v

材料	密度 /(kg/m³)	$\lambda_v \times 10^{12}$	材料	密度 /(kg/m³)	$\lambda_v \times 10^{12}$
钢筋混凝土		0.83	花岗岩或大理石		0.83
陶粒混凝土	1800	2.50	胶合板	1800	2.50
	600	7.29	木纤维板与刨花板	600	7.29
珍珠岩混凝土	1200	4.17	泡沫聚苯乙烯	1200	4.17
	600	8.33	泡沫塑料	600	8.33
水泥砂浆		2.50	珍珠岩水泥板		2.50
石灰砂浆		3.33	石棉水泥板		3.33
石膏板		2.71	石油沥青		2.71
加气泡沫混凝土	400	6.25	多层聚氯乙烯布	400	6.25
	1200	3.13	用水泥砂浆的硅酸盐或普通黏土砖砌块	1200	3.13

水蒸气渗透系数是 1m 厚的物体，两侧水蒸气分压力为 1Pa，1h 内通过 1m² 面积渗透的水蒸气量。用 λ_v 表示，单位为(kg · m)/(N · s)。它表明材料的透气能力，与材料的密实程度有关，材料的孔隙率越大，透气性能越好。围护结构常用材料的蒸发渗透系数 λ_v 参阅表 3-5。

一般情况下，表面的水蒸气渗透阻远小于材料层的水蒸气渗透阻，计算时常忽略水蒸气渗透阻。这样，围护结构内外表面的水蒸气分压力可近似的取 P_{in} 和 P_{out}。围护结构内第 n 层材料层外表面上的蒸汽分压力 P_n，可按下式计算(与确定内部温度相似)

$$P_n = P_{\text{in}} - \frac{1}{H_0}(P_{\text{out}} - P_{\text{in}})\left(\frac{1}{\beta_{\text{in}}} + \sum \frac{\delta_i}{\lambda_{vi}}\right) \tag{3-58}$$

2. 内部冷凝的检验

围护结构的内部冷凝，危害是很大的，而且是一种看不见的隐患。所以设计之初，应分析所设计的构造方案是否会产生内部冷凝现象，以便采取措施加以消除，或者控制其影响程度。为判别围护结构内部是否会出现冷凝现象，可按照以下步骤进行：

(1) 根据实际室内外的温湿度(t 和 φ)，确定墙体内外表面的水蒸气分压力 P_{in} 和 P_{out}，然后按式(3-58)计算围护结构各层的水蒸气分压力，并作出“P”的分布线。对于采暖房屋，设计中取当地采暖的室外空气的平均温度和平均相对湿度作为室外气候参数。

(2) 根据室内外温度，确定墙体各层的温度，并根据相应的饱和水蒸气分压力“P_s”的分布线。

(3) 根据 P 和 P_s 线相交与否判定围护结构内部是否会出现冷凝现象。如图 3-24(a)所示，P 和 P_s 线不相交，说明内部不会产生冷凝；若相交，从内部有冷凝，如图 3-24(b)所示。

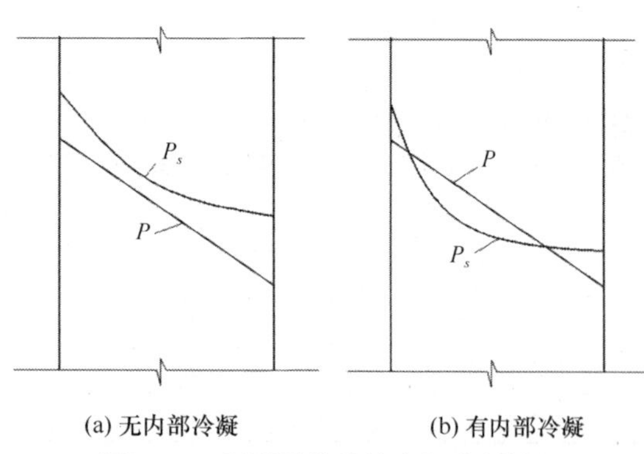

(a) 无内部冷凝　(b) 有内部冷凝

图 3-24　判别围护结构内部冷凝情况

经判别若出现内部冷凝时，可按下述近似方法估算冷凝强度和采暖保温层材料湿度的增量。

经验和理论分析都已判明，在水蒸气渗透的途径中，若材料的水蒸气渗透系数出现由大到小的界面，因水蒸气至此遇到较大的阻力，最易发生冷凝现象，习惯上把这个最易出现冷凝，而且凝结最严重的界面称为围护结构内部的“冷凝界面”，如图 3-25 所示。

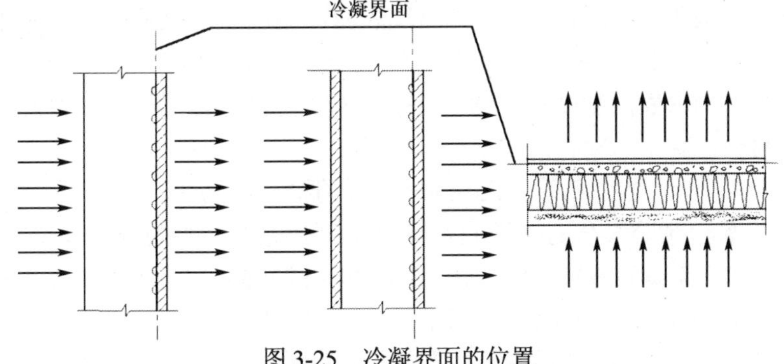

图 3-25 冷凝界面的位置

显然，当出现内部冷凝时，冷凝界面处的水蒸气分压力已达到该界面的饱和水蒸气分压力 $P_{S,C}$。设由水蒸气分压力较高一侧空气进到冷凝界面的水蒸气渗透强度为 ω_1，从界面渗透到分压力较低一侧空气的水蒸气渗透强度为 ω_2，两者之差即是界面处的冷凝强度 ω_c，参见图 3-26，即

$$\omega_c = \omega_1 - \omega_2 = \frac{P_H - P_{S,C}}{H_{0,i}} - \frac{P_{S,C} - P_L}{H_{0,\varepsilon}} \tag{3-59}$$

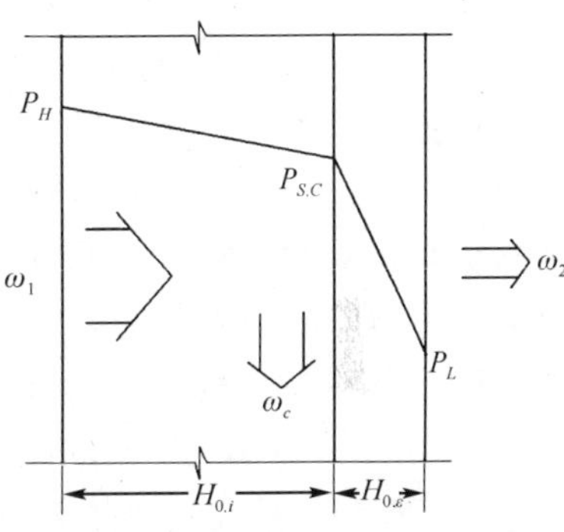

图 3-26 内部冷凝的强度

式中，P_H 为分压力较高一侧空气的水蒸气分压力(Pa)；P_L 分压力较低一侧空气的水蒸气分压力(Pa)；$P_{S,C}$ 冷凝界面处的饱和水蒸气分压力(Pa)；$H_{0,i}$ 在冷凝界面水蒸气流入一侧的水蒸气渗透阻[(N・s)/kg]或(m/s)；$H_{0,\varepsilon}$ 在冷凝界面水蒸气流出一侧的水蒸气渗透阻[(N・s)/kg]或(m/s)。

采暖期内总的冷凝量的近似估算值为

$$\omega_{c,0} = 24\omega_c Z_h \tag{3-60}$$

式中，$\omega_{c,0}$ 为采暖期内总的冷凝量(g/m^2)；Z_h 为当地采暖期的天数(d)。

采暖期内保温层材料湿度的增量为

$$\Delta\omega = \frac{24\omega_c Z_h}{1000 d_i \rho_i} \times 100\% \tag{3-61}$$

式中，d_i 为保温层厚度(m)；ρ_i 为材料的密度(kg/m^3)。

以上的计算比较粗略，当出现内部冷凝后，必须考虑冷凝范围内的液相水分的迁移机理，才能得出较精确的结果。

3. 围护结构的防潮

凝霜或结霜均会导致围护结构的传热系数增大，增大围护结构的传热量，加速围护结构的损坏。因此应对围护结构的湿状态有所要求，必要时采取一些技术措施以避免围护结构的表面和内部的凝结或冻结现象。

1) 防止和控制表面冷凝

产生表面冷凝原因，不外乎是由于室内空气湿度过高或是壁面的温度过低。不同情况分述如下：

(1) 正常湿度的房间。一般情况下不会出现表面冷凝现象，但是使用中应注意尽可能使外围护结构内表面附近的气流畅通，所以家具、壁柜等不宜紧靠外墙布置。当供热设备放热不均匀时，会引起围护结构内表面温度的波动，为了减弱这种影响，围护结构内表面层宜采用蓄热特性系数较大的材料，利用它蓄存的热量所起的调节作用，以减少出现周期性冷凝的可能。

(2) 高湿度房间。一般是指冬季室内相对湿度高于 75%的房间。对于此类建筑，应尽量防止产生表面滴水现象，预防湿气对建筑材料的锈蚀和腐蚀。有些高湿房间，室内气温已经接近露点温度(如浴室、洗染间等)，即使加大围护结构的热阻，也不能防止表面冷凝，这时壁面表面形成水滴掉落下来，影响房间的使用质量。为防止表面冷凝水渗入围护结构的深部，使结构受潮，处理时应根据房间使用性质采取不同的措施。为避免围护结构内部受潮，高湿房间围护结构的内表面应设防水层。对于那种处于间歇性高湿条件的房间，为避免冷凝水形成水滴，围护结构内表面可增设吸湿能力强且本身又耐潮湿的饰面层或涂层。

2) 防止和控制内部冷凝

由于围护结构内部的湿转移过程比较复杂，目前在理论方面虽有一定进展，但尚不能满足解决实际问题的需要，所以在设计中主要是根据实践中的经验和教训，采取一定的构造措施来改善围护结构内部的湿度状况。

(1) 合理布置材料层的相对位置。材料层的布置应符合水蒸气“难进易出”的原则。如图 3-27 所示，方案(a)在水蒸气渗入的一侧，布置导热系数小、水蒸气渗透系数大的保温材料层，而在另一层布置导热系数较大而水蒸气渗透系数较小、隔气效果好的密度较大的材料。在保温材料内部，温度急剧下降，对应的饱和水蒸气分压力相应下降也快。但由于保温材料的水蒸气渗透系数大，所以水蒸气分压力下降较平缓。如图 3-27 所示，墙体内部某一截断面将会出现实际水蒸气分压力 P 大于该温度下的饱和水蒸气分压 P_s，内部产生冷凝。方案(a)把重质材料布置在水蒸气渗透侧，另外一侧布置保温材料。水蒸气难进易出，实际水蒸气分压一般小于饱和水蒸气分压，墙体内部不易出现冷凝。因此，从防止内部结露来说，方案(b)更合理。

同样，倒铺屋面也是遵循水蒸气“难进易出”的原则，将防水层设置在保温层以下，这样不仅有可能完全消除内部结露的问题，还使得防水层得到保护，从而大大提高其耐久性。这种方法在国外称为“Upside Down”构造方法，简称 USD 构法，目前国内外都开展这种构造的测试和应用研究。

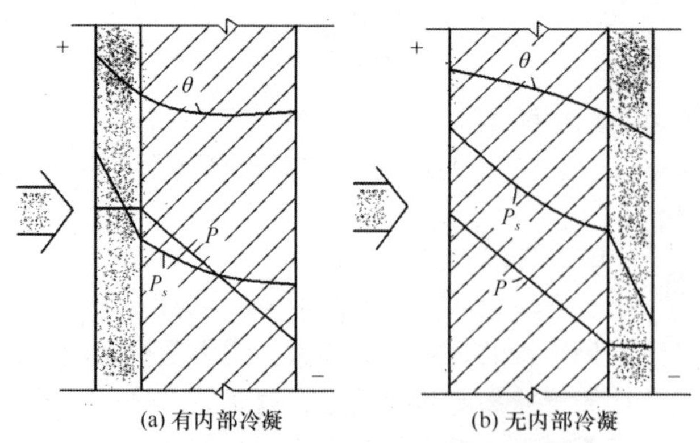

图 3-27 材料层布置对内部湿状况的影响

(2) 设置隔气防潮层。在真正的构造方案中，材料层的布置往往不能完全符合上面所述的“难进易出”的要求。为了消除或减弱围护结构内部的冷凝现象，可在保温层蒸汽流入一侧设置隔气防潮层(如沥青或隔气涂料等)。这样可使水蒸气抵达低温表面之前，水蒸气分压力已得到急剧下降，从而避免了内部冷凝的产生，如图 3-28 所示。然而对于冬季采暖房间，隔气防潮层宜布置在保温层内侧；对于夏季空调房间，隔气防潮层宜布置在保温层外侧。总之隔气防潮层是布置在蒸汽渗入的一侧，即高温侧。若全年中蒸汽渗透方向变化(如夏热冬冷地区建筑)是否需要在两侧均设隔气防潮层则需要谨慎考虑。由于在隔热层的两侧都设隔气防潮层，若在施工过程中保温材料受潮，内部产生冷凝，则冷凝水很难蒸发出去。因而可以考虑在全年中蒸汽渗透量较大，持续时间较长的一方设置隔气防潮层，当反向渗透出现内部冷凝时，待气候转变后蒸发排走，不至于两侧设隔气防潮层出现冷凝时无法排除而造成严重的后果。

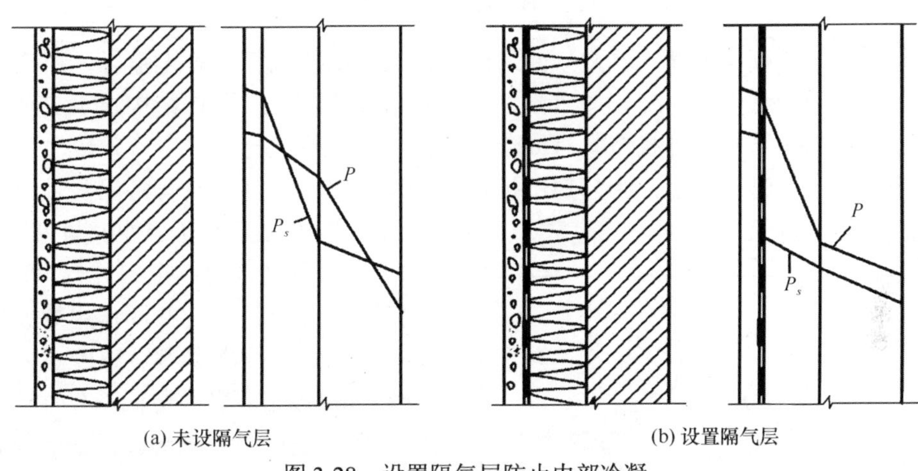

(a) 未设隔气层　　(b) 设置隔气层

图 3-28　设置隔气层防止内部冷凝

(3) 设置通风间层或泄气通道。设置隔气防潮层虽然能改善围护结构内部的湿状况，但不是最妥善的办法，因为隔气防潮层质量在施工和使用过程中不易保证。此外，采用隔气防潮层后，会影响房屋建成后结构的干燥速度。对高湿房间围护结构的防冷凝效果不佳。为此，在围护结构中设置通风间层或泄气沟道，使进入保温层的水分充分排走，这种方法往往更加有效。通风间层设置在保温层与屋顶之间，若室内湿度很高，从室内渗出到保温层的水蒸气将不断被室外空气所带走，而在室外湿度高于室内的夏季，屋顶的高温不断加热蒸发保温层的水分，水分被室外空气带走。这项措施适用于高湿房间的围护结构以及卷材防水材料屋面。

3.2　特殊建筑围护结构的热湿传递过程

1. 帐篷与活动板房围护结构的热湿传递

帐篷多用帆布做成，连同支撑用的部分，可随时拆下转移，见图 3-29。帐篷是以部件的方式携带，到达现场后才加以组装。帐篷按功能可分为游牧帐篷、救灾帐篷、旅游帐篷等种类。活动板房一般以轻钢为骨架，以夹心板为围护材料，以标准模数系列进行空间组合，构件采用螺栓连接。按材料一般分为水泥活动板房、磷镁活动板房、彩钢活动板房，目前较为常用的是彩钢活动板房。墙板材料一般为彩钢夹心板，厚度为 50mm，外面由 0.6mm 厚的彩钢包裹，中间夹聚苯乙烯，经加工复合而成。

图 3-29　帐篷

不论是帐篷还是板房都属于非常规建筑的超薄围护结构，都具有重量轻、搭建快捷、撤除容易、运输方便的特点。与传统厚重围护结构建筑相比，超薄围护结构建筑热环境的表现完全不同。超薄围护结构对外扰波具有同步放大效应，波峰段抬升“温室效应”明显，波谷段下移“冷室效应”时有发生，因超薄围护结构热惰性极小，几乎没有延迟，且经常出现围护结构内表面温度高于外表面等现象。由于白天室内气温远远高于室外气温，加之内表面温度更高，两者的共同作用导致白天室内酷热难耐，如蒸笼烘烤；夜晚室内气温略低于室外温度，内表面更低，有时甚至壁面结露，致使室内阴冷潮湿。正是这种有别于常规建筑的延迟衰减机理的同步放大效应，使得超薄围护结构建筑的室内热环境比常规建筑恶劣得多。图 3-30 给出了同步放大效应的示意图，图 3-31 和图 3-32 分别为活动板房与帐篷的室内外气温对比。

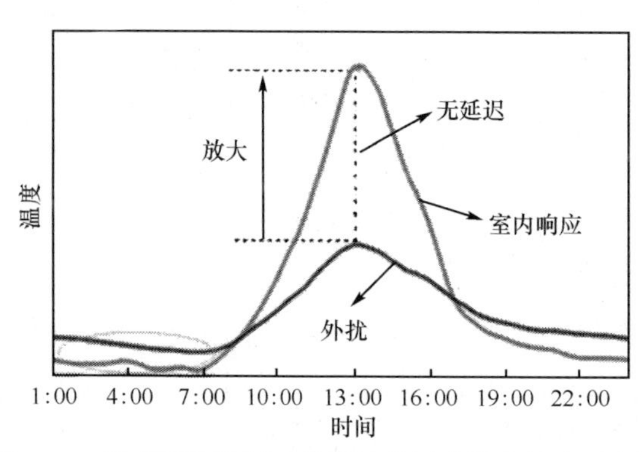

图 3-30　超薄围护结构对外扰波的同步放大效应示意图

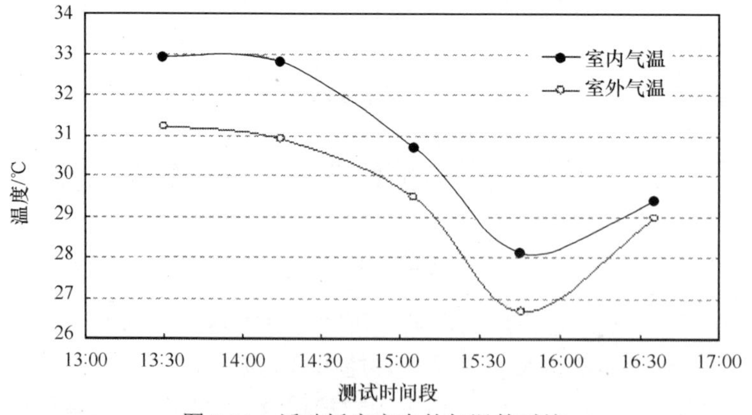

图 3-31　活动板房室内外气温的对比

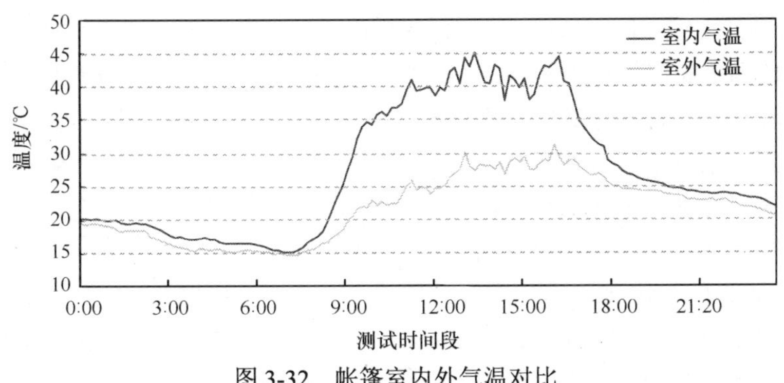

图 3-32　帐篷室内外气温对比

2. 木屋与竹屋围护结构的热湿传递

1) 木屋的热湿传递

与传统建筑围护结构相比，木材是多孔材料，导热系数小，能减缓热量的传递，又具有相当的容积比热，可以储存一定的热量。木材在一定的温度和相对湿度条件下，放置足够时间后达到某一个稳定的含水率，该含水率即为平衡含水率。当环境的温湿度发生变化时，木材的含水率也会发生变化。在这个过程中，木材就会利用自身的多孔结构，从大气中吸收水分或向大气中释放水分，从而达到一个新的含水率状态，木材的这种特性即为吸放湿特性。因而，建筑中如使用木结构墙体具有温湿度调节特性，可以缓和由外部气温和相对湿度所引起的室内空间的温湿度变化。无论是夏季还是冬季，木结构墙体住宅室内温湿度变化都比其他住宅缓和。夏季木质墙体室内气温比隔热墙体室温低 2.4℃，在冬季高 4.0℃，夏天隔热、冬天保温。当温度上升，相对湿度降低时，材料放湿；温度下降，相对湿度升高时，材料可以吸湿，木材表层能迅速与外界达到水分平衡而随之一起变化，内部变化则会延迟，从而通过调节使相对湿度波幅减小。

木结构墙体在传热过程中，受室内外得热作用，不断有热量通过围护结构传进或传出。在冬季室内温度高于室外温度，热量由室内传向室外；在夏季正好相反，热量由室外传向室内。通过木结构墙体传热为表面换热和结构传热过程。表面换热分为表面吸热和表面放热，两者机理相同。在表面换热过程中，既有表面与周围空气之间的对流与导热，又有表面与其他表面之间的辐射换热。在木结构墙体中，表面换热量是对流、导热和辐射换热量之和。

2) 竹屋的热湿传递

竹材具有生长快、产量高、强度大、弹性好、环保和可再生等特点，利用竹材加工成竹胶合板，在建筑等领域获得了广泛的应用，竹材作为现代建筑材料已经越来越受到人们的重视。竹结构建筑也由于其良好的保温隔热及节能性受到大家的青睐。

(1) 竹胶合板的导热系数。导热系数是表征材料导热性能优劣的参数。利用智能化导热系数测定仪，在 25℃气干状态下（在空气中自然放干或晒干），对竹胶合板的导热系数进行测试，测得其导热系数为 0.14W/(m·K)。不同材料导热系数见表 3-6。

表 3-6　不同建筑材料的导热系数

材料名称	钢筋混凝土	普通混凝土	加气混凝土	空心砖砌体	竹胶合板
导热系数/[W/(m·K)]	1.74	1.28	0.19	0.58	0.14

从表 3-6 可知，与现有常用墙体材料相比，竹胶合板的导热系数远小于现有墙体材料的导热系数，其导热系数为普通混凝土的 8.0%、钢筋混凝土的 10.9%，与新型保温墙体材料——加气混凝土和空心砖砌体相比，竹胶合板的导热系数也要小，约为加气混凝土的 73.7%、空心砖砌体的 24.1%。因此，将竹胶合板作为建筑墙体材料，可以达到良好的保温隔热效果及节能目的。

(2) 竹胶合板的其他热物性参数。处于自然气候条件下的建筑物，必然会受到大气层各种气象因素的影响，这样通过围护结构的热流量及围护结构内部的温度分布也就随着时间的变化而变化，这就是非稳态传热过程。表征非稳态传热过程稳定性的参数主要有比热容、蓄热系数和热扩散率等。根据周芳存测得竹胶合板在气干状态下的比热容为 1.722kJ/(kg · K)，热扩散率为 $1.64\times10^{-7}\text{m}^2/\text{s}$，并由 $S=\frac{A_q}{A_\theta}=\sqrt{\frac{2\pi\lambda cv}{Z}}$ 可得 24h 的蓄热系数 S 为 3.3W/(m² · K)。

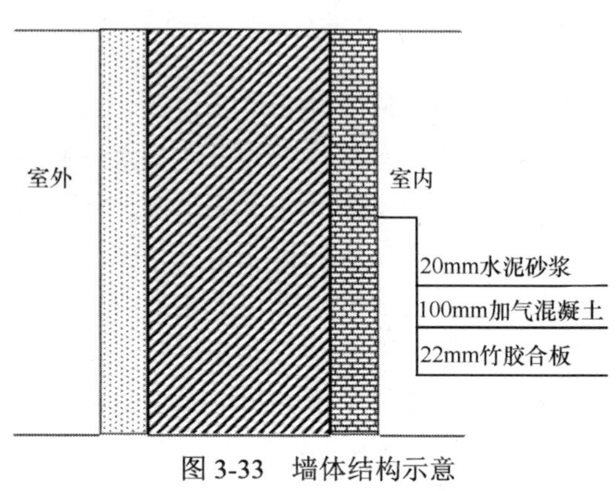

图 3-33　墙体结构示意

根据湖南大学对长沙实验房 (2m×2m×2m) 的围护结构进行传热性能测试，墙体结构示意图见图 3-33，墙体隔层材料的热物性参数见表 3-7。实验测得的数据发现在周期性室外综合温度作用的影响下，竹结构墙体各处温度随时间也发生周期性变化。墙体外壁温度随时间变化最剧烈，越往内，温度波动越小，墙内表面即竹胶合板内表面的温度波动最小。墙体内的温度分布具有延迟特性，从室外向室内，温度最高点的出现时间逐渐向后推移，温度波动振幅逐渐减弱。

表 3-7　墙体各层材料的热物性参数

结构	厚度/mm	导热系数 /[W/(m · K)]	干密度 /(kg/m³)	比热容 /[kJ/(kg · K)]	24h 蓄热系数 /[W/(m² · K)]
水泥砂浆	20	0.93	1800	1.05	11.37
加气混凝土	100	0.19	500	1.05	2.81
竹胶合板	22	0.14	639	1.72	3.31

3.3　以其他形式进入室内的热量和湿量

进入室内的热量和湿量，除了通过围护结构传递进去的以外，还有以其他形式进入室内的，包括室内的产热产湿 (即内扰) 和因空气渗透带来的热量和湿量。室内的人体、设备、照明的散热量和散湿量，是热湿负荷中的主要组成部分，在设计过程中必须深入了解工艺过程、设备使用情况及保温排热等措施，从而合理确定其进入室内的热量和湿量。

3.3.1　空气渗透带来的得热

由于建筑存在各种门、窗和其他类型的开口，室外空气有可能进入房间，从而给房间空气直接进入热量和湿量，并即刻影响室内空气的温湿度。尤其是冬季，冷空气的渗透比较严重，因此需要考虑空气渗透给室内带来的得热量。空气渗透是指由于室内外存在压力差，从而在建筑门窗缝隙和外围护结构上的其他小孔或洞口处发生室内外空气流通的现象，也就是所谓的无组织通风。在一般情况下，空气的渗入和空气的渗出总是同时出现的。由于渗出的是室内状态的空气，渗入的是外界的空气，所以渗入的空气量和空气状态决定了室内的得热量，并改变室内的温湿环境，因此在冷热负荷基数按照只考虑空气的渗入。气体流动消耗一定能量，即克服一定的阻力。从流体力学知识可知，气体流动阻力包括沿程阻力和局部阻力，即

$$\Delta P = Rl + Z = Rl + \xi\frac{\rho v^2}{2} \tag{3-62}$$

式中，Rl 为沿程阻力，其中 R 为摩擦阻力系数，l 为通道长度，由于空气流过门窗的路程很短，故该项可忽略(Pa)；Z 为局部阻力，与空气的流动动能成正比(Pa)；ξ 为局部阻力系数；ρ 为空气密度(kg/m^3)；v 为空气通过门窗的速度(m/s)。

这样，$\Delta P = \xi\frac{\rho v^2}{2}$。

对于形状比较简单的孔口出流(如门、窗)，空气流速较高，流动多处于阻力平方区，流速与内外压力差存在如下关系

$$v \propto \Delta P^{1/2} \tag{3-63}$$

对于渗流来说，流速缓慢，流道断面细小而复杂，可认为流动处于层流区，流速与内外压力差的关系

$$v \propto \Delta P \tag{3-64}$$

而对于门窗缝隙的空气渗透来说，虽然门窗种类繁多，但多介于孔口出流和渗流之间，一般取

$$v \propto \Delta P^{1/1.5} \tag{3-65}$$

所以通过门窗缝隙的空气渗透量的计算式可写为

$$L_a = vF_{\text{crack}} = al\Delta P^{1/1.5} = F_d\Delta P^{1/1.5} \tag{3-66}$$

式中，L_a 为通过门窗缝隙的空气渗透量(m^3/h)；F_{crack} 为门窗缝隙面积(m^2)；F_d 为当量孔口面积[m^3/(hPa$^{1/1.5}$)]，$F_d = al$；l 为门窗缝隙长度(m)；a 为实验系数，取决于门窗的气密性，见表 3-8。

表 3-8　门窗的气密性系数

气密性	好	一般	不好
缝宽/mm	约 0.2	约 0.5	1～1.5
系数 a	0.87	3.28	13.1

导致空气渗透量的室内外压力差一般为风压、热压和室内正压。夏季由于室内外温差比较小，造成空气渗透的主要动力是风压。如果空调系统能保证室内足够的正压，这时室内的空气向室外渗出，而室外空气几乎无法渗入室内，这种情况不需考虑室外空气渗透的作用。如果没有正压送风，则需要考虑风压的影响。冬季如果室内有采暖，这时室内外存在比较大的温差，使得室内外的空气密度差别较大，室外冷空气会从建筑下部的开口进入，室内空气

从建筑上部的开口流出。这种由于热压而形成的烟囱效应强化了空气渗透，因此在冬季采暖期，对于空气渗透，热压可能会比风压起的作用更大。同样，建筑物越高，热压的作用就越明显。对于高层建筑，热压作用使得底层房间的热负荷明显要高于上部房间的热负荷，因此遇到上述情况，必须同时考虑风压和热压引起的空气渗透量。在工程实际中，在计算非高层建筑空气渗透量时往往只考虑风压作用。在采暖期时，多层和高层建筑除了计算风压引起的通风外还需计算热压所造成的通风。这时的建筑在热压作用下室外冷空气从下部门窗进入，被室内热源加热后由内门窗缝隙渗入走廊或楼梯间，在走廊和楼梯间形成了上升气流，最后从上部房间的门窗渗出到室外。

由于准确求解建筑的空气渗透量是一项非常复杂和困难的工作，因此为了满足实际工作需要，目前计算风压造成的通风量的常用方法是两种估算方法——缝隙法和换气次数法。这两种方法都是基于实验和经验基础上得来的。

(1)缝隙法。缝隙法是根据不同种类窗缝隙的特点，给出其在不同室外平均风速条件下不同朝向门窗的单位窗缝隙长度的冬季平均空气渗透量，并以此为依据，进行采暖热负荷计算。房间的空气渗透量 L_a 计算方法为

$$L_a = kl_a l \tag{3-67}$$

式中，l_a 为单位长度门窗缝隙的渗透量[$m^3/(h \cdot m)$]，见表 3-9；l 为门窗缝隙的总长度(m)；k 为主导风向不同情况下的修正系数，考虑到风向、风速和频率等因素对空气渗透量的影响，以当地主导风向为基准作朝向修正，参见表 3-10。

表 3-9　单位长度门窗缝隙的渗透量

门窗种类	室外平均风速/(m/s)					
	1.0	2.0	3.0	4.0	5.0	6.0
单层木窗	1.0	2.5	3.5	5.0	6.5	8.0
单层钢窗	0.8	1.8	2.8	4.0	5.0	6.0
双层木窗	0.6	1.3	2.0	2.8	3.5	4.2
双层钢窗	0.6	1.3	2.0	2.8	3.5	4.2
门	2.0	5.0	7.0	10.0	13.0	16.0

表 3-10　冬季主导风向下不同情况下的修正系数

城市	朝　　向							
	北	东北	东	东南	南	西南	西	西北
齐齐哈尔	0.9	0.4	0.1	0.15	0.35	0.4	0.7	1
哈尔滨	0.25	0.15	0.15	0.45	0.6	1	0.8	0.55
沈阳	1	0.9	0.45	0.6	0.75	0.65	0.5	0.8
呼和浩特	0.9	0.45	0.35	0.1	0.2	0.3	0.7	1
兰州	0.75	1	0.95	0.5	0.25	0.25	0.35	0.45
银川	1	0.8	0.45	0.35	0.3	0.25	0.3	0.65
西安	0.85	1	0.7	0.35	0.65	0.75	0.5	0.3
北京	1	0.45	0.2	0.1	0.2	0.15	0.25	0.85

(2) 换气次数法。当缺少足够的门窗缝隙数据，但又可知门窗的数目，这时可通过室外在平均风速范围下的平均换气次数，估算房间空气渗透量。有时，对于体积过大的房间，也可以通过此法校核空气渗透量。换气次数计算空气渗透量公式

$$l_a = nV \tag{3-68}$$

式中，n 为换气次数(次/h)，见表 3-11；V 为房间容积(m^3)。

表 3-11 给出了我国目前采用的不同类型房间的换气次数，其适用条件是冬季室外平均风速小于或等于 3m/s。

表 3-11　换气次数

房间具有木门窗的外围护结构的面数	一面	二面	三面
换气次数/(次/h)	0.25～0.5	0.5～1	1～1.5

式(3-69)介绍了美国采用的换气次数估算方法，该方法综合考虑了室外风速和室内外温差的影响，即

$$n = a + bv + c(t_{a,\text{out}} - t_{a,\text{in}}) \tag{3-69}$$

式中，v 为室外平均风速(m/s)；a、b、c 为系数，见表 3-12；$t_{a,\text{out}}$、$t_{a,\text{in}}$ 为室内、外空气的温度(℃)。

表 3-12　求解换气次数的系数

建筑气密性	a	b	c
气密性好	0.15	0.01	0.007
气密性一般	0.2	0.015	0.014
气密性差	0.25	0.02	0.022

根据上述方法求得渗入室内的空气量 L_a 后，可按下式计算由于空气渗透带来的总得热量

$$\text{HG}_{\inf il} = \rho_a L_a \left(h_{\text{out}} - h_{\text{in}}\right) \tag{3-70}$$

式中，$\text{IIG}_{\inf il}$ 为单位长度门窗缝隙的渗透得热量(W/h)；ρ_a 为室外空气的密度(kg/m^3)；h_{out}、h_{in} 为室内、外空气的比焓(kJ/kg)。

由渗透空气带入室内的显热得热量和得湿量又可以根据室内外的空气温差和含湿量差分别求得，然后再由得湿量求算潜热得热。由渗透空气引起的显热得热量为

$$\text{HG}_{\inf il} = \rho_a L_a \left(t_{\text{out}} - t_{\text{in}}\right) \tag{3-71}$$

得湿量为

$$W_{\inf il} = \rho_a L_a \left(d_{\text{out}} - d_{\text{in}}\right) \tag{3-72}$$

以上两式中，$\text{HG}_{\inf il}$ 为房间空气渗透的显热得热量(W/h)；$W_{\inf il}$ 为房间空气渗透的得湿量，(g/h)；t_{out}、t_{in} 为室内、外空气的温度(℃)；d_{out}、d_{in} 为室内、外空气的含湿量(g/kg)。

3.3.2　室内散热散湿量

室内的热湿源一般包括人体、设备和照明设施。人体通过皮肤和服装向环境散发显热量，同时通过呼吸、出汗向环境散发湿量；照明设施向环境散发的是显热量；设备的散热和散湿取决于设备特点和工艺过程。一般民用建筑的散热散湿设备包括家用电器、厨房设施、食品、游泳池、体育期娱乐设施等，工业建筑的散热散湿设备包含电动机、加热水槽等。

1. 室内散热量

1) 照明的散热

照明所耗的电能一部分转化为光能，一部分直接转化为热能。两种形式能量的比例与照明的光源类型有关。从表 3-13 中的数据可见白炽灯的发光效率仅为荧光灯的一半左右。实际上照明的类型、灯具的形式和布置方式均影响得热量，如灯源是荧光灯时，需对其整流器或电子启动器耗功进行修正。灯具形式和安装方式也直接影响灯具的在上下空间的散热量，如果灯具上装有排风口，一部分热量将随排风被带走，不会成为室内的得热量。在计算室内照明的总散热量时，由于照明设施有可能不是同时使用的，因此需要考虑不同时使用的影响。

表 3-13　两种常见照明方式的电能分配情况

照明类型	可见光	热能	镇流器
150W 白炽灯/%	10	90	—
40W 荧光灯/%	18	64	18

综上所述，照明散热量可按照下式计算

$$Q = 1000 n_1 n_2 n_3 N \tag{3-73}$$

式中，n_1 为同时使用系数，定义为室内照明设备同时使用的安装功率与总安装功率之比，一般为 0.5～0.8；n_2 为荧光灯整流器消耗功率的系数，当整流器在空调房间内时取 1.2，当整流器在吊顶内时取 1.0，若为白炽灯时，该系数省略；n_3 为安装系数，明装时取 1.0，暗装且灯罩在上部穿有小孔时取 0.5～0.6，暗装灯罩上无孔时，视吊顶内通风情况取 0.6～0.8，灯具回风时可取 0.35；N 为照明设备的安装功率(kW)。

2) 设备的散热

室内设备可分为电动设备和加热设备。加热设备主要把热量散入室内，就全部成为室内得热。而电动设备一部分电能由于电动机内磁铁的电阻抗和轴承的摩擦而转化为热能，并通过电动机表面散发到房间。另一部分则成为机械能，由于工艺设备能耗。前者成为该室内的得热，后者如果在该室内被消耗掉，则最终转为该室内的得热。但是如果这部分机械能输送到室外其他空间，就不会形成得热。在计算设备得热量时，由于电动机的铭牌中只能查取额定功率，即设备的装机功率，而无法直接得知实际消耗功率，所以在具体计算时，需对设备实际运行情况进行分析，选取合适的修正参数值。第一，电动设备实际的最大运行功率往往小于装机容量，而实际运行功率又小于最大运行功率；第二，工艺设备的部分散热量可能被冷却水或加工工件带走，实际散至室内的热量不会是全部输入功率所转化成的热量；最后，当室内有多台工艺设备时，不一定都同时运行。因此，对于电动设备，当工艺设备及其电动

机都放在室内时，设备散热量为

$$Q = 1000 n_1 n_2 n_3 N / \eta \tag{3-74}$$

式中，n_1 为同时使用系数，定义为室内电动机同时使用的安装功率与总安装功率之比，一般为 0.5～0.8；n_2 为利用系数，是电动机最大实效功率与安装功率之比，一般可取 0.7～0.9，可用以反映安装功率的利用程度；n_3 为电动机负荷系数，定义为电动机每小时平均实耗功率与机器设计时最大实耗功率之比，对精密机床可取 0.15～0.40，对普通机床可取 0.5 左右；N 为电动设备的安装功率(kW)；η 为电动机效率，与电机型号、负荷情况有关。

电子设备的计算公式采用式(3-74)，其中系数 n_2 的值根据使用情况而定，对计算机可取 1.0，一般仪表取 0.5～0.9。

对于无保温密闭的电热设备，按下式计算

$$Q = 1000 n_1 n_2 n_3 n_4 \tag{3-75}$$

式中，n_4 是考虑排风带走热量的系数，一般取 0.5；其他符号意义与前面类同。

总之，无论是计算设备还是照明散热，都要根据实际情况考虑实际进入所研究空间中的能量，而不仅按铭牌上所注明的额定功率计算。

3) 人体的散热

人体通过其表面以对流和辐射两种方式向周围环境散发显热量，同时，通过呼吸从人体带出一部分热量。人体的散热量与人体代谢率、性别、年龄、衣着、环境温度等因素有关，表 3-14 列出了成年男子的散热、散湿量数据。在同样的劳动条件下，人体的总散热量几乎不变，但随着室内空气温度的不同，显热散热和潜热散热的比例有所变化。在工程计算中，认为成年妇女总散热量约为男子的 85%，儿童约为 75%。

表 3-14 不同代谢率成年男子的散热、散湿量

体力活动性质		平均总散湿量	热湿量	室内空气温度/℃										
				20	21	22	23	24	25	26	27	28	29	30
静坐	影剧院 会堂 阅览室	108W	显热/W	84	81	78	74	71	67	63	58	53	48	43
			潜热/W	26	27	30	34	37	41	45	50	55	60	65
			潜热比例/%	24	25	28	31	34	38	42	46	51	56	60
			散湿/(g/h)	38	40	45	50	56	61	68	75	82	90	97
极轻劳动	旅馆 体育馆	135W	显热/W	90	85	79	75	70	65	61	57	51	45	41
			潜热/W	47	51	56	59	64	69	73	77	83	89	93
			潜热比例/%	34	38	41	44	48	51	54	57	62	66	69
			散湿/(g/h)	69	76	83	89	96	102	109	115	123	132	139
轻度劳动	百货商店 化学实验室 电子计算机房	182W	显热/W	93	87	81	76	70	64	58	51	47	40	35
			潜热/W	90	94	100	106	112	117	123	130	135	142	147
			潜热比例/%	49	52	55	58	62	65	68	72	74	78	81
			散湿/(g/h)	134	140	150	158	167	175	184	194	203	212	220
中等劳动	纺织车间 印刷车间 机加工车间	235W	显热/W	117	112	104	97	88	83	74	67	61	52	45
			潜热/W	118	123	131	138	147	152	161	168	174	183	190
			潜热比例/%	50	52	56	59	63	65	69	71	74	78	81
			散湿/(g/h)	175	184	196	207	219	227	240	250	260	273	283

续表

体力活动性质		平均总散湿量	热湿量	室内空气温度/℃										
				20	21	22	23	24	25	26	27	28	29	30
重度劳动	炼钢车间 铸造车间 排练厅 室内运动场	407W	显热/W	169	163	157	151	145	140	134	128	122	116	110
			潜热/W	238	244	250	256	262	267	273	279	285	291	297
			潜热比例/%	58	60	61	63	64	66	67	69	70	71	73
			散湿/(g/h)	356	365	373	382	391	400	408	417	425	435	443

2. 室内散湿量

室内湿源散湿主要有工艺设备、水槽、地面积水以及人员的散湿。它们一般以湿表面散湿和蒸汽散湿两种形式向室内散湿。

1)湿表面散湿

如果室内有一个湿表面，水分吸热而蒸发，水蒸气进入室内，成为湿面的散温。这类散湿根据其水分蒸发的热源不同分为自然散湿和加热散湿。自然散湿是指室内的湿表面水分是通过吸收空气中的显热量蒸发的，而没有其他的加热热源，也就是说蒸发过程是一个绝热过程，这时室内的总得热量并没有增加，只是部分显热负荷转化为潜热负荷而已。加热散湿是指室内有一个热的湿表面，水分被热源加热而蒸发，湿表面散湿的同时，还携带着热量进入室内，即进入室内的既有显热也有潜热。显热量取决于水表面与室内空气的传热温差和传热面积。潜热量可由湿源水温下的汽化潜热与散湿量乘积计算而得。

无论是自然散湿或者是加热散湿，散湿量都可用下式求得

$$W = 1000\beta F\frac{B_0}{B}(P_b - P_a) \tag{3-76}$$

式中，W 为室内湿源散湿量(g/s)；F 为水表面蒸发面积(m^2)；P_b 为水表面温度下的饱和空气的水蒸气分压力(Pa)；P_a 为空气中的水蒸气分压力(Pa)；B_0 为标准大气压力，101325Pa；B 为当地实际大气压力(Pa)；β 为对流传质系数[kg/(N·s)]；$\beta=\beta_0+3.63\times10^{-8}v$ 是不同水温下的扩散系数，见表 3-15。

表 3-15　不同水温下的扩散系数

水温/℃	<30	40	50	60	70	80	90	100
$\beta\times10^8$	1.5	5.8	6.9	7.7	8.8	9.6	10.6	12.5

2)蒸汽散湿

设备因采用蒸汽或因蒸汽泄漏向室内散发的湿量，可直接根据蒸汽散发量计算，其潜热量近似考虑蒸汽所携带的潜热便可。表 3-16 列出了民用建筑常见的室内散湿设备的散湿量。

表 3-16　室内常见设备散湿量

散湿设备	散湿条件	散湿量/(g/s)
锅(直径 22cm)	强沸腾，无盖	1400～1500
	一般，有盖	500～700

续表

散湿设备	散湿条件	散湿量/(g/s)
中型水壶	强沸腾，无盖	1300～1400
浴槽	水面积 0.5m^2、2 人浴槽	500～1000
	入浴中	1000～1500
燃烧设备：煤	发热量，每 1kW	140
灯油	发热量，每 1kW	95
丙烷气	发热量，每 1kW	120

3) 人体的散湿

人体的散湿量与散热量相似，与人体的代谢率、环境温度有关。表 3-14 列出了成年男子的散湿量。一般在热条件下工作的人，排汗的散湿量约为 1L/h，在很热的环境中进行繁重的工作，排汗所引起的散湿量达到 2.5L/h，但只维持 30min。

3. 室内热源得热和总散湿量

综上所述，室内热源得热 $\mathrm{HG}_{H,S}$ 是室内设备散热、照明设备散热和人体散热之和。室内热源散发的显热包括对流和辐射两种形式，其中辐射散热量也包括两部分：一是以可见光与近红外线为主的短波辐射，其散热量与接收辐射的表面温度无关，只与热源的发射能力有关，如照明设施发出的光；二是热源表面散发的长波辐射，如一般热表面散发的远红外辐射，其散热量与接收辐射的表面温度有关。

当室内有 N 个热源，又有 m 个能够接收到热源的室内表面，则这些热源引起的总显热得热 $\mathrm{HG}_{H,S}$ 可用下式表示

$$\begin{aligned}\mathrm{HG}_{H,S}&=\sum_i^N \mathrm{HG}_{H,S,i}=\sum_i^N \mathrm{HG}_{H,\mathrm{conv},i}+\sum_i^N \mathrm{HG}_{H,\mathrm{rad},i}\\&=\sum_i^N \mathrm{HG}_{H,\mathrm{conv},i}+\sum_i^N \mathrm{HG}_{H,\mathrm{shw},i}+\sum_i^N \mathrm{HG}_{H,\mathrm{lw},i}\\&=\sum_i^N h_i(t_{H,i}-t_{a,\mathrm{in}})+\sum_i^N \mathrm{HG}_{H,\mathrm{shw},i}+\sum_i^N\sum_j^m \sigma x_{H,\mathrm{ij}}\varepsilon_{H,i}(t_{H,i}^4-t_{\mathrm{sf},i}^4)\end{aligned}\tag{3-77}$$

对长波辐射项进行线性化后，则有

$$\mathrm{HG}_{H,S}=\sum_i^N \alpha(t_{H,i}-t_{a,\mathrm{in}})+\sum_i^N \mathrm{HG}_{H,\mathrm{shw},i}+\sum_i^N\sum_j^m \alpha_{r,H,\mathrm{ij}}x_{H,\mathrm{ij}}(t_{H,i}-t_{\mathrm{sf},i})\tag{3-78}$$

为了概念上的统一，按照“非透光围护结构得热”的定义及透光围护结构的热量计算方法，热源的长波辐射得热 $\mathrm{HG}_{H,\mathrm{lw}}$ 针对的内表面温度应该是未受室内辐射影响的内表面温度而不是实际表面温度 t_{sf}。但是这里为简单起见，采用了实际表面温度 t_{sf} 来确定长波辐射得热。

另一方面，室内散湿量 W_H 除围护结构传入室内的水蒸气量以外，还应包括人体散湿量、室内设备散湿量和各种湿表面的散湿量，W_H 是所有这些散湿量之和

$$\mathrm{HG}_{H,L}=(r+1.84t_{a,\mathrm{in}})W_H\tag{3-79}$$

式(3-77)～(3-79)中，$\mathrm{HG}_{H,S}$ 为室内热源的显热得热(W)；$\mathrm{HG}_{H,S,i}$ 为室内热源 i 的显热得热

(W)； $HG_{H,L}$ 为室内热源的潜热得热(W)； $HG_{H,L,i}$ 为室内热源 i 的潜热得热(W)； $HG_{H,\text{conv},i}$ 为室内热源 i 的对流得热(W)； $HG_{H,\text{rad},i}$ 为室内热源 i 的辐射得热(W)； $HG_{H,\text{shw},i}$ 为室内热源 i 的短波辐射得热(W)； $HG_{H,\text{lw},i}$ 为室内热源 i 的长波辐射得热(W)； $t_{H,i}$ 为室内热源 i 的表面温度(℃)； $t_{\text{sf},i}$ 为室内表面 i 的表面温度(℃)； $t_{a,\text{in}}$ 为室内空气(℃)； W_H 为室内散湿量(g/s)； r 为水蒸气的汽化潜热，可近似取 2500kJ/kg。

3.4 热负荷与冷负荷计算原理与方法

3.4.1 冷负荷与热负荷的定义

冷负荷是指维持室内一定热湿环境所需要的在单位时间内从室内除去的热量，包括显热量和潜热量两部分。如果把潜热量表示为单位时间内排除的水分，则可称为湿负荷。因此冷负荷包括显热负荷和潜热负荷两部分，或者称为显热负荷和湿负荷两部分。

热负荷是指维持室内一定热湿环境所需要的在单位时间内向室内补充的热量，同样包括显热负荷和潜热负荷。如果只考虑保证室内温度，则热负荷就只包括显热负荷。

3.4.2 负荷与得热之间的联系与差别

所谓得热，是指进入建筑物的总热量，它们以导热、对流、辐射、空气间热交换等形式进入建筑，如室外温湿度、太阳辐射等通过围护结构进入室内的外扰作用的热量，室内人员、照明、设备等的内扰作用的热量。得热量也可以分为显热得热和潜热得热，潜热得热一般会直接进入到室内空气中，形成瞬时冷负荷，即为了维持一定室内热湿环境而需要瞬时去除的热量。当然，如果考虑到围护结构内装修和家具的吸湿与蓄湿作用，潜热得热也会存在延迟。渗透空气的得热中也包括显热得热和潜热得热两部分，它们也会直接进入到室内空气中，成为瞬时冷负荷。至于其他形式的显热得热的情况就比较复杂，其中对流部分会直接传给室内空气，成为瞬时冷负荷；而辐射部分进入到室内后并不直接进入到空气中，而会通过该长波辐射的方式传递到各个围护结构内表面和家具的表面，提高这些表面的温度后，再通过对流换热方式逐步释放到空气中，形成冷负荷。

得热量与冷负荷之间的关系。大多数情况下，冷负荷与得热量有关，但并不等于得热。如果采用送风空调形式，则室内负荷就是得热中的纯对流部分。如果热源只有对流散热，各围护结构内表面和各室内设施表面的温差很小，则冷负荷基本就等于得热量，否则冷负荷与得热是不同的。如果有显著的辐射得热存在，由于各围护结构内表面和家具表面的蓄热作用，冷负荷与得热量之间就存在着相位差和幅度差，即时间上有延迟，幅度上也有衰减。因此，冷负荷与得热量之间的关系取决于房间的构造、围护结构的热工特性和热源的特性。当然，热负荷也存在这种特性。

3.4.3 冷负荷与热负荷的计算方法

1. 冷负荷的计算原理与方法

室内房间冷负荷是确定供冷设备配置容量的基本依据，并关系到建筑热湿过程的分析、建筑能耗评价以及建筑系统能耗分析等，因此负荷计算方法显得尤为重要，并备受关注。

为了达到能够在工程设计中应用的目的，研究人员在负荷求解方法方面进行了不懈的研究。1946 年美国 Mackey 和 Wight 提出了当量温差法。1967 年，加拿大 Stephenson 和 Mitalas 提出了反应系数法，革新了负荷计算的研究。其基本特点是，在计算方法中体现出得热量和冷负荷的区别。1971 年 Stephenson 和 Mitalas 又用 Z 传递函数改进了反应系数法，并提出了适合手工计算的冷负荷系数法。1975 年 Rudoy 和 Duran 采用传递函数法求得一批典型建筑的冷负荷温差(CLTD)和冷负荷系数法(CLF)，改进和完善了冷负荷系数法。ASHRAE 1977 年的手册对冷负荷系数法正式予以采用。1992 年 Mc Quiston 等又提出日射冷负荷系数(SCLS)，对透过玻璃窗的日射冷负荷计算精度进行了改进。

我国从 20 世纪 70 年代末就开展了新技术方法的研究，1982 年在原城乡建设环境保护部的主持下通过了两种新的冷负荷计算法：谐波反应法和冷负荷系数法。这些方法针对我国的建筑物特点推出一批典型围护结构的冷负荷温差(冷负荷温度)以及冷负荷系数(冷负荷强度系数)，为我国的暖通空调设计人员提供了实用的设计工具。

随着计算机应用的普及，计算速度的大幅度提高，使用计算模拟结果提出辅助设计或对整个建筑物的全年能耗和负荷状况进行分析，已成为暖通空调领域研究与应用大的热点。目前，国内外常用的负荷求解方法，主要包括三类：①稳态计算；②动态计算；③利用各种专业软件，采用计算机进行数值求解计算。

1) 稳态计算法

稳态计算法是忽略了建筑在受热过程中的不稳定因素，采用近似稳定计算的一种方法。在计算由外围护结构传热引起的冷负荷时，它不考虑建筑物以前时刻传热过程的影响，只采用室外瞬时温差或室内外平均温差作为传热温差计算负荷值。室外温度根据需要可能采用空气温度，也可采用室外空气综合温度，如果采用瞬时室外空气温度，由于不考虑建筑的蓄热性能，所求得的冷负荷往往偏大。而且围护结构的蓄热性能越好误差就越大，因而造成设备投资的浪费。而采用室外平均温度，计算的负荷值有可能过小甚至相反。

但稳态计算法由于简单直观，甚至可以手工计算或估算，因此在围护结构蓄热性能不强的轻型结构建筑，或者受热因素不稳定、特征不显著的情况下，可以采用逐时室内外温差乘以传热系数和传热面积进行近似计算负荷，如计算透过围护结构热传导引起的冷负荷。此外，如果室内外温差的平均值远远大于室外温差值的波动值时，采用平均温差的稳态计算带来的误差也比较小，在工程设计中可以接受，也采用稳态计算法，如冷库冷负荷的计算。图 3-34 所示为我国北方冬季室内外温度情况，可见室外温度的波动幅度远小于室内外的温差。因此，目前采暖负荷的计算方法是

$$\mathrm{HLQ}=K_{\mathrm{wall}}F_{\mathrm{wall}}(t_{a,\mathrm{out}}-t_{a,\mathrm{in}}) \tag{3-80}$$

式中，HLQ 为热负荷(W)；$t_{a,\mathrm{out}}$ 为冬季室外空气计算温度，对于空调系统采用每年不保证 1d、采暖系统为每年不保证 5d 的最低平均温度(℃)；$t_{a,\mathrm{in}}$ 为室内计算温度(℃)；K_{wall} 为围护结构的传热系数[W/(m^2 · ℃)]。

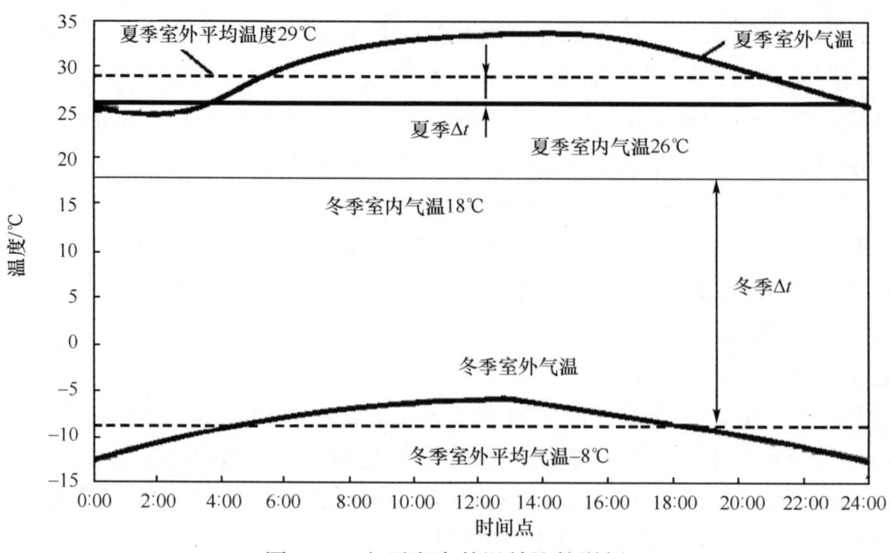

图 3-34　冬夏室内外温差比较举例

在计算内围护结构的传热产生的冷负荷时，由于空调房间隔墙、楼板、内窗、内门等内围护结构的温差较稳定，所以通过温差传热而产生的冷负荷可视作稳定传热，采用稳态计算方法，但具体公式因邻室室温而有别。如果邻室为通风良好的非空调房间，可以采用下式计算

$$\text{CLQ}_\tau = K_{\text{in}} F_{\text{in}} (t_{\text{out},\tau} + \Delta t - t_{a,\text{in}}) \tag{3-81}$$

式中，CLQ_τ为内围护结构的冷负荷(W)；K_{in}为内围护结构的传热系数[W/(m^2 · ℃)]；F_{in}为内围护结构的传热面积(m^2)；$t_{\text{out},\tau}$为夏季空调室外计算日平均温度，采用每年不保证 5d 的最低日平均温度(℃)；Δt 为附加温升(℃)；$t_{a,\text{in}}$为室内计算温度(℃)。

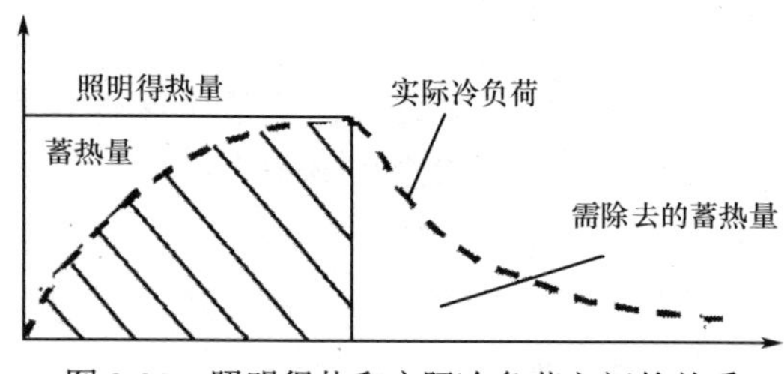

图 3-35　照明得热和实际冷负荷之间的关系

但是在计算夏季室外围护结构和内扰引起的冷负荷时却不能采用日平均温差的稳态算法，否则可能导致完全错误的结果。这是因为尽管日间瞬时室外温度可能要比室外温度高很多，但夜间却有可能低于室外温度，因此与冬季相比，室内外平均温差并不大，但波动的幅度却相对比较大，传热温差与室外温度波动在一个数量级，见图 3-35。如果采用日平均温度的稳态算法，则导致冷负荷计算结果偏小，甚至还会出现相反的计算结果。如果采用逐时室内外温差，忽略围护结构的衰减延迟作用，则会导致冷负荷计算结果偏大。

2）动态计算法

当围护结构的传热得热和室内热源散热得热是随时间而变化时，即需要采用动态的负荷计算方法才能减少计算误差。动态负荷计算重点需要解决两个问题：一是求解围护结构的不稳定传热；二是求解得热与负荷的转换关系。

在求解围护结构的不稳定传热时，常用积分变换的方法，将不稳定传热的复杂函数转换成一个新的较简单的形式，从而求出解析解。它的原理是：对常系数的线性偏微分方程进行积分变换，如傅里叶变换或拉普拉斯变换，使函数呈现较简单的形式，以求出解析解。然后，再对变换后的方程解进行逆变换，以获得最终解。

采用傅里叶变换或是拉普拉斯变换取决于方程与定解条件的特点。对于板壁围护结构的不稳定传热问题的求解，可采用拉普拉斯变换。通过拉普拉斯变换，可以把偏微分方程变换成常微分方程，把常微分方程变换为代数方程，使求得解析成为可能。

拉普拉斯变换求解获得的是一种传递矩阵或 s 传递函数的解的形式，即以外扰(如室外温度变化或围护结构外表面热流)或内扰(如室内热源散热量)作为输入量 $I(\tau)$，输出量 $O(\tau)$ 为板壁表面热流量或室内温度的变化。因此，传递函数 $G(s)$ 为

$$G(s)=\frac{\int_0^{\infty}O(\tau)\mathrm{e}^{-s\tau}\mathrm{d}\tau}{\int_0^{\infty}I(\tau)\mathrm{e}^{-s\tau}\mathrm{d}\tau}=\frac{O(s)}{I(s)} \tag{3-82}$$

式中，$I(s)$ 和 $O(s)$ 分别为输入量和输出量的拉普拉斯变换。传递函数 $G(s)$ 仅由系统本身的特性决定，而与输入量、输出量无关，因此可以通过输入量和传递函数求得输出量。

采用拉普拉斯变换求解建筑负荷的前提条件是，其热传递过程应可以采用线性常数微分方程描述，也就是说，系统必须为线性定常系统。而对于普通材料的物性参数变换不大，可近似看作是常数。因此，采用传递函数求解是可行的。如果材料的物性参数随温度或时间的变化而有显著变化的，这样的围护结构传热过程就不能采用拉普拉斯变换法求解。

由于系统的传递函数只取决于系统本身的特性，因此建筑的材料和形式一旦确定，就可求得围护结构的传递函数。对于所输入的边界条件来说，无论是室外气温还是壁面热流都很难用简单的函数来描述，所以不易直接用传递函数求得输出函数。线性定常数系统具有以下特性。

(1) 可应用叠加原理对输入的扰量和输出的响应进行分析和叠加。

(2) 当输入扰量作用的时间改变时，输出响应的时间也发生变化，但输出响应的函数不会改变。

基于上述特征，可把输入量进行分解或者离散为简单函数，再利用变换法进行求解。这样求出的单元输入响应呈简单函数形式。然后再把这些单元输入的响应进行叠加，得出实际输入量连续作用下的系统输出量，这样就可以采用手工计算求得建筑物的冷负荷。因此，变换法求解围护结构的不稳定传热过程，需要经历以下三个步骤。

(1) 边界条件的离散和分解。

(2) 求解单元扰量的响应。

(3) 把单元扰量的响应进行叠加和叠加积分求和。

根据对输入边界条件的处理不同，变换法求解的方法也不同。目前对边界条件处理的主要方法有以下几种。

(1) 把边界条件进行傅里叶级数展开。

一般来说，截取级数的前几阶就能很好地逼近原曲线，其结果足以满足工程设计的精度要求，见图 3-36。对于一年的室外空气温度的

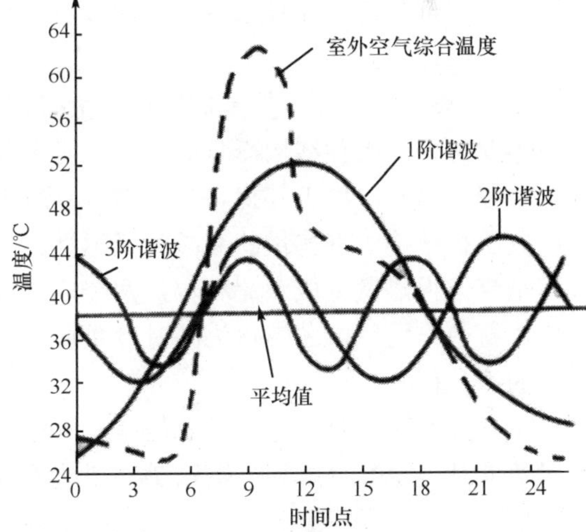

图 3-36　24h 室外空气综合温度的傅里叶级数分解

变化，也可展开为傅里叶级数之和，但需要截取比较高的级数才能较好地逼近原曲线。

(2)把边界条件离散为等时间间隔的、按时间序列分布的单元扰量。对于一条给定的扰量曲线，可以用多种方法离散，如离散为等腰三角波、矩形波等，见图 3-37。由于这种离散方式不需要考虑扰量是否呈周期变化，因此适用于各种非规则的内外扰量。

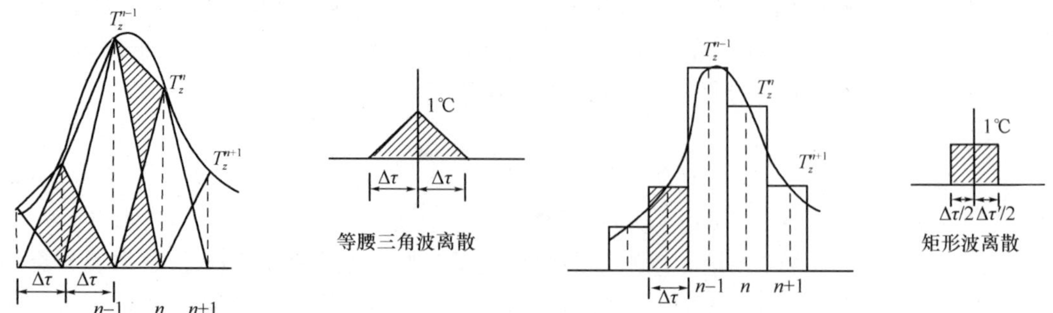

图 3-37　对边界条件的离散

对输入边界条件进行分解或离散后，即可求解系统对单位单元扰量的响应。谐波反应法是基于傅里叶级数分解、冷负荷系数法是基于时间序列离散发展出来的冷负荷计算法。谐波反应法适用于扰量呈周期性变化的情况，因而只用于围护结构和周期性变化的内扰的冷负荷计算。与谐波法相比，冷负荷系数法不考虑扰量是否呈周期性变化，因而适用于各种扰量形成的负荷计算和模拟。人体、照明、设备等室内内扰所引起的得热，它们常无规则变化，因而适用反应系数法。以下介绍的谐波反应法和冷负荷系数法，为简化负荷计算过程，在理论推导和工程应用时都做了以下条件的设定。

(1)划分围护结构的类型。由于房间围护结构的热惰性影响着房间空调冷负荷的数值，所以一般按围护结构热惰性大小划分三种类型，以便分别给出放热衰减度或冷负荷系数。

(2)假定各围护结构内表面所接收的太阳辐射热量的百分比不随时间变化而变化。

(3)在计算围护结构冷负荷时不考虑因内扰的作用而造成实际进入室内的导热量的变化。

(4)给定典型房间的几何尺寸。

除以上条件外，冷负荷系数法还给定各围护结构内表面所接收的内扰(照明、人体显热等)辐射成分的百分比。并且以下讨论的冷负荷系数法计算过程是基于采用传统送风空调除热方式情况下进行的。

(1)谐波反应法计算外围护结构冷负荷。

①非透光外围护结构冷负荷计算。对于非透光外围护结构引起的房间冷负荷计算需经历两个过程。第一，由于外扰(室外综合温度)形成室内得热量的过程。此过程考虑外扰的周期性以及围护结构对外扰量的衰减和延迟性；第二，房间获得的得热量形成冷负荷的过程。此过程是将该得热量分成对流和辐射两个成分。前者是瞬时冷负荷的一部分，后者则要考虑房间总体蓄热作用后，才转化为瞬时冷负荷。此两部分叠加即得各计算时刻的通过非透明围护结构的冷负荷值。

室外空气综合温度可以看成是在一段时间内的以 T 为周期的不规则周期函数。利用傅里叶级数展开，将其分解为一组以 $2\pi/T$ 为基频的简谐波函数

$$t_{z,\tau}=\overline{t_z}+\sum_{n=1}^{m}\Delta t_{z,n}\cos\left(\frac{2\pi n}{T}\tau-\phi_{z,n}\right) \tag{3-83}$$

式中，$t_{z,\tau}$ 为 τ 时刻室外空气综合温度(℃)；$\overline{t_z}$ 为零阶外扰，即计算日室外综合温度的平均值(℃)；$\Delta t_{z,n}$ 为第 n 阶室外综合温度变化的波幅(℃)；$2\pi n/T$ 为第 n 阶室外综合温度变化的频率(rad/h)；$\phi_{z,n}$ 为第 n 阶是室外综合温度变化的初相角(rad)。

所以在周期性外扰作用下的室内得热量分别由以下两部分组成。

A. 由于室外平均综合温度 $\overline{t_z}$ 与室内空气温度 $t_{a,\text{in}}$ 之差形成的室内得热量，即

$$\overline{Q}_{\text{wall}}=K_{\text{wall}}F_{\text{wall}}(\bar{t}_z-t_{a,\text{in}}) \tag{3-84}$$

B. 由于外扰波动值是围护结构在除零阶外绕的其余各阶扰量作用下，经过围护结构的衰减和延迟的结果为

$$\Delta t_{\text{in},\tau}=\sum_{i=1}^{m}\frac{\Delta t_{z,n}}{v_{z,n}}\cos\left(\frac{2\pi n}{T}\tau-\phi_{z,n}-\psi_{z,n}\right) \tag{3-85}$$

式中，$v_{z,n}$、$\psi_{z,n}$ 为围护结构 n 阶室外空气综合温度扰量传至内表面的衰减度和相位延迟。

内表面温度波动值产生的不稳定传热量 $\widetilde{Q}$ 为

$$\widetilde{Q}=h_{\text{in}}F(t_{\text{in},\tau}) \tag{3-86}$$

τ 时刻的得热量为

$$\begin{aligned}Q_{\text{wall}}&=\overline{Q}_{\text{wall}}+\widetilde{Q}_{\text{wall}}\\&=K_{\text{wall}}F_{\text{wall}}(\bar{t}_z-t_{a,\text{in}})+\frac{h_{\text{in}}}{K}\sum_{i=1}^{m}\frac{\Delta t_{z,n}}{v_{z,n}}\cos\left(\frac{2\pi n}{T}\tau-\phi_{z,n}-\psi_{z,n}\right)\end{aligned} \tag{3-87}$$

房间冷负荷的计算根据房间得热量的成分组成分别计算，然后叠加。得热量是由对流热成分和辐射热成分组成，其中对流热成分占总得热量的比例为 β_{conv}，辐射热成分占总得热量的比例为 β_{rad}，$\beta_{\text{conv}}+\beta_{\text{rad}}=1$。稳定得热和波动部分均由以上两部分组成，即

$$Q_{\text{wall}}=\overline{Q}_{\text{wall}}+\widetilde{Q}_{\text{wall}}=Q_{\text{wall,conv}}+Q_{\text{wall,rad}}$$

$$Q_{\text{wall}}=\overline{Q}_{\text{wall,conv}}+\overline{Q}_{\text{wall,rad}}=\beta_{\text{conv}}\overline{Q}_{\text{wall}}+\beta_{\text{rad}}\overline{Q}_{\text{wall}} \tag{3-88}$$

$$\widetilde{Q}_{\text{wall}}=\widetilde{Q}_{\text{wall,conv}}+\widetilde{Q}_{\text{wall,rad}}=\beta_{\text{conv}}\widetilde{Q}_{\text{wall}}+\beta_{\text{rad}}\widetilde{Q}_{\text{wall}} \tag{3-89}$$

对流得热成分直接转化为瞬时冷负荷。外墙内表面的稳定辐射热，经室内各表面多次反复吸收和反射，提高了各表面温度后，一部分由各表面向室内空气放热，形成稳定的对流冷负荷，另一部分通过壁体向邻室传热，形成邻室的对流冷负荷。若不考虑后者，则稳定辐射热部分全部形成室内的瞬时冷负荷。

那么通过非透明围护结构得热量中能形成瞬时冷负荷由三部分组成，即

$$\begin{aligned}\text{CLQ}_{\text{wall}}&=\text{CLQ}_{\text{wall,conv}}+\text{CLQ}_{\text{wall,rad}}=\text{CL}\overline{\text{Q}}_{\text{wall,conv}}+\text{CL}\widetilde{\text{Q}}_{\text{wall,conv}}+\text{CL}\overline{\text{Q}}_{\text{wall,rad}}\\&=\beta_{\text{conv}}\overline{Q}_{\text{wall}}+\beta_{\text{conv}}\widetilde{Q}_{\text{wall}}+\beta_{\text{rad}}\overline{Q}_{\text{wall}}\end{aligned} \tag{3-90}$$

不稳定传热量中的辐射得热部分进入房间后，以一定的比例 P_j 分配到各个内表面，则第 j 内表面接收的辐射热根据式(3-91)得到

$$\widetilde{Q}_{\text{wall,rad},j}=P_j\beta_{\text{rad}}h_{\text{in}}F_{\text{wall}}\sum_{i=1}^{m}\frac{\Delta t_{z,n}}{v_{z,n}}\cos\left(\frac{2\pi n}{T}\tau-\phi_{z,n}-\psi_{z,n}\right)\tag{3-91}$$

$\widetilde{Q}_{\text{wall,rad},j}$ 转化成的冷负荷为

$$\begin{aligned}\text{CL}\widetilde{\text{Q}}_{\text{wall,rad},j}&=P_j\beta_{\text{rad},j}\widetilde{Q}_{\text{wall}}\\&=P_j\beta_{\text{rad}}h_{\text{in}}F_{\text{wall}}\sum_{n=1}^{m}\frac{\Delta t_{z,n}}{v_{z,n}v_{\text{rad},j,n}}\cos\left(\frac{2\pi n}{T}\tau-\phi_{z,n}-\psi_{\text{rad},j,n}\right)\end{aligned}\tag{3-92}$$

式中，$v_{\text{rad},j,n}$、$\psi_{\text{rad,j},n}$ 分别为第 j 表面 n 阶辐射热扰量的放热衰减度和相位延迟。那么各个面（1～k 个）所接收的辐射热向房间放热反应，即转化成房间冷负荷为

$$\text{CL}\widetilde{\text{Q}}_{\text{wall,rad},j}=P_j\beta_{\text{rad}}\widetilde{Q}_{\text{wall}}=P_j\beta_{\text{rad}}h_{\text{in}}F_{\text{wall}}\sum_{i=1}^{m}\frac{\Delta t_{z,n}}{v_{z,n}v_{\text{rad},j,n}}\cos\left(\frac{2\pi n}{T}\tau-\phi_{z,n}-\psi_{\text{rad},j,n}\right)\tag{3-93}$$

将式(3-93) P_j 与 $v_{\text{rad},j,n}$、$\psi_{\text{rad},j,n}$ 经组合、运算、整理后，可写成

$$\text{CL}\widetilde{\text{Q}}_{\text{wall,rad}}=\beta_{\text{rad}}h_{\text{in}}F_{\text{wall}}\sum_{i=1}^{m}\frac{\Delta t_{z,n}}{v_{z,n}v_{\text{rad},j,n}}\cos\left(\frac{2\pi n}{T}\tau-\phi_{z,n}-\psi_{z,n}-\psi_{\text{rad},n}\right)\tag{3-94}$$

$$V_{\text{rad},n}=\left(E_{1,N}^2+E_{2,N}^2\right)^{-\frac{1}{2}}\ \psi_{\text{rad},n}=-\arctan\frac{E_{2,n}}{E_{1,n}}$$

$$E_{1,n}=\sum_{j=1}^{k}\frac{P_j}{V_{\text{rad},j,n}}\cos\psi_{\text{rad},j,n},\qquad E_{2,n}=-\sum_{j=1}^{k}\frac{P_j}{V_{\text{rad},j,n}}\sin\psi_{\text{rad},j,n}$$

式中，$v_{\text{rad},j,n}$、$\psi_{\text{rad},j,n}$ 为房间对 n 阶非透光围护结构传导热中辐射扰量的放热衰减度和相位延迟。

可见，房间的放热特性（$v_{\text{rad},n}$ 和 $\psi_{\text{rad},n}$）与房间内各内表面的放热衰减度 $V_{\text{rad},j,n}$、相位延迟 $\psi_{\text{rad},j,n}$ 以及各表面接收的辐射热比例 P_j 有关。房间六面体构造上所接收的辐射热扰量比例与辐射扰量的类型、各围护结构的表面性质以及房间各部分的尺寸比例有关。可根据房间尺寸，具体情况下的角系数和各表面的反射因素加以确定。表 3-17 所示为辐射热在某一标准房间隔围护结构内表面的分配系数。

表 3-17　辐射热在房间内的分配系数 P_j

辐射源	楼板	顶棚	内墙	外墙	外窗
外墙内表面	0.20	0.20	0.60	—	—
屋顶内表面	0.35	—	0.50	0.10	0.05
照明	0.35	—	0.50	0.10	0.05
人体	0.30	0.10	0.50	0.05	0.05
设备器具	0.20	0.25	0.45	0.05	0.05
外窗散热辐射	0.20	0.15	0.65	—	—
外窗直射辐射	0.80	0.05	0.15	—	—

注：标准房间 1.0(高)∶1.2(宽)∶1.5(深)，外窗面积比为 0.2。

由表 3-17 可见，影响房间冷负荷的主要围护结构是内墙和楼板。为了简化计算，按房间内墙和楼板两种围护结构的一阶放热衰减度将房间分为轻型、中型和重型三种，见表 3-18。

不同房间类型的各面围护结构的一阶和二阶放热特性见表 3-19。

表 3-18　房间类型和放热特征

房间类型	围护结构的放热特征	
	内墙	楼板
轻型	1.2	1.4
中型	1.6	1.7
重型	2.0	2.0

注：1. $\nu_{rad,n}$ 为一阶谐波(周期 24h)的放热衰减度。
2. 地面按重型楼板考虑，如地面上铺地毯，则按轻型楼板考虑。

表 3-19　房间类型及其围护结构的放热特性

房间类型	轻型			中型			重型		
放热特性	楼板	顶棚	内墙	楼板	顶棚	内墙	楼板	顶棚	内墙
$\nu_{rad,j,1}$	1.39	1.42	1.14	1.68	1.39	1.57	2.03	1.25	1.98
$\psi_{rad,j,1}$	1.0	0.8	1.5	2.2	0.6	2.8	3.0	1.8	2.0
	15.1	12.3	23.2	32.4	8.5	41.4	45.5	26.6	42.8
$\nu_{rad,j,2}$	1.57	1.47	1.46	2.28	1.41	2.50	3.25	1.60	3.03
$\psi_{rad,j,2}$	0.6	0.5	1.2	1.3	0.3	1.6	1.5	1.3	1.4
	18.2	16.1	35.8	40.5	8.4	49.3	43.7	38.5	41.9

根据以上各式的计算结果，得到通过非透光围护结构 τ 时刻的冷负荷为

$$\begin{aligned}\mathrm{CLQ}_{\mathrm{wall},\tau} &= \mathrm{CLQ}_{\mathrm{wall,conv}} + \mathrm{CL}\overline{\mathrm{Q}}_{\mathrm{wall,rad}} + \mathrm{CL}\widetilde{\mathrm{Q}}_{\mathrm{wall,rad}} \\ &= \beta_{\mathrm{conv}}\overline{Q}_{\mathrm{wall}} + \beta_{\mathrm{conv}}\widetilde{Q}_{\mathrm{wall}} + \beta_{\mathrm{rad}}\overline{Q}_{\mathrm{wall}} \\ &\quad + \beta_{\mathrm{rad}} h_{\mathrm{in}} F_{\mathrm{wall}} \sum_{n=1}^{m} \frac{\Delta t_{z,n}}{\nu_{z,n}\nu_{\mathrm{rad},n}} \cos\left(\frac{2\pi n}{T}\tau - \phi_{z,n} - \psi_{z,n} - \psi_{\mathrm{rad},n}\right)\end{aligned} \tag{3-95}$$

式中，$\nu_{rad,n}$、$\psi_{rad,n}$ 分别为房间对 n 阶墙体或屋顶传导得热中辐射扰量的衰减度和相位延迟。

如果不考虑房间对各阶谐波辐射热扰量的衰减和延迟时，$\nu_{rad,n}=1$、$\psi_{rad,n}=0$，冷负荷 $\mathrm{CLQ}_{\mathrm{wall}}$ 与得热量 $Q_{\mathrm{wall},\tau}$ 相等。

上述谐波反应法计算冷负荷的过程繁复，一般需要计算机计算。为了便于手工计算，工程上可简化为

$$\mathrm{CLQ}_{\mathrm{wall},\tau} = K_{\mathrm{wall}} F_{\mathrm{wall}} (t_{\mathrm{out},m} + \Delta t_{\mathrm{wall}} - t_{a,\mathrm{in}}) \tag{3-96}$$

式中，$\mathrm{CLQ}_{\mathrm{wall},\tau}$ 为外墙(或屋面)“计算时间”的冷负荷(W)；F_{wall} 为外墙(或屋面)的传热面积(m^2)；K_{wall} 为外墙(或屋面)的传热系数[W/(m^2 · ℃)]；$t_{\mathrm{out},m}$ 为夏季空调室外计算日平均温度(℃)，查阅手册可得；Δt_{wall} 为外墙(或屋面)“作用时间”室外温度波动部分的综合负荷温度(℃)，查阅手册可得；$t_{a,\mathrm{in}}$ 为室内计算温度(℃)。

②透光外围护结构冷负荷计算。通过透光外围护结构进入室内的得热量有两部分：一是由于室内外空气的温差，热量通过透光外围护结构传递到室内，形成得热；二是透过透光围护结构的太阳辐射得热。由于透光外围护结构，如玻璃和玻璃窗组件的热容很小，当忽略其热容时，则室外空气温度波传入室内不存在衰减和延迟。透过透光外围护结构的太阳得热量

SSG 均可利用傅里叶级数展开，分解为一组谐波函数。室外空气温度可分解为

$$t_{a,\tau}=\bar{t}_{a,\mathrm{out}}+\sum_{n=1}^{m}\Delta t_{a,n}\cos\left(\frac{2\pi n}{T}\tau-\phi_{a,n}\right) \tag{3-97}$$

式中，$t_{a,\tau}$ 为室外空气温度(℃)；$\bar{t}_{a,\mathrm{out}}$ 为计算日均室外空气温度的平均值(℃)；$\Delta t_{a,n}$ 为第 n 阶室外空气温度变化的波幅(℃)；$\phi_{a,n}$ 为第 n 阶室外空气温度变化的初相角(rad)。

通过透光外围护结构的传热得热量

$$Q_{\mathrm{wind,cond}}=K_{\mathrm{wind}}F_{\mathrm{wind}}(\bar{t}_{a,\mathrm{out}}-t_{a,\mathrm{in}})+\Delta Q_{\mathrm{wind,cond}} \tag{3-98}$$

其中

$$\Delta Q_{\mathrm{wind,cond}}=K_{\mathrm{wind}}F_{\mathrm{wind}}\sum_{n=1}^{m}\Delta t_{a,n}\cos\left(\frac{2\pi n}{T}\tau-\phi_{a,n}\right) \tag{3-99}$$

式中，K_{wind}、F_{wind} 分别为透光围护结构的总传热系数和总传热面积。

我国 3mm 标准玻璃的太阳得热量 SSG 是在内外表面放热系数 h_n=8.72W/(m^2 · ℃)、h_w=18.6W/(m^2 · ℃)条件下各个地方不同朝向的单位面积日射得热量，亦称日射得热因数 D_S。将 D_S 整理成简谐波形成，可表示为

$$D_S=\mathrm{SSG}=\sum_{n=1}^{m}B_n\cos\left(\frac{2\pi n}{T}\tau-\phi_{s,n}\right) \tag{3-100}$$

式中，B_n 是 n 阶日射得热因数简谐波的波幅。

通过透光外围护结构的太阳辐射得热量为

$$Q_{\mathrm{wind,sol}}=C_sC_nX_{\mathrm{wind}}F_{\mathrm{wind}}\sum_{n=1}^{m}B_n\cos\left(\frac{2\pi n}{T}\tau-\phi_{s,n}\right) \tag{3-101}$$

由于房间对得热的衰减和延迟作用，经过透光围护结构形成的传热得热冷负荷和太阳辐射得热冷负荷分别为

$$\begin{aligned}\mathrm{CLQ}_{\mathrm{wind,cond}}&=K_{\mathrm{wind}}F_{\mathrm{wind}}(\bar{t}_{a,\mathrm{out}}-t_{a,\mathrm{in}})+\beta_{\mathrm{cond,conv}}\Delta Q_{\mathrm{wind,cond}}\\&\quad+\beta_{\mathrm{cond,conv}}K_{\mathrm{wind}}F_{\mathrm{wind}}\sum_{n=1}^{\infty}\frac{\Delta t_{a,\mathrm{out},n}}{v_{\mathrm{cond},n}}\cos\left(\frac{2\pi n}{T}\tau-\phi_{a,n}-\psi_{\mathrm{cond},n}\right)\end{aligned} \tag{3-102}$$

$$\begin{aligned}\mathrm{CLQ}_{\mathrm{wind,sol}}&=\beta_{\mathrm{sol,conv}}C_sC_nX_{\mathrm{wind}}F_{\mathrm{wind}}\sum_{n=1}^{m}B_n\cos\left(\frac{2\pi n}{T}\tau-\phi_{s,n}\right)\\&\quad+\beta_{\mathrm{sol,ral}}C_sC_nX_{\mathrm{wind}}F_{\mathrm{wind}}\sum_{n=1}^{m}\frac{B_n}{v_{\mathrm{sol},n}}\cos\left(\frac{2\pi n}{T}\tau-\phi_{s,n}-\psi_{\mathrm{sol},n}\right)\end{aligned} \tag{3-103}$$

那么 τ 时刻通过透光围护结构的总冷负荷为

$$\mathrm{CLQ}_{\mathrm{wind},\tau}=\mathrm{CLQ}_{\mathrm{wind,cond}}+\mathrm{CLQ}_{\mathrm{wind,sol}} \tag{3-104}$$

以上各式中，$\beta_{\mathrm{cond,conv}}$、$\beta_{\mathrm{sol,conv}}$ 分别为透光围护结构传导得热、日射得热中对流热比例；$\beta_{\mathrm{sol,rad}}$ 为日射得热中辐射热比例；$v_{\mathrm{cond},n}$、$v_{\mathrm{sol},n}$ 为房间对 n 阶透光围护结构传导得热、日射得热中辐射扰量的衰减度；$\psi_{\mathrm{cond},n}$、$\psi_{\mathrm{sol},n}$ 为房间对 n 阶透光围护结构传导得热、日射得热中辐射扰量的相位延迟(rad)。

同样谐波反应法在工程上应用时进行了简化，传导得热形成的冷负荷由式(3-102)简化成

$$\mathrm{CLQ}_{\mathrm{wind,conv}}=K_{\mathrm{wind}}F_{\mathrm{wind}}\Delta t_{\tau} \tag{3-105}$$

日射得热形成的冷负荷由式(3-103)简化成

$$\mathrm{CLQ}_{\mathrm{wind,sol}} = x_g x_d C_n C_s F_{\mathrm{wind}} J_\tau \tag{3-106}$$

式中，Δt_τ为计算时刻的负荷温差(℃)，可从手册中查取；x_g为窗的有效面积系数，与窗框的形式有关，一般单层钢窗取 0.85，双层钢窗 0.75，单层木窗 0.7，双层木窗 0.6；x_d为地点修正系数，可从手册中查取；J_τ为计算时刻时，透光单位窗口面积的太阳辐射热形成的冷负荷，简称负荷强度(W/m^2)，可从手册中查取。

结合式(3-105)和式(3-106)，可得到通过实际窗户、玻璃墙幕等透光围护结构进入室内的冷负荷。下面用冷负荷系数法计算房间冷负荷。

(1)冷负荷系数法。室内扰量如人体、照明、设备等得热常以无规则变化的方式作用于室内空气，这类扰量求解负荷响应的方法，常采用冷负荷系数法。冷负荷系数法是基于反应系数法，利用 Z 传递函数求解负荷的一种方法。

所谓反应系数法，就是将时间连续变化的扰量曲线离散为按时间序列分布的单元扰量，通过求解单位单元扰量的响应，即所谓的反应系数，然后利用求得的反应系数通过叠加积分计算最终的结果。反应系数法并不要求周期扰量为前提，这是它区别于谐波法的重要特征，因此反应系数法适用于各种扰量形成的负荷的计算和模拟。反应系数法，或称冷负荷权数法，又称房间传递系数法。该法是将随时间连续变化的扰量曲线离散为按时间序列分布的单元扰量，求解壁板或房间对单元扰量的响应，即所谓的反应系数。然后，利用求得的反应系数通过叠加积分计算出最终的结果。与谐波反应不同，传递函数计算得热和冷负荷时不考虑外扰是否呈周期性变化，也不用傅里叶级数表示，只用时间序列表示外扰变化即可。因此，它能适用于建筑物的全年逐时负荷计算和能耗分析。

对于连续系统可采用拉普拉斯变换求解，获得的是 s 传递函数。而对于离散系统来说，采用的是 Z 变换，即为 Z–1 的多项式。该多项式的系数等于该连续函数在相应次幂的采样时刻上的函数值。例如，室外空气综合温度的 Z 变换为

$$t_z(Z) = t_{z,0} + t_{z,1}Z^{-1} + t_{z,2}Z^{-2} + \cdots \tag{3-107}$$

式中，$t_{z,0}$、$t_{z,1}$、$t_{z,2}$为室外空气综合温度在时间 τ=0,1,2,…时的采样值。

对描述热力系统过的偏微分方程利用积分变换求解获得的是一种传递矩阵或传递函数，即以扰量(如外扰室外温度变化，或内扰室内热源散热量)作为输入量 $I(\tau)$，系统输出量(如房间得热或房间负荷)为 $O(\tau)$，则采用拉普拉斯变换或 Z 变换的传递函数 $G(s)$、$G(z)$，传递函数 $G(s)$、$G(z)$ 可分别表示如下

$$G(s) = \frac{O(s)}{I(s)} \tag{3-108}$$

$$G(z) = \frac{O(z)}{I(z)} \tag{3-109}$$

式中，$I(s)$、$I(z)$ 为输入量 $I(\tau)$ 的拉普拉斯变换和 Z 变换；$O(s)$、$O(z)$ 为输出量 $O(\tau)$ 的拉普拉斯变换和 Z 变换。

传递函数 $G(s)$、$G(z)$ 仅取决于系统本身的特性，与输入、输出无关。如果已知系统的传递函数和输入函数，便可直接求得输出函数(即系统的响应或反应)。

由上面介绍的谐波反应法计算过程中可以看出，谐波反应法求解围护结构负荷的过程是

通过室外综合温度扰量求得进入房间的得热，再由其房间得热计算获得房间负荷，整个计算经历了两个步骤。利用这个概念，对室外综合温度扰量进行离散，并获得如式(3-103)的 Z 变换，分别利用围护结构、房间的 Z 传递函数，也可得到各时刻的房间得热以及房间冷负荷。冷负荷系数法则简化了上述两个步骤的得热计算和负荷计算，将两者合二为一，直接从扰量求出房间的冷负荷。

在计算不同性质的冷负荷时，冷负荷系数法通过冷负荷温差或冷负荷系数等形式直接从各种扰量源求得逐时冷负荷。如在处理围护结构形成的瞬时冷负荷时，则采用冷负荷温差或冷负荷温度表示，前者表达形式与谐波反应法的工程简化计算式(3-105)类似，后者如下式所列，针对相同类型的围护结构，两种方法得到的冷负荷温差是相同的。

$$\mathrm{CLQ}_\tau = KF[t_l(\tau) - t_n] \tag{3-110}$$

通过玻璃窗的日射冷负荷则可采用冷负荷系数 CLQ_τ 简化为

$$\mathrm{CLQ}_\tau = x_g x_d C_s C_n F D_{s,\max} \mathrm{CLQ}(\tau) \tag{3-111}$$

式中，$D_{s,\max}$ 为日射得热因数最大值，$D_{s,\max}$ 的物理意义就是负荷强度。工程计算时，$t_l(\tau)$、CLQ_τ 均可通过相关手册查取。

(2)冷负荷系数的简便计算。室内照明、设备、人体得热常以如图 3-38 所示的阶跃扰量形式作用于室内空气，由得热转化成负荷的比例大小和时间滞后与其阶跃扰量的作用时间长短有关。现假定时间为整数讨论它们的冷负荷系数。

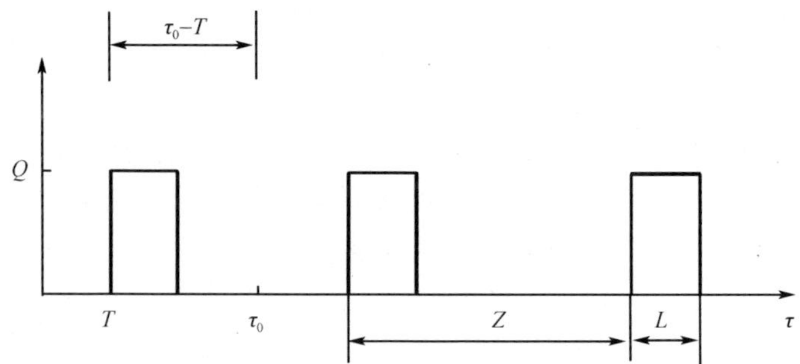

图 3-38 阶跃扰量形式作用于室内空气

设计算时刻为 τ_0，单位阶跃扰量在 T 时刻作用了 L 时间，令 $X_{L,\ \tau-T}$ 为单位阶跃扰量作用后 τ_{0-T} 时刻由得热转化为负荷的比例系数，也可称冷负荷系数或负荷强度系数。设阶跃扰量连续作用 L=1h 后停止，并以周期 Z=24h 重复作用，则任意计算时刻 τ 的负荷强度系数 $X_{1,\tau-T}$ 存在的关系为

$$\sum_{\tau-T=1}^{24} X_{1,\tau-T} = \sum_{i=1}^{24} X_{1,i} = 1 \tag{3-112}$$

式(3-112)$\tau-T$ 以扰量作用时间 T 为计时基准，是扰量作用后的时间。此时 τ 时刻的负荷为

$$\mathrm{CLQ}_\tau = Q_{1,T} X_{1,\tau-T} \tag{3-113}$$

式中，$Q_{1,T}$ 为室内热源阶跃得热(W)。它在 T 时刻作用，作用时间 L=1h；$X_{1,\tau-T}$ 为单位阶跃扰量作用了单位时间后，距扰量作用初始 $\tau-T$ 时刻的冷负荷系数。

式(3-113)冷负荷系数或负荷强度系数 $X_{1,\tau-T}$ 的物理意义是很显然的，它表示了 T 时刻作用了 L(L=1h)时的得热，在 $\tau-T$ 时刻由得热转变为负荷的比例。对于立即成为负荷的室内得热扰量，其负荷强度系数为 1。

对于线性热力系统，当单位扰量作用了 L 时间，并以周期 Z=24h 作用系统，$X_{L,i}(i=\tau-T)$ 可由式(3-112)求得。因为作用了时间 L 的得热总可分解成连续的 L 个单位时间(即作用时间为 1h)得热的叠加，利用单位时间作用下的冷负荷系数 $X_{1,i}$，通过叠加，便可获得扰量作用了时间 L 的冷负荷系数。

$$\begin{cases} X_{1,\tau-T}=\sum_{i=1}^{\tau-T}X_{1,i}, & 0<\tau-T\leqslant L \\ X_{L,\tau-T}=\sum_{i=\tau-T-L+1}^{\tau-T}X_{1,i}, & L<\tau-T\leqslant 24 \\ X_{L,\tau-T}=X_{L,\tau-T+24}, & \tau-T\leqslant 0 \end{cases} \tag{3-114}$$

式(3-114)说明了对于作用时间为 L 的单位阶跃扰量，其负荷强度系数 $X_{L,\tau-T}$ 均可通过单位作用时间的负荷强度系数 $X_{1,\tau-T}$ 求解。由此，便可计算扰量作用了时间 L 的负荷，即

$$\mathrm{CLQ}_{\tau}=Q_{L,T}X_{L,\tau-T} \tag{3-115}$$

3)辐射供冷房间的冷负荷

考虑有冷辐射板存在，假定室内有 N 个内表面(包括围护结构内表面和家具、器具表面等)，其中 n 个非透光围护结构内表面与家具表面，m 个透光围护结构内表面，被考察的围护结构内表面的序号是 i，则 i 表面的长波辐射项含有对冷辐射板的长波辐射，则式(3-116)用文字表述为

$$-\lambda(x)\left.\frac{\partial t}{\partial x}\right|_{x=\delta}+Q_{\mathrm{shw}}=\alpha_{\mathrm{in}}\left[t(\delta,\tau)-t_{a,\mathrm{in}}(\tau)\right]+\sum_{j=1}^{N}\alpha_{r,j}\left[t(\delta,\tau)-t_{j}(\tau)\right] \tag{3-116}$$

传到 i 表面的通过围护结构的导热量+(i 表面获得的太阳辐射得热+i 表面获得的热源短波辐射得热)=i 表面的对流换热+(i 表面向其他表面的长波辐射+i 表面向空调辐射板的长波辐射–i 表面获得的热源的长波辐射得热)

用 $Q_{\mathrm{wall,cond}}$ 代替 $-\lambda(x)\left.\frac{\partial t}{\partial x}\right|_{x=\delta}$，把长波辐射项线性化得出数学表达式为

$$\begin{aligned} Q_{\mathrm{wall,cond},i}+\mathrm{HG}_{\mathrm{wind,sol,trn},i}+\mathrm{HG}_{H,\mathrm{shw},i}&=\alpha_{\mathrm{in}}(t_{\mathrm{sf},i}-t_{a,\mathrm{in}})+\sum_{j=1}^{N}\alpha_{r,\mathrm{sf,ij}}(t_{\mathrm{sf},i}-t_{\mathrm{sf},j}) \\ &\quad+\alpha_{r,\mathrm{Psf},i}(t_{\mathrm{sf},i}-t_{P})-\mathrm{HG}_{H,\mathrm{lw},i} \end{aligned} \tag{3-117}$$

对于透过外围护结构的内表面，表面热平衡的文字表述为：通过玻璃热传导 i 表面的得热量+i 表面吸收的通过玻璃本身的太阳辐射= i 表面的对流换热+i 表面向其他表面的长波辐射+i 表面向冷辐射的长波辐射–i 表面获得的热源长波辐射得热

考虑了 i 表面向冷辐射板的长波辐射后，则

$$\begin{aligned} \mathrm{HG}_{\mathrm{wind},i}-\mathrm{HG}_{\mathrm{wind,sol,trm},i}&=\alpha_{\mathrm{in}}(t_{\mathrm{sf},i}-t_{\alpha,\mathrm{in}})+\sum_{j=1}^{N}\alpha_{r,\mathrm{sf,ij}}(t_{\mathrm{sf},i}-t_{\mathrm{sf},j}) \\ &\quad+\alpha_{r,\mathrm{Psf},i}(t_{\mathrm{sf},i}-t_{P})-\mathrm{HG}_{H,\mathrm{lw},i} \end{aligned} \tag{3-118}$$

假定室内空气温度维持恒定，其热平衡方程如下式

$$Q_{cl,S}=\mathrm{HE}_{H,\mathrm{conv}}+\sum_{i=1}^{n}\alpha_{\mathrm{in}}(t_{\mathrm{sf},i}-t_{a,\mathrm{in}})+\mathrm{HG}_{\mathrm{inf}\,il}$$

$$=(\mathrm{HG}_{H,S}-\mathrm{HG}_{H,\mathrm{lw}}-\mathrm{HG}_{H,\mathrm{shw}})+\sum_{i=1}^{N}\alpha_{\mathrm{in}}(t_{\mathrm{sf},i}-t_{a,\mathrm{in}})+\mathrm{HG}_{\mathrm{inf}\,il,S} \tag{3-119}$$

透过玻璃窗的太阳辐射得热不仅部分落在室内表面上，而且有部分落在冷辐射板上，因此，透过各围护结构进入到房间的总太阳辐射得热等于落到各室内表面上的太阳辐射与落在冷辐射板上的太阳辐射热的总和

$$\sum_{j=1}^{m}\mathrm{HG}_{\mathrm{wind,sol,trm},j}=\sum_{i=1}^{n}\mathrm{HG}_{\mathrm{wind,sol,trm},i}+\mathrm{HG}_{\mathrm{wind,sol,trm},P} \tag{3-120}$$

热源向室内表面的长波与短波辐射，除向围护结构内表面、家具设施等表面的长波辐射外，还包括对冷辐射板的长波和短波辐射。室内热源的得热可表示为

$$\sum_{i=1}^{N}\mathrm{HG}_{H,\mathrm{shw},i}=\mathrm{HG}_{H,\mathrm{shw}}-\mathrm{HG}_{H,\mathrm{shw},P} \tag{3-121}$$

以及

$$\sum_{i=1}^{N}\mathrm{HG}_{H,\mathrm{lw},i}=\mathrm{HG}_{H,\mathrm{shw}}-\alpha_{r,HP}(t_H-t_P) \tag{3-122}$$

对式(3-121)和式(3-122)的两侧就 n 个非透光围护结构内表面与家具表面和 m 个透光围护结构内表面求和，然后将两式合并，有

$$\sum_{i=1}^{n}Q_{\mathrm{wall,cond},i}+\sum_{j=1}^{m}\mathrm{HG}_{\mathrm{wind},j}-\mathrm{HG}_{\mathrm{wind,sol,trn},P}+\mathrm{HG}_{H,\mathrm{shw}}-\mathrm{HG}_{H,\mathrm{shw},P}$$

$$=\sum_{i=1}^{N}\alpha_{\mathrm{in}}(t_{\mathrm{sf},i}-t_{\alpha,\mathrm{in}})+\sum_{i=1}^{N}\alpha_{r,\mathrm{Psf},i}(t_{\mathrm{sf},i}-t_P)-\mathrm{HG}_{H,\mathrm{lw}}+\alpha_{r,HP}(t_H-t_P) \tag{3-123}$$

把式(3-119)与(3-123)合并并进行整理，可得出冷辐射板的对流除热量

$$\mathrm{HE}_{\mathrm{conv}}=\mathrm{HG}_{HS}-\alpha_{r,HP}(t_H-t_P)-\mathrm{HG}_{H,\mathrm{shw},P}+\sum_{i=1}^{n}Q_{\mathrm{wall,cond},i}+\sum_{j=1}^{m}\mathrm{HG}_{\mathrm{wind},j}$$

$$-\mathrm{HG}_{\mathrm{wind,sol,trn},P}-\sum_{i=1}^{n}\alpha_{r,\mathrm{Psf},i}(t_{\mathrm{sf},i}-t_P)+\mathrm{HG}_{\mathrm{inf},il} \tag{3-124}$$

冷辐射板的辐射除热量相当于各表面向冷辐射板的辐射热，包括室内表面和热源表面对长波辐射、热源对辐射板的短波辐射，以及透过玻璃窗的太阳辐射热落在辐射板上的部分，即有

$$\mathrm{HE}_{\mathrm{rad}}=\mathrm{HG}_{H,\mathrm{shw},P}+\mathrm{HG}_{\mathrm{wind,sol,trn},P}+\alpha_{r,HP}(t_H-t_P)+\sum_{i=1}^{n}\alpha_{r,\mathrm{Psf},i}(t_{\mathrm{sf},i}-t_P) \tag{3-125}$$

辐射空调方式的房间冷负荷应该包括对流除热量和辐射除热量两部分，因此把式(3-124)与式(3-125)合并并进行整理，可得出适用于各种形式空调方式的通风房间显热冷负荷为

$$Q_{\mathrm{cl},S}=\mathrm{HE}_{\mathrm{conv}}+\mathrm{HE}_{\mathrm{rad}}=\mathrm{HG}_{H,S}+\mathrm{HG}_{\mathrm{inf},il}+\sum_{j=1}^{m}\mathrm{HG}_{\mathrm{wind},j}+\sum_{i}^{n}Q_{\mathrm{wall,cond},i} \tag{3-126}$$

上面各式中，$\mathrm{HE}_{\mathrm{rad}}$ 为辐射除热量(W)。

无论是送风空调方式的房间显热冷负荷表达式，还是辐射空调方式显热冷负荷表达式，在室内温度维持恒定的条件下，房间显热冷负荷均等于热源、渗透风、透光围护结构三项显热得热加上通过非透光围护结构传入室内的显热量。

其中，式(3-126)中 $\sum_{i}^{n} Q_{\text{wall,cond},i}$ 的大小与室内存在的短波辐射、室内各表面温度等有关，因为室内辐射的存在导致壁面温度变化而会改变围护结构的传热量。辐射空调方式导致的室内表面温度与送风空调方式的不同，从而也会导致 $\sum_{i}^{n} Q_{\text{wall,cond},i}$ 不同。也就是说，在维持相同的室内空气温度的情况下，辐射空调方式的房间冷负荷要高于送风空调方式的冷负荷。因为外围护结构表面温度会因此而降低，导致通过围护结构传入室内的热量增加。同理，热辐射空调房间热负荷也要高于维持相同室内空气温度的送风空调方式的房间热负荷。

4) 室内热参数变化房间的冷负荷

上述房间冷负荷的表达式都是在室内空气参数维持恒定的条件下推导出来的。需要除去的热量就相当于进入到室内的热量，这样才能维持室内空气温湿度满足要求。但当室内空气参数变换时，如早晨空调系统刚运行时，室内空气温度不断下降，一直降到要求的温湿度水平的过程中，这时需要去除的热量就不只是进入室内的热量了。房间空气的热平衡关系可表述为

对流显热除热量+空气的显热增值=室内热源对流得热 $+\sum$ 内表面 i 的对流换热

+渗透显热得热

对流显热除热量为

$$\text{HE}_{\text{conv}} + \Delta Q_a = \text{HG}_{H,\text{conv}} + \sum_{i=1}^{N} \alpha_{\text{in}} (t_{\text{sf},i} - t_{a,\text{in}}) + \text{HG}_{\text{inf,il},S} \tag{3-127}$$

通过类似上述的推导，可得出室内参数变换时实际需要的显热除热量即显热冷负荷为

$$Q_{\text{cl},S} = \text{HE}_{\text{conv}} = \text{HG}_{H,S} + \text{HG}_{\text{inf,il},S} + \sum_{j=i}^{m} \text{HG}_{\text{wind},j} + \sum_{i=1}^{n} Q_{\text{wall,cond},i} - \Delta Q_a \tag{3-128}$$

由式(3-128)可见，当室内空气在降温过程中，也就是空气的显热增值 ΔQ_a 是负值时，房间的冷负荷比室温恒定时的冷负荷要大；而当室内空气在升温过程中，也就是空气的显热增值 ΔQ_a 是正值时，房间的冷负荷要比室温恒定时的冷负荷要小。相差的量除了空气的显热增值 ΔQ_a 以外，还要加上围护结构内表面以及其他室内表面温度随着室内空气温度而降低或升高导致 $\sum_{i}^{n} Q_{\text{wall,cond},i}$ 的增减。而由于热容的差别，后者造成的影响往往比前者的影响要大。如果在室内空气升温和降温的过程中，还伴随着含湿量的变化，则潜热冷负荷也会同时产生变化。在采暖工况下，热负荷也存在类似的变化规律。所以，间歇运行的空调系统在刚开机运行阶段的“启动负荷”往往比连续稳定运行时的负荷要大很多。

2. 热负荷的计算原理与方法

建筑物冬季采暖通风设计的热负荷在《民用建筑供暖通风与空气调节设计规范》(GB 50736—2012)中明确规定应根据建筑物散失和获得的热量确定。对于民用建筑，冬季热负荷包括两项：围护结构的耗热量和由门窗缝隙渗入室内的冷空气耗热量。对于生产车间还应包

括由外面运入的冷物料及运输工具的耗热量、水分蒸发耗热量，并应考虑车间内设备散热、物料散热等获得的热量。

1) 围护结构传热耗热量

围护结构传热耗热量是指当室内温度高于室外温度时，通过房间的墙、门、窗、屋顶、地面等围护结构由室内向室外传递的热量。常分成两部分计算，即围护结构的基本耗热量计算和附加耗热量计算。

基本耗热量是指在设计的室内、室外温度条件下通过房间各围护结构稳定传热的总和。附加(修正)耗热量是指由于气象条件和建筑结构特点的影响，使传热热状况发生变化而对基本耗热量进行的修正，包括朝向修正、风力附加、门附加和高度附加等耗热量。

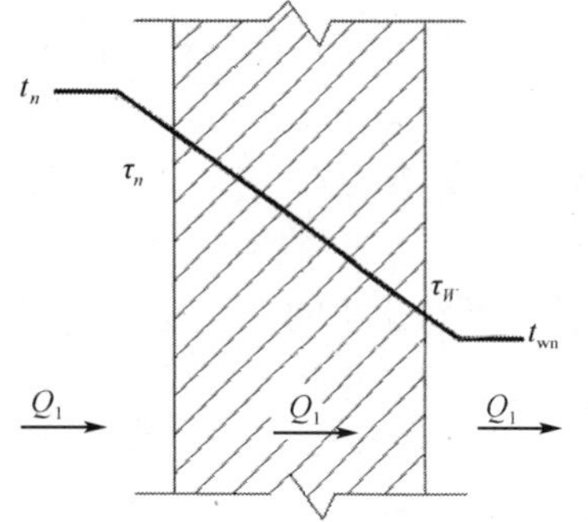

图 3-39　围护结构的传热过程

(1) 围护结构的基本耗热量。

由于室内散热设备的散热量不稳定，而且室外空气温度随季节和昼夜也不断变化，实际上围护结构的传热是一个不稳定的过程。但不稳定传热的计算非常复杂，所以在工程设计中，对于室温允许有一定波动幅度的建筑物，围护结构的基本耗热量可以按一维稳定传热进行计算，即假设在计算时间内，室内外空气温度和其他传热过程参数都不随时间发生变化，如图 3-39 所示。这样可以简化计算，而且计算结果基本能满足工程需要。

围护结构稳定传热时，基本耗热量为

$$Q = \alpha KF(t_n - t_{wn}) \tag{3-129}$$

式中，K 为围护结构的传热系数[W/(m^2 · ℃)]；F 为围护结构的面积(m^2)；t_n 为冬季室内计算温度(℃)；t_{wn} 为供暖室外计算温度(℃)；α 为围护结构的温差修正系数。

将房间围护结构按材料、结构类型、朝向及室内外温差的不同，划分成不同的部分，整个房间的基本耗热量等于各部分围护结构耗热量的总和。此外，如果两个相邻房间的温差大于或等于 5℃时，应计算通过隔墙和楼板的传热量；与相邻房间的温差小于 5℃，且通过隔墙和楼板等的传热量大于该房间热负荷的 10%时，也应计算其传热量。

使用式(3-129)，应注意下列问题：

①室内计算温度 t_n 通常指距地面 2m 以内人们生活地区的平均空气温度。这个区域的温度对人的冷热感觉有直接影响，应根据建筑物的用途考虑满足人们生活和生产工艺要求而确定。民用建筑的主要房间宜采用 16～24℃；生产厂房的工作地点温度，应根据厂房的类型来确定。

②按稳定传热计算围护结构基本耗热量时，室外温度应取一个定值，即供暖室外计算温度 t_{wn}。合理地确定供暖室外计算温度对供暖系统的设计有重要的影响，如采用的 t_{wn} 值过低，将增加供暖系统造价和运行管理费用；如果采用的 t_{wn} 值过高，则不能保证供暖系统的使用效果。

③围护结构温差修正系数 α 的取值见表 3-20；在已知冷侧温度或用热平衡法能计算出冷侧温度时，可直接用冷侧温度带入，不再进行修正。

表 3-20　围护结构的温差修正系数

围护结构特征	修正系数 α
外墙、屋顶、地面以及与室外相通的楼板	1.0
闷顶和与室外空气相同的非采暖 地下室上面的楼板等	0.9
与有外门窗的不采暖楼梯间相邻的隔墙 1～6 层建筑 7～30 层建筑	 0.6 0.5
与不采暖房间相邻的隔墙 不采暖房间有门窗与室外相通 不采暖房间无门窗与室外相通	 0.7 0.4
不采暖地下室的楼板 外墙上有窗 外墙上无窗	 0.75 0.4
不采暖半地下室的楼板(在室外地坪以上超过 1.0)： 外墙上有窗 外墙上无窗	 0.6 0.4

④设置全面采暖的建筑物，其围护结构应具有一定的保温性能，应能满足卫生要求和围护结构内表面不结露的要求，并在技术经济上是合理的。评价围护结构保温性能的主要指标是围护结构的热阻 R。R 值的大小直接影响通过围护结构耗热量的多少和其内表面温度的高低，也会影响围护结构的造价。因此，围护结构的热阻，应根据技术经济比较确定，且应符合国家有关民用建筑热工设计规范和节能标准的要求。

(2) 围护结构附加耗热量。

围护结构的基本耗热量是指在稳定传热条件下，由于室内外温差的作用，通过围护结构产生的热量损失。实际传热时气象条件和建筑物的结构特点都会影响基本耗热量，使之增大或减小，这就需要对基本耗热量进行修正，包括朝向修正、风力附加、外门附加和高度附加等。

①朝向修正。考虑建筑物受到太阳辐射的影响，朝南房间能够得到较多的太阳辐射热，而且围护结构比较干燥，围护结构的热量损失会减少，而朝北房间反之，这就需要对围护结构的基本耗热量进行修正。修正的方法是按围护结构的不同朝向采用不同的修正率，将垂直外围护结构(门、窗、外墙及屋顶的垂直部分)的基本耗热量乘以朝向修正率，得到该围护结构的朝向修正耗热量。太阳辐射热实际上是一种得热量，因此朝向修正率一般取为负值。朝向修正率可按表 3-21 选用。

表 3-21　朝向修正率

朝向	修正率	朝向	修正率
北、东北、西北	0～10%	东南、西南	–10%～–15%
东西	–5%	南	–15%～–30%

选用朝向修正率时应考虑当地冬季日照率、建筑物的使用和被遮挡情况。对于日照率小于 35%的地区，东南、西南、南向的朝向修正率应采用–10%～0，东西朝向可不修正。

②风力附加。风速增大时，围护结构外表面的对流换热会增强，围护结构的基本耗热量

也随之加大。所以，需要对垂直的外围护结构的基本耗热量进行风力修正，修正系数应为正值。计算围护结构基本耗热量时，外表面换热系数是在室外风速为4m/s时得到的，我国冬季各地平均风速一般为2～3m/s。因此在一般情况下，不必考虑风力附加，只对建筑在不避风的高地、河边、海岸、旷野上的建筑物，以及城镇、厂房特别突出的建筑物，才对其垂直外围护结构的基本耗热量附加5%～10%。

③外门附加。冬季，在风压和热压的作用下，大量从室外或相邻房间通过外门、孔洞侵入室内的冷空气被加热成室温所消耗的热量称为冷风侵入耗热量。冷风侵入耗热量可采用外门附加的方法计算，即

冷风侵入耗热量=外门基本耗热量×外门附加率

外门附加率确定方法为：对于民用建筑和工厂辅助建筑物短时间开启的外门(不包括阳台门、太平门和设有热空气幕的外门。一道门为65*n*%；二道门(有门斗)为80*n*%；三道门(有二个门斗)为60*n*%。其中*n*为楼层数。公共建筑和生产厂房主要出入口的外门附加率为500%。对于开启时间较长的外门，应根据工业通风原理首先计算冷风的侵入量，再计算其耗热量。

④高度附加。由于室内空气对流作用的影响，房间上部空气温度高于室内计算温度，使围护结构上部实际传热量大于按室内计算温度计算的传热量，为此需要进行高度附加。附加率应为正值。

2)冷风渗透耗热量

在风压和热压共同作用下，室内外产生了压力差，室外冷空气从门窗缝隙渗入室内，被加热后逸出。使这部分冷空气被加热到室温所消耗的热量称为冷风渗透耗热量。计算冷风渗透耗热量时，应考虑建筑物的高低、内部通道状况、室内外温差、室外风向、风速和门窗种类、构造、朝向等影响，凡暴露于室外的可开启的门窗均应计算这部分耗热量。

计算冷风渗透耗热量的常用方法有缝隙法、换气次数法和百分数法。

(1)缝隙法。缝隙法是计算不同朝向门窗缝隙长度及每米缝隙渗入的空气量，进而确定其耗热量的一种常用的较精确的方法。渗入冷空气所消耗的热量为

$$Q = 0.28V\rho_W c_p(t_n - t_{wn}) \tag{3-130}$$

式中，Q为冷风渗透耗热量(W)；c_p为冷空气的定压比热容(kJ/kg·℃)；V为冷空气的渗入量(m^3/h)；ρ_W为供暖室外计算温度下的空气密度(kg/m^3)；0.28为单位换算系数。

在工程设计中，多层(六层或六层以下)的建筑物计算冷空气的渗入量时主要考虑风压的作用，忽略热压的影响。而超过六层的多层和高层建筑物，则应综合考虑风压和热压的共同影响。

(2)换气次数法。多层民用建筑的空气渗透量，当无相关数据时，可按下式估算。

$$V = KV' \tag{3-131}$$

式中，V'为房间体积(m^3)；K为换气次数(次/h)，当无实测数据时，可按表3-22采用。

渗入冷空气所消耗的热量Q可按式(3-130)计算。

表3-22　换气次数

房间类型	一面有外窗房间	两面有外窗房间	三面有外窗房间	门厅
K(次/h)	0.5	0.5～1.0	1.0～1.5	2.0

(3) 百分数法。百分数法是工业建筑计算冷风渗透耗热量的一种估算方法，可根据建筑物高度及玻璃窗层数按表 3-23 进行估算。

表 3-23 渗透耗热量占围护结构总耗热量的百分率

建筑物高度/m		<4.5	4.5～10.0	>10.0
玻璃层数	单层	25	35	40
	单、双层均有		30	35
	双层	15	25	30

3. 冷负荷与热负荷的软件模拟

大多数的建筑负荷的模拟计算程序均是基于动态的计算方法，模拟在变化的室外参数作用下建筑物空间的负荷情况。各国根据自己的特点及要求编制了计算机建筑能耗模拟的程序。20 世纪 60 年代中期，各国学者就开始研究建筑能耗动态模拟。在 20 世纪 70 年代的石油危机以后，建筑能耗模拟得到了飞速的发展。美国相继开发出了两个著名的建筑能耗动态模拟软件 BLAST 和 DOE。90 年代中期又在 BLAST 和 DOE 的基础上，开发出了新一代建筑能耗动态模拟软件 EnergyPlus。此外还有 SRES/SIN、SERIRES、S3PAS、TRNSYS、TASE 等模拟软件。欧洲于 20 世纪 70 年代也开始这方面的研究，并开发出软件 ESP-r。亚洲学者也意识到建筑能耗模拟的重要作用，并在软件研究和开发方面取得了一定的成果，比较有代表性的是日本的 HASP。随着计算技术的高速发展，我国进入了计算机计算的新时期，国内多家单位将我国现有的冷负荷计算方法开发成计算机软件，其中以清华大学“基于使用状态空间法并考虑房间热平衡来计算建筑物的负荷”的 DeST 软件、中国建筑科学研究院开发的以传递函数法为基础的 PKPM 系列软件和孙延勋教授级高工开发的“基于谐波反应法”的系列软件最具有代表性。这些软件已经被用于建筑热过程分析、建筑能耗评价、建筑设备系统分析和辅助设计。

1) DOE-2

DOE-2 程序是美国能源部主持，由劳伦斯-伯克利国家实验室 (Lawrence Berkeley National Laboratory，LBNL) 等若干美国著名实验室开发的大型软件，于 1979 年首次发布，是目前国际上应用最普通的建筑全年逐时能耗模拟商用软件。DOE-2 用反应系数法来计算围护结构的传热量。在计算思路上，DOE-2 是一种正向思维，即根据室外气象条件、围护结构情况计算出室内温度以及室内得热量。对要控制室内热环境的房间，由选定的采暖空调系统根据室内负荷情况提供冷 (热) 量，以维持室温在设计温度允许的范围内波动。DOE-2 的计算过程是一个动态平衡的过程，后一时刻室内的温度、冷热负荷以及采暖空调设备的耗电量要受前一时刻的影响。DOE-2 程序根据输入的建筑情况和室内设定温度值得要求，动态计算出建筑物的全年能耗情况，并以各种表格形式输出。其工作由大量传统方法的手工计算转移到了输入建筑描述上。其中冷热负荷模拟中，假定室内温度恒定，且不考虑房间之间的相互影响。由于反应系数截取的项数有限，因此在模拟厚重墙体时误差较大。

2) ESP-r

ESP-r 是由英国 Strathclyde 大学能量系统研究组 (University of Strathclyde) 能源系统研究中心 (Energy System Research Unit) 开发的一款综合建筑模拟分析软件，Esp-r 具有悠久的历史和丰富的工程实践经验，Joe Clarke 教授及其同事早在 20 世纪 70 年代就着手于相关的研究和开发，现在 Esp-r 在科研和工程领域应用非常广泛并得到了用户的一致好评。其负荷算法采用有限差分法，求解一维传热过程，而不需要对基本传热方程进行现行化，因此可模拟具有非线性部件的建筑的热过程，如有特隆布墙(Trombe Wall)或相变材料等物性材料的建筑。采用的时间步长通常以分钟为单位。该软件对计算机的速度和内存有较高的要求。

3) DeST

DeST 软件是在清华大学江亿院士主持下自主研发的，始于 1989 年。初期立足于建筑热工模拟，1992 年以前命名为 BTP (Building Thermal Performance)，以后逐步加入空调系统模拟模块，命名为 IISABRE。为了解决实际设计中不同阶段的问题，更好地将模拟技术应用到实际工程中，从 1997 年开始在 IISABRE 的基础上开发针对设计的模拟分析工具 DeST，并于 2000 年完成 DeST1.0 版本并通过鉴定；2002 年完成 DeST 住宅版本。如今 DeST 已陆续在我国内地、香港，以及欧洲、日本等地得到应用。

其负荷模拟部分采用的是状态空间法。与在时间和空间上均进行离散的有限差分法不同的是，状态空间法的求解方法是空间上离散的，但时间上保持连续。对于多个房间的建筑，可对各围护结构和空间列出方程联立求解，因此可处理多房间问题。其求解过程所取时间步长可大至 1h，小至数秒钟，与有限差分法只能取较小的时间步长以保证解的精度和稳定性有较大差别。但状态空间法、反应系数法和谐波反应法相同之处是均要求系统线性化，不能处理相变墙体材料、变表面换热系数、变物性等非线性问题，不同之处是在处理厚重墙体与地下室空间壁面传热方面有优势。该程序能在建筑描述、室外气象数据和室内扰量以及室内要求温湿度给定的情况下，动态模拟出该建筑的全年逐时自然室温和采暖、空调系统负荷等的变化情况。

4) EnergyPlus

EnergyPlus 是美国劳伦斯-伯克利国家实验室 20 世纪 90 年代开发的商用、教学研究用建筑热模拟软件。EnergyPlus 是一个建筑能耗逐时模拟引擎，采用集成同步的负荷/系统/设备的模拟方法。在计算负荷时，时间步长可由用户选择，一般为 10～15min。在系统的模拟中，软件会自动设定更短的步长(小至数秒，大至 1h)以便于更快地收敛。EnergyPlus 采用 CTF 来计算墙体传热，采用热平衡法计算负荷。CTF 实质上还是一种反应系数，但它的计算更为精确，因为它是基于墙体的内表面温度，而不同于一般的基于室内空气温度的反应系数。热平衡法是室内空气、围护结构内外表面之间的热平衡方程组的精确解法，它突破了传递函数法(TFM)的种种局限，如对流换热系数和太阳辐射得热可以随时间变化等。在每个时间步长，程序自建筑内表面开始计算对流、辐射和传湿。由于程序计算墙体内表面的温度，可以模拟辐射式供热与制冷系统，并对热舒适进行评估。区域之间的气流交换可以通过定义流量和时间表来进行简单的模拟，也可以通过程序链接的 COMIS 模块对自然通风、机械通风及烟囱效应等引起的区域间的气流和污染物的交换进行详细的模拟。COMIS 是 LBNL 开发的用来模拟建筑外围护结构的渗透、区域之间的气流与污染物交换的免费专业分析软件(Specialized Analysis Tools)。窗户的传热和多层玻璃的太阳辐射得热可以用 WINDOW5(LBNL 开发的计算窗户热性能的免费专业分析软件)计算。遮阳装置可以由用户设定，根据室外温度或太阳入射角进行控制。人工照明可以根据日光照明进行调节。在 EnergyPlus 中采用各向异性的天空模型对 DOE-2 的日光照明模型进行改进，以便更为精确地模拟倾斜表面上的天空散射强度。

课外自学

1. 多孔介质传热传质理论。
2. 非稳态导热理论。
3. 热源的散热方式和散热量计算方法。
4. 湿源的湿扩散方式和散湿量计算方法。
5. 房间热过程理论。

知识拓展

1. 通过围护结构传热引起的得热、室内照明、设备、人体散发是否都可以转变为瞬时冷负荷？有无前提条件？

2. 辐射供冷加独立新风系统是目前空调系统的一种重要应用形式，其冷负荷计算应注意哪些问题？在实际应用中，如何合理使用该类空调系统？

3. 建筑冷负荷和热负荷的准确确定是空调系统正确选择的前提，在负荷计算过程中如何确保计算的准确性？

4. 建筑的冷热负荷与能耗之间的联系与区别是什么？

课后习题

一、选择题

1. 内扰不包括(　　)等室内热湿源。
   A. 室内设备　B. 照明　C. 人员　D. 邻室的空气温度
2. 外扰不包括(　　)。
   A. 室外空气温湿度　B. 太阳辐射　C. 邻室的空气温湿度　D. 照明设备
3. 外扰和内扰对室内环境的主要作用形式不包括(　　)。
   A. 对流换热　B. 导热　C. 辐射　D. 渗透
4. (　　)是某时刻在内外扰作用下进入房间的总热量。
   A. 得热量　B. 导热　C. 储热量　D. 冷负荷
5. 任一时刻房间瞬时得热量的总和(　　)同一时间的瞬时冷负荷的关系。
   A. 未必等于　B. 大于　C. 小于　D. 等于
6. 冷负荷与得热量之间的关系不取决于(　　)。
   A. 房间的构造　B. 围护结构的热工特征　C.热源的特性　D. 计算时刻
7. 变换法求解围护结构的不稳定传热过程，不一定需要经历的步骤是(　　)。
   A. 边界条件的离散或分解　B. 求对单元扰量的响应和
   C. 把对单元扰量的响应进行叠加和叠加积分求和　D. 固定室内温度
8. 积分变换法常用的方法是(　　)。
   A. 稳态计算法　B. 冷负荷系数法　C. 当量求解法　D. 换气次数法
9. 谐波反应法和冷负荷系数法典型区别不包括下面哪一项？(　　)
   A. 边界条件的离散方法不同　B. 是否考虑了房间的内蓄
   C. 外窗日射冷负荷的计算　D. 计算结果不同

10. 遮阳设施设置在玻璃窗内侧和外侧，对玻璃窗的遮阳作用是不同的，外遮阳的遮阳系数要(　　)内遮阳的遮阳系数。

A. 大于　B. 小于　C. 等于　D. 不确定

11. 下列(　　)进入室内的潜热和显热能全部直接形成瞬时冷负荷。

A. 透过玻璃窗的太阳辐射　B. 通过围护结构导热

C. 渗透空气得热　D. 墙体辐射得热

12. 房间空气热平衡式中，房间瞬时冷负荷与瞬时的热量之间的差值为(　　)

A. $\sum_{i=1}^{n}\Delta Q_{w,j}-\Delta Q_{\mathrm{air}}$　B. $\sum_{i=1}^{n}\Delta Q_{w,i}$　C. $-\Delta Q_{\mathrm{air}}$　D. $\sum_{i=1}^{n}\Delta Q_{w,i}+\Delta Q_{\mathrm{air}}$

13. 下面哪几个软件是由美国公司设计的(　　)。

A. DOE-2　B. ESP　C. DeST　D. EnergyPlus

14. 室内显热得热中，(　　)得热部分可以立刻成为瞬时冷负荷。

A. 辐射　B. 对流　C. 导热　D. 蒸发

15. 冬季采用稳态计算方法的原因是(　　)。

A. 太阳辐射强度小

B. 室外采暖计算温度能够满足大多数气候条件的要求

C. 室内外温差的波动幅度远小于其平均值

D. 室内舒适所要求精度不高

二、简答题

1. 围护结构的传热方式是什么？传递的热量由哪几部组成？得热量的多少与其围护结构有何关系？

2. 房间得热为什么不等于冷负荷量?

3. 为什么透光围护结构的传热可以近似按稳态考虑？

4. 若想设置空气间层减少冬季从室内向室外的传热，问空气间层应设在靠室外一侧还是靠室内一侧对保温效果更好，为什么？

5. 在寒冷地区冬季采暖的建筑，为什么需防止墙体内表面结露？

6. 室内水面自然蒸发导致室内热负荷量是增加还是减少或是不变，为什么？

7. 在相同条件下为什么外遮阳比内遮阳更有利?

8. 透过玻璃窗的太阳辐射是否等于建筑物的瞬时冷负荷？

研究型专题

校园典型建筑热环境或实际工程项目热环境测试。结合本校建环专业实验室的实际情况，通过任课教师借相关的测试仪器。检索相关文献，针对本校图书馆或教室自行设计热环境测试方案，报任课教师审批。该热环境测试研究型专题也可以结合教师从事的实际科研项目或实际工程进行测试，也可以结合专业实验或实习同步进行，各个学校结合自己的实际情况灵活安排。如对学校图书馆，可以选择中庭、阅览室、藏书室等不同的使用空间进行热环境的测试与分析。考察影响图书馆热环境的因素，如图书馆的朝向、建筑外墙及屋顶构造、外立面的窗墙比、窗户形式以及自然通风方式、机械通风或空调方式等。找出影响本校图书馆热环境的主要因素，找出图书馆热环境恶劣的空间，分析原因并提出改进措施。

评分标准及要求：

(1) 调研报告要求书写工整，必须是针对实际测试进行总结归纳，确保数据真实可靠。

(2) 测试小组成员在工作中互相帮助，在调查报告中要明确每个人的贡献，根据贡献大小酌情获得不同的分数，工作安排由组长协同组员自行分工。

(3) 从题目布置之日起四周内交测试报告，可以和课堂教学同步进行。

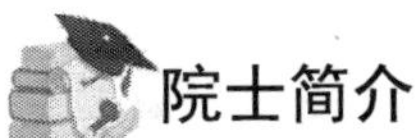

院士简介

扫描二维码，领略专家风采，指引前行之路。

参 考 文 献

陈友明，陈在康. 1998. 建筑围护结构线性热湿同时传导方程的频域解法[J]. 应用基础与工程科学学报，6(4)：367-382.

陈友明，王盛卫. 2004. 建筑围护结构非稳定传热分析新方法[M]. 北京：科学出版社.

李念平. 2010. 建筑环境学[M]. 北京：化学工业出版社.

马春荣. 2006. 建筑玻璃 [M]. 2 版. 北京：化学工业出版社.

王晓欢. 2011. 木框架墙体热工性能研究[D]. 北京：中国林业科学研究院.

文远高，连之伟. 2003. 气候变暖对建筑能耗的影响[J]. 建筑热能通风空调，22(3)：37-38.

徐祥德，汤绪，等. 2002. 城市化环境气象学引论[M]. 北京：气象出版社.

朱颖心. 2016. 建筑环境学 [M]. 4 版. 中国建筑工业出版社.

ASHRAE. 2013. ASHRAE Handbook，Fundamentals (SI)，American Society of Heating，Refrigerating and Air-conditioning Eingineers，Inc.，1791. Tulie Circle，N. E.，Atalanta：30329.

Bear J. 1983. 多孔介质流体动力学[M]. 李竞生，陈崇希，译. 北京：中国建筑工业出版社.

Femando B，Antonio T，Nuno S. 2004. Heat conduction across double brick walls via BEM [J]. Building and Environment，(39)：51-58.

Kohonen R. 1984. Transient analysis of the thermal and moisture physical behavior of building constructions[J]. Building and Environment，(1)：1-11.

Kusuda T. 1983. Indoor humidity calculation[J]. ASHRAE Transactions，89 (2)：728-738.

Luikov W A. 1966. Heat and Mass Transfer in Capillary-Porous Bodies[M]. Oxford：Pergamon Press.

Pedersen C R. 1992. Prediction of moisture transfer in building constructions [J]. Energy and Buildings，(27)：387-397.

Qin M. 2008. Nonisothermal moisture transport in hygroscopic building materials: modeling for the determination of moisture transport coefficients [J]. Transport in Porous Media，72：255- 271.

Qin M，Belarbi R，Ait-Mokhtar A. 2007. Nonisothermal moisture transport in hygroscopic building materials: modeling for the determination of moisture transport coefficients [J]. Transport in Porous Media，72 (2)：255-271.

Sheidegger A E. 1974. The Physics of Flow Through Porous Media (3rd ed) [M]. Toronto：Toronto Univ. Press.

Thomas W C，Butch D M. 1990. Experimental validation of a mathematical model for predicting water vapor sorption at interior building surfaces [J]. ASHRAE Transactions，96 (1)：487-496.

Yoshida H，Terai T，Sueyoshi H. 1994. Transient analysis of air-conditioning load and room conditions considering simultaneous heat and moisture transport of multi-layered constructions [J]. Building and Environment，29 (3)：37-43.

第 4 章　热舒适环境

本章要点

1. 掌握人体温度与热环境的基础理论。

2. 掌握热舒适的基本理论以及建筑热环境的评价方法。这是本章的重点和难点，特别是热舒适理论是建筑环境与能源应用工程专业最重要的理论基础之一，具有本专业鲜明的特色，务必认真领会并掌握其基本内涵，对于重要的结论和基本方程应能够灵活运用。

案例导引

深圳建科大楼位于深圳市福田区，该办公大楼有敞开的室外平台，平时研究人员更喜欢在平台上进行非正式会议和小组讨论，享受自然风的吹拂，大多数人并不愿意天天待在24～26℃的空调环境中，甚至是在室外炎热的空调季，他们依然愿意舍弃空调温度为热中性的室内会议室而选择室外平台。如图4-1所示，调查问卷结果表明人们认为室外平台比空调办公室热一些，但是舒适感却比空调办公室好，这是他们更愿意选择室外平台的原因。而热舒适感更好的主要原因是自然风，带来愉悦的因素还有空气质量较好、沐浴天然光、室外景色优美等非热环境因素。

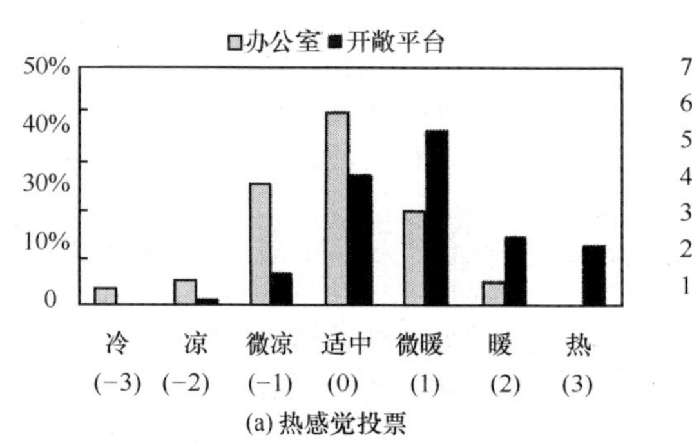

图 4-1　室外平台与室内人员的热感觉、热舒适的调查问卷结果

资料来源：清华大学建筑节能研究中心著《中国建筑节能年度发展研究报告(2014)》，中国建筑工业出版社，2014：264，265

预备知识

复习热阻的概念、对流换热和辐射换热的基本方程式。

兴趣实践

1. 在炎热的夏季打开宿舍或家里的空调，找出你感觉最舒适的空调温度和风速。你对热舒适与不冷不热的“中性”热感觉有什么切身的体会？什么样的环境下会感觉舒适？请做简要的记录和说明。

2. 对你上课的教室热环境进行简单的评价，你觉得上课期间热环境舒适吗？什么样的热环境是你喜欢的？

探索思考

1. 建筑环境的健康与舒适之间有什么关系？舒适的环境一定能健康吗？反之，健康的环境一定舒适吗？为什么？

2. 随着人们生活水平的提高，很多家庭不只拥有一台空调，有些人开始追求过度的热舒适，炎热的夏季将室内空调的温度调得很低，室外温度将近 40℃，室内温度调到 20℃甚至更低，你觉得这种做法科学吗？会带来什么问题？

3. 绝大多数的人们都喜欢自然风的吹拂，特别是暖意融融的春天，“吹面不寒杨柳风”，人们感觉格外舒适，而靠电风扇、空调等机械通风的方法，长时间被吹拂很多人感觉很不舒适，同样是气流的流动，自然风和机械风有什么不同？

4. 现在社会上有一些房地产企业打出“恒温、恒湿、恒氧”（简称“三恒”）的口号以增加房子的卖点，对于住宅建筑，你觉得这种提法科学吗？为什么？应该怎么提才能更加符合建环专业的内涵？

人生存在环境之中，必然与环境相互联系和相互作用。室内热环境、光环境、声环境、电磁环境和室内空气质量对人的身心健康、舒适感和工作效率都会产生显著的影响。在对建筑环境的认知历程上，人们最先考虑的是舒适性的问题，随着学科的发展和环境的变化，其他室内环境和室内空气质量以及建筑环境的健康问题逐渐成为人们关注的热点。因此热舒适环境是建筑环境学最核心、最重要的内容之一，是建筑环境与能源应用工程专业最重要的理论基础，也是区别于其他学科的特色研究内容。

人体热舒适是指人体对热环境感到满意的主客观评价，主观上要求能使 80%以上的人群对室内环境感到满意，客观上要求有害污染物限值在安全范围之内。影响人体热舒适的环境参数主要有空气温度、气流速度、空气的相对湿度、平均辐射温度、衣服热阻和劳动强度等。人体热舒适的研究涉及建筑热物理、人体热调节机理、生理学和心理学等多学科的交叉，机理非常复杂，研究难度很大。可喜的是，以丹麦技术大学 P. O. Fanger 教授为代表的国内外学者在热舒适方面进行了大量的探索与研究，取得了丰硕的成果，可以指导本专业的科学研究和工程实践。但是热舒适的基础理论仍在不断发展之中，热舒适与人员行为特点、人员分布状态和建筑物热环境参数的动态变化以及气流组织等因素之间的关系，很多学者正在进行深入研究。关于热舒适环境未来还有很多需要深入研究的领域和需要解决的问题，等待朝气蓬勃、继往开来的新一代建筑环境与能源应用工程专业的学子们去努力探索和开拓。

4.1　人体温度与热环境基础

4.1.1　人体体温

人和动物肌体都具有一定的温度，这就是体温。体温又分为皮肤温度和核心温度。对于人和高等动物，由于体内有完善的体温调节机构，其核心温度能保持相对恒定，不因外界气温和集体活动情况改变而有显著变化。体温的相对恒定是使肌体新陈代谢和生命活动正常进行的必要条件。

一般所说的体温是指肌体深部的平均温度，又称为核心温度。由于体内各器官的代谢水平不同，它们的温度略有差别。临床上通常用直肠温度、口腔温度和腋窝温度来代表体温。

核心温度是评价着装人体在高温环境下的生理耐受指标，也可用于平均体温的计算，其波动常与昼夜、年龄、性别、活动水平、环境温度等因素有关。

表 4-1 为受试者着高领长袖紧身衣，坐着进行上肢活动时，其在不同环境下的皮肤温度分布。

表 4-1 不同环境下的皮肤温度分布

环境温度/℃	前额	脸	前颈	后颈	胸	背	腹	上臂	前臂	手	左手指	大腿	胫	小腿	脚	平均
25.5（热中性环境）	35.8	35.2	35.8	35.4	35.1	35.3	35.3	34.2	34.6	34.4	35.3	34.3	32.9	32.7	33.3	34.45
15.6（冷环境）	30.7	27.7	33.5	34.5	30.9	32.4	28.7	24.7	27.3	23.1	21.1	27.0	26.5	24.3	21.4	26.8
30.3（温暖环境）	36.5	36.3	36.8	36.1	36.1	36.3	36.2	36.4	36.1	36	36.7	35.6	34.4	34.1	36.4	35.8

分析人体热平衡状态时，通常以皮肤温度、主观感觉等指标来综合评定热舒适程度。平均皮肤温度为 33～34℃的人感觉最为舒适。

在评价人体的热舒适状态时，不仅要分析体温和平均皮肤温度，而且必须观察局部皮肤温度的临界值及各个部位皮肤温度的差值。在高温环境中，皮肤温度可以作为热舒适和环境热应力的指标，但只能允许在出汗之前；在寒冷环境中，如果手和脚的皮肤温度不断降低，躯干部的皮肤温度也缓慢下降，则说明服装不够御寒。当躯干部的皮肤温度与手或脚的皮肤温度相差超过 17℃时，就会产生手脚疼痛或全身发抖反应。

皮肤温度是人体热舒适及冷热应激评价的生理标准，主要用于平均体温和人体与环境之间热交换的计算。平均体温是指当把人体视为一个热源来讨论体热含量或人体的热债、蓄热时人体核心温度和皮肤温度的加权平均温度，它不能被测量，可按下式计算

$$T_b = cT_{\text{msk}} + (1-c)\ T_{\text{cr}} \tag{4-1}$$

式中，T_b 为平均体温（℃）；T_{msk} 为平均皮肤温度（℃）；T_{cr} 为核心温度（℃）；c 为加权系数，即体表组织占肌体总组织的比例；$(1-c)$ 为肌体深部组织所占的比例。加权系数可由下式计算：

$$c = 0.3,\quad T_{\text{cr}} \leqslant 36.8\ ℃ \tag{4-2}$$

$$c = 0.1,\quad T_{\text{cr}} \geqslant 39\ ℃ \tag{4-3}$$

$$c = 0.3-0.09(T_{\text{cr}}-36.8),\quad 36.8℃ \leqslant T_{\text{cr}} < 39℃ \tag{4-4}$$

人体体温能够维持恒定是在体温调节系统的控制下产热过程与散热过程取得动态平衡的结果。肌体内所容纳的热量称为体热含量，它可由下式计算

$$\Delta Q = C_b W_b \Delta T_b \tag{4-5}$$

式中，ΔQ 为体热含量（kJ）；W_b 为人体体重（kg）；C_b 为人体组织的比热容[3.49kJ/(kg・℃)]；ΔT_b 为人体平均体温（℃）。式(4-5)可用于计算在人体平均体温已知的情况下人体蓄热率或热债，也可以求得在某一蓄热率或热债下人体平均体温的变化。

4.1.2 热环境

影响人体冷热程度的各种因素所构成的环境称为热环境。研究热环境的目的在于为人类的生活、工作、学习提供最佳热舒适条件。人体通过服装与周围环境保持热平衡，是热舒适

的重要条件。

1. 热环境的物理参数

室内热环境由室内空气温度、湿度、气流速度和平均辐射温度四要素综合形成，以人的热舒适程度作为评价标准。

1) 空气温度

温度是物体冷热程度的标志，衡量温度的标尺称为温标。空气温度可以用三种温标表示：热力学温标(K)、摄氏温标(℃)和华氏温标(℉)。环境空气温度是人们最熟悉、最常用的表示环境冷热程度的指标，通常由水银或酒精玻璃温度计测定。这些温度计测出的室外空气温度为干球温度。当环境湿度为 40%～60%时，用空气温度评价室内环境的冷热不会有很大的偏差，但在较热和较湿的环境中，仅用空气温度来评价环境对人体造成的热感觉就不可靠了。

2) 湿度

空气湿度一般有四种表示方法。

(1) 水蒸气分压力。湿空气中水蒸气的分压力是指湿空气中的水蒸气单独占有湿空气的体积，并具有与湿空气相同的温度时所具有的压力。在一定温度下，水蒸气分压的大小反映了水蒸气含量的多少。

(2) 绝对湿度。绝对湿度是指每立方米湿空气中所含水蒸气的质量，它表示在单位体积的湿空气中水蒸气的绝对含量。

(3) 相对湿度。相对湿度是指湿空气的绝对湿度与相同温度、相同大气压力下的饱和湿空气的绝对湿度之比。

(4) 含湿量。含湿量的定义是对应于 1kg 干空气的湿空气中所含有的水蒸气质量，用符号 d 表示，单位为 kg/kg 干空气。

3) 风速

风是指由于大气压差所引起的大气水平方向的运动。风向和风速是描述风特征的两个要素。造成室内空气流动的原因一般包括：人体静坐时周围的自然对流边界层、空气本身的自然或受迫对流、人体活动时与静止空气发生的相对流动等。

4) 平均辐射温度

平均辐射温度是计算人体与环境热交换的重要参数，其定义为：人体在某一假想的温度均匀的封闭空间内的辐射换热量与人所处的真实环境相同，该假想封闭空间的温度就是真实环境的平均辐射温度。

由于大多数建筑材料的辐射率较高，室内壁面可视为黑体表面，平均辐射温度可由下式计算

$$T_{\mathrm{mrt}}^4 = T_1^4 F_{p-1} + T_2^4 F_{p-2} + \cdots + T_N^4 F_{p-N} \tag{4-6}$$

式中，T_{mrt} 为平均辐射温度；T_N 为第 N 个壁面温度；F_{p-N} 为人与第 N 个壁面的角系数。

2. 热环境的评价指标

人类的工作和居住环境可分为三种：高温环境、中等热环境和冷环境。热环境的评价方法可分为理性指数法、经验指数法和直接指数法。

理性指数法是利用人体热平衡方程式及人体体温调节数学模型来预测人在各种热环境条件下的热反应，从而对热环境进行评价。如新有效温度、标准有效温度、热应力指数、皮肤

湿润度、预测平均投票值、评价冷环境的所需服装热阻、评价高温环境的所需出汗率、等效均匀温度、生理等效温度、通用热气象指数等。

经验指数法是建立在受试者实验的基础上，让若干受试者暴露在一定的热环境下，根据其热反应来建立数据库或拟合出一个经验模型，从而得到一个评价热环境的综合性指数。例如，旧有效温度、修正有效温度、预测 4h 出汗率等。

直接指数法是依据简单的仪器对热环境参数的测量值，或通过适当组合，作为评价热环境的指数。例如，作用温度、湿球温度、湿球黑球温度、环境应力指数等。

4.2　人体与环境的热交换

4.2.1　人体热平衡方程

人体靠摄取食物获得能量维持生命。食物在人体新陈代谢过程中被分解氧化，同时释放能量。其中一部分能量直接以热能形式维持体温恒定并散发到体外，其他为肌体所利用的能量，最终也都转化为热能散发到体外。人体散热的主要途径有三种：与周围空气的对流换热、与周围表面的辐射换热及水分的蒸发散热。

人体为维持正常的体温，必须使产热量和散热量保持平衡。人体的热平衡方程式为

$$\begin{aligned} S &= M - W - Q_{\text{sk}} - Q_{\text{res}} \\ &= M - W - (C + R + E_{\text{sk}}) - (C_{\text{res}} + E_{\text{res}}) \end{aligned} \tag{4-7}$$

式中，S 为人体蓄热量（W/m^2）；M 为人体能量代谢率（W/m^2）；W 为人体对外做功，多数情况下，人体处于静止状态或做功很小时，认为 W=0（W/m^2）；C 为人体表面与环境的对流换热（W/m^2）；R 为人体表面与环境的辐射换热（W/m^2）；E_{sk} 为皮肤表面的蒸发热损失（W/m^2）；C_{res} 为通过呼吸的对流热损失（W/m^2）；E_{res} 为通过呼吸的蒸发热损失（W/m^2）；Q_{sk} 为通过皮肤的热损失（W/m^2）；Q_{res} 为通过呼吸的热损失（W/m^2）。

人体的主要散热方式是皮肤散热和呼吸散热，排泄物也带走很少一部分热量，通常都忽略不计。为了使产热量和散热量平衡，以保持正常的体温，人的肌体应具有相应的温度调节机制。

4.2.2　人体与环境的对流换热

人体周围被空气包围，只要人体外表面温度与空气温度不一致，就要发生对流换热。这一换热过程主要受到紧贴体表的空气边界层内空气的流态与流速的影响。根据流体力学原理，当气流速度 $V_a \leqslant 0.15$m/s 时，边界层内为自然层流对流，相当于人处在基本静止的空气环境中；当气流速度 $V_a \geqslant 3$m/s 时，边界层内主要为受迫紊流对流。人在一般室内环境条件下的对流换热，即 0.15m/s $< V_a <$ 3m/s，边界层内主要为受迫层流对流。

人体与环境的对流换热量为

$$C = h_c A_{\text{Du}} f_{\text{clo}} (t_{\text{air}} - t_{\text{skin}}) \tag{4-8}$$

式中，C 为对流传热量（W）；h_c 为对流换热系数［W/（m^2·K）］；A_{Du} 为皮肤表面积（m^2）；f_{clo} 为对流换热系数 h_c 的修正。一般情况下由于服装热阻引起，$f_{\text{clo}}=1/(1+0.155\times 2.9 I_{\text{clo}})$。其中，$I_{\text{clo}}$ 为服装热阻值（clo）；t_{air} 为空气温度（℃）；t_{skin} 为皮肤温度（℃）。

4.2.3　人体与环境的辐射换热

人体表面具有一定的温度，人所处环境的壁面也具有一定的温度，只要两者温度不相等，人体与环境就会发生辐射热交换。人体与室内环境间的辐射换热量 R 可按空腔与内包壁面间的换热计算，即

$$R=\frac{A_{\mathrm{eff}}\sigma(T_{\mathrm{cl}}^4-T_{\mathrm{mrt}}^4)}{\frac{1}{\varepsilon}+\frac{A_{\mathrm{eff}}}{A_s}\left(\frac{1}{\varepsilon_s}-1\right)} \tag{4-9}$$

式中，A_{eff} 为人体的有效辐射面积(m^2)；σ 为黑体辐射常数，$\sigma=5.67\times10^{-8}\mathrm{W/(m^2\cdot K^4)}$；$T_{\mathrm{cl}}$ 为人体外表的平均温度(K)；T_{mrt} 为环境的平均辐射温度(K)；ε 为人体外表的平均发射率，无因次；A_s 为包围人体的室内总面积(m^2)；ε_s 为环境的平均发射率，无因次。

式(4-9)中，由于人体面积远小于环境面积，且一般室内材料的发射率接近于 1，故分母的第二项可略去不计。在热舒适研究中，对人体的产热(即代谢率)和散热计算一般取单位皮肤面积，于是得到

$$R=f_{\mathrm{eff}}f_{\mathrm{cl}}\varepsilon\sigma(T_{\mathrm{cl}}^4-T_{\mathrm{mrt}}^4) \tag{4-10}$$

式中，f_{eff} 为有效辐射面积系数，即着装人体的有效辐射面积与总外表面积之比(%)；f_{cl} 为服装面积系数，即着装人体的表面积与裸体人体表面积之比(%)。

1. 人体外表的平均发射率

发射率有时也称为黑度、黑率或辐射系数，它表明物体表面与黑体相比辐射能量的效率。根据基尔霍夫定律，“漫-灰表面”在温度平衡时，可以认为发射率与吸收率相等，但在工程计算中，若温差不过分悬殊，这一关系仍然适用。对于有机物材料，如皮肤、服装和建筑材料，温度变化极小，发射率可视为常数，一般在 0.95 以上。

皮肤对于不同温度的辐射源有不同的吸收率。但对于低温辐射，皮肤和服装的颜色并不影响发射率。在普通的室内环境中，人体皮肤发射率可简单地取 1，大多数服装的发射率可近似取 0.95。故在一般的辐射换热计算中，人体外表的发射率可取皮肤和服装的平均值 0.97。

2. 服装面积系数

服装面积系数即着装后人体的外表总面积与裸体面积之比。显然，当着装时 $f_{\mathrm{cl}}\geqslant1$，当裸体时 $f_{\mathrm{cl}}=1$。服装面积系数也由实验确定，如照相法等。问题在于，性别、民族习惯、气候条件、生活水平等原因导致服装的样式变化万千。另外，即使同样的服装，因穿着的方式或合身程度的不同而各异。表 4-2 列出了根据服装热阻来计算服装面积系数的一些公式。服装热阻可以查相关图表确定，也可以根据服装重量进行估算。服装热阻的单位为 clo，1clo=0.155$\mathrm{m^2\cdot K/W}$。

表 4-2　服装面积系数与服装热阻的关系

f_{cl}	提出者	备注
$1.0+0.46I_{\mathrm{cl}}$(单件服装) $1.0+0.31I_{\mathrm{cl}}$ (组合服装)	McCulough & Jones	ASHRAE 推荐
$1.0+0.15I_{\mathrm{cl}}$(男、女服装)	Fanger，1970	坐、立的平均

续表

f_{cl}	提出者	备注
$1.0+0.26I_{cl}$（组合服装）	Olsen	
$1.0+0.29I_{cl}$	Munson	
$1.00+0.2I_{cl}$，$I_{cl}\leqslant0.5$ $1.05+0.1I_{cl}$，$I_{cl}>0.5$	Fanger，1982	ISO 7730 推荐
$1.15I_{cl}$	Goldman	

注：以上服装热阻的单位均为 clo。

3. 人体的有效辐射面积系数

有效辐射面积系数即有效辐射面积与总的外表面积之比。人体的外形并不是简单的几何体，不同部位间能相互辐射。尽管总的皮肤面积的计算已有许多较为精确的公式可利用，但有效辐射面积的计算要复杂得多。服装通过增加总表面积来改变有效辐射面积，已有服装面积系数可供计算。人体的有效辐射面积随姿势的不同而各异，不可能统计出所有姿势下的有效辐射面积系数，一般只对常见的姿势进行实验，如站立和坐着。确定有效辐射面积系数的实验方法有多种，如早期的机械积分法、最近用鱼眼镜头的立体照相法等。但从最后的结果来看，差别是非常明显的，这可能与受试者的人数及体型有关。Fanger 分析研究结果后指出，可以认为有效辐射面积系数与性别、体重、身高及体型无关，而且服装的影响也是微不足道的，因为它使辐射面积和总表面积同时增大。有效辐射面积系数的部分研究结果见表 4-3。

表 4-3　有效辐射面积系数的部分研究结果

姿势	结果	方法
站立	0.82	电容法
站立	0.82	图解法
蹲着	0.72	
站立	0.78	包络求积
斜躺	0.7～0.75	热平衡法
站立	0.66	热平衡法
坐姿	0.60	
站立	0.76	照相法
坐姿	0.70	
斜躺	0.73	
蹲着	0.65	
坐姿（女）	0.692±0.019	
坐姿（男）	0.700±0.013	
坐姿（男、女）	0.696±0.017	
站立（女）	0.725±0.014	
站立（男）	0.725±0.013	照相法
站立（男、女）	0.725±0.013	
坐姿（男性）	0.80～0.82	立体照相法

4. 线性辐射换热系数

在计算人体与环境的辐射换热式（4-9）中，针对普通的室内环境，利用已知的数据可以对它进行简化。人体外表皮肤和服装的平均发射率，ASHRAE Handbook 推荐为 0.95；Fanger 认为，人体皮肤发射率接近于 1，大多数服装的发射率约为 0.95，故建议取两者平均值 0.97。有效辐射面积系数取站立和坐姿的平均值为 0.71。这样，人体外表的辐射换热计算公式变为

$$R=3.96\times 10^{-8} f_{\mathrm{cl}}(T_{\mathrm{cl}}^4 - T_{\mathrm{mrt}}^4) \tag{4-11}$$

一般情况下，人体与环境辐射换热所处的温度范围是比较小的。为了简化计算，也可用线性温差来代替四次方温差，即

$$R=f_{\mathrm{cl}}h_r(T_{\mathrm{cl}} - T_{\mathrm{mrt}}) \tag{4-12}$$

式中，h_r 为线性辐射换热系数[W/(m^2 · K)]。

$$h_r = 4\varepsilon f_{\mathrm{eff}}\sigma\left(\frac{T_{\mathrm{cl}}+T_{\mathrm{mrt}}}{2}\right) \tag{4-13}$$

不同文献对线性辐射换热系数的定义并不完全相同，在通常的温度范围内，h_r 的变化很小，尽管式中各项可采用不同的数据，但对结果影响不大。

采用线性辐射换热系数后，辐射换热与对流换热的形式一致，对于计算人体显热损失及相关热舒适指数都比较方便。

4.2.4　蒸发热损失

人从饮食中获得的水分中有相当大的一部分是经过呼吸道和皮肤散发的，同时从人体带走一定的热量。这一热量主要是从体内的液态转变成散发到环境中的气态时所吸收的汽化潜热。如果人在没有进食与排泄，没有汗珠掉落的情况下，水分蒸发所造成的总的热损失可以通过测定人体重量的变化来估算，即

$$E=\frac{60\gamma}{A_D}\cdot\frac{\Delta\omega}{\Delta t} \tag{4-14}$$

式中，E 为人体总的蒸发热损失(W/m^2)；γ 为水的汽化潜热，可取 2450kJ/kg；$\Delta\omega$ 为人体体重变化(kg)；Δt 为测定时间(min)；A_D 为总体皮肤表面积(m^2)。

将总的蒸发热损失分成两部分：一部分是呼吸造成的蒸发热损失，记为 E_{res}；另一部分是皮肤蒸发水分造成的蒸发热损失，记为 E_{sk}。

1. 呼吸造成的蒸发热损失 E_{res}

呼吸过程中，由于呼吸道水分的蒸发，使得吸入的空气含湿量与呼出的气体含湿量不同，因此形成呼吸的蒸发热损失，它与呼吸量有关，可按下式计算

$$E_{\mathrm{res}} = 0.0173M(5.87 - P_a)\ (\mathrm{W/m^2}) \tag{4-15}$$

式中，E_{res} 为呼吸时的潜热散热量；M 为人体新陈代谢量(W/m^2)；P_a 为水蒸气分压力(mmHg)。

呼吸不仅从人体带走水分，造成潜热损失，同时由于环境空气的温度与人体体温不一致，吸入的空气经过呼吸道被加热，也会造成显热损失。这项热损失为

$$C_{\mathrm{res}} = 0.0014M(34 - t_a)\ (\mathrm{W/m^2}) \tag{4-16}$$

式中，C_{res} 为显热散热量；t_a 为空气温度(℃)。

呼吸造成的蒸发热损失总体上说比较小。正常情况下人体每天通过呼吸道丧失的水分只有 200～400g，而通过皮肤蒸发的水分远远大于这个数值。

2. 皮肤水分蒸发热损失 E_{sk}

人体通过出汗，并使汗液在皮肤表面完全蒸发可以带走汽化潜热。事实上，汗液的蒸发可以分成以下 3 种情况。

(1) 人体皮肤表面干燥，但事实上一部分水分通过皮肤表层直接蒸发到周围空气中去，这种情况称为隐性出汗，或称为皮肤扩散，造成的潜热损失用 E_{diff} 表示。

(2) 大量出汗，人体皮肤完全被汗液湿润，这时汗液蒸发热损失最大，用 E_{max} 表示，称为显性出汗。

(3) 人体表面部分被汗液浸湿，部分干燥，蒸发热损失介于以上两种情况之间。为此，引入皮肤湿润度的概念

$$W_{rsw}=\frac{E_{rsw}}{E_{max}}=\frac{A_{rsw}}{A_D}\ (\%) \tag{4-17}$$

式中，W_{rsw} 为皮肤湿润度(%)；E_{rsw} 为在一定皮肤湿润度下的实际蒸发热损失(W/m^2)；A_{rsw} 为被汗液湿润的人体表面积(m^2)；A_D 为总体皮肤表面积(m^2)。

实际计算人体蒸发散热量时，必须考虑所穿服装的影响，最终，皮肤水分蒸发热损失可按下式计算

$$E_{sk}=(0.06+0.94W_{rsw})16.7(P_{sk}^{*}-P_a)F_{pcl} \tag{4-18}$$

式中，P_{sk}^{*} 为皮肤温度下空气中水蒸气的饱和分压力(kPa)；F_{pcl} 为服装的渗透参数。

4.3 热舒适的基础理论

4.3.1 热感觉

1. 热感觉的定义

热感觉是人体对周围热环境“冷”和“热”的主观描述，属于心理学的范畴，热感觉是人体众多感觉中的一种，具有感觉的一般属性。

2. 热感觉的形成

热感觉的形成与人体温度感受器有关。生理学上将温度感受器分为“热觉”感受器和“冷觉”感受器两种。温度感受器主要存在于皮肤和下丘脑中，同时在脊髓、腹腔脏器、上腹部和胸腔的大静脉周围也有分布。根据用途不同分为“热点”和“冷点”，用于感受温度及温度变化的刺激，从而产生热感觉。人体皮肤结构特点和冷、热点的分布也影响人体的整体和局部的热感觉。刺激的强度及感受器的特性会影响感觉的形成。因此，热感觉并不仅仅是由冷热刺激的存在形成的，还与温度的变化速率、刺激的延续时间以及人体原有的热状态、人体的冷、热感受器对环境的适应均有关。当局部皮肤温度已经适应某一温度后，改变皮肤湿度，若湿度的变化率和变化量在一定范围内则不会引起皮肤产生任何热感觉变化。

3. 热感觉标度

热感觉不能用任何方法来直接测量。尽管人们可以评价房间的“冷”和“热”，但实际上人是不能直接感觉到环境温度的，只能感觉到位于自己皮肤表面下的神经末梢的温度。在心理学中，描述由于物理量的变化而引起的心理反应称为心理物理学(Psychophysics)，而热感觉和热舒适就是这样的反应量。热感觉和热舒适不是一个精确的概念，也不是在某一精确温度下才可能产生的，一个人可以在一定温度范围内感觉舒适，如果温度发生变化以致超出了这一范围也不会突然产生不舒适感，这给热感觉的量化带来了很大的困难。

热舒适研究大多以问卷调查的方式进行，通过直接用热感觉和环境温度之间的关系加以处理，且要求回答者能用某个等级来描述其热感觉，这一等级由许多等级标度组成，其目的是要能够以定量的术语反映人们的舒适度，即要求在研究时首先要对热感觉和热舒适进行合理地分度。在心理学方面的感觉测量领域里，分度的类型会影响实验方法和分析方法，因此感觉的分度对于热舒适研究及量化分析都非常重要。

热感觉等级标度早在 1927 年就被 Yaglou 采用。1936 年，英国 Thoms Bedford 在他的工厂环境调查中提出了著名的舒适标度，见表 4-4。这一调查并未将标度直接提供给回答者，而是采用由观察者询问回答者有关他的舒适状态的方式，将他们的回答按标度分类。然而，在之后的所有研究工作中的通常做法都是把标度交给受试者，让其选出最能描述他热感觉的选项。从那时起，无论是人工气候室的实验研究工作，还是现场调查都广泛采用了这种标度。

表 4-4　Bedford 和 ASHRAE 常采用的七点标度

贝氏标度		ASHRAE 标度	
过分暖和	7	热	7(3)
太暖和	6	暖	6(2)
令人舒适的暖和	5	稍暖	5(1)
舒适(不凉也不热)	4	正常	4(0)
令人舒适的凉快	3	稍凉	3(−1)
太凉快	2	凉	2(−2)
过分凉快	1	冷	1(−3)

4.3.2　热舒适及稳定状态下的热舒适方程

1. 热舒适的定义

人们对于热舒适的争论由来已久，主要的焦点在于究竟什么状态是热舒适。关于热舒适的定义，现在比较通用的是 ASHRAE 55 标准中的定义，即热舒适是人对热环境感到满意的意识状态。这个过程会受到很多因素的影响，这些因素分为热环境参数和人体参数两类：热环境参数包括空气温度、气流速度、空气湿度和平均辐射温度；与人体有关的参数包括能量代谢率及服装热阻。

2. 热舒适标度

人体热舒适范围可以取热感觉七点标度的三个中间等级。在贝德福德(Bedford)指标上“适度冷”和“适度热”的感觉都可以取为可接受的环境条件；在美国 ASHRAE 标度上，相应的三个中间等级也可以取为舒适范围；在连续温标上，舒适范围是 2.5～5.5，也就是说从 2 级和 3 级间的转折点开始，到 5 级和 6 级间的转折点为止。其实，贝德福德指标是热舒适和热感觉标度的混合，然而这种混合是因为没有对热感觉和热舒适加以区分，这极大的影响到了它的使用范围。

对于热舒适的标度，早在 1977 年，Gagge 等提出了一种热舒适的四级标度：舒适、轻微不舒适、不舒适、很不舒适。1986 年 Gagge 又以皮肤湿润度为参数提出了热不舒适指标 DISC，它以 0 点为中和点，冷边为负值，热边取正值。此项指标的优点在于：第一，适用的条件范围很广泛而不仅适用于一般的“室内”条件；第二，DISC 指标可表述不舒适程度的评价，因而可在冷条件与热条件间找到与一般反应相当的值。在使用热舒适标度过程中，研究者不但要考虑到标度描述的准确性与可行性，还应考虑到数据和实际的工程意义。

3. 稳定状态下的热舒适方程

人在热环境中处于稳定状态且感到热舒适时，必须满足三个条件。第一个基本条件是人与环境达到热平衡，即热平衡方程式中的人体蓄热项等于零。当人的活动水平一定时，皮肤温度和出汗量是影响热平衡的生理变量。着衣量一定的人从事某项活动，当环境参数不变时，皮肤温度和出汗量适当组合，可以满足热平衡方程式。人的体温调节系统十分有效，可以在较宽的环境变化中保持热平衡。但满足热平衡方程距热舒适还有很大距离，人体保持热平衡时，仅有一个狭窄的热舒适范围，这就是热舒适的第二、第三个条件，即人体平均皮肤温度、人体实际的出汗蒸发热损失应保持在一个较小的范围内。该范围的限定值随着活动水平的不同而不同，因人而异。这三个条件也是 Fanger 教授于 1982 年提出的描述人体在稳态条件下能量平衡的热舒适方程的三个前提条件。对于热平衡

$$M - W - C - R - E = 0 \tag{4-19}$$

式中，M 为人体能量代谢率(W/m^2)；W 为人体所做机械功(W/m^2)；C 为人体外表面向周围环境通过对流形式散发的热量(W/m^2)；R 为人体外表面向周围环境通过辐射形式散发的热量(W/m^2)；E 为汗液蒸发和呼出的水蒸气所带走的热量(W/m^2)。

将式中各项散热量确定后得到热舒适性方程

$$\begin{aligned}(M-W) &= f_{\text{cl}}h(t_{\text{cl}}-t_a)+3.96\times10^{-8}f_{\text{cl}}\left[(t_{\text{cl}}+273)^4-(\overline{t_r}+273)^4\right]\\ &\quad+3.05\left[5.733-0.007(M-W)-P_a\right]+0.42(M-W-58.2)\\ &\quad+0.0173M(5.867-P_a)+0.0014M(34-t_a)\end{aligned} \tag{4-20}$$

此热舒适方程式是将热舒适所需的第二、第三个条件代入第一个基本条件即热平衡方程式中获得的，这意味着热舒适的三个条件同时得到了满足。稳定状态热舒适方程是热舒适环境研究领域的里程碑。热舒适方程的理论价值在于首次将众多的变量归结到一个方程中，给出了这些变量之间的关系，这显然比仅仅对单一变量的变化进行的实验研究要先进和合理，而且通过对方程中某变量的偏微分，可以从理论上得出该变量随其他变量变化的规律，反过来对实验有很好的指导意义。热舒适方程的实用价值在于工程应用的方便性，方程中除了与辐射有关的温度的四次方关系以外，其他均为简单的线性关系，便于计算机求解。

4. 预测平均投票值和预测不满意百分比

(1) 预测平均投票值 PMV (Predicted Mean Vote)。

满足热舒适方程是人在某一环境中感到热舒适的条件之一，但它仅告诉人们如何将各种变量组合，提供热舒适条件。如果环境的各种有关变量不能满足热舒适方程式，这种环境给人的热感觉究竟怎么样？Fanger 在热舒适方程的基础上建立了预测平均投票值，PMV 与七级热感觉相对应，即–3(冷)、–2(凉)、–1(稍凉)、0(中性)、1(稍暖)、2(暖)、3(热)。

Fanger 在进行受试者实验后得出人的热感觉与人体热负荷之间关系的实验回归公式如下：

$$PMV = \left[0.303\exp\left(-0.036M\right) + 0.0275\right]TL \tag{4-21}$$

式中，PMV 为预测平均投票值；TL 为人体产热量与人体向外界散出的热量之间的差值。

(2) 预测不满意百分比 PPD (Predicted Percent Dissatisfied)。

PMV 指标代表了同一环境下绝大多数人的感觉，所以可以用来评价一个热环境舒适与否，但是人与人之间存在个体差异，因此 PMV 指标不一定能够代表所有人的感觉。为此 Fanger 又提出了预测不满意百分比 PPD 指标来表示人群对环境不满意的百分数，并利用概率分析方法，给出 PMV 和 PPD 之间的定量关系如下：

$$PPD = 100 - 95\exp[-(0.03353PMV^4 + 0.2179PMV^2)] \tag{4-22}$$

图 4-2 给出了 PMV 和 PPD 之间的关系曲线。当 PMV=0 时，PPD 为 5%。即意味着在室内热环境处于最佳热舒适状态时，仍然有 5%的人感到不满意。国际标准化组织提出的室内热环境评价与测量的新标准化方法 ISO 7730 对 PMV–PPD 指标的推荐值为–0.5～0.5，相当于人群中允许有 10%的人感觉不满意。

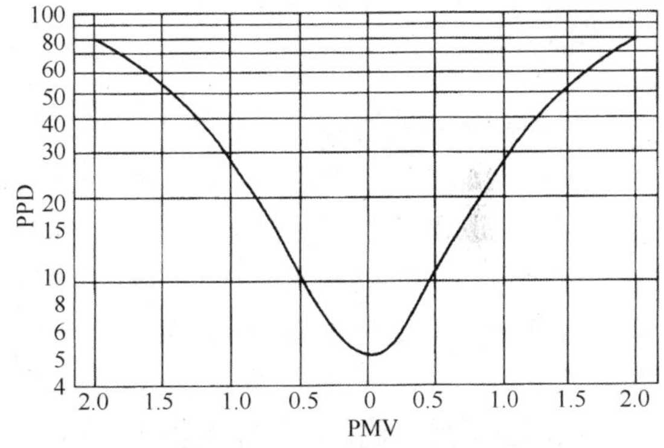

图 4-2　PMV 与 PPD 的关系图

需要指出的是，上述 PMV 的实验回归公式采用的是在室内参数用空调系统严格控制的人工气候室内获得的。实验过程中室内参数稳定且分布均匀，因此 PMV 实验回归公式只适用于室内参数稳定且在人体周围均匀分布的热环境，既不适用于非稳定的热环境，也不适用于人体周围的参数非均匀分布的热环境。例如，人身体的一部分暴露在偏热的环境中，另一部分暴露在偏冷或中性的环境中，这种现象称为“局部热暴露”。在局部热暴露下的热舒适水平不能简单采用 PMV 公式进行描述。

4.3.3　人体对动态热环境的反应

热舒适分为稳态热舒适和动态热舒适，PMV 和 PPD 指标均是在稳态热环境下提出的，用于描述稳态热舒适。人体生活的自然环境其实是一个动态热环境，实际热环境的参数如温度、湿度、风速等参数并非保持恒定，而是动态变化的。例如，人由室外进入冷库或由地铁经过站台进入室外等，此时人体的热感觉与稳态热环境下的热感觉是不同的。下面介绍人体对动态热环境的反应，即在温度突变和风速变化条件下的热反应。

1. 人体对温度突变的热反应

温度突变时人体热反应的研究致力于探索热暴露下，人体热感觉及皮肤温度的变化规律，代表学者有 Gagge 和 de Dear。

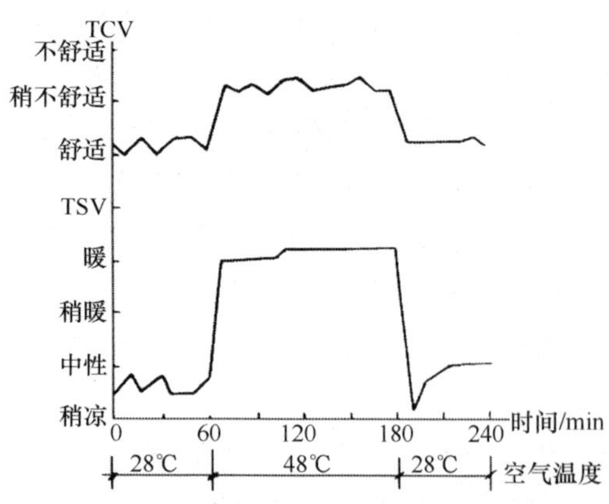

图 4-3 温度突变条件下对人体热感觉的影响

1967 年，Gagge 对“中性—热—中性”和“中性—冷—中性”两种突变情况研究发现，人体热感觉存在“滞后”和“超越”现象，当人体由中性温度突变到高温或低温时，热感觉“滞后”，反之，热感觉则会出现“超越”，见图 4-3。

1993 年，de Dear 通过对比温度突变前后热感觉的变化发现，相同突变温差下，温度突降时热感觉变化表现得更为突出，大约为温度突升情况下的 2 倍。另外，温度突降时，后一环境的初始热感觉会出现“超越”现象，即初始热感觉低于热感觉达到稳定时的值；而温度突升时，初始人体热感觉与热感觉达到稳定时的值基本一致。

总之，当温度突变时，人体热感觉与皮肤温度会出现分离现象，皮肤温度不能准确预测人体的热感觉。此时，使用空气温度作为热感觉的评价尺度更为准确。

2. 人体对风速变化的热反应

王丽慧等对非稳态横流作用下空调送风喷口下方人体动态热舒适进行研究发现，空调送风射流与动态横流耦合后的不满意率明显降低，横流的扰动作用在一定程度上改善了喷口下方水平方向人体的动态热舒适。

由于自然风与机械风具有不同的紊流特性，人体对自然风的接受度更高。研究发现，当室外温度高于空调房间时，仍有相当一部分人愿意打开窗户，利用自然风降温。这可能是由于自然风的功率谱密度分布具有 $1/f$ 紊动特性，且功率谱曲线负斜率值 β 与人体生理信号指数接近，而机械风的功率谱密度分布不具备 $1/f$ 紊动特性，见图 4-4。研究表明，$1/f$ 紊动特性是自然界普遍存在的规律，大量存在于生物系统中，并且与人的愉悦感受密切相关，所以人体感觉自然风比机械风更舒服。另外有研究发现，人们使用电风扇时，更喜欢将其设为摇摆模式。总之，大量研究表明人体对变化风速的接受度优于稳定风速。

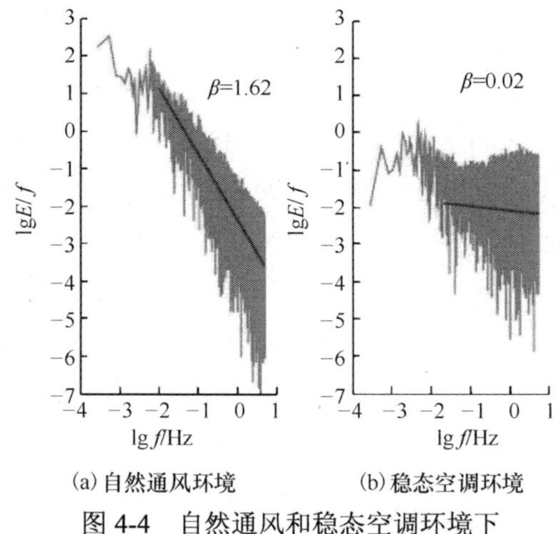

图 4-4 自然通风和稳态空调环境下气流双对数功率谱密度图

4.3.4 人体热适应模型

热舒适作为人的基本需求，一直是人体对建筑热环境反应的理论基础。近 20 年来兴起的热适应领域的研究，加深了人们对热舒适理论的认识。

1. 热适应模型的建立

人们对人体热舒适的研究始于 20 世纪 20 年代，主要内容包括研究人们生理、心理以及外部环境等因素与人体热舒适性的相互关系，从而预测不同环境下人体的热感觉，提出改善建筑热环境的方法。研究手段主要有实验研究和模型研究。

Fanger 教授提出的 PMV 模型是目前最为成熟和广泛应用的热舒适模型。但因其建立在人工气候室实验研究的基础上，未曾考虑不同气候区的建筑中人的热适应，因此，PMV 模型对现场研究结果的解释能力和适用性受到了越来越多的质疑。研究表明，在自然通风的建筑中，人体的实际热感觉与实验室人体热平衡模型预测的热感觉有一定的误差，为了解释它们之间的差异，Humphreys 和 Nicol 提出了热适应模型，即自然通风建筑中人的中性温度与室外空气月平均温度之间的线性关系。在此基础上，Brager 和 de Dear 进一步发展了热适应理论，指出热适应的前提是“人不再是给定热环境的被动接受者，而是通过多重反馈循环与人-环境系统交互作用的主动参与者”，热适应被系统地分为行为调节、生理习服和心理适应，人们感知到的热不适可通过热适应的三种方式的反馈循环作用在一定程度上得到减弱。

热适应模型的基本含义可以表述为：如果由于外界环境的变化使人们产生了热不舒适感，那么人们将会以某种方式做出反应以恢复他们的舒适感。其核心思想是：人不仅是环境热刺激的被动接受者，同时还是积极的适应者，对环境的适应会使人逐渐对该环境表示满意。

PMV 模型可以预测人们在室内的热舒适状况，与之不同的是，热适应模型需要预测人们在什么样的温度时感到舒适。这种模型的建立是基于大量的实地调研，强调大规模的数据收集和统计方法的运用，考虑了自然环境的动态特性和人与环境之间的交互作用，强调地域气候对建筑、人的主导作用，还引入了丰富的行为、文化和社会学等因素。

2. 热适应模型的现场研究

热适应模型，即自然通风建筑中人的中性温度与室外气候之间的线性关系，即

$$T_n=aT_0+b \tag{4-23}$$

式中，T_n 为室内热中性温度(℃)；T_0 为室外空气月平均温度(℃)；a、b 为待定系数。

在热适应模型的推导和应用过程中，涉及两个变量，一个是中性温度，一个是室外空气月平均温度。把多次调研的中性温度和室外空气月平均空气温度汇总到一起，两者进行线性回归分析，得到的方程式即为热适应模型。由于各地区的环境以及人们的生活习惯等方面的差异，各地区的热适应模型不同，即式(4-23)中待定系数 a、b 不同。

虽然国内在热适应研究领域起步较晚，但取得了适合我国国情的研究结果。通过对我国 5 个典型城市的调研，杨柳在 2003 年使用一元统计回归的方法首次建立了我国室内人体热中性温度与室外气候的关系式。之后，其他研究者分别进行了相应地区的热舒适研究并得到了类似的热适应性模型。表 4-5 为国内热适应模型汇总。

表 4-5　国内现场研究的热适应模型汇总

研究者	地点	时间跨度	适应性模型
杨柳	五市(哈尔滨、北京、西安、上海、广州)	冬、夏	$T_n=0.30T_0+19.7(R=0.986)$
茅艳	严寒地区(哈尔滨、长春、沈阳)	冬、夏	$T_n=0.121T_0+21.488(R=0.80405)$
	寒热地区(北京、西安、郑州)		$T_n=0.27T_0+20.014(R=0.89458)$
	夏热冬冷(南京、重庆、上海)		$T_n=0.326T_0+16.862(R=0.90701)$
	夏热冬暖(广州、南宁、海口)		$T_n=0.554T_0+10.578(R=0.97325)$
叶晓江	上海	全年	$T_n=0.422T_0+15.122(r=0.863)$

续表

研究者	地点	时间跨度	适应性模型
杨薇	长沙、武汉、九江、上海、南京	夏季	T_n=0.32T_0+17.5
李俊鸽	南阳	冬夏	T_n=0.607T_0+10.092(R^2=0.8295)
韩杰	长沙	冬夏	T_n=0.67T_0+10.32
姚润明	重庆	全年	T_n=0.6T_0+9.85(R^2=0.9736)
王昭俊	哈尔滨	夏季	T_n=0.486T_0+11.802(R^2=0.6615)
Liang Han-Hsi	台湾	全年	T_n=0.62T_0+12.1(R^2=0.923)

4.4 建筑热环境的评价方法

建筑室内热环境的优劣需要相应的评价方法来确定，其评价方法包括主观评价方法和客观评价方法，针对人体对室内热环境的不同要求，分为室内环境健康性评价(极端冷热环境评价)和室内环境舒适性评价。

影响热湿环境的各种因素的不同组合可以得到相应的热湿环境。如何衡量这些因素对人体共同作用的效果、人体在这个环境中的感觉如何以及如何定量地表示，成为热湿环境评价要解决的问题。评价热湿环境是将影响热湿环境的各个要素和人体的生理学与人的主观感受相结合构造一个评价指标，以反映人体对热湿环境的真实感受。热环境客观环境因素有四个，每个因素都能影响人体的换热及热感觉状态。这些因素是同时存在、相互影响、相互制约的。目前，先后有数十种评价热环境的指标，大致可归纳为直接指标法、试验指标法、理论指导指标法三类。

4.4.1 极端热环境评价

人们对室内热环境的首要需求就是抵御极端热环境对人生命和健康的威胁，过热、过冷的室内环境不仅影响人的工作和生活，而且对健康是有害的，极端恶劣的热环境甚至会威胁到人的生命。为了反映热环境对人体的作用效果，对热环境进行评价，需要把环境变量综合成单一的指标。热应力、冷应力以及风冷却指数是热环境评价的一系列指标。

1. 热应力

1) 热失调

热应力指数的基本要求是具有相同数值的热环境下的个人的应变均应相同。但是，人与人之间存在着差异，因此不要求热应力指数的某个定值对不同的个人都产生相同的应变，只要求具有不同变量组合的相同热应力指数对个人所产生的应变相同。

在过热的室内环境中，首先人体温度升高，当人体热量散热不利时，人体的体温调节系统会通过出汗来调节人体的体温。如果环境温度继续升高，超出了人体的体温调节系统的范围，人体会进入危险的高温状态，出现生理失调，称为热失调。

2) 预测四小时排汗量

预测四小时排汗量(Predicted Four Hour Sweat Rate，P4SR)是一个热应力指标，它数值名义上等于适应环境的健康年轻人暴露在热环境中 4h 的排汗量。该指数综合了人体变量和环境变量等 6 个影响人体热舒适的因素，是一个实验性指标，可利用诺模图求出其指数值。其缺点是：没有解析表达式，只能估算，容易出错。

3) 热应力指数

热应力指数(Heat Stress Index，HSI)是假定皮肤温度恒定在 35℃时，在蒸发热调节区内，认为所需要的排汗量 E_{rep} 等于代谢量减去对流和辐射散热量，呼吸散热量忽略不计。人体完全湿透时将会产生最大的蒸发散热量，记为 E_{max}，得到热应力指数为

$$HSI = E_{rep} / E_{max} \times 100 \tag{4-24}$$

当 HSI＞100 时，意味着人体开始蓄热，体温升高；当 HSI＜0 时，人体开始失热，体温下降。

1963 年，吉沃尼提出了热应力指标(Index of Temperature Stress，ITS)。该指标综合了 P4SR 与 HSI 的优点，有解析表达式，便于计算。

4) 湿球黑球温度

湿球黑球温度(Wet-Bulb-Globe Temperature，WBGT)是一个环境热应力指数，是综合评价人体接触作业环境热负荷的一个基本参量，单位为摄氏度(℃)。它是一种经验指数，代表个人接触的热负荷。它采用自然湿球温度 t_{nw} 和黑球温度 t_g，露天情况下测量空气干球温度 t_a。其标准定义式为

$$WBGT = 0.7t_{nw} + 0.2t_g + 0.1t_a \tag{4-25}$$

当室外无太阳辐射时

$$WBGT = 0.7t_{nw} + 0.3t_g \tag{4-26}$$

黑球温度与空气温度、平均辐射温度及空气运动有关，而自然湿球温度则与空气湿度、空气运动、辐射温度和空气温度有关。

2. 冷应力及风冷却指数

在非常寒冷的气候中，影响人体热损失的主要因素是空气流速和空气温度。西波(Siple)与帕瑟(Passel)把这两个因素综合成一个单一的指数，称为风冷却指数(Wind Chill Index，WCI)。

$$WCI = (10.45 + 10\sqrt{v} - v)(33 - t_a) \tag{4-27}$$

式中，WCI 为风冷却系数(kcal/m^2 • h)；v 为空气流速(m/s)；t_a 为环境空气温度(℃)。

4.4.2 热环境舒适性评价

对于大多数建筑环境而言，室内热环境的营造应满足人的舒适要求。当前热舒适研究的许多指标得到了一定的完善和发展，并且形成了系列评价方法和指标。

1. 有效温度、新有效温度和标准有效温度

1) 有效温度

有效温度为一个将干球温度、湿度、空气流速对人体温暖感或冷感影响的综合指标，它在数值上等于产生相同感觉的静止饱和空气的温度。即当实际环境和空气环境中衣着和活动情况均相同，且平均辐射温度等于空气温度时，如果人们在两个环境中热感觉相同，那么饱和空气的温度即有效温度。

基本温标是针对半裸的人，而标准温标是针对穿着正常的人。每张诺模图所涉及的变量为干球温度、空气流速和湿球温度。

当空气流速较低(v<0.15m/s)时，标准有效温度就可近似地用下式表示

$$\mathrm{ET}=\frac{1.21T_a-0.21T_{\mathrm{wb}}}{1+0.029(T_a-T_{\mathrm{wb}})} \tag{4-28}$$

或

$$\mathrm{ET}=0.492T_a+0.19P_a+6.47 \tag{4-29}$$

当空气速度较低时，基本有效温度用下式估算

$$\mathrm{ET}=\frac{0.944T_a+0.056T_{\mathrm{wb}}}{1+0.22(T_a-T_{\mathrm{wb}})} \tag{4-30}$$

式中，T_a为干球温度(℃)；T_{wb}为湿球温度(℃)；P_a为大气压力(10^2Pa)。

2)新有效温度

新有效温度定义为一个具有一致温度且湿度ϕ_a=50%的黑体封闭空间，在该假想环境中，人体的全热损失与真实环境相同。则

$$H_s=h'_{\mathrm{cr}}(t_{\mathrm{msk}}-t_0)+W_t h'_c\ (p^*_{\mathrm{sk}}-\phi_a p^*_a) \tag{4-31}$$

可以写出

$$H_s=h'_{\mathrm{cr}}(t_{\mathrm{msk}}-ET^*)+W_t h'_c\ (p^*_{\mathrm{sk}}-0.5p^*\mathrm{ET}^*) \tag{4-32}$$

因此有

$$\phi_a p^*_a-0.5p^*\mathrm{ET}^*=-\psi/W_t(t_0-\mathrm{ET}) \tag{4-33}$$

式(4-31)～式(4-33)中，$H_s=M-W$ 表示人体产生的净热量(W/m^2)；t_{msk}为皮肤表面平均温度(℃)；W_t为由于皮肤扩散及显性出汗造成的皮肤的总湿度(%)；h'_c为蒸发传热系数[W/(m^2·kPa)]；p^*_{sk}为皮肤温度下空气中水蒸气的饱和分压力(kPa)；ϕ_a为周围空气的相对湿度(%)；p^*_a为周围空气温度下的饱和水蒸气分压力(kPa)；ET*为新有效温度(℃)。

采用新有效温度指标的优点在于它的指标值更接近于人们的实际经验感觉。

3)标准有效温度

标准有效温度包含了皮肤温度T_{sk}和皮肤润湿度w两个生理指标，以便确定某个人的热状态。标准有效温度的定义为某个空气温度等于平均辐射温度的等温环境中的温度，其相对湿度为50%，空气静止不动，在该环境中身着标准热阻服装的人若与他在实际环境和实际服装热阻条件下的平均皮肤温度和皮肤润湿度相同，则必将有相同的热损失，此时标准环境的温度便为此时实际环境的标准有效温度。

根据标准有效温度的定义，一个人在实际环境中和在标准有效温度下，在相对湿度为50%的标准环境中，应有相同的皮肤换热量H_{sk}、皮肤润湿度w和平均皮肤温度T_{sk}值。因此标准环境中水蒸气分压力为$0.5P_{\mathrm{sset}}$(10^2Pa)，这里P_{sset}是标准有效温度下的饱和水蒸气分压力，在标准环境中的热平衡方程为

$$H_{\mathrm{sk}}=h'_s\ (T_{\mathrm{sk}}-SET)+wh'_{\mathrm{es}}(P_{\mathrm{ssk}}-0.5P_{\mathrm{sset}}) \tag{4-34}$$

式中，h'_s和h'_{es}分别为标准环境中的有效显热和潜热换热系数。这个方程是标准有效温度SET

的解析定义，并可用来计算 SET。实际上，H_{sk}、T_{sk} 和 w 值测试非常困难，但是可以利用两节点的数学模型来计算，计算程序可继续用来求解标准有效温度。

标准有效温度是活动量、服装及环境的物理变量的函数，它是最为全面的指标之一。

2. 合成温度

合成温度最初的实用定义为黑球温度计的平衡温度，将该温度计加工成所需要的尺寸，以模拟人体的特性。米森纳尔德证明了人体在静止空气中的辐射与对流放热系数之比为 1∶0.9，而该比值对 90mm 直径的黑球温度计同样是正确的。因此干球合成温度 T_{res} 也是 90mm 直径黑球温度计的平衡温度，即

$$T_{res} = 0.4T_a + 0.53T_f \tag{4-35}$$

因未对其进行空气流速的修正，故合成温度在流动空气中无意义。

当黑球温度计在某个温度下与其环境温度处于平衡时，黑球的热平衡方程为

$$H_c(T_g - T_a) + h_r(T_g - T_r) + wh_e(P_{se} - \phi P_{sc}) = 0 \tag{4-36}$$

式中，w 为球面的潮湿部分所占的百分比(%)；P_{se} 为水在温度 T_s 时的饱和水汽压(10^2Pa)；P_{sc} 为周围空气的饱和水汽分压力(10^2Pa)；ϕ 为相对湿度(%)；h_e 为蒸发放热系数[W/(m^2·KPa)]。

3. 过渡热环境评价

某些建筑环境只是供人员短暂停留，属于过渡性质的热环境(以下简称过渡环境)，如地下铁道、火车站等。《地铁设计规范》(GB 50157—2013)指出，地铁环境属于人员密集、短时间逗留的场所，乘客在站厅和站台上停留的时间特别短，只是通过和暂时停留。因此，这类过渡环境在热舒适要求方面仅满足短时间或者暂时的要求即可，人员停留时间较短，从而在评价时应用稳态环境下人员停留较长时间方面的指标对此环境并不适用。为此，美国供热制冷与空调工程师协会(ASHRAE)和美国运输部(DOT)根据实验数据提出了针对较暖的过渡热环境的相对热指标(Relative Warmth Index，RWI)，提出了针对寒冷的过渡热环境评价指标热损失率(Heat Deficit Rate，HDR)。这两个指标是根据 ASHRAE 的热舒适实验结果得出的。美国运输部将这两个指标作为确定地铁车站站台、站厅和列车空调的设计参数而提出的考虑人体在过渡空间环境的热舒适指标。

1) 相对热指标

相对热指标 RWI 是一个无量纲指标，其计算公式包含了人体的能量代谢率、服装热阻、空气温度、湿度、表面辐射温度等因素，见式(4-35)和式(4-36)。如果在两种不同的环境条件和活动情况下，相等的 RWI 值则表明人在这两种情况下的热感觉是近似的。其定义式为

$$\mathrm{RWI} = \frac{M(\tau)\left[I_{cw}(\tau) + I_a\right] + 6.42(t-35) + RI_a}{234} \quad (P_a \leqslant 2269\mathrm{Pa}) \tag{4-37}$$

$$\mathrm{RWI} = \frac{M(\tau)\left[I_{cw}(\tau) + I_a\right] + 6.42(t-35) + RI_a}{65.2(5858.44 - P_a)/1000} \quad (P_a \geqslant 2269\mathrm{Pa}) \tag{4-38}$$

式中，M 为能量代谢率(W/m^2)；I_{cw} 为服装热阻(clo)；I_a 为空气边界层热阻(m^2·K/W)；R 为除与室内空气温度相同的墙壁外的平均外界辐射热[J/(s·m^2)]。

RWI 标度与 ASHRAE 热感觉标度之间的关系见表 4-6。

表 4-6　RWI 标度与 ASHRAE 热感觉标度之间的关系

热感觉	ASHRAE 热感觉标度	RWI 标度
暖	2	0.25
稍暖	1	0.15
中性	0	0.08
稍凉	−1	0.0～10

2) 热损失率

热损失率 HDR 综合考虑了温度、湿度、辐射、风速、人体代谢率、服装等影响人体热舒适的因素，反映了人体单位皮肤面积上的热损失，单位是 W/m^2。人感觉舒适的平均皮肤温度范围为 30.6～35℃。在冷的环境下，人体的体温调节中枢首先会使皮肤血管收缩，皮肤温度降低，从而减少散热量。当平均皮肤温度下降到舒适下限 30.6℃时，如果散热量仍然大于发热量，体温进一步下降，人体就会出现热债(Heat Deficit)。HDR 值即负的人体蓄热率。

4. 主观温度

根据某一给定的新陈代谢率和服装热阻值就可预测给人以舒适感的主观温度。实际的主观温度便可从物理变量求得。对于许多活动量和服装条件的组合，根据热舒适方程即可算出令人满意的温度。若使空气温度与平均辐射温度彼此相等，并使气流速度为 0.1m/s，相对湿度为 50%，则这时求得的令人满意的温度即为符合定义的主观温度。

5. 作用温度

作用温度(Operative Temperature，也称计算温度、作业温度、操作温度)的定义是假想的黑色包围体的均匀温度，人在该黑色包围体中的辐射换热及对流换热量与在实际非均匀环境的换热量相同。计算公式如下：

$$t_0 = \frac{h_r t_r + h_c t_a}{h_r + h_c} \tag{4-39}$$

式中，h_r 为线性辐射换热系数[$W/(m^2 \cdot K)$]；t_a 为人体周围平均温度(℃)；h_c 为对流换热系数[$W/(m^2 \cdot K)$]。

6. 航天环境热舒适指标

为了评价航天员在不同代谢率和环境下的热舒适状况，其定义式为

$$\mathrm{CF} = t_{\mathrm{msk}} - 33.6 + q_{\mathrm{sweat}} - q_{\mathrm{shiver}} \tag{4-40}$$

式中，t_{msk} 为身体平均皮肤温度(℃)；q_{sweat} 为出汗散热(kcal/min)；q_{shiver} 为寒颤产热(kcal/min)。

当 CF 值为零时，舒适程度很高；当 CF 值大于零时，航天员将感觉较热；当 CF 值小于零时，航天员将感觉较冷。

7. 有效温度差（有效吹风感）

对舒适性空调而言，相对湿度为 30%～70%对人体舒适性影响较小，空气湿度与风速对人体的综合作用是人体热舒适的主要影响因素。有效温度差与室内风速之间存在下列关系：

$$\Delta\mathrm{ET} = \left(t_i - t_n\right) - 7.66\left(v_i - 0.15\right) \tag{4-41}$$

式中，ΔET 为有效温度差；t_i、t_n 为工作区某点的空气温度和给定室内设计温度(℃)；v_i 为工作区某点的空气流速(m/s)。一般认为 ΔET 在−1.7～1.1 时，多数人感到舒适。

4.4.3　热环境评价标准

热舒适理论研究成果可以为新建建筑进行设计计算时提供理论依据，也可以在对既有建筑或者室内环境进行评价时提供标准。为此，许多国家、地区和国际组织在热舒适研究的基础上建立了相应的热舒适标准，如目前被国际公认的预测和评价室内热环境舒适性的标准 ASHRAE 55 标准、ISO 7730 标准等。

我国对热舒适标准开展的研究比较晚，我国的科技工作者结合我国国情，进行了相关的研究和制定工作，如热舒适标准 GB/T 5701—2008 和 GB/T 5701—1985。我国目前正在执行的热舒适标准 GB/T 18049—2000 和 GB/T 5701—2008 基本参考先进的国际标准 ISO 7730 及美国标准 ASHRAE 55 制定而成，其中的一些数据和规定是否适用于我国的国情还需要进一步研究。

4.5　建筑热环境与健康

建筑环境的健康问题日益受到人们的重视。2015 年绿色建筑认证协会(GBCI)和国际 WELL 建筑研究所(IWBI)正式将 WELL 建筑标准引入中国。WELL 建筑标准是一个基于性能的系统，它测量、认证和监测空气、水、营养、光线、健康、舒适和理念等影响人类健康和福祉的建筑环境特征。由中国建筑科学研究院等单位制定的中国建筑学会标准《健康建筑评价标准》（T/ASC02—2016）已经发布，自 2017 年 1 月 6 日起实施。

为表示热环境对人体健康的影响，有些研究者提出“热健康”这一概念。有的研究者认为，热健康是在满足人体热舒适、能够提高人体适应力和免疫力等功能以及健康的动态热环境下人体的健康状况，从狭义上讲主要体现在人体的生理方面。有的研究者将热健康定义为“一种既满足人们心理舒适要求，又满足人们生理健康要求的空调环境”。还有研究者认为“热健康”是指所处的热环境在满足人体生理健康的前提下，人体生理、心理达到舒适满意的状态，同时提出“热的亚健康”和“热不健康”的概念。“热的亚健康”是指人体所处热环境在不至于引起实质性生理疾病的状况下，生理上已出现不适或主观上感到不舒适的状态。“热不健康”是指人体所处热环境已不能满足生理健康和热舒适的基本要求，在生理和心理上出现病理征兆的状态。

热环境中的温度对人体健康有重要的影响。在低温环境中，如果体温中枢的调节使产热不足以抵偿散失的热量时，正常的体温就不能维持恒定而逐渐下降。体温下降的结果是使体内物质代谢速度变慢，直接给人体造成的损害除冻僵和冻伤外，可诱发的疾病有心绞痛、心肌梗死、十二指肠溃疡、高血压、支气管哮喘、急性支气管炎、慢性支气管炎、上呼吸道感染、肺炎、肺心病等。体温下降严重时引起神经系统机能普遍低下，导致呼吸和循环机能衰竭，从而引起死亡。

对采暖建筑，通过对东三省五座典型城市(锦州、沈阳、长春、哈尔滨、齐齐哈尔)各 9 户共计 45 户进行调查，得出住户最易患呼吸系统疾病、心血管疾病及过敏性鼻炎等环境类相关疾病，73.8%的住户表示春冬两季最易患病。

对空调建筑，通过对重庆 1430 名办公人员的问卷调查，得出舒适的热环境中病态建筑综合征(SBS)症状的发生率最低。相对于舒适环境，偏冷或具有一定风速的环境是改善 SBS 症状发生率的次优选择。改善 SBS 一般性症状时应重点注意室内温度的控制；改善皮肤刺激性症状、喉部黏膜症状时应重点注意室内湿度的控制。

通过对健康群体和患有呼吸道类疾病群体的对比，得出居住环境中易产生呼吸道类疾病的消极因素除温差大、过于潮湿、日照较少、噪声过大等因素外，还有主要房间朝北、采取混合通风、风扇降温、夏季空调温度过低等原因。通过进行居住环境和健康症状之间的分析，得出居住环境中的健康危害因素包括：室外水体污染、住宅过旧、冬季和夏季空调温度设置过低、潮湿、异味和发霉等。

当环境温度高于 28℃时，人们就会有不舒适感。温度再高就易导致烦躁、中暑、精神紊乱。在 30℃时，身体汗腺会全部投入工作。出汗会对人体的水盐代谢产生显著的影响，而且其对体内微量元素和维生素的代谢也会产生一定的影响。当水分丧失达到体重的 5%～8%时，就可能出现无力、口渴、尿少、脉搏增快、体温升高、水盐平衡失调等症状。气温高于 34℃，并伴有频繁的热浪冲击时，会对消化系统、循环系统、神经系统产生影响，可使免疫力降低，抗体形成受到抑制，抗病能力下降，可引发一系列疾病，特别是心脏、脑血管和呼吸系统疾病的发病率上升，导致死亡率明显增加。37℃以上的高温会破坏人体内的蛋白质结构。如果人体温度达到 40℃以上时，生命中枢就会直接受到威胁。

高温特别是持续高温天气，人群死亡率呈急剧增加的趋势。南京市频发的高温灾害可导致人群超额死亡率＞20%，其中女性超额死亡率稍大于男性。高温天气对冠心病和脑血管病患者的伤害较大，出现在季节前期的热浪较季节后期的热浪对人体危害严重。高温期间，人体的大量余热通过出汗蒸发，老年人对身体温度的调节能力较弱，其出汗的温度阈值增加，因此 65 岁以上老年人死亡率的增加更为明显。婴幼儿因高温而引起的危险性同样很大，婴幼儿患有某些疾病如腹泻、呼吸道感染和精神性缺陷在热浪期间最易受高温的危害。高温期间，儿童的死亡率(特别是 1 岁以下婴幼儿的死亡率)和发病率同样有所增加。另外，心血管疾病、呼吸系统疾病、脑血管疾病是热浪诱发死亡的最主要原因。

本章小结

本章首先介绍了人体温度与热环境等基础知识以及人体与环境的换热。在此基础上，详细介绍了热舒适与热感觉的基础理论知识。介绍了建筑热环境的评价方法，并对热环境对人体健康的影响进行了介绍。本章是建筑环境学最核心、最重要的内容之一，也是建环专业区别于其他专业的最具代表性的学科基础理论知识，务必深刻理解和掌握相关的基本概念和基本原理。

课外自学

1. 从图书馆查阅 Fanger 教授在 38 岁时出版的经典著作 *Thermal Comfort*，精读你感兴趣的章节。

2. 查阅中国期刊网，下载并阅读清华大学朱颖心教授 2015 年在《世界建筑》杂志上发表的论文：“热舒适的‘度’，多少算合适?”，读完你有什么体会？

3. 请查阅清华大学赵荣义教授 2000 年发表在《暖通空调》杂志上的文章“关于‘热舒适’的讨论”，进一步学习热感觉与热舒适的差异。

知识拓展

1. 查阅文献，说明如何结合人体热舒适评价方法，使暖通空调方案设计更合理？

2. 1963 年，吉沃尼提出了热应力指标(Index of Temperature Stress，ITS)。该指标综合了 P4SR 与 HSI 的优点，有解析表达式，便于计算。请查阅文献，找到这个表达式并说明其如何综合了 P4SR 与 HSI 的优点，这个表达式在实际建筑热环境评价中如何使用？

3. 查阅图书馆的电子资源，查阅并精读大连理工大学陈滨教授关于建筑环境的健康评价方面的文章，学习健康建筑的评价方法。

课后习题

一、选择题

1. 下列关于 PMV 和 PPD 指标叙述正确的是(　　)。

A. PMV 指标代表了同一环境下所有人的热感觉

B. 当 PMV=0 时，仍然有 5%的人感到不满意

C. PMV 指标与人体热负荷无关

D. PPD 指标表示人群对热环境满意的百分数

2. 在室内热环境的评价中，根据丹麦学者房格尔的观点，影响人体热舒适的物理量有(　　)个，人体的热感觉分为(　　)个等级。

A. 4、7　　B. 4、3　　C. 6、7　　D. 6、5

3. 采用辐射板空调，会使人体靠辐射板过近的部分感到不舒适，这是由于(　　)造成的。

A. 垂直温差　　B. 吹风感　　C. 辐射不均匀性　　D. 空气湿度

4. 世界上热舒适研究领域最著名的教授是(　　)。

A. Fanger　　B. Gagge　　C. Rohles　　D. Johnson

5. PMV 适用于(　　)中的人体热舒适评价。

A. 稳态热环境　　B. 突变热环境　　C. 动态热环境　　D. 夏热冬冷地区

6. 从冷或热环境突变到中性环境时，会出现热感觉短时间的(　　)，即所感觉到的冷热感觉指标比稳定时更(　　)。

A. 超前；低　　B. 超前；高　　C. 滞后；低　　D. 滞后；高

7. 在 30℃的空气环境中，人体的发热量与在 22℃的空气环境中相比(　　)。

A. 更多，因为人体出汗蒸发促进散热

B. 更多，因为高温会导致人体代谢率增加

C. 更少，因为皮肤与空气的温度减少了

D. 变化不大，因为发热量主要取决于人体的活动量

8. 夏季潮湿的空气环境导致人体不舒适的原因是(　　)。

A. 高湿导致皮肤湿润度增加带来黏滞感，使人感到不舒适

B. 高湿度导致大气压力降低，使人感到不适

C. 高湿度导致人体热量散不出去，使人感到闷热

D. 高湿度导致人体的汗出不来，使人感到闷热

9. 空气温度超过 37℃，人体就无法散热了，必然导致中暑，这种说法对吗？(　　)。

A. 对，因为空气温度比人的体温高，所以无法向外散热

B. 对，因为空气温度比人的体温高，所以还会反向传热

C. 不对，可以通过提高风速来强化传热

D. 不对，人体可以通过排汗进行潜热散热

10. 冬季室外温度达到–2℃，相对湿度达到 98%，人在室外会感到(　　)。

A. 很冷，因为空气的相对湿度高，导致服装热阻下降

B. 皮肤干燥，因为空气含湿量太低

C. 气闷，因为太潮湿

D. 没有什么特别的感觉，因为湿度对热感觉的影响有限

二、思考题

1. 简述什么是建筑热环境？热环境有哪些物理参数？
2. 稳态热环境与动态热环境对人的热感觉影响有何差别？为什么？
3. 分别简述影响人体热感觉和人体热舒适的因素。
4. 请叙述 PMV 的定义、理论依据、适用性和局限性。
5. 解释服装热阻，并对不同材质、厚度服装热阻不同的原因进行解释。

研究型专题

1. 针对大学校园内的建筑，如教室、图书馆、自习室、学术报告厅等，5 人一组自行设计调查问卷，围绕人体热舒适的相关问题进行调查，了解各种热环境参数对人体热舒适影响的主观反映。问卷的主要内容包括：

(1) 学生当时的热感觉以及对环境的满意度、温度、湿度、风速等的主观评价；

(2) 在学校不同建筑中的热感觉差异；

(3) 学生在什么样的环境下感觉最舒适、学习效率最高？

根据调查结果，写出不少于 2000 字的书面调查报告并附调查表。要求对调查结果进行客观分析，找出影响不同类型的校园建筑热舒适的因素。

评分标准及要求：

(1) 调查表的设计，占 40 分，建议结合教材以及查阅各种资料设计合理可行的调查表；

(2) 调研报告的撰写质量，占 60 分。要求书写工整，必须是针对自己的调查进行总结，严禁从网络上直接复制，引用别人的数据必须注明出处并列出参考文献。

(3) 5 人在工作中要通力协作，在调查报告中要明确每个人的贡献，根据贡献大小酌情获得不同的分数，工作安排由组长协同组员自行分工。

(4) 从题目布置之日起三周内交调查报告。

2. 为了迅速和准确对热环境进行评价，有不少可以直接测量出热舒适性参数或直接评价人体舒适性的仪表，请查阅文献说明各种仪器的测量原理和方法，有条件的学校可以组织学生做一下热舒适性的实验。

扫描二维码，领略专家风采，指引前行之路。

参 考 文 献

韩杰. 2008. 自然通风环境热舒适模型及其在长江流域的应用研究[D]. 长沙：湖南大学，93-94.

黄晨. 2016. 建筑环境学[M]. 2 版. 北京：机械工业出版社.

黄希庭，郑涌. 2015. 心理学导论[M]. 3 版. 北京：人民教育出版社.

江泳，朱颖心. 2002. 地铁车站公共区冬季温度设计标准探讨[J]. 暖通空调，32(4)：20-22.

蒋正尧. 2005. 人体生理学[M]. 北京：科学出版社.

李百战. 2008. 民用建筑室内热湿环境评价标准介绍[R]. 重庆：全国暖通空调制冷学术年会.

李百战，吴婧，郑洁. 2005. 基于生理-心理学的热舒适和热健康探讨[J]. 制冷与空调. 2005(增刊)：154-157.

李百战，郑洁. 2012. 室内热环境与人体热舒适[M]. 重庆：重庆大学出版社.

李俊鸽，杨柳，刘加平. 2008.夏热冬冷地区人体热舒适气候适应模型研究[J]. 暖通空调，38(7)：20-24.

李秀梅. 2014. 建筑室内自然环境居住环境关联健康影响调查研究[D]. 大连：大连理工大学，23-28.

茅艳. 2007. 人体热舒适气候适应性研究[D]. 西安：西安建筑科技大学，95-102.

王丽慧，白芯慧，陈蕊，等. 2016. 非稳态横流作用下空调送风喷口下方动态热舒适性评价实验研究[J]. 暖通空调，46(1)：85-91.

魏润柏，徐文华. 2005. 热环境[M]. 上海：同济大学出版社.

许遐祯，郑有飞，尹继福，等. 2011. 南京市高温热浪特征及其对人体健康的影响[J]. 生物学杂志，30(12)：2815-2820.

杨柳. 2003. 建筑气候分析与设计策略研究[D]. 西安：西安建筑科技大学，75-79.

杨薇. 2007. 夏热冬冷地区住宅夏季热舒适状况以及适应性研究[D]. 长沙：湖南大学：43-45.

叶晓江. 2005. 人体热舒适机理及应用[D]. 上海：上海交通大学：42-47.

朱颖心. 2016. 建筑环境学[M]. 4 版. 北京：中国建筑工业出版社.

Arciero P J，Goran M I，Mccormack L M，et al. 1998. Is there evidence for an age-related reduction in metabolic rate[J]. Journal of Applied Physiology，85(6)：2194-2204.

Arciero P，Dorman L E，Havenith G. 2009. Ithe effects of protective clothing on energy consumption during different activities[J]. European Journal of Applied Physiology，105(3)：463-470.

Beager G S，de Dear R J. 1998. Thermal adaptation in the built environment：a literature review [J]. Energy and Buildings，27(1)：83-96.

de Dear R J，Ring J W，Fanger P O. 1993. Thermal sensations resulting from sudden ambient temperature changes [J]. Indoor Air，3：181-192.

Fanger P O. 1972. Thermal Comfort[M]. New York：Mcgraw-Hill.

Gagge A P，Stolwijk J A，Hardy J D. 1967. Comfort and thermal sensation and associated physiological responses at various ambient temperature [J]. Environmental research，1(1)：1-20.

Humphreys M A. 1976. Field studies of thermal comfort compared and applied [J]. J. Inst. Heat. & Vent. Eng.，44(1)：5-27.

Liang H H，Lin T P，Hwang R L. 2012. Linking occupants' thermal perception and building thermal performance in naturally ventilated school buildings [J]. Applied Energy，94(94)：355-363.

Nicol J F，Humphreys M A. 1973. Thermal comfort as part of a self-regulating system [J]. Building Research and Practice，6(3)：191-197.

Wang Z J，Zhang L，Zhao J，et al. 2010. Thermal comfort for naturally ventilated residential buildings in Harbin[J]. Energy and Buildings，42：2406-2415.

Xu Z，Etzel R A，Huang C. 2012. Impact of ambient Impact of ambient temperature on children's health：A systematic review [J]. Environmental Research，117(8)：120-131.

Yao R M，Liu J，Li B Z. 2010. Occupants' adaptive responses and perception of thermal environment in naturally conditioned university classrooms [J]. Applied Energy，87(3)：1015-1022.

第 5 章　室内空气环境

本章要点

1. 室内空气污染成因。
2. 室内空气环境控制方法。
3. 室内空气质量评价方法及评价指标。
4. 建筑环境的气流分布特性。
5. 建筑气密性与空气渗透。

案例导引

案例一：真实案例讲述甲醛危害的故事

“买的花没几天就全部枯萎了。一向健康的身体先后患上了皮疹、免疫力低下等多种疾病。”搬新家、住新房本是件让人再高兴不过的事了，但对于冷女士来说，新家带给她的是无尽烦恼。遇上同样问题的还有退休教师于老师。昨天，央视《每周质量报告》对此做了报道。

于老师：全家只能搬到阳台住，外孙一进房脸蛋就发红。

去年，于老师和老伴张女士用 40 多年的积蓄在朝阳区买了一处新房。可是，装修后入住刚 4 天，老两口就从室内搬到了阳台上。老两口告诉央视记者，入住以后，外孙就出现了严重的过敏反应，一进新房就眼睛红，耳朵红，脸蛋红，“像个红苹果一样，到室外待半个小时就好多了。”为了缓解外孙的过敏症状，于老师夫妇只有尽可能留在室外，有时一天要在外面待上十几个小时。

老伴张女士说：“放着好好的屋子，有家不能回。整天推着孩子在外走，风吹着，日晒着，就只能吃饭喝口水，进屋吃完马上就得走。”不光孩子，其实张女士自己也深受其害，于老师说：“她手红，脚红，脖子起疙瘩。我自己也一样，皮肤开始红，后来变成点，再后来就变成包了。”

随后，于老师一家人去医院进行了检查，三天之后出来的结果表明是甲醛过敏。检测中心对于老师家新房室内空气进行了对比检测，并把家具全部放进主卧室和次卧室，书房空着。检测发现，书房内空气完全合格，而放有家具的两间卧室空气中甲醛含量超标三倍多。

资料来源：http://www.hszdcl.com/news/n21.html

图 5-1

案例二：气流组织不合理有时候会死人的

2003 年非典期间，某医院由于气流组织以及新风口和排风口设置不合理，导致含有病毒的气流从屋顶排风机进入候诊室上面的天井中，见图 5-1。导致多名患者和医生感染，特别是该院急诊科主任由于感染SARS病毒牺牲在了自己的工作岗位上，教训极其沉痛。后来经过空调通风系统改造，不再有交叉感染事件发生。

预备知识

1. 城市环境中的室外污染物。
2. 城市环境中污染物扩散的基本规律。

兴趣实践

用 PM2.5 检测仪测量不同地点(如校园、教室、食堂、宿舍、图书馆等)PM2.5 的浓度值。分析不同地点 PM2.5 浓度不同的原因。

探索思考

1. 思考减少空调系统造成的室内污染的可行途径。
2. 从房间开口尺寸、相对位置、开口高低来分析室内的气流分布。

随着社会和现代科技的快速发展，室内空气污染物的来源及种类越来越多，而且建筑的气密性增加，使得空调系统日益增多，导致室内通风换气效果变差，加剧了室内空气污染。室内空气环境对人体健康的影响，近年来引起人们的广泛关注，并成为建筑环境学的一个研究热点。

5.1 室内空气污染成因及对人体健康的影响

我们通常所说的空气污染是指室外的大气环境受到污染，而室内空气污染是指在封闭空间内的空气中存在对人体健康有危害的物质并且浓度已经超过国家标准，达到可以伤害人体健康的程度，我们把此类现象称为室内空气污染。

室内空气污染具有以下特征：①累积性。室内环境是相对封闭的空间，从污染物进入室内导致浓度升高，到排出室外，浓度逐渐减小，都需要经过较长的时间。污染物在室内逐渐积累，导致浓度增大，对人体构成危害。②长期性。由于大多数人大部分时间处于室内环境，即使浓度很低的污染物，在长期作用于人体后，也可能会影响到人体健康。③多样性。室内空气污染物种类多，有化学污染、物理污染、生物污染等，各种污染源都会产生多种对人体有害的污染物。④周期长。对于从装修材料中释放出的污染物，尽管在通风充足的条件下，它还是能不断地从材料中释放出来，污染室内空气。有研究表明，甲醛的释放周期长达十几年，而放射性污染发生危害作用的时间可能更长。

室内空气污染物的来源主要有以下几个方面：室外空气污染、建筑及室内装饰材料、空调系统、人员和宠物等。

1. 室外空气污染

室外空气的严重污染和生态环境的破坏，使得生存条件十分恶劣，加剧了室内空气的污染。

室外空气中污染物的来源和种类很多，其中最常见的是燃料燃烧所产生的物质。工业生产、交通工具、建筑供热等都需要燃料燃烧来提供能源。无论何种燃料，经过燃烧后都会产生多种对人体有害的物质，如煤燃烧后生成的 CO、CO_2、SO_2、PM10、PM2.5 等；燃气燃烧产生的 CO、CO_2、NO_x 等、汽车燃油产生的 CO、NO_x、CH_x 等。因为我国仍然以燃煤为主，汽车数量剧增造成汽车尾气排放污染增加，导致我国的室外空气污染尤为严重。另外，工业生产过程中排放的废气也是造成污染的主要原因之一。由于生产工艺各不相同，这些废气的成分十分复杂。

2. 建筑及室内装饰材料

建筑材料主要是指建筑物的地基、梁柱、墙壁、屋顶等处所用的基础及结构材料，如金属材料中的钢铁、铝材、铜材等，无机非金属材料中的水泥、混凝土、石材、石膏、砖瓦、陶瓷、玻璃等，高分子材料中的木材、塑料、黏合剂等。建筑材料产生的污染主要是放射性。一是存在于建筑材料中的天然放射性元素；二是天然放射性元素衰变产生的氡(Rn)气。我国建筑材料产品中天然放射性元素主要是镭-226、钍-230和钾-40，天然放射性元素发射出的射线对人体产生外照射，由镭-226和钍-230衰变产生的氡气，被人体吸入后产生内照射。其衰变过程示意图如图5-2所示。另外，使用尿素或氨水作为水泥混凝土防冻剂，这些氨类化合物可从墙体中释放出氨气，也会造成室内空气污染。

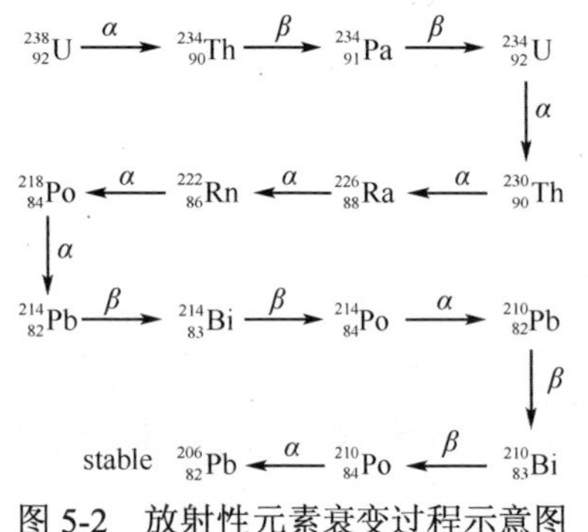

图5-2 放射性元素衰变过程示意图

室内装饰材料是指用于建筑物的墙面、柱面、地面等表面处起保护、美化作用的饰面材料，如黏合剂、涂料、人造板材、家具、壁纸、地板、地毯、墙砖、卫生洁具等，其中绝大部分属于高分子材料。室内装饰材料产生的污染主要来自以下几个方面。

1）黏合剂

黏合剂分为天然黏合剂和合成黏合剂两大类，天然黏合剂主要有胶水、糊精、树胶、胶乳、橡胶水等。合成黏合剂主要有环氧树脂、聚乙烯醇缩甲醛、酚醛树脂、醛缩脲甲醛、合成橡胶胶乳、合成橡胶胶水等。黏合剂在建筑装修、家具制作以及日常生活中都有广泛的应用，合成黏合剂在使用时可挥发出大量有机污染物，主要种类有甲醛、苯、甲苯、二甲苯、甲苯二异氰酸酯等。

2）人造板材及其家具

人造板材及人造板家具是室内装饰、装修的重要组成部分。人造板材在生产过程中需要加入黏合剂，家具的表面还要涂刷各种油漆。这些黏合剂和油漆中都含有大量的挥发性有机气体到室内空气中，造成室内空气的污染。在新装修、新家具的房间中可以检测出较高浓度甲醛、苯等有毒化学物质。

3）壁纸、地毯

壁纸是国内外使用比较广泛的墙面装饰装修材料，天然纺织壁纸尤其是纯羊毛壁纸中的细毛绒是一种致敏源，可导致人体过敏。塑料壁纸在使用过程中，由于含有未被聚合的成分以及老化分解，可向室内释放甲醛、氯乙烯、苯、甲苯、二甲苯等有机污染物。塑料壁纸还含有铅、铬、镉、汞、砷、钡、硒等。

地毯是一种有着悠久历史的室内装饰品，传统的地毯是以动物毛为原材料。现代常用的地毯都是用化学纤维为原料编制而成的，用于编制地毯的化纤有聚丙烯酸胺纤维、聚酯纤维、聚丙烯纤维、聚丙烯腈纤维等。化纤地毯可向空气中释放甲醛、苯乙烯、4-苯基环己烯等有机化学物质。地毯具有很强的吸附能力，能吸附甲醛、灰尘、病原微生物等许多有害物质，尤其纯毛地毯是尘螨的理想滋生和隐藏场所。

4) 涂料

涂敷于表面与其他材料很好粘合并形成完整而坚韧的保护膜的物料称为涂料，在建筑上涂料和油漆是同一概念。涂料的组成包括膜物质、颜料、助剂以及溶剂。成膜材料的主要成分有酚醛树脂、脲醛树脂、过氧乙烯树脂、氯化橡胶等，在使用过程中可向空气中释放大量的甲醛、苯、氯乙烯、酚类等有害气体。溶剂基本上都是挥发性很强的有机物质，其作用是将涂料的成膜物质溶解分散为液体，使之易于涂抹并形成固体的膜。因此涂料的溶剂是室内空气重要的污染源，刚刷涂料的房间空气中可检测出大量的苯、甲苯、二甲苯、甲苯二异氰酸酯等有机物。涂料中的颜料和助剂含有多种重金属，如铅、铬、镉、汞以及砷等有害物质。

5) 吸声及隔声材料

常用的吸声材料包括无机材料中的石膏板，有机材料中的软木板、胶合板，多孔材料中的泡沫玻璃，纤维材料中的矿渣棉、工业毛毯等。隔声材料一般有软木、橡胶、聚氯乙烯塑料板等。这些吸声及隔声材料都向室内释放多种有害物质，如石棉、甲醛、酚类、氯乙烯等。

6) 保温及隔热材料

保温及隔热材料可分为无机和有机两大类。无机保温及隔热材料中通常以石棉纤维为原料制成的，使用时石棉纤维就会飘散到空气中，呼吸进入人体内造成严重的危害。合成保温及隔热材料常用各种树脂为基本原料，加入一定量的辅助材料，经加热发泡而制成。品种有聚苯乙烯泡沫塑料、聚氯乙烯泡沫塑料、聚氨酯泡沫塑料、脲醛树脂泡沫塑料等，在使用过程中，合成时未被聚合的游离单体以及高温下分解产生的气态有机化合物，会逐渐释放出来，主要污染物有甲醛、氯乙烯、苯、甲苯等。

这些散发有害物质的建筑材料和室内装饰材料大量流入市场，而我国目前缺乏对这些材料有害物限量的法规和标准，使得人们难以鉴定这些材料的优劣。从而对室内空气环境造成严重的污染。

3. 空调系统

目前，空调系统已在现代建筑中大量普及，空调系统的使用虽然给人们提供了良好的生活环境，与此同时也带来了不少新的问题，甚至危害人体健康。中国疾病预防控制中心公布的空调卫生状况调查结果显示，在对 60 多个城市的空调系统风管积尘量和积尘细菌含量的检测中，存在严重污染的空调风管占 47.11%，中等污染的占 46.17%，合格的仅占 6.12%。所以，空调系统对室内空气所造成的污染不得不引起人们的重视。

空调系统主要用来对空气的温度湿度进行调节，这就必须要有水参与进去发挥作用。水经过空调的作用，与一些颗粒状物质形成气溶胶。当其通过风管进行气流循环时，其中携带的细菌、微生物等就逐渐沉积下来，附着在空调的相关部件上。这样就形成了二次污染源，导致细菌大量繁殖。在设备运行时，这些细菌、真菌会沿风道迅速传播、蔓延至整个建筑物。同时，空调内部的污染物还会存在于风机、空气连接管等整个系统内，这些都会成为室内空气的污染源。

4. 人员

人类的许多生活和生产活动过程都会产生空气污染物，主要有以下几种污染源。

1) 日用化学品

可能造成室内空气污染的日用化学品由清洁剂、除臭剂、空气清新剂、消毒剂、化妆品等。这些化学品散发的污染物种类和成分比较复杂，主要是含有大量的挥发性有机化合物，会对室内空气造成污染，危害人体健康。

2) 电器设备

各种家用电器在使用过程中会产生多种不同波长和频率的电磁波，造成电磁污染，对人体具有潜在危害。电视机和计算机荧光屏在工作时，会产生“溴化三苯并呋喃”有毒气体，具有致癌作用。

复印机、打印机等办公设备在使用过程中会产生臭氧气体。另外，经定影发热使墨粉溶解后也会产生大量的如苯并芘、二甲基亚硝胺等有机废气。

3) 厨房烹饪

室内燃料燃烧及烹饪油烟也会造成空气的污染。

目前，我国常用的生活燃料有固体燃料、气体燃料、生物燃料。由于燃料种类不同，产生的污染物也不相同，一般主要有 CO、CO_2、NO_x、SO_2 等。

烹饪油烟是食用油加热后，在高温条件下，油中的物质会发生氧化、水解、聚合、裂解等反应，产生一组混合污染物，随着沸腾的油挥发出来。污染物的成分极为复杂，约有 200 余种，其中包括挥发性亚硝胺等已知的致突变物和致癌物。

4) 吸烟

吸烟是室内污染物的来源之一。烟草的烟气中成分十分复杂，含有大量对人体有害的气体，其中很多是致癌、致畸、致突变的物质，如焦油、尼古丁等。

另外，人体的新陈代谢产生的废弃物(CO_2、大小便、汗液、毛发等)通过人体排出体外，也会污染室内环境。

5. 宠物

目前，随着人们生活水平提高，家庭饲养宠物已成为时尚。喂养宠物可以给人带来欢乐，但也可能给人带来麻烦或不适。其所带来的室内空气生物污染是影响室内空气质量的一个重要因素。宠物污染除了其粪便、尸体对环境的影响外，更严重的是会传播多种传染病。从健康角度来看，我们不能不对宠物污染引起重视。

研究发现，宠物可导致或诱发哮喘病、弓形虫病、过敏症、狂犬病、流行性出血热等疾病。

1) 哮喘病

过敏性鼻炎和哮喘病人主要是对各种毛过敏。狗毛、猫毛、蟑螂、艾蒿等是中国患者的主要过敏原。专家指出，猫狗等宠物的毛发，人体吸入之后可能引起过敏反应，导致过敏性哮喘的出现。

2) 弓形虫病

弓形虫病是由弓形虫导致的人畜共患疾病。猫是弓形虫的最大宿主，狗、鼠等也携带弓形虫。一般弓形虫通过口进入人体，因此逗弄猫狗后不洗手进食或触碰食物，甚至与宠物共食，极易感染弓形虫病。患上弓形虫病后，可出现发烧、手脚发软、肌肉酸痛、肝脾肿大黄疸等症状。值得注意的是，弓形虫病对孕妇更有危害，可导致流产、早产、畸胎、新生儿弱智、弱视乃至失明。

3) 过敏疾病

猫、狗等宠物的毛与皮屑都是极强的致敏原，而且宠物的毛屑可在室内空气中长久停留。一旦接触这些致敏原，就可诱发或加剧过敏，严重过敏且不及时救治可危及生命。

4) 狂犬病

狂犬病的病毒主要存在于狗或猫的唾液中，当狗在舔人或咬人、抓人时，狂犬病病毒就会传播给人。狂犬病是迄今为止人类病死率最高的急性传染病，一旦发病，病死率几乎为 100%。

5) 流行性出血热

该病主要通过鼠类传播、感染，如被鼠咬伤、鼠类排泄物、分泌物直接与破损的皮肤、黏膜等接触。一旦得病，会出现发热、出血直至损伤肾脏功能。如不及时救治，可危及生命。

由上述污染源产生的污染物种类非常多，达到数百种，按其污染物特性可分为以下四类。

(1) 物理性污染：主要指固体颗粒物等引起的污染。

(2) 化学性污染：主要指挥发性有机气体(包括醛类、苯类等数百种有机化合物)和无机气体(包括 CO、CO_2、NO_x、SO_x、NH_3、O_3 等)引起的污染。

(3) 放射性污染：主要指放射性氡引起的污染。

(4) 生物性污染：主要指细菌、真菌、病毒等引起的污染。

表 5-1 中汇总了各种室内空气污染物的主要来源及其对人体的危害。

表 5-1　室内空气污染物的主要来源及危害

污染物	主要来源	对人体的危害
颗粒物	自然界及燃料燃烧、交通运输、工业企业的排放和人员活动等	引发呼吸道系统疾病，有些物质有致癌性
微生物	室内滋生、宠物及人体带入	人体过敏及病毒、细菌感染
氡	地下、建筑材料	放射性物质，致癌
CO_2	人体呼吸及燃料燃烧	中毒症状，直至死亡
CO	室外进入、室内燃料燃烧及吸烟	严重影响中枢神经系统，造成机体缺血，致使头晕、恶心，直至呼吸衰竭而死，有严重后遗症
臭氧	室内电视机、打印机、复印机等电器设备及室外进入	对眼睛、黏膜和肺组织有刺激作用，并能引起肺水肿、哮喘等疾病，可损害中枢神经系统，阻碍血液输氧功能
SO_2	燃料燃烧及工业生产过程	引起鼻炎、咽炎、慢性支气管炎、支气管哮喘、肺气肿、肺水肿等
NO_x	室内燃料燃烧、吸烟及室外进入	对肺组织产生强烈的刺激和腐蚀作用，引起肺水肿、支气管哮喘等
烟草燃烧生成物	室内吸烟	导致人体对烟碱产生依赖，使机体活力下降，记忆力减退，刺激器官和肺，引起炎症病变，致癌
氨	建筑施工防冻剂的释放	刺激皮肤和眼睛，出现嗅觉失常、咽炎、声带水肿、咳嗽、头痛，严重时会出现支气管痉挛及肺气肿，可导致呼吸停止，死亡
甲醛	建筑装饰材料、烟草和燃料燃烧，书、清洁剂、纺织品等	损害人的嗅觉、眼睛，使呼吸道产生刺激症状，还能使人体免疫功能异常、肝肺损伤、神经衰弱
苯	油漆涂料、人造板材、黏合剂、空气消毒剂、杀虫剂	对屁股、眼睛和上呼吸道有刺激作用，影响中枢神经系统功能，使白细胞和血小板减少，导致再生障碍性贫血、孕妇流产，是公认的致癌物
挥发性有机化合物	装饰材料、家用化学品和吸烟	人体免疫功能下降，影响中枢神经系统功能，出现头晕、头痛、恶心、乏力、精神不振等症状，还可损伤肝脏及造血功能

小思考

除文中所列室内空气污染源外，在日常生活中还有哪些原因可能会引起室内空气质量下降？

5.2 室内空气环境控制方法

为了有效控制室内污染、改善室内空气环境，可通过以下三种方式实现：控制污染源；通风换气；空气净化技术原理。

5.2.1 控制污染源

污染源控制是指从源头着手，避免或减少污染物的产生或利用屏障设施隔离污染物，不让其进入室内环境。

1. 科学选择绿色建筑材料和装修材料，遵循科学装修原则

建筑材料和装修材料会释放有害物质，是室内最主要的污染源之一。因此应考虑采用清洁无害的绿色建筑材料，适度装饰、慎重装修，减少 VOC 的排放。即使购买了标有环保质检书的材料也难免会对居室有污染，所以，最好是减少不必要的装修，从简而行。

如房间地面材料不要大面积使用一种材料，因为天然石材、砖等可能含有放射性的氡；室内应尽量少用地毯，尤其不要用合成地毯，新铺的合成地毯会向空气中释放出 100 多种不同的化学物质，其中有些是可疑致癌物；对儿童用房，不要涂成五颜六色，使用过多的色漆会增加苯的含量；要保证充足的阳光，因阳光对人类生活具有重要作用，阳光中的紫外线有杀死居室中的致病微生物、抑止细菌繁殖、净化空气的作用，可提高人的肌体免疫力，对人体的健康十分有益。

2. 重视厨房通风

厨房中的燃料燃烧及烹饪油烟是室内的又一污染源。厨房中安装在灶具上方的排油烟设备，采用局部通风的方式，将燃料燃烧释放的有害物质和烹调油烟，在基本没有扩散的情况下，以比较集中快速的方式排至室外。除此之外，为了防止少量的油烟溢入其他房间而影响人体健康，还应加强厨房与其他房间的隔断，例如装玻璃推拉门等。

3. 养成良好生活习惯

减少人为污染，减少各种气雾剂、清洁剂的使用。上下班高峰时间段内关闭窗户，可以减缓污染物从交通主干道进入室内的速度。养成不吸烟、不随地吐痰、不乱扔垃圾等好习惯。因为痰中带有很多的病菌，烟气中含有有害气体，垃圾也会滋生病菌，这些都会对我们的身体健康产生危害，戒除这些不良的生活习惯，会给我们的室内污染控制扫除又一障碍。

5.2.2 通风换气

通风是指把建筑物内污浊的空气直接或净化后排至室外，再把新鲜的空气补充进来，从而创造良好的室内空气环境并保护大气环境。人们对室内空气环境的基本要求大致可概括为三个方面：排除室内污染物、保证室内人员的热舒适和满足室内人员对新鲜空气的需要，这

也是通风的目的。

依据通风服务范围大小通风可分为全面通风和局部通风。全面通风是对整个建筑空间进行通风换气，用新鲜空气把室内有害物浓度稀释到允许浓度以下。局部通风是利用局部气流，把污染源附近的空气排出室内，有效防止污染物在室内扩散，如厨房的吸油烟机。加强通风换气，用室外新鲜空气来稀释室内空气污染物，使污染物浓度降低。依据污染源、污染物种类及其量的多少，选择采用全面通风还是局部通风，以及通风量的大小。

通风按动力不同可分为自然通风和机械通风。下面对这两种通风方式作详细介绍。

1. 自然通风

自然通风是利用自然手段(热压、风压等)来促使空气流动而进行的通风换气方式。室内空气质量的低劣在很大程度上是由于缺少充足的新风。自然通风可以排除室内污浊的空气，同时还有利于满足人和大自然交往的心理需求。

通常意义上的自然通风指的是通过有目的的开口，产生空气流动。这种流动直接受建筑外表面的压力分布和不同开口特点的影响。压力分布是动力，各开口的特点则决定了流动阻力。如果建筑外表面上的开口两侧存在压力差，就会有空气流过该开口，空气流过开口时的阻力可用下式表示

$$\Delta p=\zeta\frac{v^2}{2}\rho \tag{5-1}$$

式中，Δp 为开口两侧的压力差(Pa)；ζ 为开口的局部阻力系数；v 为空气流过开口时的流速(m/s)；ρ 为空气的密度(kg/m^3)。上式可转换为

$$v=\sqrt{\frac{2\Delta p}{\zeta\rho}}=\mu\sqrt{\frac{2\Delta p}{\rho}} \tag{5-2}$$

式中，μ 为开口的流量系数，$\mu=\sqrt{\frac{1}{\zeta}}$，其大小与开口的结构有关。则通过开口的空气体积流量和质量流量分别为

$$Q=vF=\mu F\sqrt{\frac{2\Delta p}{\rho}} \tag{5-3}$$

$$G=\rho Q=\mu F\sqrt{2\Delta p\rho} \tag{5-4}$$

式中，Q 为空气体积流量(m^3/s)；G 为空气质量流量(kg/s)；F 为开口的面积(m^2)。

就自然通风而言，建筑物内空气运动主要有两个原因：风压及室内外空气密度差和高度差引起的热压。这两种因素可以单独起作用，也可以共同起作用。

1) 热压作用下的自然通风

某建筑物如图 5-3 所示，在外表面上的不同高度上有两个开口 a 和 b，两者的高度差为 h，假设开口外空气静压力分别为 p_a 和 p_b，开口内的静压力分别为 p'_a 和 p'_b，室内外的空气温度和密度分别为 t_n、ρ_n 和 t_w、ρ_w。

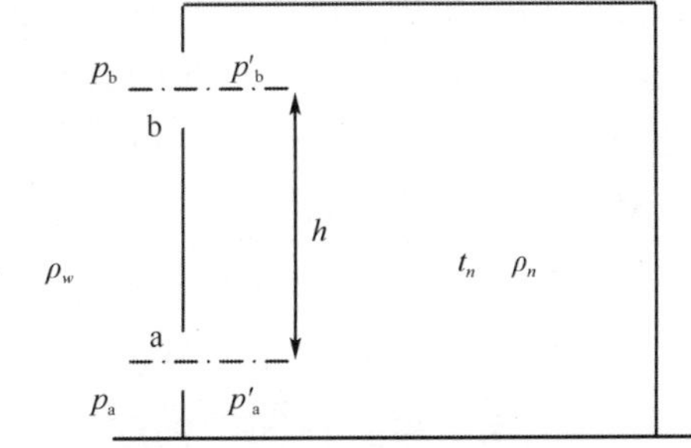

图 5-3　受热压作用下的建筑物

开口 a 的内外压差为

$$\Delta p_{\mathrm{a}} = p'_{\mathrm{a}} - p_{\mathrm{a}} \tag{5-5}$$

根据流体静力学原理，有

$$p_{\mathrm{b}} = p_{\mathrm{a}} - \rho_w gh \tag{5-6}$$

$$p'_{\mathrm{b}} = p'_{\mathrm{a}} - \rho_n gh \tag{5-7}$$

则开口 b 的内外压差为

$$\Delta p_{\mathrm{b}} = p'_{\mathrm{b}} - p_{\mathrm{b}} = \Delta p_{\mathrm{a}} + (\rho_w - \rho_n)gh \tag{5-8}$$

如果开启开口 a，关闭开口 b，不管最初开口 a 两侧的压差如何，最终 $\Delta p_{\mathrm{a}}=0$，空气停止流动，只要 $t_n \neq t_w$ $(\rho_n \neq \rho_w)$，$\Delta p_{\mathrm{b}} \neq 0$。此时开启开口 b，开口 b 两侧会有空气流动，若 $t_n > t_w$ $(\rho_n < \rho_w)$，$\Delta p_{\mathrm{b}} > 0$，就会有空气从开口 b 流出。随着空气不断流出，室内静压逐渐降低，Δp_{a} 就会由等于 0 变为小于 0，室外空气就会从开口 a 流入室内，直到开口 a 的进风量等于开口 b 的排风量时，室内静压才保持稳定。

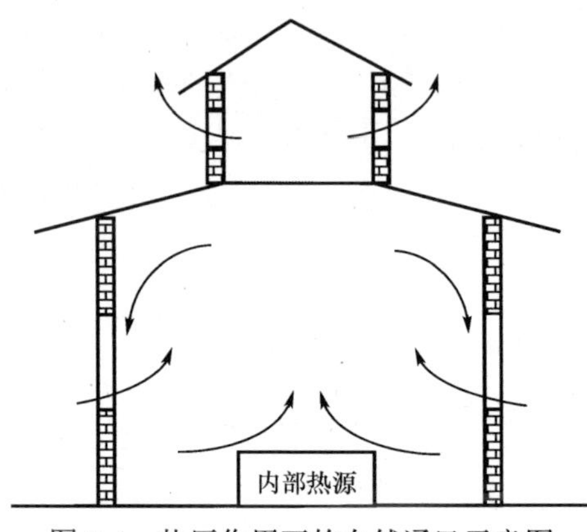

图 5-4　热压作用下的自然通风示意图

通常把 $gh(\rho_w-\rho_n)$ 称为热压。热压是室内外空气的温度差和高度差引起的，由于温度差的存在，室内外密度差产生，沿着建筑物墙面的垂直方向出现压力梯度。如果室内温度高于室外，建筑物的上部将会有较高的压力，而下部存在较低的压力。当这些位置存在开口时，空气通过较低的开口进入，从上部流出，就是所谓的“烟囱效应”，如图 5-4 所示。如果室内温度低于室外温度，气流方向相反。

热压的大小取决于两个开口处的高度差 h 和室内外的空气密度差 $(\rho_w-\rho_n)$。如果室内外没有空气温差或开口间没有高差就不会产生热压作用下的自然通风。如果只有一个开口，会出现开口上部排风、下部进风的通风现象。

为了便于后续的计算，把只有热压作用下开口内外的压差称为该开口的余压。若开口的余压为正，则该开口排风；若开口余压为负，则该开口进风。

距离 a 的高度为 x 的开口的余压值为

$$\Delta p_x = p_{x\mathrm{a}} + (\rho_w - \rho_n)gx \tag{5-9}$$

式中，Δp_x 为距离 a 的高度为 x 的开口的余压值(Pa)；x 为距离 a 的高度(m)。

如果以开口 a 的中心平面作为基准面，其他任何开口的余压等于开口 a 的余压与该开口的热压之和。在热压作用下，余压沿建筑物高度的变化如图 5-5 所示。余压值从进风开口 a 的负值逐渐增大到排风开口 b 的正值，在开口 a 和开口 b 之间必然有余压值为 0 的水平面，该水平面称为中和面，位于中和面的开口两侧压差为 0，没有空气流动。

如果把中和面作为基准面，开口 a 的余压为

$$\Delta p_{\mathrm{a}} = \Delta p_{xo} - (\rho_w - \rho_n)gh_1 = -(\rho_w - \rho_n)gh_1 \tag{5-10}$$

$$\Delta p_{\mathrm{b}} = \Delta p_{xo} + (\rho_w - \rho_n)gh_2 = (\rho_w - \rho_n)gh_2 \tag{5-11}$$

式中，Δp_{xo} 为中和面的余压(Pa)；h_1、h_2 为开口 a、b 距离中和面的高度(m)。

某开口余压的绝对值与中和面到该开口的距离有关。当 $t_n > t_w (\rho_n < \rho_w)$ 时，中和面以上的开口余压为正，中和面以下的开口余压为负；当 $t_n < t_w (\rho_n > \rho_w)$ 时，中和面以上的开口余压为负，中和面以下的开口余压为正。

2) 风压作用下的自然通风

室外气流与建筑物相遇时会发生绕流，经过一段距离，气流恢复正常。由于建筑物的阻挡，建筑物与四周气流的压力分布发生变化，迎风面气流受阻，动压降低，静压升高，而在背风面产生负压。由于空气流动造成建筑物外表面的静压变化，称为风压，如图 5-6 所示。

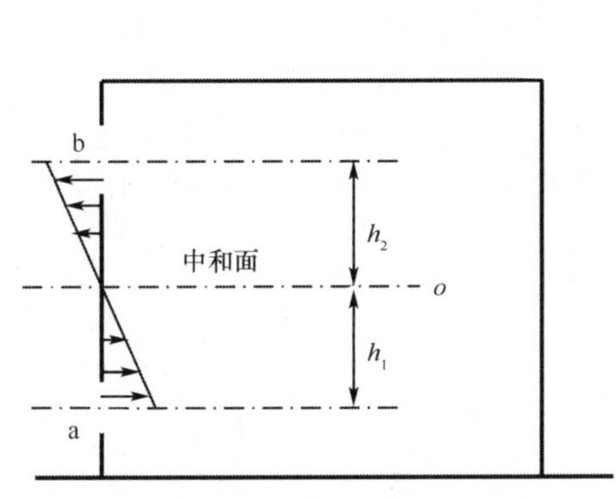

图 5-5 余压沿建筑物高度的变化

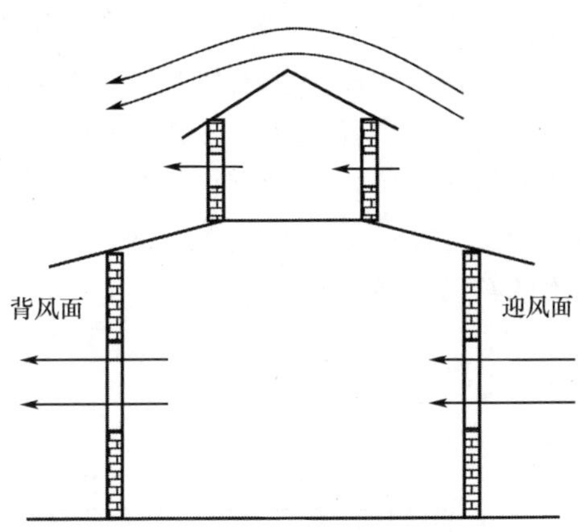

图 5-6 风压作用下的自然通风示意图

某一建筑物周围风压与该建筑的几何形状、建筑相对于风向的方位、风速和建筑周围的自然地形有关。建筑物外表面上某点的风压值可用下式表示

$$p_f = K \frac{v_w^2}{2} \rho_w \tag{5-12}$$

式中，p_f 为建筑物外表面上某点处的风压值(Pa)；K 为空气动力系数；v_w 为室外空气的流速(m/s)；ρ_w 为室外空气的密度(kg/m^3)。

K 值可正可负。K 值为正，说明该点的风压值为正；K 值为负，说明该点的风压值为负。不同形状的建筑物在不同方向的风力作用下，K 值的分布是不同的。K 值可通过风洞内模型试验得到。

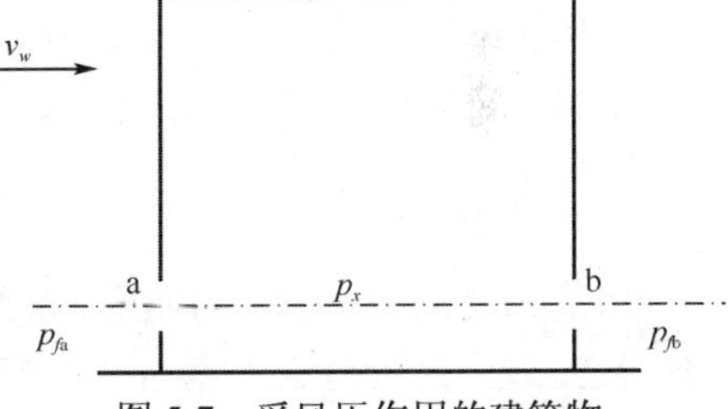

图 5-7 受风压作用的建筑物

同一建筑物的外表面上，如果有两个风压值不同的开口，K 值大的开口将会进风，K 值小的开口将会排风。某建筑如图 5-7 所示，在风速为 v_w 的风力作用下(不考虑热压的作用)，迎风面、背风面开口的风压分别为 p_{fa}、p_{fb}，且 $p_{fa} > p_{fb}$，开口中心平面上的余压为 p_x。如果开启开口 a，关闭开口 b，由于空气不断流入，室内的余压 p_x 逐渐升高，当 $p_x = p_{fa}$ 时，空气停止流动。如果同时开启开口 a 和 b，由于 $p_{fa} > p_{fb}$，$p_x = p_{fa}$，所以 $p_x > p_{fb}$，空气将会从开口 b 流出。随着空气的流出，室内余压 p_x 下降，这时 $p_{fa} > p_x$，室外空气由开口 a 流入，直到开口 a 的进风量等于开口 b 的排风量时，p_x 才保持稳定($p_{fa} > p_x > p_{fb}$)。

3) 风压和热压共同作用下的自然通风

某建筑物如图 5-8 所示，受风压和热压共同作用时，外表面上各开口的内外压差等于各开口的余压和室外风压的差值。

开口 a 的内外压差为

$$\Delta p_a' = \Delta p_a - K_a \frac{v_w^2}{2} \rho_w \tag{5-13}$$

开口 b 的内外压差为

$$\Delta p_b' = \Delta p_b - K_b \frac{v_w^2}{2} \rho_w = \Delta p_a + (\rho_w - \rho_n) gh - K_b \frac{v_w^2}{2} \rho_w \tag{5-14}$$

式中，K_a、K_b为开口 a、b 的空气动力系数；h 为开口 a 和开口 b 之间的高度差(m)。

在实际建筑中的自然通风是风压和热压共同作用的结果，如图 5-9 所示。只是各自的作用有强有弱。当热压大于风压时，自然通风流向按热压方向流动，当热压小于风压时，自然通风流向按风压方向流动。由于风压受到天气、室外风向、建筑物形状、周围环境等因素的影响，因此建筑师要充分考虑各种因素，使风压和热压作用相互补充，密切配合使用，实现建筑物的有效自然通风。

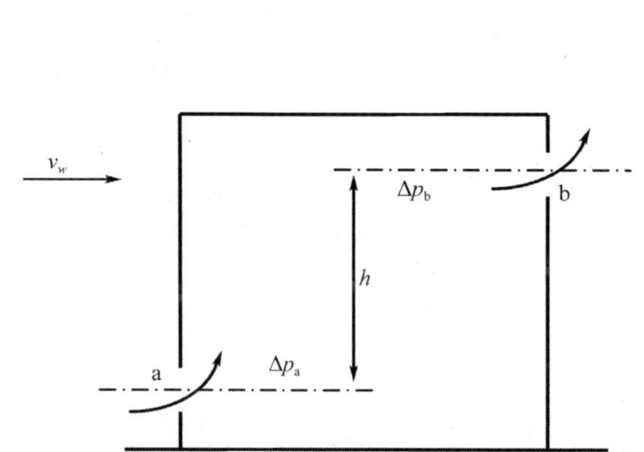

图 5-8 受风压和热压共同作用的建筑物

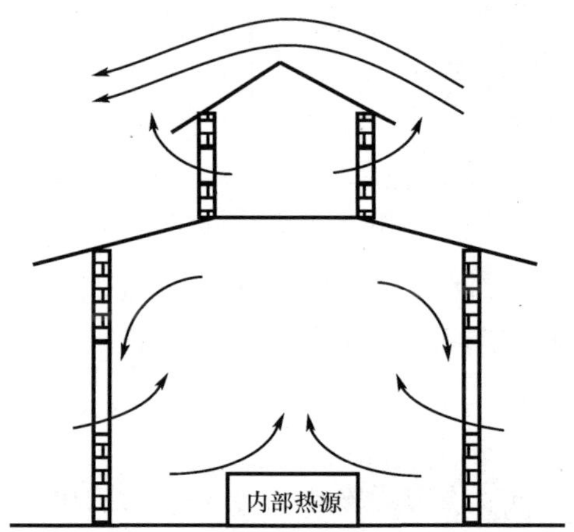

图 5-9 风压和热压共同作用下的自然通风示意图

自然通风无需耗用能量，系统简单，容易实现，被广泛应用于规模较小的工业与民用建筑中。但自然通风也存在一些缺点，如通风量难以控制，受建筑设计和室外环境影响的制约等。

2. 机械通风

依靠机械动力(如风机风压)进行通风换气，其方式有两种：借助机械动力把室外的新鲜空气经过适当的处理送入室内；或把室内的空气经过消毒、除害处理后排至室外或循环送入室内。机械通风不像自然通风那样不确定，故便于控制室内气流。现代建筑物的机械通风大多通过空调系统实现。由于机械通风系统的能耗与建筑物渗透或密闭程度密切相关，所以从节约能量角度考虑，现代建筑设计和施工方式倾向于提高建筑物的密闭性，以减少空气渗透，由此会导致风压和热压作用下的自然通风量减少。

机械通风从实现方法上分为混合通风和置换通风。

1)混合通风

混合通风是把经过处理的空气以较大的送风速度从房间的上部送入房间内，带动室内空气与之充分混合，使得整个空间温度趋于均匀，不出现分层现象，同时室内的污染物被稀释，到达工作区的空气不如送风口的新鲜，如图 5-10 所示。传统的混合通风并不节能，通风效率低，室内空气质量也受到质疑，但系统简单、管理方便，在实际工程中仍被广泛应用。

2) 置换通风

置换通风是将新鲜空气直接送入工作区，并在地板上形成一层较薄的由新鲜空气扩散所形成的空气湖。室内热源产生向上的对流气流，与较凉的新鲜空气一起随对流气流向室内上部流动，从而形成室内空气运动的主导气流。排风口设置在房间的顶部，易于将污染空气排出。由送风口送入室内新鲜空气的温度通常低于室内工作区的温度，较凉的空气由于密度大而下沉到地表面。置换通风的送风速度约为 0.25m/s。由于送风的动量很低，以致对室内主导气流无任何实际的影响。较凉的新鲜空气扩散到整个室内地面并形成空气湖。热源引起的热对流气流使室内产生垂直的温度梯度，在这种情况下，排风的空气温度高于室内工作温度，如图 5-11 所示。由此可见，置换通风的主导气流是室内热源。

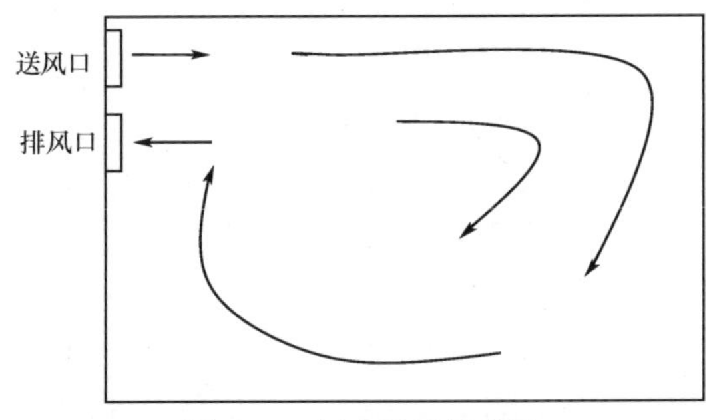

图 5-10　混合通风原理图

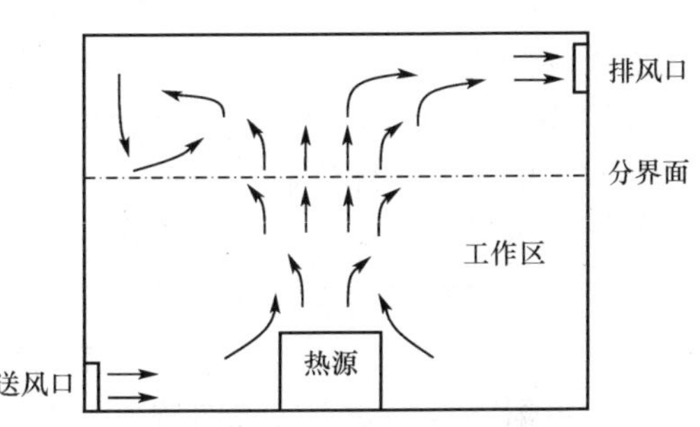

图 5-11　置换通风原理图

置换通风的送风速度为何不能过大？

与传统的混合通风相比：①混合通风是以稀释原理为基础，而置换通风则以浮力控制为动力；②置换通风在室内形成的温度场、速度场和浓度场也具有和其截然不同的特性；③置换通风能使室内工作区获得较好的空气质量和热舒适性并且具有较高的通风效率。该通风方式已在工业建筑及民用建筑中得到较为广泛的应用。

5.2.3　空气净化技术原理

空气净化技术是指将空气中的污染物去除或分解的一种技术。目前空气净化技术有很多种，主要有过滤净化、吸附净化、光催化净化、化学吸收、负离子净化、等离子体技术、紫外线消毒净化、臭氧净化等。下面一一介绍。

1) 过滤净化技术

空气过滤净化技术是目前应用比较广泛的一种技术，它主要是应用空气过滤设备控制粉尘微粒的污染，或通过空气循环过滤将空气中的悬浮颗粒物捕集下来，以改善室内的空气质量，保护环境及人类的身体健康。主要包括筛滤作用、惯性碰撞、拦截作用、扩散作用、静电作用等过程。

室内空气净化中的过滤设备主要是过滤器，过滤器按过滤效率的高低可分为三类，即粗效过滤器、中效过滤器和高效过滤器。其中粗效过滤器主要用于过滤粒径在 10μm 以上的颗粒物，中效过滤器用于粒径为 1～10μm 的悬浮颗粒物的过滤，而高效过滤器则用于过滤前两者都很难滤掉的 1μm 以下的微粒。图 5-12 是几种常见的过滤器，主要应用在洁净室、超净工作台空气净化系统，在空调通风除尘及其他领域也得到广泛应用。

(a) 粗效过滤器

(b) 中效过滤器

(c) 高效过滤器

图 5-12　几种常见过滤器

2) 吸附净化技术

吸附净化技术是一种比较传统和使用广泛的空气净化技术。它是利用一些多孔性的吸附剂对空气中的有害气体物质进行吸附，使其吸附于固体表面，从而达到净化空气的目的。

吸附根据其原理分为物理吸附和化学吸附。空气净化常用的物理吸附剂主要有活性炭、分子筛等，化学吸附剂主要有高锰酸钾浸渍过的氧化铝等。

采用吸附净化技术时要注意，当室内循环空气的有机污染物浓度低于吸附剂表面的有机污染物浓度时，污染物会脱离吸附剂散发到室内空气中。因此，吸附剂在吸附达到饱和后，需采用脱附才能恢复其吸附性能，否则会严重影响吸附效率甚至出现二次污染。

3) 光催化净化技术

光催化净化技术是近年来兴起的一种高科技前沿净化技术。催化法是在催化剂的作用下，将有害气体氧化分解成无害物质。光催化剂在紫外光的照射下，产生具有强氧化能力的空穴，其能量相当于 15000K 的高温，可以直接杀灭细菌和彻底分解有机物生成 CO_2 和 H_2O 等无机无害小分子。光催化技术是一种低温深度氧化技术，可以在室温下将空气中的有机污染物完全氧化为 CO_2 和 H_2O，同时还具有安全、防腐、除臭、杀菌等功能。但是光催化净化技术会产生臭氧等副产物，是需要解决的重要问题。

4) 化学吸收技术

用溶液、溶剂或清水吸收工业废气中的有害气体，使其与废气分离的方法称为吸收法。化学吸收法是通过化学反应将污染物转化成无害的物质。这种方法在工业生产上的应用很广泛，但是应用于室内空气净化很少。近年来的研究表明，采用化学吸收技术对甲醛的去除有很好的效果，可见它也是室内空气净化的一个比较有研究价值的领域。

5) 负离子净化技术

负离子俗称空气中的“维生素”。负离子发生器可产生大量的负离子，负离子可以吸附空气中带正电的悬浮微粒和空气中过多的正离子，如灰尘、烟雾、废气，使其落地成为尘埃，解决家居空气污染；另一方面负离子本身也具有消毒和杀菌的作用，可以使细菌蛋白质表层电性两极发生颠倒，促使细菌死亡，对人体的健康十分有益。虽然负离子净化技术效果明显，但负离子吸附悬浮颗粒物后会落在室内的墙面或家具表面，引发二次污染，且负离子发生器在产生负氧离子的同时也会产生对人体有害的负氮离子。

6) 等离子体技术

近年来，低温等离子体应用于污染控制成为一个新兴的交叉学科。其基本原理是利用极不均匀电场，形成电晕放电，产生等离子体，其中包含大量电子和正负离子以及“—O”和“—OH”等活性粒子，它们与空气中的污染物发生非弹性碰撞，附着在上面，使其分解成单质原子或 CO_2 和水，从而净化空气。该技术对于汽车尾气排放的颗粒物、氮氧化物等具有显著的去除效果，但不能彻底降解污染物，往往伴有其他副产物及臭氧的产生，容易引起二次污染，所以运用该技术还有待进一步深入研究。

7) 紫外线消毒净化技术

紫外线为一种电磁辐射波，它有广谱杀菌作用，能杀灭细菌繁殖体、真菌、病毒等微生物。紫外线消毒净化技术是利用 C 波段紫外光(253.4nm)辐射光穿透微生物的细胞膜和细胞核，破坏 DNA 的分子键，使其失去复制能力或活性，达到消毒杀菌的目的。影响紫外线消毒效果的因素主要为紫外线辐射波长、微生物种类和数量、照射时间等。紫外线消毒装置平均去除空气中细菌效率能达到 84%以上。由于紫外线对人体刺激性大，故该法不适用于有人的场所消毒。目前应用紫外杀菌的设备主要是紫外灯，多用于医院消毒。

8) 臭氧净化技术

臭氧净化技术是将臭氧直接与室内空气混合或将臭氧直接释放到室内空气中，利用臭氧极强的氧化作用，达到灭菌消毒的目的。由于将臭氧直接释放到空气中，整个室内空间及该空间的所有物品周围，都充满了臭氧气体，因而消毒灭菌范围广，应用非常方便。臭氧除了具有灭菌消毒作用外，因其强氧化性还可快速分解带有臭味及其他气味的有机或无机物质，所以它还具有消除异味的作用。

臭氧发生器是用于制取臭氧气体的装置。臭氧易于分解，无法储存，需现场制取现场使用，所以凡是能用到臭氧的场所均需使用臭氧发生器。臭氧发生器应用时一般应注意以下几点。

(1) 放置高处。臭氧密度比空气大，放置高处有利于臭氧的散播。

(2) 湿度适当。臭氧的灭菌效果在湿度为 50%～80%条件下效果最理想，这主要是病毒、细菌在高湿条件下细胞壁较疏松，易被臭氧穿透杀灭，在湿度低于 30%时效果较差。

(3) 控制臭氧浓度。控制浓度是空气臭氧发生器使用的关键，不同的用途应有不同浓度和时间来配合。一般的除味、除臭、吸臭、氧化空气等浓度一般不超过 $98\mu g/m^3$；室内灭菌消毒一般控制在 $0.196 \sim 1.96\mu g/m^3$。

与一般的紫外线消毒相比，臭氧具有很强的灭菌效果，有研究表明臭氧可在 5min 内杀死 99%以上的繁殖体。同时臭氧也起到除臭的目的，许多室内空气净化器都以臭氧的强氧化性为原理，将空气中的有机物氧化，以达到净化空气的目的。但由于臭氧的强氧化性，过高的臭氧浓度对人体健康有危害作用。一般认为臭氧吸入体内后，能迅速转化为活性很强的自由基——超氧基(O_2^-)，主要使不饱和脂肪酸氧化，从而造成细胞损伤。臭氧可使人的呼吸道上皮细胞脂质过氧化过程中生成的四烯酸增多，进而引起上呼吸道的炎症病变。研究表明接触 $176.4\mu g/m^3$ 臭氧 2h 后，肺活量、用力肺活量和第一秒用力肺活量显著下降；浓度达 $294\mu g/m^3$ 时，80%以上的人感到眼和鼻黏膜刺激，100%出现头疼和胸部不适。臭氧浓度在 $3.92mg/m^3$ 时，短时间接触即可出现呼吸道刺激症状、咳嗽、头疼；严重的会导致人体皮肤癌变和肺气肿。我国《室内空气质量标准》规定室内臭氧浓度限值为 $0.16mg/m^3$(1h 均值)。

9）生物净化技术

生物净化技术主要是利用微生物(如多孔填料表面覆盖的生物膜)与有机废气接触而发生生物化学反应，从而将其完全分解成为二氧化碳和水。国外已经广泛利用生物过滤技术来处理低浓度、高流量的挥发性有机污染物和臭味气体。生物净化技术耗能小，工艺简单，便于维护，且不易产生二次污染，是比较理想的空气净化方法。但生物净化技术过程缓慢，且需要有一定的生物知识才可维护。

10）植物净化技术

室内污染物质可通过植物叶片背面的微孔通道被吸入植物体内，植物根部共生的微生物能自动分解污染物并将其转化为自身的养分。利用环保型植物吸收室内装修带来的污染气体，是当今研究的热点之一。

室内种植花卉植物，有利于人体健康。一些植物花卉具有特殊功能，可以吸收室内空气中的一些有害物质，因此可以用来净化室内空气，起到“空气净化器”的作用。例如，吊兰和虎皮兰能吸收氮氧化物、甲烷、一氧化碳和甲醛等有害气体；肾蕨、贯众能吸收一氧化碳和甲烷气体等。

室内花卉植物也具有两面性。通过研究两种常见家居植物在相对密封环境中对甲醛的耐受性和去除作用，家庭常用植物虎尾兰的甲醛耐受性较高，即使在密闭条件下亦可长期保持良好的生长状况。同时监测了植物 VOC 的释放状况。结果表明，在密闭条件下，植物在吸收甲醛的同时，可能也会释放出 VOC，抵消了植物去除甲醛的良好效果。我们日后在选择室内植物培养时，应同时注意此种次级污染效果。至于室内植物吸收甲醛与释放 VOC 间的关联和生化机理，仍待更深入的科学研究去阐释。

目前室内空气净化技术种类繁多，但各有优缺点，因此将各种技术融合在一起，取长补短成为一种趋势。现在已经有很多不同技术组合的空气净化装置被研发和应用。

5.3 室内空气质量评价方法

室内空气质量近年来已得到人们的广泛关注。按美国《满足可接受室内空气质量的通风》ASHRAE(62—1989)中所作的定义：良好的室内空气质量应该是“空气中没有已知的污染物达到公认的权威机构所确定的有害物浓度指标，并且处于这种空气中的绝大多数人(≥80%)对此没有表示不满意”。在修订版 ASHRAE(62—1989R)中，可接受的室内空气质量定义：空调房间中绝大多数人没有对室内空气表示不满意，并且空气中没有已知的污染物达到了可能对人体产生严重威胁的浓度。感知室内空气质量定义：空调房间中绝大多数人没有因为气味或刺激性物质而表示不满。对空气质量的描述涵盖了客观指标和人的主观感受两方面的内容，是比较科学的。

室内空气质量的评价目的：①掌握室内空气质量状况和变化趋势，以开展室内污染的预测；②评价室内空气污染对健康的影响，以及室内人员接受的程度，为制定室内空气质量标准提供依据；③弄清污染源与室内空气质量的关系，为建筑设计、卫生防疫、控制污染提供依据。

5.3.1 评价方法

现阶段国内外采用的室内空气质量评价方法大致分为三大类：客观评价、主观评价、主观评价与客观评价相结合。

1) 主观评价

主观评价是指依靠人们在给定的环境中的自我感觉来评价室内空气中长期低浓度污染的。主观评价主要有两个方面工作，一是表达对环境因素的感觉；二是表达环境对健康的影响。感觉，是属于心理学的范畴，它有时会受到一些不相干因素的干扰，但进行感觉效应定性方面的评价(如气味的性质)是很方便的，能够公正、合理、科学地做出主观的判断，尤其是在缺乏确定某些污染物可接受性的客观评价手段时，对于可接受性的判断只能来自于公正的主观评价。人体是一个很灵敏的传感器，对于空气中低浓度的污染物的刺激也能感受出来。并且我们研究室内空气质量的目的就是要在建筑内创造出令人们满意的舒适、健康的环境，所以室内空气质量的主观评价就是人们对室内空气质量是否满意，是否能接受调查，是否符合空气质量的定义。当大多数人都对该室内空气质量满意时，室内空气质量才是合格的。

2) 客观评价

客观评价的依据是人们受到的影响与各种污染物浓度、种类、作用时间之间的关系，同时还利用了空气龄、换气效率、通风效率等概念和方法。由于室内往往是低浓度污染，这些污染物长时间作用于人体的危害还不太清楚，它们影响人体舒适与健康的剂量和阈值也不清楚。大量的测试数据表明，室内这些长期低浓度的污染即使在室内空气质量状况恶化、室内人员抱怨频繁时也很少有超标的。

室内空气环境客观评价的方法有多种。空气质量指数法选取了 CO_2、CO、SO_2、NO_x、甲醛、可吸入颗粒物、菌落数 7 项室内空气质量评价指标。其中 CO、SO_2、NO_x、可吸入颗粒物为室内环境烟雾的评价指标；CO_2 在以人为主要污染物的场合，可作为室内气味或其他有害物质污染程度的评价指标，也是反映室内通风情况的评价指标；甲醛是反映 VOC 对室内空气污染的主要指标；菌落数则是作为室内空气细菌学的评价指标。

空气质量指数法涉及的参数有 4 个，分别为各污染物分指数、算术叠加指数 P、算术平均指数 Q、综合指数 I。其中各大污染物分指数被定义为污染物浓度 c_i 与标准上限值 s_i 之比，反映某个污染物浓度与其标准上限值的距离。由分指数有机组合而成的评价指数能够综合地反映室内空气质量的优劣。借用算术平均指数及综合指数作为主要评价指数，算术叠加指数作为辅助评价指数。

算术叠加指数 P 为如下的各大分指数的叠加

$$P=\sum\frac{c_i}{s_i} \tag{5-15}$$

算术平均指数 Q 表示为如下的各分指数的算术平均

$$Q=\frac{1}{n}\sum_{i=1}^{n}\frac{c_i}{s_i} \tag{5-16}$$

综合指数 I 则兼顾最高污染分指数和平均分指数

$$I=\sqrt{\left(\max\left|\frac{c_1}{s_1},\frac{c_2}{s_2},\frac{c_3}{s_3},\cdots\right|\right)\left(\frac{1}{n}\sum\frac{c_i}{s_i}\right)} \tag{5-17}$$

以上各项指数能较为全面地反映室内的平均污染水平和各种污染物在污染程度上的差

异，并可据此确定室内空气的主要污染物。一般认为分指数的综合指数在 0.5 以下是清洁环境，此时室内空气质量等级为 I 级，可获得室内人员最大的接受率。综合指数与室内空气质量等级间的关系及其特征，如表 5-2 所示。

表 5-2　室内空气质量分级

综合指数 I	室内空气质量等级	等级评语	特点
≤0.49	Ⅰ	清洁	适宜于人类生活
0.50～0.99	Ⅱ	未污染	各大环境要素的污染均不超标，人类生活正常
1.00～1.49	Ⅲ	轻污染	至少有一个环境要素的污染物超标，除了敏感者外，一般不会发生急、慢性中毒
1.50～1.99	Ⅳ	中污染	一般有 2～3 个环境要素的污染物超标，人群健康明显受害，敏感者受害严重
≥2.00	Ⅴ	重污染	一般有 3～4 个环境要素的污染物超标，人群健康受害严重，敏感者可能死亡

3) 主观评价与客观评价相结合

主观评价与客观评价相结合的综合评价方法采用三个过程：客观评价、主观评价和背景调查。

客观评价是直接采用室内污染物指标来评价空气质量的方法，以此来反映出室内空气质量的不同程度。通常选用 CO_2、CO、甲醛、可吸入颗粒物、氮氧化物、SO_2、细菌总数、温度、相对湿度、风速、照度及噪声共 12 个指标来全面地、定量地反映室内空气质量的状况。

主观评价是指利用人的感觉器官进行描述和评价，一是表达人对环境因素的感觉，即室内者对室内空气的满意率和感受程度；二是表达环境对健康的影响，即在室内者的症状及表现程度，并采用国际通用的调查表，保证评价数据的可靠性。

背景调查主要是排除非室内空气质量因素所引起的干扰，即排他性调查和个人资料调查，有利于正确判断。

最后综合三方面资料，进行分析、统计、评定，作出仲裁，提出整改对策和措施。

主观评价虽然充分考虑了人对室内空气质量的主观感受，但主观感受与很多因素有关如室内的装修情况、受访人员的身体状况等，并且一些无色无味的有害物，室内人员在短期内无法察觉，严重干扰了室内空气质量的评判结果。客观评价得出的数据有利于人们更加可靠地评判室内空气质量的好坏，但忽略了主体人的感受。主观评价与客观评价相结合的方法兼具主观评价的直接性和客观评价的可靠性，是目前最为合理的评价方法。

5.3.2　评价指标

1) 主观评价指标

为了能够定量地描述一定气味污染下人的接受程度，Fanger 教授提出了两个主观评价指标。

(1) 感知负荷。表示室内污染源的强弱，单位为 olf，被一个标准人引起的感知污染负荷被称为 1olf。

(2) 感知空气质量 PAQ。表示在一定的通风量情况下人对室内污染源的感觉，单位为 pol。1pol 表示在一个空间内，1olf 的感知负荷的源，在通风量 1l/s 下的感知空气质量。

运用感知空气质量 PAQ 和对空气质量的不满意率 PD 来评价室内空气质量。

$$\mathrm{PAQ}=112\left[\ln(\mathrm{PD})-5.98\right]^{-4} \tag{5-18}$$

2) 客观评价指标

在远离工业区的地方，空气给人们的印象是“新鲜”的。但是通过分析表明，其中也含有大量的各种有机化合物。拥有多种污染源的室内空气中，各种有害物成分就更多了。因此，必须确定有关污染物成分在人体呼吸的空气中的允许浓度标准。这是一件很不容易做的工作，因为对人类处在污染危险非常小的情况下所产生的深远影响和后果的调查研究工作是一个很复杂的课题。即使是对吸烟和肺癌这两个相互有关联的危险进行调查，在危险确定之前也需要做大量流行病学方面的研究。因此必须认识到不同污染物允许浓度的标准体现了根据当时可利用的资料信息所做出的最佳决定，随着更多资料的利用，进一步修改也就有了可能和必要。在确定污染物允许浓度标准时，使用最广的概念是阈值。所谓阈值，就是空气中传播的物质的最大浓度，日复一日地停留在该浓度下的所有工作人员几乎均无有害影响。因为人们的敏感性变化很大，所以即使是浓度处在阈值以下，还是会有少数人由于某种物质的存在而感到不舒适。阈值一般有如下三种定义。

(1) 工作日或工作周的时间加权平均阈值。它表示 8h 工作日或 35h 的工作周的时间加权平均浓度值，长期处于该浓度下的所有工作人员几乎均无有害影响。

(2) 短期暴露极限阈值。它表示工作人员暴露时间为 15min 以内的最大允许浓度。

(3) 最高限度阈值。它表示即使是瞬间也不应超过的浓度。

我国的第一部室内空气质量标准《室内空气质量标准》(GB/T 18883—2002) 中对各种污染物含量的控制指标作了相关规定，见表 5-3。

表 5-3　室内空气质量标准

序号	参数类别	参数	单位	标准值	备注
1	物理性	温度	℃	22～28	夏季空调
				16～24	冬季采暖
2		相对湿度	%	40～80	夏季空调
				30～60	冬季采暖
3		空气流速	m/s	0.3	夏季空调
				0.2	冬季采暖
4		新风量	m^3/(h・人)	30	
5	化学性	二氧化硫 SO_2	mg/m^3	0.50	1h 均值
6		二氧化氮 NO_2	mg/m^3	0.24	1h 均值
7		一氧化碳 CO	mg/m^3	10	1h 均值
8		二氧化碳 CO_2	%	0.10	日平均值
9		氨 NH_3	mg/m^3	0.20	1h 均值
10		臭氧 O_3	mg/m^3	0.16	1h 均值
11		甲醛 HCHO	mg/m^3	0.10	1h 均值

续表

序号	参数类别	参数	单位	标准值	备注
12	化学性	苯 C_6H_6	mg/m^3	0.11	1h 均值
13		甲苯 C_7H_8	mg/m^3	0.20	1h 均值
14		二甲苯 C_8H_{10}	mg/m^3	0.20	1h 均值
15		苯并[a]芘 B(a)P	mg/m^3	1.0	日均值
16		可吸入颗粒物 PM10	mg/m^3	0.15	日均值
17		总挥发性有机物 TVOC	mg/m^3	0.60	8h 均值
18	生物性	细菌总数	cfu/m^3	2500	依据仪器定
19	放射性	氡 Rn	Bq/m^3	400	年平均值(行动水平)

一般来说，标准中所定污染物限制的高低与该国家或地区的发达程度有关，发达程度越高、经济条件越好的国家，污染物浓度限制要求越严格。考虑我国具体国情，在充分学习和吸收国外经验的同时，还需要进行大规模的现场调研以确定污染物的种类、发生率及平均的污染水平，了解暴露-效应关系，确定可接受的效应水平，以制定适合我国的室内空气质量标准。

5.4 建筑环境的气流分布特性

在一定的送回风形式下，建筑内部的气流会形成某种具体的风速分布、温度分布、湿度分布、污染物浓度分布，又称速度场、温度场、湿度场、污染物浓度场。

5.4.1 室内气流组织

气流组织就是在空调房间内合理地布置送风口和回风口，使得经过净化和热湿处理的空气，由送风口送入室内后，在扩散与混合的过程中，均匀地消除室内余热和余湿，从而使工作区形成比较均匀而稳定的温度、湿度、气流速度和洁净度，以满足生产工艺和人体舒适的要求。同时由回风口抽走空调区内空气，将大部分回风返回到空气处理机组，少部分排至室外。尽管送风形式多种多样，但其最终目的都是在室内形成合理的气流组织，保证室内的污染物能够及时排除，进而保证室内空气的新鲜度及人员热舒适的要求。

5.4.2 室内空气分布的描述

1) 不均匀系数

该方法是在工作区内选择 n 个测点，分别测得各点的温度 t_i 和风速 v_i，求其算术平均值

$$\bar{t}=\frac{\sum t_i}{n},\quad \bar{v}=\frac{\sum v_i}{n} \tag{5-19}$$

均方根偏差

$$\sigma_t=\sqrt{\frac{\sum\left(t_i-\bar{t}\right)^2}{n}},\quad \sigma_v=\sqrt{\frac{\sum\left(v_i-\bar{v}\right)^2}{n}} \tag{5-20}$$

不均匀系数

$$k_t=\frac{\sigma_t}{\overline{t}}\text{，}\quad k_v=\frac{\sigma_v}{\overline{v}} \tag{5-21}$$

显然，k_t、k_v 越小，则气流分布的均匀性越好。

2) 空气龄

空气的新鲜状况，可以用房间的换气次数来描述。对于某一微元体空气而言，也可以用这个微元体空气的换气次数来衡量。但换气次数并不能表达真正意义上的空气新鲜程度。而空气龄这个概念恰好能够反映出这一点。所谓空气龄，从表面意义上讲是空气在室内被测点上的停留时间，而实际意义是指旧空气被新鲜空气所代替的速度。空气龄分为房间平均的空气龄和局部的(某一测点上的)空气龄。最新鲜的空气应该是在送风口的入口处，空气刚进入室内时，空气龄为零。此处空气停留时间最短(趋近于零)，陈旧空气被新鲜空气取代的速度最快。而陈旧空气有可能在室内的任何位置，这要视室内气流分布的情况而定，最陈旧空气往往出现在气流的“死角”上，此处空气停留时间最长，陈旧空气被新鲜空气取代的速度最慢，如图 5-13 所示。

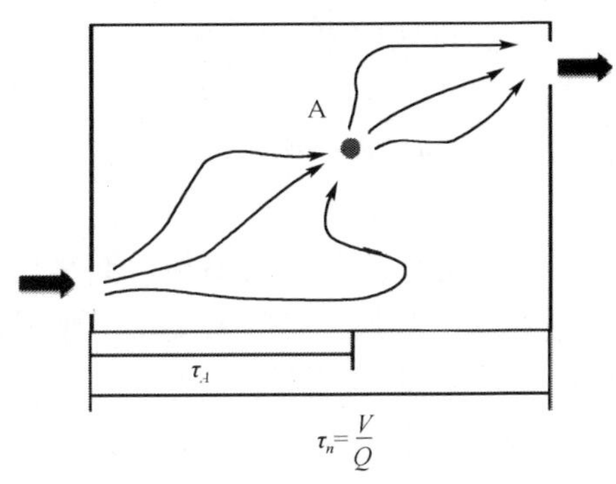

图 5-13　空气龄示意图

小思考

空气龄大的空气更新鲜还是空气龄小的空气更新鲜?

空气龄优于换气次数的另一个方面在于能够被确切地测量出来。对于室内气流分布情况及空气出入口不十分确定的自然通风房间的空气龄，常用示踪气体浓度自然衰减法来测定。这种测量首先在室内释放一定量的示踪气体，然后根据需要，在不同的地点进行采样检测，测量其浓度的衰减过程。以初始的示踪气体浓度为 100%，则其浓度将随时间而下降。浓度与时间的关系曲线与坐标轴所围的面积，就是反映该点的空气新鲜程度，如图 5-14 所示。

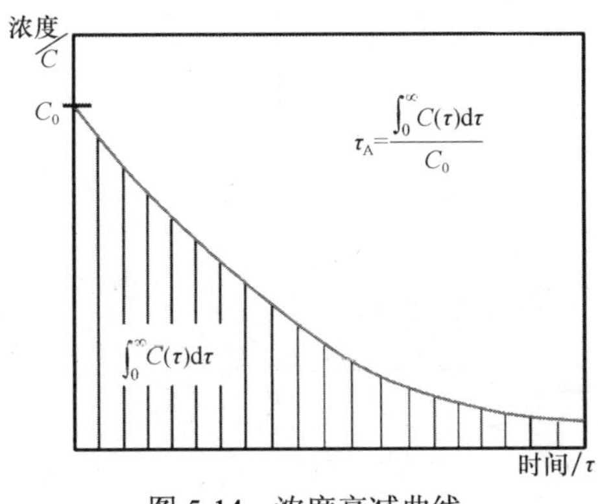

图 5-14　浓度衰减曲线

故某一测点 A 空气龄的定义式为曲线下面积与初始浓度之比，其表达式为

$$\tau_A=\frac{\int_0^\infty C(\tau)\mathrm{d}\tau}{C_0} \tag{5-22}$$

式中，C_0 为 A 点的初始浓度；$C(\tau)$ 为瞬时浓度。

室内空气平均年龄为

$$\overline{\tau}=\frac{\int_0^{\infty}\tau C_P(\tau)\mathrm{d}\tau}{\int_0^{\infty}C_P(\tau)\mathrm{d}\tau} \tag{5-23}$$

式中，C_P 为排出空气浓度。

置换室内全部现存空气的时间 τ_γ，即(换气时间)是室内平均空气龄的 2 倍，即 $\tau_\gamma=2\overline{\tau}$ 。

空气通过房间所需最短时间是房间容积 V 与单位时间换气量 G 之比，该时间定义为名义时间常数 τ_n，$\tau_n=\dfrac{V}{G}$ 。

需要说明的是，房间的送风和气流组织有三种典型的方式。一种是所谓的活塞流(单向流)，空气入口处的空气最新鲜，出口处最为陈旧，这种方式的房间平均空气龄为出口处的 1/2。第二种是完全混合流，此时室内平均浓度就等于排风口处的浓度。这两种情况都是极端的。第三种是介于这两种情况之间的非完全混合流。这种流动的空气入口处的空气也最为新鲜，出口处的空气龄要高于房间平均的空气龄，在气流的死角处，空气最为陈旧。只有单向流送风时，其换气时间 $\tau_\gamma=\tau_n$，其他情况都是 $\tau_\gamma>\tau_n$。

3) 换气效率

换气效率是衡量换气效果优劣的指标，是气流自身的特性，与污染物无关。

理论上最短的换气时间 τ_n 与实际的换气时间 τ_γ 之比定义为换气效率 ε，即 $\varepsilon=\dfrac{\tau_n}{\tau_\gamma}=\dfrac{\tau_n}{2\overline{\tau}}$ 。

显然换气效率随换气时间 τ_γ 的增长而降低。一般混合通风 ε=50%，而置换通风 ε=50%～100%。换气效率 ε=100%只有在理想的活塞流时才有可能，如图 5-15 所示。工程设计时通常要求 $\varepsilon>$50%。

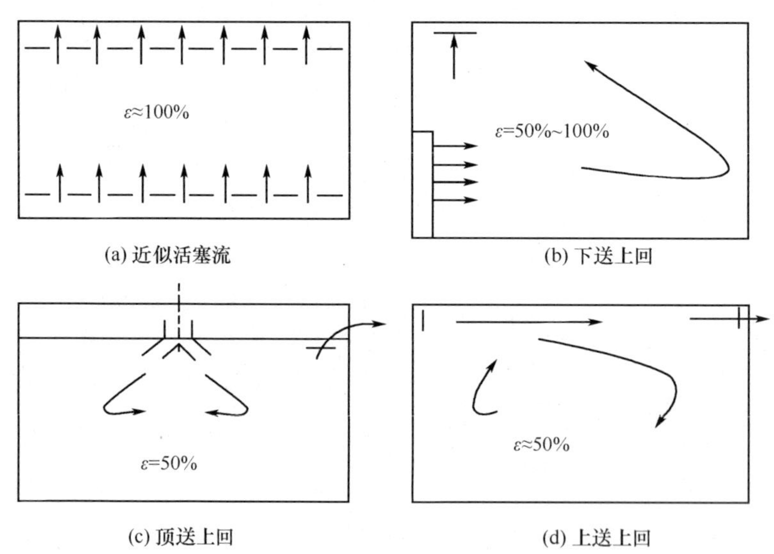

(a) 近似活塞流　(b) 下送上回　(c) 顶送上回　(d) 上送上回

图 5-15　不同送风方式的换气效率

4) 通风效率

通风效率表示排除污染物能力的指标。

通风效率 E 为排风口处污染浓度 C_P 与室内平均浓度之比，其物理意义是指移出室内污染物的迅速程度，$E=\dfrac{C_P}{\overline{C}}$。上式是以进风浓度 $C_0=0$ 为条件，否则应为$E=\dfrac{C_P-C_0}{C-C_0}$。

进一步分析，通风效率也可用空气龄和污染气流排出时间来表示，可以列出下面恒等式

$$\overline{C}V=\overline{\tau_P^c}M_c \tag{5-24}$$

式中，$\overline{C}$ 为室内平均浓度；V 为房间容积；$\overline{\tau_P^c}$ 为排空时间；M_c 为污染物单位时间发生量。

用换气量 G 除以式(5-24)，并注意到 $M_c/G=C_P$ 的关系，可得

$$E=\frac{C_P}{\overline{C}}=\frac{\tau_n}{\overline{\tau_P^c}} \tag{5-25}$$

当污染物流直接流向排出口时，则排出时间 $\overline{\tau_P^c}$ 最短。因此，比较接近活塞流的置换通风的 $\overline{\tau_P^c}$ 值往往远远低于 τ_n 值，故其通风效率较高，实验表明 E=1～4，而混合通风 $E\approx1$ 中的 E 指平均效率。排污效率除了与气流组织有关，还与污染物的特点，如污染物的位置和密度等有关。在一般情况下，污染源越接近排风口，则通风效率越大；反之，越接近 1。如果存在短路现象，则在某些位置上通风效率也会小于 1。

小思考

在理想的活塞流通风的作用下，分析污染源位于室内不同位置时的排空时间和通风效率。①污染源位于进风口处；②污染源位于正中部；③污染源位于排风口处。假设通风断面上的污染物浓度相同。

5）能量利用系数

考察气流分布方式的能量利用有效性，用能量利用系数 η 来表达，即

$$\eta=\frac{t_P-t_0}{t_n-t_0} \tag{5-26}$$

式中，t_P、t_n、t_0 分别为排风温度、工作区空气平均温度和送风温度(℃)。

当 $t_P<t_n$ 时，$\eta<1$；$t_P>t_n$ 时，$\eta>1$。

值得指出的是，下送风上排风方式的 η 值大于 1，且具有较高的通风效率，这是该种通风方式受到重视并在一些国家应用的主要原因。

小思考

分析图 5-15 中的四种送风方式的能量利用系数有何不同。

5.4.3　室内气流分布的预测与测量

1. 室内气流分布预测

室内气流分布预测是在送风口的几何形状和位置、送风口风速、送风温差和排风口位置等条件都已知的情况下，得到室内气流分布及温度分布、浓度分布等特征，从而对所研究的建筑室内热环境、空气质量和通风效率进行分析和评价。

目前在暖通空调工程中，预测室内空气分布所采用的方法主要有四种：射流公式(混合通

风)、区域模型法(Zonal Model)、模型实验法和 CFD 模拟法。

用于气流分布预测的射流公式大多是半经验公式，即从理论上推导出公式的基本形式，再通过实验得到公式中系数的取值规律(通常整理成表格或曲线)。经过大量的工程实践检验，证明这些半经验公式是简便快捷的。但通过它们只能得到空间气流分布的总体形势，具体分布情况是模糊的。

区域模型法的基本思想是将空间划分为一些有限的宏观区域(如 6mm×2mm×10mm)，认为区域内的相关参数(如温度、浓度等)相等，而区域间存在热质交换，通过建立质量和能量守恒方程并充分考虑区间压差和流动的关系来研究空间内的温度分布及流动情况。对不同的区域划分法，学者提出了不同的模型，如 Block 模型、Zonal 模型等。利用建议模型建立的三维模型能够预测自然通风、混合通风情况下房间内的空气温度、速度、质量流量、热舒适、壁面导热及有向流动等问题。模拟得到的结果实际上是一种相对精确的集总结果。

模型试验是借助相似理论，在等比例或缩小比例的模型中通过测量手段对室内空气的分布做出预测。模型实验不需要依赖经验理论，是最可靠的方法，但也是最昂贵、周期最长的方法。因为搭建实验模型耗资很大，如有的文献中指出单个实验通常耗资 3000～20000 美元，而对不同工况条件，可能还需要多个实验，耗资更多。

CFD 模拟方法的基本思想是将空间上连续的计算区域划分为许多子区域，确定每个区域上的节点，即生成网格，其网格数要远远大于简易模型法划分的区域，然后将描述问题的控制方程离散为各个节点上的非线性代数方程组。在单值性条件的约束下，迭代求解离散所得的代数方程组。最后得到计算区域的详细信息，如温度、速度、浓度等。这种手段能获得室内空气分布的详细信息，并且通过计算机设置能容易地模拟各种工况条件。

采用基于区域模型的预测方法属于宏观预测，相当于校核计算；采用基于 CFD 模拟的预测方法属于微观预测，是目前较为热门的预测方法。

总的来说，CFD 方法耗时比射流法、区域模型法长，也较昂贵。但相比模型实验而言，CFD 方法在时间、代价上都是较经济的。由于 CFD 方法能获得流场的详细信息，因此如果预测的准确性能够保证，那么 CFD 方法是最理想的室内空气分布预测手段。但采用 CFD 直接进行工程设计，对于实际建筑来说，有的工程在目前的计算条件下，耗时很大，设置难以实现。若设计者对各种设置条件没有经验时，还需多次进行试算，设计周期较长，而此时分析模型法则较为实用。

CFD 具有成本低、速度快、资料完备且可模拟各种不同的工况等独特的优点，故其逐渐受到人们的青睐。表 5-4 给出了四种室内空气分布预测方法的比较。

表 5-4　四种室内空气分布预测方法的比较

预测方法比较项目	射流公式	Zonal 模型	CFD 模型	模型实验
房间形状复杂程度	简单	较复杂	基本不限	基本不限
对经验参数的依赖性	几乎完全	很依赖	一些	不依赖
预测成本	最低	较低	较昂贵	最高
预测周期	最短	较短	较长	最长
结果的完备性	简略	简略	最详细	较详细

续表

预测方法比较项目	射流公式	Zonal 模型	CFD 模型	模型实验
结果的可靠性	差	差	较好	最好
适用性	机械通风，且与实际射流条件有关	机械和自然通风，一定条件	机械和自然通风	机械和自然通风

可见，就目前的四种理论预测室内空气分布的方法而言，CFD 方法确实具有无可比拟的优点，且由于当前计算机技术的发展，CFD 方法的计算周期和成本完全可以为工程应用所接受。尽管 CFD 方法还存在可靠性和对实际问题的可算性等问题，但这些问题正逐步得到发展和解决。因此，CFD 方法可应用于对室内空气分布情况进行模拟和预测，从而得到房间内速度、温度、湿度及有害物浓度等物理量的详细分布情况。近几年，用 CFD 方法进行预测的比例越来越高。

利用计算方法对通风系统进行分析评价，对于最终形成良好的、节能的建筑环境具有重要的意义，与现场实测相比，节省大量的人力、物力，由于可在前期设计阶段进行，对于正确合理地提出设计方案有很大的帮助。通风的计算解析主要应达到以下目的。

(1) 选择合适的通风系统。如果考虑自然通风，需要判断仅靠热压和风压作用能否保证必要的通风量；如果考虑机械通风系统，需要确定尽可能节省通风能耗的方案。

(2) 确定通风系统的大小或尺寸，如自然通风的通风口，机械式通风系统的风机和风道等。

(3) 预测或评价建筑物整体、各房间及具体的通风口的风量。

(4) 预测或评价建筑内部的气流分布。

不同的计算方法其计算内容和计算精度等各有不同，主要可分为宏观计算模型和微观计算模型两大类。它们的特点归纳见表 5-5。由表 5-5 可见，宏观计算模型比较适用于设计的初始阶段，由于时间和计算资源的限制，首先通过对建筑内部各参数进行大概的计算预测，确定基本的设计思路。而微观计算模型比较适用于设计的后期阶段，即对于可能出现通风问题的区域进行更细致的解析，从而对风口的大小与布置及通风通路定出更合理的方案。需要指出的是，由于内容的相关性，列举的大多数计算方法除了通风问题外，还可以同时进行热湿环境、空气质量等预测工作。

表 5-5　各计算方法概要

模型分类	宏观计算模型					微观计算模型
	理论分析与半经验模型	室内区域模型	建筑物多区网络通风模型	多区通风-热耦合模型	多区-室内耦合模型	CFD 或 NHT 模型
目的	流动要素，如通风口、羽流、边界流等的解析计算	单室内的气流、温度及污染物分布等	建筑物渗风、通风和污染物扩散的预测及 IAQ 评价等	通过通风与热的耦合计算优化建筑与通风系统的性能	建筑物多区参数与单室分布参数的同步预测	单室气流、温度详细分布及舒适性和 IAQ 预测
计算内容	气流宏观分布、冷热负荷、温度值	单室气流、温度、污染物分布	各房间的渗风与通风量及污染物浓度	建筑冷热负荷、能耗和通风量及通风策略与优化	各房间通风量与单室内各参数	详细的气流、温度和污染物浓度分布
模型软件	半经验公式	POMA、BLOCK、SPARK 等	COMIS、CONTAM、MIX 等	TRNSYS+COMIS、Tas-Flows 等	COMIS+CFD、COWZ 等	FLUENT、PHOENICS、STREAM 等

续表

模型分类	宏观计算模型					微观计算模型
	理论分析与半经验模型	室内区域模型	建筑物多区网络通风模型	多区通风-热耦合模型	多区-室内耦合模型	CFD 或 NHT 模型
计算资源	计算器或个人计算机	个人计算机	个人计算机	个人计算机或工作站	个人计算机或工作站	个人计算机或大型机
计算时间	数分钟	数分钟至 1 小时	数小时	数小时至数十小时	数小时至数十小时	10～100 小时

2. 示踪气体技术

1) 示踪气体法基本原理

根据示踪气体注入和控制方式的不同，示踪气体法细分为以下几类。

(1) 衰减法：将一定量的示踪气体一次性注入测量房间，通过混合达到均匀的室内初始浓度，然后根据示踪气体浓度的衰减情况确定通风量。

(2) 定量发生法：示踪气体始终以一定的流量注入测量房间，如果是变风量的话，室内示踪气体浓度将随时间改变。

(3) 脉冲注入法：示踪气体以很短的脉冲形式注入测量房间并记录浓度测量结果。

(4) 一定浓度法：示踪气体在系统控制下注入测量房间，以维持一个稳定的室内浓度。示踪气体注入量可能随时间改变。与其他方法相比，一定浓度法在设备投资上要大一些。

上面几种方法中衰减法是间接通风量测定法，直接测定的是名义时间常数及换气次数，而其他方法是直接测定通风量。对于变风量问题，除了一定浓度法外的其他测定方法都无法准确测定风量，测量间隔越大，误差越大。

2) 示踪气体的性质及要求

根据示踪气体测量方法的使用场所和使用特点，对示踪气体有如下的要求。

(1) 无毒、无腐蚀性，不易燃、不易爆。

(2) 不与周围空气和物质发生化学反应。

(3) 能够被方便地检查出来，检测手段简单、费用低而且有较高的测量精度。

(4) 密度与空气接近(密度差小，不会产生示踪气体与空气的分层现象)。

表 5-6 列出了几种示踪气体的性质。

表 5-6 示踪气体的性质

气体名称	化学式	与空气的密度比	空气中最大浓度/$\times10^{-6}$
一氧化二氮	N_2O	1.53	640
二氧化碳	CO_2	1.53	640
六氟化硫	SF_6	5.11	83
氟利昂	CF_2Cl_2	4.18	107
三氟溴甲烷	CF_3Br	5.13	83

表 5-6 中的“空气中最大浓度”是指该浓度以下示踪气体的存在不会对原空气流场产生过大的影响。高于该浓度时，示踪气体将破坏空气本身的状态，所测量的结果与实际情况有所不同。目前，以 SF_6 使用最为普遍。在我国，CO_2 的测量技术和价格都很适宜，与空气的

密度差也小，选用 CO_2 作为示踪气体也比较多。但 CO_2 在空气中的背景浓度较高，给测量工作本身带来了一定的复杂性。因此，在测量工作中，应该注意对其背景浓度的测量。氟利昂的价格较高，检测仪器并不是很普遍，尤其是氟利昂的使用，逐渐在国内外受到限制。因此氟利昂不是很好的示踪气体选择对象。另外，研制开发用于示踪气体检测的专用仪器，对于这种测量方法的使用推广非常重要。

5.5　建筑气密性与空气渗透

随着世界能源的日趋紧张，包括发达国家在内的许多国家都十分重视节约能源。许多建筑物都被设计和建造得非常密闭，以防室外的过冷或过热空气影响室内的适宜温度。使用的空调房间也尽量减少新风量的进入以节省能耗。建筑物密闭程度的增加，使得室内污染物不易扩散，增加了室内人群与污染物的接触机会，严重影响了室内的通风换气。室内的污染物不能及时排出室外，在室内造成大量聚积，而室外的新鲜空气也不能正常进入室内，严重恶化了室内空气环境。

5.5.1　建筑气密性

建筑的气密性是指建筑物通过门、窗等缝隙进行室内外空气交换的程度。从我国目前大多数建筑的特点来看，建筑墙体气密性好，外窗气密性差，尤其是普通住宅建筑外窗质量更差，大量采用钢窗和木窗，空气渗透耗能量大大超过了外窗传热耗热量。

建筑的气密性可以通过实验方法测定。一般由实验测量的室内外压差和换气量表示

$$Q=Q_0(\Delta P)^{1/n} \tag{5-27}$$

式中，Q 为换气量(m^3/h)；Q_0 为 ΔP=1Pa 时的换气量(m^3/h)；ΔP 为室内外压差(Pa)；n 为缝隙特征值，层流时 n=1，湍流时 n=2。

从民用建筑室内污染物控制的角度来说，气密性越小，新风量越大，换气率就高，相对的室内污染物浓度就低。一个自然通风的房间，层高 3m，面积 15m^2；双扇平推钢窗，高和宽分别为 1.5m 和 2m；窗户面积与房间地面面积采用 1∶5 的布局设计而成。则房间的气密性和换气次数的关系见表 5-7。

表 5-7　建筑外窗气密性能分级和典型房间换气次数的关系

分级	1	2	3	4
单位缝长分级指标值 q/[m^3/(m・h)]	$3.5<q\leqslant4.0$	$3.0<q\leqslant3.5$	$2.5<q\leqslant3.0$	$2.0<q\leqslant2.5$
换气次数 n/(次/h)	$0.66<n\leqslant0.76$	$0.57<n\leqslant0.66$	$0.47<n\leqslant0.57$	$0.38<n\leqslant0.47$
分级	5	6	7	8
单位缝长分级指标值 q/[m^3/(m・h)]	$1.5<q\leqslant2.0$	$1.0<q\leqslant1.5$	$0.5<q\leqslant1.0$	$0<q\leqslant0.5$
换气次数 n/(次/h)	$0.29<n\leqslant0.38$	$0.19<n\leqslant0.29$	$0.09<n\leqslant0.19$	$0<n\leqslant0.09$

对于公共建筑来说，其建筑外窗气密性最低不应低于 5 级；多层住宅建筑的建筑外窗气密性不低于 3 级；高层住宅建筑(七层以上)的建筑外窗气密性不低于 5 级。

5.5.2　建筑气密性对室内空气环境的影响

在供暖季或空调季，由于室内外温差，空气渗透将增加供暖负荷或空调负荷。对需要采

暖的地区，冬季室内外温差大，冷风渗透造成热量损失，增加了采暖能耗需求。提高气密性能够减少热量损失，降低采暖需要的能耗。夏季室内外温差小，渗透风带来的空调负荷所占总负荷比例很小，提高气密性对于减少空调能耗作用不大。过渡季可以利用自然通风调节室内环境时，高气密性反而不利于通风。相关研究表明，空气渗透引起的热损失占建筑热负荷的 25%～50%。可见，因空气渗透引起的能耗在供暖和空调能耗中所占比例较大。

提高围护结构气密性，冬季可以减少冷空气渗透到室内，减少热损失，能够有效地降低采暖能耗。然而，提高气密性会影响进入室内的新风渗透量，不利于室内空气质量，危害人体健康。为了保证室内通风换气量的要求，只能靠机械通风来解决，而这种做法势必增加风机能耗。从人体健康需求和节能两方面综合考虑，有以下两种通风模式。

(1) 自然通风模式建筑气密性较差的建筑，依靠空气渗透可以满足人体健康要求。

(2) 机械通风模式建筑气密性较好的建筑，只依靠空气渗透不能满足人体健康要求。

近年来随着建筑技术的发展，住宅的气密性有了很大提高。随着人们生活方式的改变，空调的日益普及，门窗密闭性的提高以及装修材料的大量应用，单靠自然通风远不能满足人们对空气质量的要求，尤其是对空调季节门窗紧闭的住宅，采用有组织的通风换气来维持良好的室内空气质量显得越来越必要。

本章小结

本章分别从室外污染、建筑及室内装饰材料、空调系统、人员和宠物几个室内空气污染的主要来源来阐述室内空气污染成因，并指出通过控制污染源，采用通风换气以及空气净化的方式来有效控制室内污染、改善室内空气环境。阐述了从主观和客观两方面来评价室内空气质量。营造合理的室内空气分布可以保证室内的污染物能够及时排除，进而保证室内空气的新鲜度及人员热舒适的要求。简要介绍了建筑物的气密性增强对排出室内污染物和通风换气的影响。

课外自学

自学《室内空气质量标准》(GB/T 18883—2002)和《民用建筑工程室内环境污染控制规范》(GB/T 50325—2010)，两个规范有何区别？

课后习题

1. 室内空气污染有什么特点？主要来源有哪些？
2. 室内空气污染物主要有哪些？对人体有何危害？
3. 室内空气环境的控制方法有哪些？
4. 什么是自然通风，有何特点？
5. 什么是机械通风，有何特点？
6. 常用的空气净化技术有哪些？
7. 什么是室内空气质量？如何进行评价？
8. 什么是气流组织？描述室内空气分布的参数有哪些？
9. 如何进行室内气流分布的预测和测量？
10. 什么是建筑气密性？对室内空气环境有何影响？

知识拓展

1. 查阅相关文献资料，学习怎样检测室内空气中的污染物。
2. 查阅相关文献资料，学习不同空气净化技术组合的应用。
3. 查阅相关文献资料，学习国外室内空气质量的评价方法。

院士简介

扫描二维码，领略专家风采，指引前行之路。

参 考 文 献

白志鹏. 2006. 室内空气污染与防治[M]. 北京：化学工业出版社.

丰晓航，燕达，彭琛，等. 2014. 建筑气密性对住宅能耗影响的分析[J]. 暖通空调，44(2)：5-14.

国家环境保护总局科技标准司. 2002. 室内环境与健康[M]. 北京：中国环境科学出版社.

黄晨. 2016. 建筑环境学[M]. 2 版. 北京：机械工业出版社.

李念平. 2010. 建筑环境学[M]. 北京：化学工业出版社.

李先庭，赵彬. 2009. 室内空气流动数值模拟[M]. 北京：机械工业出版社.

励建荣，王立娜，金毅，等. 2014. 国内外空气净化消毒技术的研究进展[J]. 环境科学与技术，37(6)：204-209.

刘建龙，胡俊红. 2002. 创造舒适的室内空气质量[J]. 株洲工学院学报，16(4)：89-90.

刘建龙，张国强，阳丽娜. 2004. 室内空气质量评价方法综述[J]. 制冷空调与电力机械，25(2)：24-31.

刘剑利，耿世彬. 2004. 室内空气质量的主要影响因素及其改善措施[J]. 洁净与空调技术，(3)：22-27.

刘婧. 2012. 室内空气污染控制[M]. 徐州：中国矿业大学出版社.

沈晋明. 1997a. 创造舒适的室内环境[J]. 暖通空调，27(1)：35-38.

沈晋明. 1997b. 室内空气质量的评价[J]. 暖通空调，27(4)：22-25.

沈晋明. 2002. 我国目前室内空气质量改善的对策与措施[J]. 暖通空调，32(2)：34-37.

王继永. 2014. 空气净化技术在暖通空调系统中的应用[J]. 四川建材，40(2)：297-298.

吴忠标，赵伟荣. 2004. 室内空气污染及净化技术[M]. 北京：化学工业出版社.

杨丰. 2003. 室内空气污染和空气质量控制[J]. 制冷与空调，(2)：9-11.

杨晚生. 2009. 建筑环境学[M]. 武汉：华中科技大学出版社.

姚运先. 2007. 室内环境污染控制[M]. 北京：中国环境科学出版社.

于乃云. 2014. 室内空气质量评价与污染物控制[D]. 青岛：青岛科技大学.

张志强. 2012. 浅析民用建筑气密性对室内污染物浓度的影响[J]. 中小企业管理与科技，(8)：136.

朱天乐. 2003. 室内空气污染控制[M]. 北京：化学工业出版社.

朱颖心. 2016. 建筑环境学[M]. 4 版. 北京：中国建筑工业出版社.

Kim H K，Paadey S K，Kabir E. et al. 2011. The modern paradox of unregulated cooking activities and indoor air quality[J]. Journal of Hazardous Materials，195(1)：1-10.

Meier R，Schindler C，Eeftens M，et al. 2015. Modeling indoor air pollution of outdoor origin in homes of SAPALDIA subjects in Switzerland[J]. Environment International，82：85-91.

Nihel B，Dan P，Eva R，et al. 2015. WHO indoor air quality guidelines on household fuel combustion：Strategy implications of new evidence on interventions and exposure risk functions[J]. Atmospheric Environment，106：451-457.

Younes C，Shdid C A，Bitsuamlak G. 2012. Air infiltration through building envelops：a review[J]. Journal of Building Physics，35(3)：267-302.

Zhang Y D，Mo J H，Li Y G，et al. 2011. Can commonly-used fan-driven air cleaning technologies improve indoor air quality? A literature review [J]. Atmospheric Environment，45（26）：4329-4343.

第 6 章　建筑光环境

本章要点

1. 建筑光环境的基本概念与舒适光环境要素。
2. 天然采光的原理与设计方法。
3. 人工照明的基本理论与设计方法。
4. 建筑光环境模拟软件简介。
5. 建筑光环境与健康。

案例导引

案例一：人民大会堂万人大礼堂及周边厅室照明节能改造示范工程

人民大会堂位于天安门广场西侧，于 1959 年建成，总建筑面积为 171800m^2，最高部分为 46.5m，人民大会堂是全国人民代表大会召开会议的地方，由中央部分的万人大礼堂、北部宴会厅、南部人大办公楼及大礼堂周边厅室组成。万人大礼堂是人民大会堂的主体建筑，东西进深 60m，南北宽 76m，高 32m，主席台台面宽 32m，高 18m。万人大礼堂作为照明节能改造示范工程项目，将原有的白炽灯、节能灯、T8 荧光灯、双绞钨丝反射灯、卤素灯等替换为 LED 灯，通过对大功率 LED 灯的研制开发、合理的照明设计，精心施工和严格的检测验收，全部照明指标均达到了预期目标，整个空间环境亮度适中、舒适怡人，无论是主席台还是观众席，人物均能清晰可见，无眩光感觉，具有明显的节能效益。

万人大礼堂顶部中央是红宝石般的巨大五角星灯，周围有镏金的 70 道光芒线和 40 个葵花瓣，与顶棚 500 多盏满天星灯交相辉映。万人大礼堂的照明光源除演出灯和荧光灯以外，色温全部为 2700K，荧光灯色温为 3000K。观众厅顶部的满天星、葵花瓣以及主席台台口灯采用的 1000W 双绞钨丝反射灯、主席台上的顶光排灯采用的 1000W 防爆卤素灯、观众厅以及主席台采用的 5000W 回光灯等光效低、寿命短、发热量大，消耗的电能大部分转化为热能，增加了空调负荷。万人大礼堂照明节能改造首先要基于安全考虑，灯具的重量要符合要求，其次照明灯具的色温、显色指数、光度指标与原有控制系统要匹配，另外灯具的热学、电学设计、灯具的长寿命及可靠性指标均应满足使用要求。在节能改造替换的各类灯具中，其中 20W 以下的 LED 球泡灯、LED 远程聚光灯(400W、500W)属于成熟的产品。此外，根据大会堂的要求专门开发和研制了 LED 下照式投光灯(200W，用于大礼堂满天星)和 LED 舞台排灯(200W，用于主席台)等各类 LED 灯具。

人民大会堂万人大礼堂及周边厅室照明节能改造工程于 2012 年 8 月完成，检测结果表明，各项照明指标均达到和超过了《建筑照明设计标准》（GB 50034—2013）和招标文件的要求，照明用电量也有大幅度降低。改造后大礼堂及周边厅室的水平照度均超过 GB 50034—2013 规定的 300lx。大礼堂主席台的平均水平照度为 1010lx；观众席的平均水平照度为 505lx；观众席主要区域的水平照度可达到 700～800lx。改造前后的显色指数和色温基本一致。改造后照明用电节电率为 41%～84%，折算到相同照度时的照明节电率为 45%～90%。

资料来源：周伟良.人民大会堂万人大礼堂及周边厅室照明节能改造示范工程。照明工程学报，2012 年第 6 期

案例二：南京第一高楼挡阳光遭住户起诉一审被判赔 10 万元

6 年前，因自家房子被南京第一高楼“紫峰大厦”挡住了阳光，市民陈先生夫妇通过诉讼维权，结果却因律师不愿代理无奈撤诉。6 年后，陈先生的儿子站了出来，替年迈的父母讨要“阳光权”。南京鼓楼区法院经审理对此案做出一审宣判，判决“紫峰大厦”的建设方——南京国资绿地金融中心有限公司一次性补偿陈先生 10 万元。

闹心之事：“阳光阁”却照不到阳光

2004 年，身为杂技演员的陈军(化名)购买了南京市厚载巷阳光阁小区某幢 203 室产权房，这套面积 170 余平方米的房屋正面朝南，天然采光条件好，陈军正是看中这点，并为年迈的父母着想才下决心买下这处房产。2005 年，由南京国资绿地建设的“紫峰大厦”开工建设，并于 2010 年建成竣工。大厦建成后，以其 358m 高度雄立于南京鼓楼广场一侧。“紫峰大厦”在成为南京新地标的同时，也与周边市民引发了一些纠纷，主要表现在大厦妨碍了周边一些居民家的采光，这其中就直接影响到陈军家。

庭审直击：日照能否达到两小时成关键

关于“阳光权”，大寒日(大寒是国家规定测算日照时间的标准日，住宅室内采光时间的标准计量日)日照累计时间应该是 1h 还是 2h，成为维权的关键。庭审中，国资绿地提出，陈军所在的 203 室房屋采光符合国家标准。“南京市规划局此前给出的补偿参数为：大寒日日照时间累计小于 1h 的，将酌情给予不同金额的补偿。我们是按照南京市规划局给出的标准为参数给予补偿。”国资绿地代理人向法院提交了 2005 年由南京市城市规划编制研究中心出具的计算机日照分析图，其中显示，农历节气大寒日 203 室的累计日照不足 2h，而其他 3 户在大寒日日照累计均不满 1h。

鼓楼区法院认为，南京市城市规划编制研究中心出具的日照分析图表明，“紫峰大厦”建设前，原告居住的 203 室房屋在大寒日的连续日照时间为 1.5h 以上，不足 2.5h，累计日照时间为 1.5h 以上，不足 3.5h；“紫峰大厦”建成后，203 室房屋在大寒日的连续日照时间为 1h 以上，不足 1.5h，累计日照时间为 1h 以上，不足 2h。据此可以认定，203 室房屋在“紫峰大厦”建成后，日照时间有明显减少，而减少的直接原因是受“紫峰大厦”的影响。

南京市依据我国《城市居住区划设计规范》的要求，规定住宅建筑日照应满足大寒日大于等于 2h 的标准。这一规定还详列了三种特定情况，其中一条就是：“在原设计建筑外增加任何设施不应使相邻住宅原有日照标准降低。”本案中，被告违反了这一规定，不仅使 203 室房屋日照时间减少，而且低于大寒日累计日照时间大于等于 2h 的国家标准。被告辩称原告所有的房屋日照符合标准的意见，与事实不符，法院不予采信。

连线法官：日照时间减少对健康有影响

主审法官武法官说，生命离不开阳光，阳光不仅于生命而且对健康也是非常重要的。城市要发展，高楼要建造，但公众的“日照权”，即“阳光权”更要保护。正因为如此，国家和地方才出台了相关硬性标准，而这些硬性标准，也恰是法院判决所要遵守的依据。本案中，原告作为阳光阁某幢 203 室房屋的产权人，其“日照权”应受法律保护。“紫峰大厦”建成后，使原告所有的房屋日照时间减少至国家标准以下，对原告及家人的健康和生活势必会造成有形或无形的影响。被告作为“紫峰大厦”的建设者和所有者，本应及时就“紫峰大厦”给相邻权利人造成的侵害给予补偿，但双方未能就此达成一致。结合 203 室房屋日照减少程度，以及日照减少对原告家庭生活、人员健康、房屋价值等的影响因素，法庭认为，原告主张被告补偿 10 万元的诉讼请求合理，法庭应予支持。

资料来源：http://www.yangtse.com/nanjing/2015-11-24/712940.html

预备知识

复习大学物理中几何光学的基本知识；查阅相关文献，了解眼睛的构造和视觉特征，了解视野和视场的概念、眼睛的视觉适应过程。

兴趣实践

错觉是指人们对外界事物的不正确的感觉或知觉。最常见的是视觉方面的错觉。产生错觉的原因，除来自客观刺激本身特点的影响外，还有观察者生理上和心理上的原因。其机制现在尚未完全弄清。来自生理方面的原因是与我们感觉器官的机构和特性有关；来自心理方面的原因是和我们生存的条件以及生活的经验有关。

如图 6-1(a)，线 AB 和线 CD 长度完全相等，但是它们看起来却大不相同，这是透视现象产生的错觉。而在图 6-1(b)中，红线比蓝线显得长一点，尽管它们的长度完全相等。小于 90°的角使包含它的边显得短一些，而大于 90°的角使包含它的边显得长一些。这就是梯形幻觉。

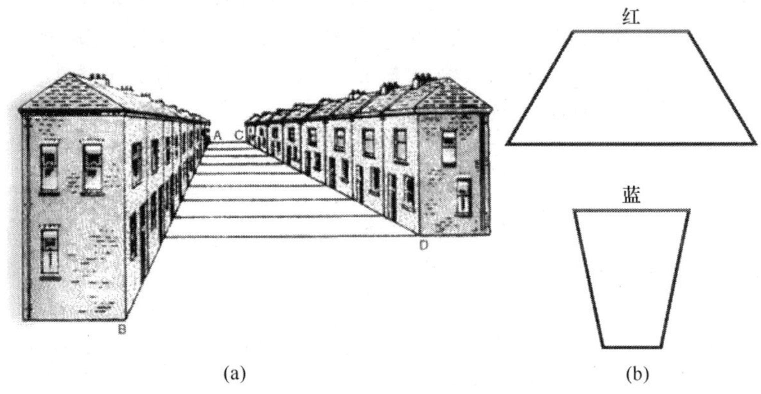

(a)　　(b)

图 6-1　长度完全相等看起来却大不同

视觉错觉除了广泛运用在军事领域之外，也被众多企业和设计师运用在日常生活领域。通过视觉错觉原理，可以有效地改变人对空间信息的接收，可以改变人和空间的交互感受。比如可以通过视觉错觉原理改变“眼中”的方位和大小，甚至是呈现美好精致的画面。

众多设计师在做室内或者是室外广告设计的时候都会运用到视觉错觉原理。运用视觉错觉和透视原理可以设计出具有空间感的作品。你能发现生活中还有哪些视觉错觉的现象吗？

探索思考

1. 我们晚上在家里看电视时，房间完全黑暗好还是有一定亮度好？为什么？
2. 天空为什么是蓝色的？
3. 不同色温的照明灯具对人心理有何影响？适用于什么场合？
4. 为什么心脏科手术医生大多喜欢柔和的灯光？

6.1　建筑光环境的基本概念

建筑光环境是指由光和颜色与室内环境建立的同空间形状有关的生理和心理环境。一个优良的光环境，能充分发挥人的视觉功效，使人轻松、安全、有效地完成视觉作业。因此，营造良好的建筑光环境，可以减少人的视觉疲劳，保证视觉健康和身心健康，并且提高劳动生产率，同时，可以降低建筑能耗。为了做好建筑光环境设计，应该对人眼的视觉特性、光的度量、材料的光学性能等有一定的了解。

6.1.1　视觉

视觉就是由进入人眼的辐射所产生的光感觉而获得对外界的认识。人的视觉只能通过眼睛来完成，眼睛是一个很精密的光学仪器，如图 6-2 所示。眼睛大体是一个直径为 25mm 的球体，主要由角膜、虹膜、水晶体、玻璃体、视网膜、脉络膜和视神经等组成。

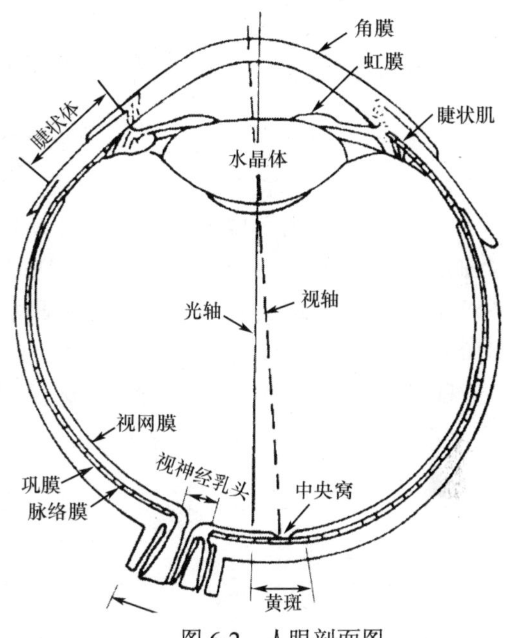

图 6-2　人眼剖面图

位于眼球前方的部分是透明的角膜，角膜后是虹膜，虹膜是一个不透明的“光圈”，虹膜中央 2～8mm 的圆形孔是瞳孔，它可根据环境的明暗程度，自动调节其孔径，以控制进入眼球的光能数量。亮度大，瞳孔变小，反之，瞳孔变大。虹膜后面的是水晶体，水晶体是一个扁球形的弹性透明体，能自动改变焦距，使远近不同的外界景物都能在视网膜上形成清晰的影像，这个过程称为调视。

眼球内壁约 2/3 的面积为视网膜。视网膜是眼睛的视觉感受部分，类似照相机中的胶卷。视网膜上布满了感光细胞，感光细胞有椎体细胞和杆体细胞两种。光线射到感光细胞上面就产生光刺激，并把光信息传输至视神经，再传至大脑，产生视觉感觉。

椎体、杆体感光细胞分别在不同的明、暗环境中起主要作用，形成了明、暗视觉。椎体细胞在明亮的环境下(亮度高于 3cd/m^2，cd 为光亮度单位，坎德拉)对色觉和视觉敏锐度起决定作用，即它能分辨出物体的细部和颜色，并能对环境的明暗变化快速地做出反应，所有的室内照明，都是按照明视觉条件设计的。杆体细胞对于光非常敏感，但是不能分辨颜色，在眼睛能够感光的亮度阈限为 10^{-6}cd/m^2～0.03cd/m^2 的亮度范围内，主要是杆状细胞起作用，称为暗视觉。当亮度为 0.03～3cd/m^2 时，眼睛处于明视觉与暗视觉中间状态，称为中间视觉。一般道路照明的亮度水平，就相当于中间视觉的条件。

根据感光细胞在视网膜上的分布，以及眼眉、脸颊的影响，人眼的视看范围有一定的局限。双眼不动的视野范围如图 6-3 所示：水平面 180°；垂直面 130°；上方 60°；下方 70°。两眼同时能看到的视野即双眼视野较小一些，垂直方向与单眼相同，水平方向有 120°范围。在视轴 1°～1.5°范围内具有较高的视觉敏锐度，能分辨最细小的细部，称为中心视野；从视野中心往外 30°范围，视觉清晰度较好，称作背景视野，这是观看物件总体时最有利的位置。

另外，人眼在观看同样功率的辐射时，在不同波长时感觉到的亮度是不同的，其对不同波长的视觉效应用视见函数 $V(\lambda)$ 表示，它表示在特定光度条件下产生相同的视觉感觉时，波长 λ_m 和波长 λ 之比，λ_m 选在视感最大处(明视觉为 555nm，暗视觉为 510nm)。

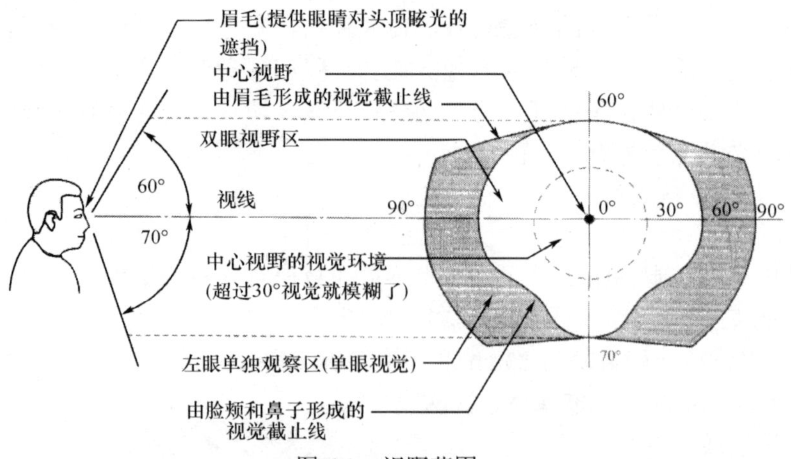

图 6-3　视野范围

由于在明、暗环境中，分别由椎体和杆体细胞起主要作用，所以它们具有不同的视见函数曲线，见图 6-4。在光亮的环境(适应亮度＞$3cd/m^2$)，辐射功率相等的单色光看起来以波长 555nm 的黄绿光最为明亮，在较暗的环境中(适应亮度＜$0.03cd/m^2$)，人的视觉感受性对波长 510nm 的蓝绿光最为敏感。因此，我们在设计室内颜色装饰时，就应根据它们所处环境的明暗可能变化程度，利用上述效应，选择相应的明度和色彩对比。否则就可能在不同时候产生完全不同的效果，达不到预期目的。

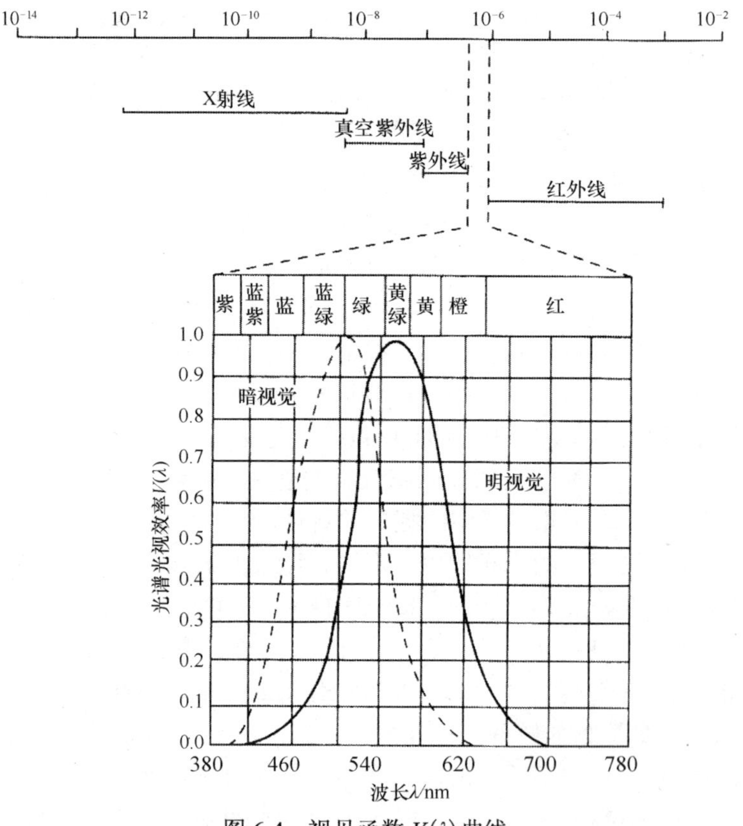

图 6-4　视见函数 $V(\lambda)$ 曲线

6.1.2　光的性质和度量

光学是研究光的本性、光的发射、传播和接收以及光与物质相互作用问题的科学，包括几何光学、波动光学和量子光学。建筑光学主要以几何光学为基础，研究光在建筑中的传播规律的光学理论。1860 年麦克斯韦(Maxwell)指出光是一种电磁波，1887 年被赫兹(Hertz)的实验所证实。1900 年普朗克提出能量子假说，解释了黑体辐射的规律。1905 年爱因斯坦提出光量子假说，认为光是大量以光速运动的粒子流，解释了光电效应。光是以电磁波的形式传播的辐射能，具有波粒二象性。电磁光谱的不同部分具有不同的名称，它们由波长的不同加以区分。波长小于 380nm 的是紫外线、X 射线、γ 射线等。在波长 380～780nm 的波段中的辐射可引起光视觉，被称为可见光。波长大于 780nm 的是红外线、无线电波等。除了可见光能被人所见外，其余部分人眼是看不见的，但是如果达到一定的辐射强度，人的生理上仍能感觉，所以紫外线、可见光、红外线统称为光辐射。

以人眼定义光线方面存在着一个固有的问题，即不能用任何常规的物理能量单位来量化它。因此，光线具有自身的单位量度。下面对光线的四种度量单位进行介绍。

1. 光通量

由于人眼对不同波长的电磁波具有不同的灵敏度，所以不能直接用光源的辐射功率或辐射通量来衡量光能量，而必须采用以标准光度观察者对光的感觉量为基准的单位光通量来衡量。

辐射体单位时间内以电磁辐射的形式向外辐射的能量称为辐射功率或辐射通量，辐射通量，具有功率的量纲，单位为瓦特(W)。相应的，辐射通量中能被人眼感知为光的那部分能量就称为光通量，单位为流明(lumen，简称 lm)。光通量是表示光源发光能力的一个基本量。

根据辐射通量的定义，光通量可由辐射通量及 $V(\lambda)$ 函数导出

$$\varPhi = k_m \int \varPhi_{\varepsilon,\lambda} V(\lambda) \mathrm{d}\lambda \tag{6-1}$$

式中，$\varPhi$ 为光通量(lm)；$\varPhi_{\varepsilon,\lambda}$ 为波长为 λ 的单色辐射能通量(W/nm)；$V(\lambda)$ 为 CIE(Commission Internationale de L'Eclairage，国际照明委员会标准光度观测者视觉光谱效率(视见函数)；k_m 为最大光谱光视效能(lm/W)。

光视效能 k 描述的是某一波长的单色光辐射量可以产生多少相应的单色光通量，即同一波长下测得的光通量与辐射通量之比($k = \varPhi_n / \varPhi_\varepsilon$)。1977 年国际计量委员会统一采用频率为 540×10^{12}Hz 的单色辐射(相当于波长为 555nm 的单色光)的最大光谱光视效能 k_m=683lm/W。

2. 发光强度

为了表示光源光通量的空间密度，即光通量在空间的分布情况，将光源在某一方向上单位立体角内发出的光通量称为发光强度，符号为 I，单位为坎德拉(Candela，cd)，其表达式为

$$I=\frac{\mathrm{d}\varPhi}{\mathrm{d}\varOmega} \tag{6-2}$$

如图 6-5 所示，以一椎体顶点 O 为球心，任意长度 r 为半径作一球面，被椎体截取的一部分面积为 S，则此椎体限定的立体角 $\varOmega$

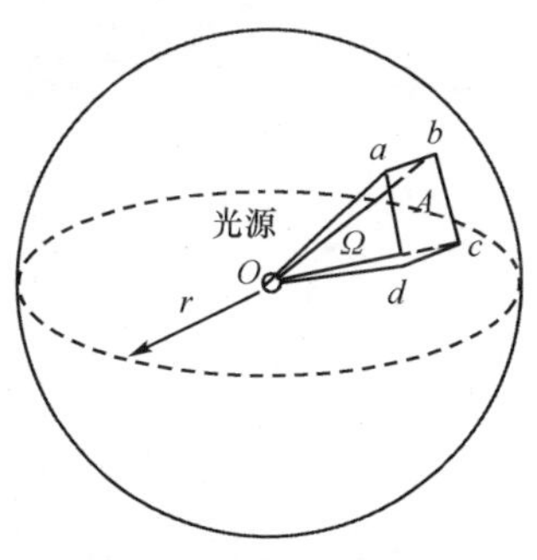

图 6-5　立体角的定义

可用式(6-3)计算，其单位是球面度(sr)，故 1cd=1lm/sr，即 1 流明的发光强度为 1 坎德拉的均匀点光源在一球面度立体角发出的光通量

$$\Omega=\frac{S}{r^2} \tag{6-3}$$

发光强度常用于说明光源和照明灯具发出的光通量在空间各方向或在选定方向上的分布密度。比如一只 40W 的白炽灯发出 390lm 的光通量，故它的平均发光强度为 390/4π=31cd。如果在裸灯泡上面装一盏白色搪瓷平盘灯罩，灯的正下方发光强度能提高 80～100cd，如果配上一个合适的镜面反射罩，则灯下方的发光强度可以高达数百坎德拉。在后两种情况下，灯泡发出的光通量没有发生变化，只是让光通量在空间的分布更加集中。

3. 照度

照度表示的是落在单位面积被照面上的光通量的数量，表示符号为 E。若照射到表面一点面元上的光通量为 $\mathrm{d}\Phi$，面元的面积为 $\mathrm{d}s$，则有

$$E=\frac{\mathrm{d}\Phi}{\mathrm{d}s} \tag{6-4}$$

照度的单位是勒克斯(lux，lx)，1lx 相当于 1lm 的光通量均匀分布在 1m^2 的被照面上，照度常用于了解工作面或工作室所具有的光强度。如在夏季中午的日光下，地平面上照度可达 105lx；而在月光下，地面的照度只有几勒克斯。

照度具有可叠加性，若几个光源同时照射被照面时，实际照度为单个光源分别存在时形成照度的代数和。

发光强度是光源单位立体角中的光通量，而照度是单位被照面上的光通量。因此，发光强度与照度的关系如图 6-6 所示，一个点光源的发光强度为 I，光源与被照面的距离为 r，被照面的法线与光线的夹角为 α，则此被照面的照度 E 为

$$E=\frac{I}{r^2}\cos\alpha \tag{6-5}$$

线光源和面光源在被照面上照度的计算原理是相同的。线光源是点光源的积分叠加，面光源是线光源的积分叠加。

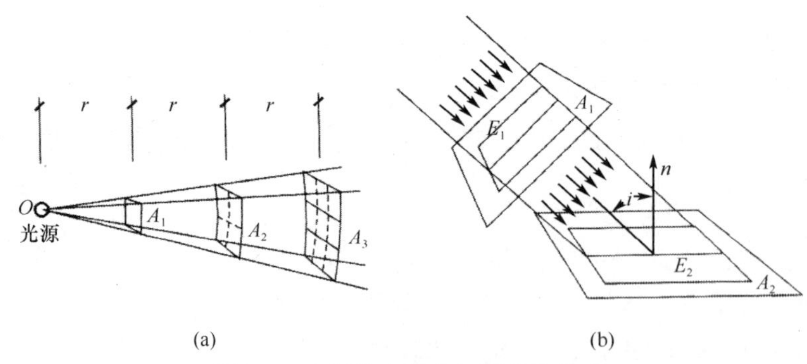

图 6-6 光源发光强度与照度的关系

4. 亮度

光亮度(简称亮度)是指发光体在某一方向上单位面积的发光强度，表示符号为 L，单位

为尼特(nit，nt)，$1nt=1cd/m^2$。如图 6-7 所示，面光源上小面元的面积为 A，某一方向与面元法线的夹角为 θ，面元沿这个方向的投影面积为 $A\cos\theta$，面元沿这个方向的发光强度为 I_θ，则光源在该方向上的亮度为

$$L_\theta = \frac{I_\theta}{A\cos\theta} \tag{6-6}$$

亮度反映了物体表面物理特性；而我们主观所感受到的物体明亮程度，除了与物体表面亮度有关，还与我们所处环境的明亮程度有关，如在白天和夜间看同一盏信号灯时，感觉夜晚灯的亮度高很多。为了区分这两种不同的亮度概念，常将前者称为“物理亮度”，后者称为“表观亮度”。

照度与亮度的关系，指的是光源亮度和它所形成的照度间的关系。如图 6-8 所示，面光源亮度为 L，A_1 为发光面；A_2 为被照面，被照面的法线与光线的夹角为 α，光源的法线与光线的夹角为 θ，则被照面的照度 E 为

$$E=L\omega\cos\alpha = L\frac{A\cos\theta}{r^2}\cos\alpha \tag{6-7}$$

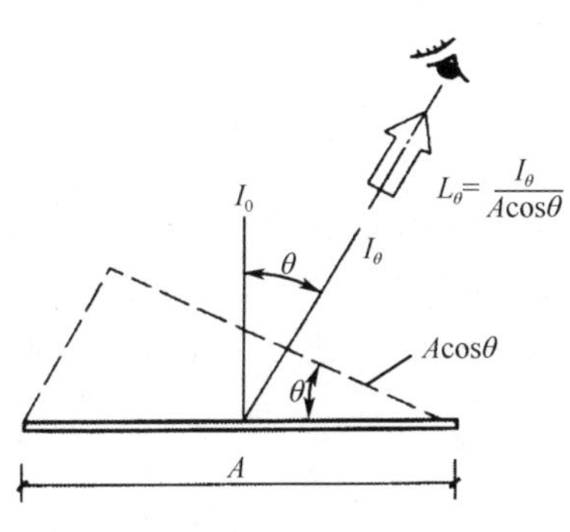

图 6-7　亮度的定义

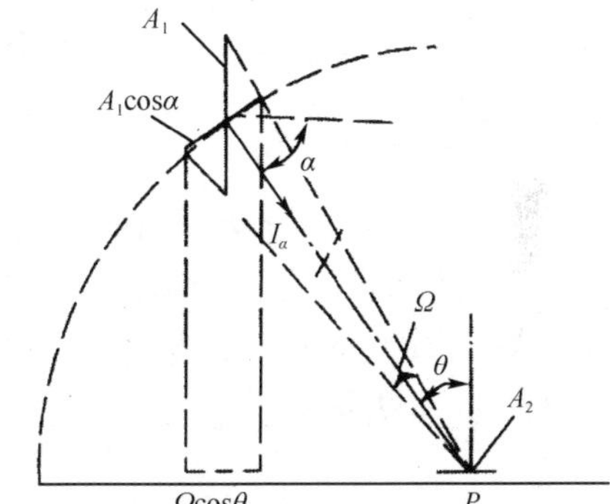

图 6-8　光源亮度与照度之间的关系

四种光的度量单位总结见表 6-1。

表 6-1　光度量单位的比较

	光通量 Φ	发光强度 I	照度 E	亮度 L
描述对象	光源	光源	被照面	光源、被照面
量纲	lm	1cd=1lm/sr	$1lx=1lm/m^2$	$1nt=1lm/(sr\cdot m^2)=1cd/m^2$
使用场合	评估光源发光能力	反映灯具空间发光能力	评价光环境的主要参数	与视感密切相关的参数

6.1.3　光的反射、透射

光遇到介质会发生反射、透射和吸收，只有借助材料表面反射的光或材料本身透过的光，人眼才能看见周围环境中的人和物。也可以说，光环境就是由各种反射与透射材料构成的。

光在传播过程中遇到介质时，入射光的光通量 Φ 一部分被反射$\left(\Phi_\rho\right)$，一部分透射到另一

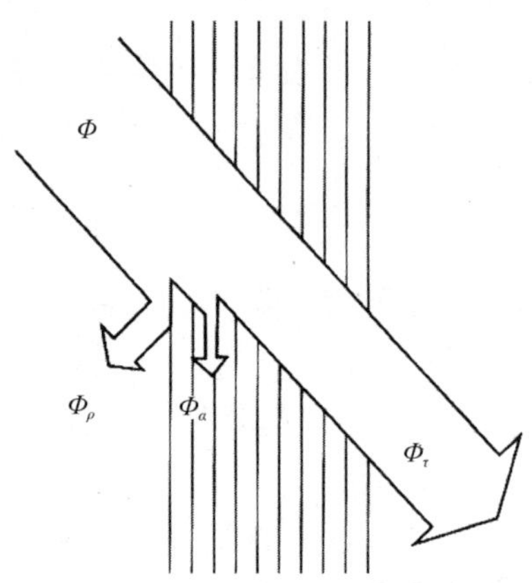

图 6-9　光的反射、吸收和透射

侧空间$(\varPhi_\tau)$，还有一部分被吸收$(\varPhi_\alpha)$，如图 6-9 所示。根据能量守恒定律，这三部分和应等于入射光通量，即

$$\varPhi = \varPhi_\rho + \varPhi_\alpha + \varPhi_\tau \tag{6-8}$$

反射、透射和吸收的光通量之比，分别称为光反射比ρ、光透射比τ和光吸收比α，根据式（6-8）有

$$\frac{\varPhi_\rho}{\varPhi} + \frac{\varPhi_\tau}{\varPhi} + \frac{\varPhi_\alpha}{\varPhi} = \rho + \tau + \alpha = 1 \tag{6-9}$$

从照明的角度来看，反射比或透射比高的材料更有实用价值，不同类型材料的ρ和τ值是不同的。通过对不同材料的光学性质的了解，就可以在光环境设计中正确运用各种材料，以获得预期的光环境控制效果。

光经过介质的反射和透射后，它的分布变化取决于材料表面的光滑程度和材料内部分子结构。反射和透光材料均可分为两类：一类是规则反射或透射材料，即光线经过反射或透射后，光分布立体角没有改变；另一类是扩散反射和透射材料，这类材料使入射光程度不同地分散在更大的立体角范围。下面分别介绍这两种情况。

1. 规则反射和透射

光线照射到表面很光滑的不透明材料上，如镜子或抛光的金属表面，就会出现规则反射现象，也称为镜反射，见图 6-10(a)。规则反射是在无漫射的情形下，按照几何光学的定律进行反射，它的特点是：入射光线、反射光线及反射平面的法线同处一个平面内，且入射光线与反射光线分居法线两侧，且入射角等于反射角。

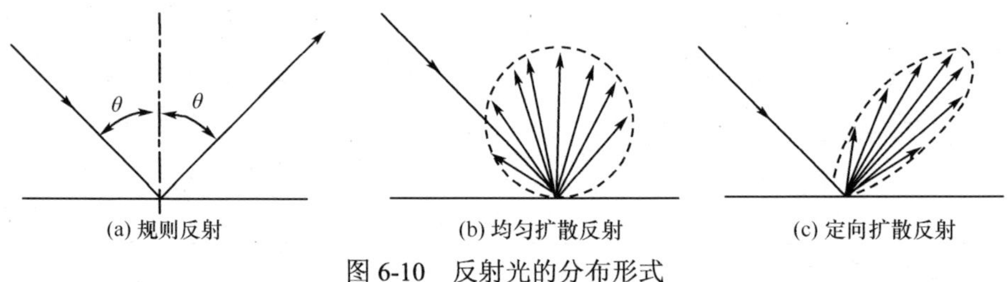

(a) 规则反射　(b) 均匀扩散反射　(c) 定向扩散反射

图 6-10　反射光的分布形式

光线照射到透明材料上则产生规则透射，见图 6-11(a)。如平板玻璃，规则透射在无漫射情形下，按照几何光学进行反射，如透光材料的两个平面彼此平行，则透过的光线方向和入射光方向将保持一致。

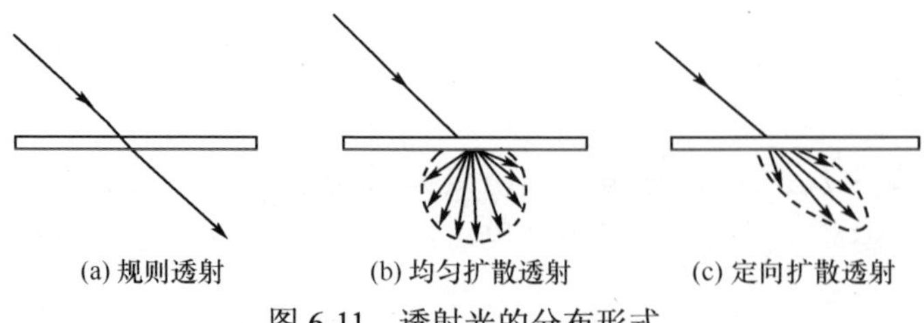
(a) 规则透射　(b) 均匀扩散透射　(c) 定向扩散透射

图 6-11　透射光的分布形式

2. 扩散反射和透射

半透明材料使入射光线发生扩散透射，表面粗糙的不透明材料使入射光线发生扩散反射，使光线分散在更大的立体角范围内。扩散形式可以分为两种：均匀扩散和定向扩散。

1) 均匀扩散

均匀扩散材料又称为漫射材料，漫射材料上反射光或透射光的分布与入射光方向无关，都能均匀分布在所有方向上，如图 6-10(b)与图 6-11(b)所示。均匀扩散反射材料主要有氧化镁、石膏等，一些无光泽、粗糙的建筑材料也可近似看作这一类材料。均匀扩散透射材料主要有乳白玻璃和半透明塑料等，常将这种材料应用于灯罩、发光顶棚，以降低光源的亮度和发光强度。

均匀扩散材料的反射光或透射光的最大发光强度在垂直于表面的法线方向，其余方向的光强同最大光强之间有如下关系

$$I_\theta = I_0 \cos\theta \tag{6-10}$$

式中，θ 是表面法线和某一方向间的夹角，I_0 是反射光或透射光在表面法线方向的最大光强，而 I_θ 则是反射光或透射光与表面法线夹角为 θ 时的光强，这一关系式被称为“朗伯余弦定律”。

利用该定律可以推导出由照度计算均匀扩散反射材料表面亮度 L 的简便关系式

$$L=\frac{\rho E}{\pi} \tag{6-11}$$

均匀扩散透射材料有

$$L=\frac{\tau E}{\pi} \tag{6-12}$$

2) 定向扩散

某些材料同时具有定向和扩散的性质，它在定向反射或透射方向上具有最大的亮度，在其他方向上也具有一定的亮度，如图 6-10(c)与图 6-11(c)所示。具有这种性质的反光材料有光滑的纸、粗糙的金属表面、油漆表面等，这种材料在光的反射方向可以看到光源的大致形象，但是轮廓不像规则反射那样清晰，而在其他方向又类似均匀扩散材料均有一定亮度，但不像规则反射材料那样亮度为 0。

6.1.4　颜色

颜色是有彩色成分或无彩色成分任意组成的视知觉属性。颜色是影响光环境质量的要素，同时对人的生理和心理活动产生作用，影响人们的工作效率。颜色问题涉及物理光学、生理学、心理学以及心理物理学等各方面的知识。

1. 颜色的形成与分类

颜色并非物体本身所固有，而是人视觉器官与外界事物相互作用的结果。可见光包含的不同波长单色辐射在视觉上反映出不同的颜色。直接看到的光源的颜色称表观色。辐射能量分布集中于光短波部分的色光会引起蓝色的视觉，辐射能量分布集中于光长波部分的色光会引起红色的视觉，白光则是由于光辐射能量分布均匀而形成的。因此，表观色就是由光源发出的光刺激。

当光透射到物体上，物体对光源的光谱辐射有选择地发射或透射对人眼产生的颜色感觉称为物体色。物体表面的光谱反射比或透射比和光源的光谱组成共同决定了物体色。表6-2是光谱各种颜色的中心波长及范围，在相邻颜色范围的过渡区，人眼还能看到各种中间颜色。

表 6-2　光谱颜色的中心波长及范围

颜色	中心波长/nm	范围/nm	颜色	中心波长/nm	范围/nm
红	700	640～750	绿	510	480～550
橙	620	600～640	蓝	470	450～480
黄	580	550～600	紫	420	400～450

颜色可分为无彩色和有彩色两大类。无彩色在知觉意义上是指无色调的知觉色，它是由从白到黑的一系列中性灰色组成。有彩色在感知意义上是指所感知的颜色具有色调，它是由除无彩色以外的各种颜色组成。根据颜色的心理概念，任何一种彩色的表观颜色，均可以用色调、明度和彩度三种主观属性来描述。

色调是各彩色彼此区别的特性，表观色的色调是各种单色光在白色背景上的呈现，物体的色调取决于光源的光谱组成和物体反射(透射)的各波长光辐射比例对人产生的视感觉。

明度就是在同样照明条件下，依据表观为白色或高透射比的表面视亮度来判断某一表面的视亮度，它是颜色相对明暗的视感觉特性。彩色光的亮度越高，人眼越感觉明亮，它的明度就越高；反之，则明度低。

彩度就是在同样的光照下，一区域根据表观为白色或高透射比的一区域的视亮度比例来判断的颜色丰富程度，它是彩色的纯洁性。

无彩色只有明度的变化，没有色调和彩度的区别。

2. 颜色的度量

为了精确的规定颜色，就必须建立定量的表色系统，表色系统就是使用规定的符号，按一系列规定和定义表示颜色的系统。目前国际上使用较为普遍的表色系统有孟塞尔表色系统和 CIE1931 标准色度系统。这些系统用符号和数字规定了千万个颜色品种，也在不同程度上揭示了颜色形成和组合的规律。

孟塞尔表色系统是由美国画家 A.H.Munsell 于 1905 年提出，如图 6-12 所示。在这个系统中，每一部位均代表一个特定的颜色，并给予一定的标号，称为孟塞尔标号。这是用表示色的三个独立的主观属性，即色调(符号 H)、明度(符号 V)和彩度(符号 C)。按照视知觉上的等距指标排列起来进行颜色分类和标定。它是目前国际上通用物体色的表色系统。

在孟塞尔颜色立体图中，中央轴代表无彩色(中性色)明度等级，理想白色为 10，理想黑色为 0，共有感觉上等距离的 11 个等级。颜色样品离开中央轴的水平距离，代表彩度的变化。中央轴彩度为 0，离开中央轴越大，彩度越大。

颜色立体水平剖面各个方向表示 10 种孟塞尔色调，其中包括红(R)、黄(Y)、绿(G)、蓝(B)、紫(P)5 种色调，以及黄红(YR)、绿黄(GY)、蓝绿(BG)、紫蓝(PB)和红紫(RP)5 种中间色调。为了对色调作更细的划分，10 种色调又各分为 10 个等级，每种主色调和中间色调的等级都定为 5。

孟塞尔表色系统对一种颜色的表示方法写为：*HV*/*C*=色调 明度/彩度。例如，3YR6/5 标号表示：色相在红(R)与黄红(YR)之间，偏黄红，明度是 6，彩度是 5。另外无彩色用 N 表示，只写明度值，斜线后补写彩度，即 *NV*/=中性色明度值/。例如，N5/的意义就是明度值为 5 的灰色(中性色)。

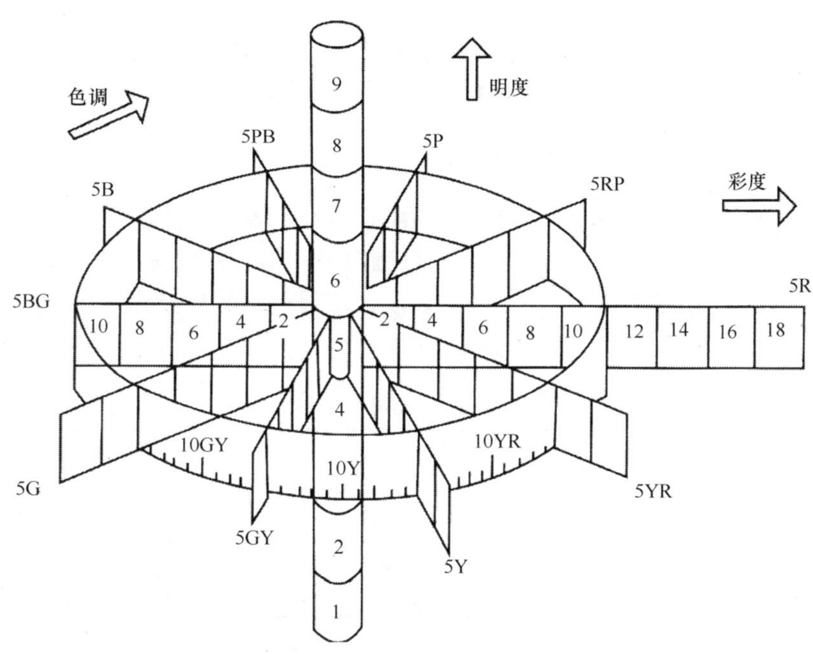

图 6-12 孟塞尔颜色立体图

"CIE1931 标准色度系统"是以光的等色实验为依据，由进入人眼能引起有彩色或无彩色感觉的可见辐射表示的体系。这个系统不但能标定光源色，还能标定物体色，并且通过色度计算能预测两种颜色混合或光源改变后物体呈现的颜色。"CIE 标准色度系统"的特点是用严格的数学方法来计算和规定颜色。任何一种颜色都能通过这一系统用两个色坐标在色度图上表示出来，但是这一系统的计算较为复杂。

3. 光源颜色的质量

对于光源颜色质量的研究，常用两个不同的术语来表征，即光源的色温和显色性。

光源的色温定义为某一种光源的色品与某一温度下的黑体的色品完全相同时黑体的温度，用符号 T_c 表示，单位是绝对温度(K)。

白炽灯等辐射光源的光谱功率分布与黑体辐射分布近似，而且它们的色品坐标点正好落在黑体轨迹上。因此，色温的概念能恰当地描述白炽灯等光源的光色。而非辐射光源，如荧光灯、高压钠灯，它们的光谱功率分布形式与黑体辐射相差甚大，此时不能用色温来描述这类光源的光色，但允许用某一温度辐射最接近的颜色来近似地确定这类光源的色温，称为相关色温，符号为 T_{cp}。

光源的色表取决于光环境所要形成的气氛。CIE 将室内照明常用的光源按照其色温分成三类，如表 6-3 所示三种分类与它们各自的用途。

表 6-3　光源的色表与用途

色表类别	色表	相关色温/K	用途
Ⅰ	暖	<3300	客房、卧室、病房、酒吧
Ⅱ	中间	3300～5300	办公室、教室、商场、诊室、车间
Ⅲ	冷	>5300	高照度空间、热加工车间

物体色在不同照明条件下的颜色感觉有可能要发生变化，这种变化可用光源的显色性来评价。显色性表示了与参考标准光源相比较时，光源显现物体颜色的特性。一般公认中午的太阳是理想的参照光源。

光源的显色性采用显色指数来衡量，并用一般显色指数（符号为 R_a）和特殊显色指数（符号 R_i）表示，显色指数的测量用 CIE 在 1965 年推荐的“验色法”。显色指数的最大值定为 100，一般认为光源的一般显色指数 R_a 在 100～80 范围内时，显色性优良；在 79～50 范围内时，显色性一般；如小于 50，则显色性较差。CIE 取一般显色指数做指标，将灯的显色性能分为 5 类，并提出了每一类的适用范围，如表 6-4 所示。

表 6-4　灯的显色类别

<table>
<tr><th rowspan="2">显色类别</th><th rowspan="2">显色指数范围</th><th rowspan="2">色表</th><th colspan="2">应用示例</th></tr>
<tr><th>优先选用</th><th>允许采用</th></tr>
<tr><td>I_A</td><td>$R_a \geqslant 90$</td><td>暖
中间
冷</td><td>颜色匹配
临床检验
绘画美术馆</td><td></td></tr>
<tr><td rowspan="2">I_B</td><td rowspan="2">$80 \leqslant R_a < 90$</td><td>暖
中间</td><td>家庭、旅馆
餐馆、商店、办公室
学校、医院</td><td></td></tr>
<tr><td>中间
冷</td><td>印刷、油漆和纺织工业</td><td></td></tr>
<tr><td>Ⅱ</td><td>$60 \leqslant R_a < 80$</td><td>暖
中间
冷</td><td>工业建筑</td><td>办公室
学校</td></tr>
<tr><td>Ⅲ</td><td>$40 \leqslant R_a < 60$</td><td></td><td>显色要求低的工业</td><td>工业建筑</td></tr>
<tr><td>Ⅳ</td><td>$20 \leqslant R_a < 40$</td><td></td><td></td><td>显色要求低的工业</td></tr>
</table>

4. 颜色的心理效果

良好的光环境离不开颜色的合理设计，颜色作用于人的感官，刺激人的神经，从而引起人的生理与心理产生相应的变化。颜色对人的视觉影响是物理—生理—心理的过程，对色觉的判断，不仅仅是眼睛的作用，也是人体各种感觉器官的综合影响。

颜色本身只是一种物理现象，但由于颜色所引发的不同心理感受而使颜色具有了不同的心理意义。积极的色彩能够产生积极的、有生命力的和努力进取的态度，而消极色可能使人产生不安的、消极的情绪。比如黄、红等暖色、明快的色调加上高亮度的照明，可以增加人的激活作用、敏捷性，适合于认知任务的工作。灰、蓝、绿等冷色调加上低亮度的照明，会使人精神不易涣散，能更好地把注意力集中到难度大的视觉作业和脑力劳动上，适合于创造性的工作。

6.1.5　视觉特征与视觉功效

1. 视觉特征

视觉是一个极复杂的系统，它具有自调能力，能对传递的信息自行调节到最佳清晰度，其具有以下特征。

1) 亮度阈限

对于在眼中长时间出现的大目标，视觉阈限亮度约为 10^{-6}cd/m^2。目标越小，或呈现的时间越短，越需要更高的亮度才能引起视觉。视觉可以忍受的亮度上限约为 10^{-6}cd/m^2，超过这个数值，视网膜会因为辐射过强而受到伤害。

2) 视觉敏锐度

视觉敏锐度是视觉辨认外界物体细节特征的能力，医学上称为视力。通常用可辨视角的倒数表示

$$V=\frac{1}{\alpha_{\min}} \tag{6-13}$$

视角是需要分辨的细节尺寸对眼睛形成的张角，如图 6-13 所示，d 表示需要辨别的物体的尺寸，l 为眼睛角膜到视看物件的距离，则视角的大小为

$$\alpha=\arctan\frac{d}{l} \tag{6-14}$$

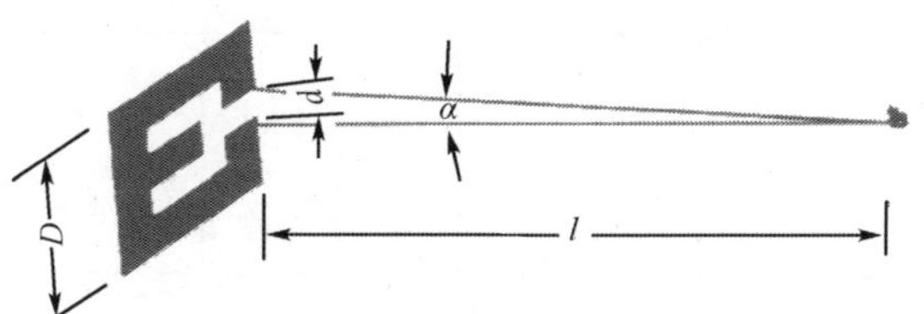

图 6-13　视角的定义

视觉敏锐度随背景亮度、对比、细节呈现时间、眼睛的适应状况等因素而变化，提高背景亮度或加强亮度对比，都能改善视觉敏锐。医学上用兰道尔环或“E”形视标检测人的视力，用这种方法测定视觉敏锐度，不仅可以反映视觉的明度辨别能力，还表明了一定的定位能力。

3) 对比忍受性

亮度对比，是视野中目标(或背景)的亮度与背景(或目标)亮度的比值，用符号 C 表示，即

$$C=\frac{|L_0-L_b|}{L_b}=\frac{\Delta L}{L_b} \tag{6-15}$$

式中，L_0 为目标亮度(cd/m^2)；L_b 为背景亮度(cd/m^2)。

目标和背景之间在亮度或颜色上的差异，是人们视觉上能认知世界万物的基本条件。

对于均匀照明的无光泽的背景和目标，亮度对比度可用光反射比表示，即

$$C=\frac{\rho_0-\rho_b}{\rho_b} \tag{6-16}$$

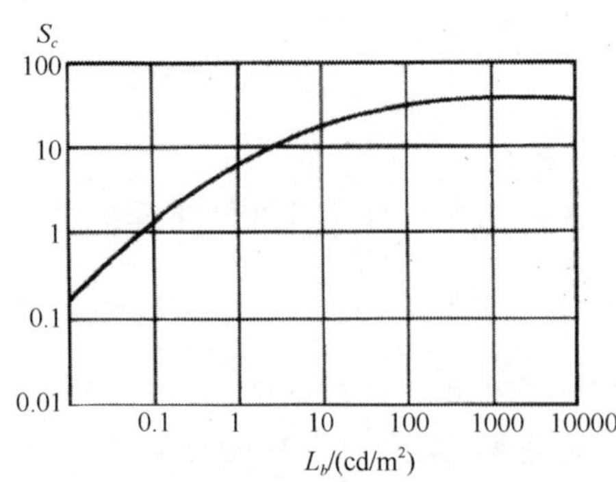

图 6-14　对比感受性与背景亮度的关系

式中，ρ_0 为目标光反射比；ρ_b 为背景光反射比。

人眼恰能够知觉的最小亮度对比，称为阈限对比，记作 $\overline{C}$。阈限对比的倒数，表示人眼的对比感受性，也称为对比敏感度，用符号 S_c 表示，即

$$S_c = \frac{1}{\overline{C}} = \frac{L_b}{\Delta L} \tag{6-17}$$

S_c 随照明条件而变化，并同观察者目标的大小和呈现时间有关。在理想条件下，视力好的人能够分辨 0.01 的亮度对比。图 6-14 所示为对比感受性与背景亮度变化的关系。

4) 视觉速度

在一定条件下，亮度×时间=常数(布森-罗斯科定律)，物体的呈现时间越少，越需要更高的亮度才能引起视感觉，如图 6-15 所示。我们将物体出现到形成视知觉所需要的时间倒数称为视觉速度(1/*t*)。实验表明，在照度很低的情况下，视觉速度很慢，随照度的增加视觉速度上升很快，但达到 1000lx 以上，视觉速度的变化就不明显了。

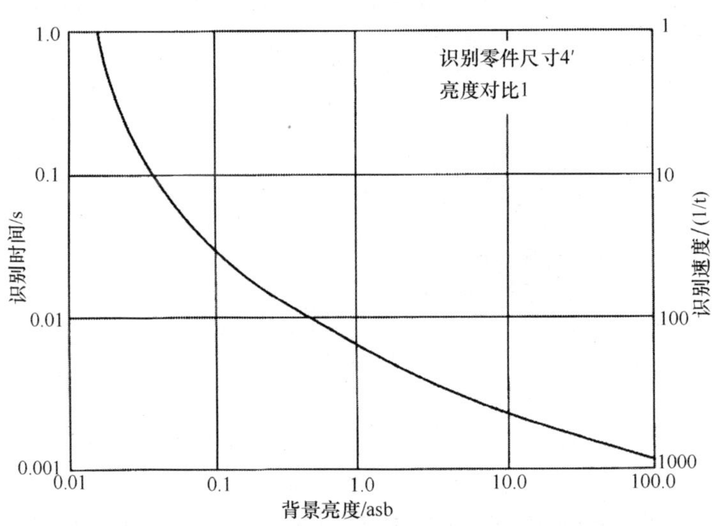

图 6-15　识别时间(视觉速度)与背景亮度的关系

2. 视觉功效

视觉功效是指人借助视觉器官去完成视觉作业的效能，它取决于作业面大小、形状、位置和所形成的光环境。即除去个体因素外，主要与照度、视角、亮度对比系数和识别时间有关，其中最重要的是亮度对比。

识别概率是一种视觉生理阈限的亮度，即正确识别次数与识别总次数的比值。图 6-16 是识别概率在 95%时的视觉功效曲线，通过比较照度、视角和亮度对比三者的关系，可以总结如下规律。

(1) 从同一条曲线来看，观看对象在眼睛所处视角不变的情况下，如亮度对比下降，则需要增加照度才能保持相同的识别概率。亮度对比不足时，可用增加照度来弥补。反之，也可

提高亮度对比来弥补照度的不足。

(2) 比较不同的曲线，在不同的视角下，亮度对比一定时，分辨的视角越小，需要的照度越高。

(3) 在相同的亮度对比条件下，识别相同视角作业所需的天然光照度明显低于人工光照度。但在观看大目标的时候，这种差别不明显。

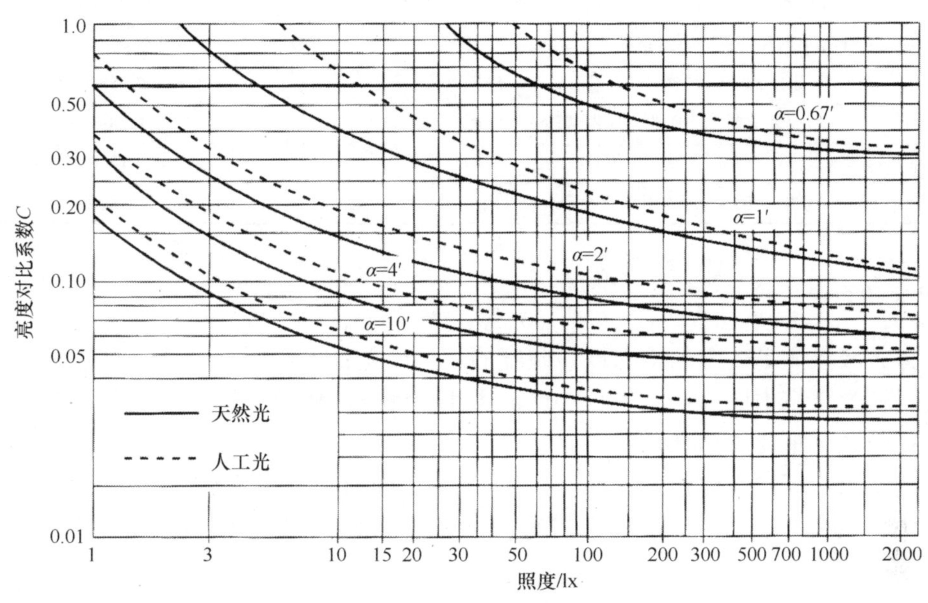

图 6-16 视觉功效曲线

6.1.6 舒适光环境要素

评价一个光环境的质量，除用户感觉外，还应在生理和心理上提出具体的物理指标作为设计依据。舒适光环境要素主要有以下几个方面。

1. 照度水平

适宜的照度应当是在某具体工作条件下，大多数人都感觉比较满意而且保证工作效率和精度较高的照度值。西欧一些研究人员在办公室和工业生产操作场所等工作房间内进行了调查，他们调查在各种照度条件下，感到“满意”的人所占的百分数，不同研究人员获得的平均结果如图 6-17 所示。

由图 6-17 可知，随着照度的增加，感到满意的人数百分比也在增加，最大值为 1500～3000lx，照度超过此数值，对照度满意的人减少，这说明照度或亮度要适量。因此，提高照度水平对视觉功效只能改善到一定的程度，不是照度越高越好。表 6-5 列出了 CIE 对不同作业和活动推荐照度。

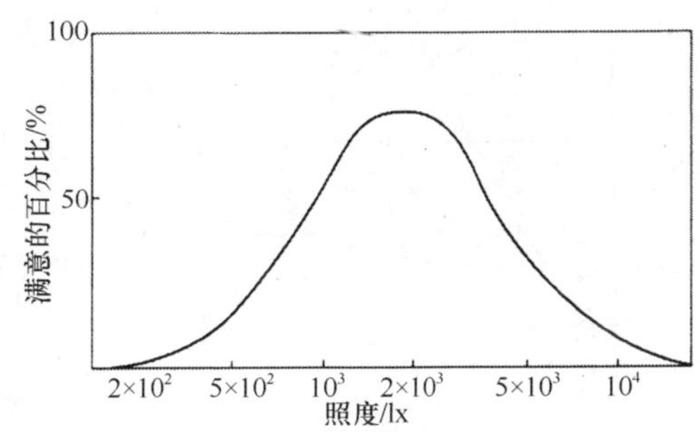

图 6-17 人们感到满意的照度值

表 6-5　CIE 对不同作业和活动推荐照度

作业和活动类型	照度范围/lx
室外人口区域	20-30-50
交通区或短暂逗留区	50-75-100
非连续工作用的房间，如工业生产监视、储藏、衣帽间、门厅	100-150-200
有简单视觉要求的作业，如粗加工、讲堂	200-300-500
有中等视觉要求的作业，如普通机械加工、办公室、控制室	200-500-750
有一定视觉要求的作业，如缝纫、检验和试验、绘图室等	500-750-1000
延续时间长，且有精细视觉要求的作业，如精密加工和装配、颜色辨认	750-1000-1500
特殊视觉作业，如手工雕刻，很精确的工作检验	1000-1500-2000
完成很严格的视觉作业，如微电子装配、外科手术	＞2000

2. 照度均匀度

照度分布应该满足一定的均匀性。照度的均匀度是指工作面上的最低照度与平均照度之比，也可以认为是室内照度最低值与平均值之比。评价工作面上的光环境水平，照度均匀度和照度一样是非常重要的标准。

我国建筑照明标准规定办公室、阅览室等工作房间的照度均匀度不应低于 0.7。在交通区、休息区和大多数公共建筑，一般认为空间内照度的最大值、最小值与平均值相差不超过 1/6 是可以接受的。

3. 亮度比

由于人的视野很广，在工作房间里除工作对象外，作业区、顶棚、墙、人、窗和灯具都会进入视野，它们的亮度水平和亮度分布会对视觉产生一定的影响。首先，如果环境亮度与中心视野亮度相差过大，就会加重眼睛瞬时适应的负担，或产生眩光，降低视觉功效。其次，房间主要表面的平均亮度，形成房间明亮程度的总印象，亮度分布使人产生对室内空间形象的感受。因此，从可见度与舒适感的角度来说，室内主要表面有合理的亮度分布是非常必要的。

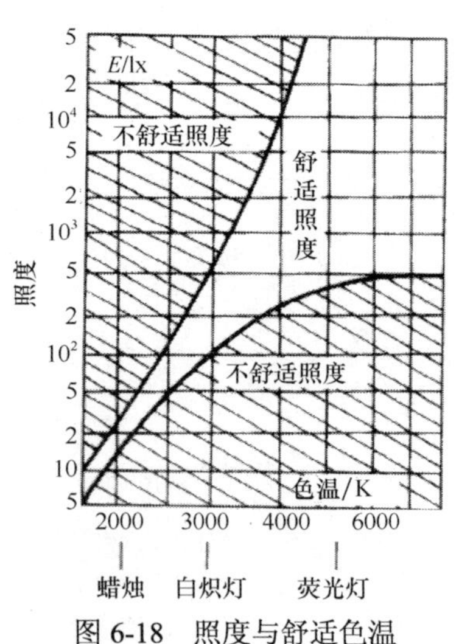

图 6-18　照度与舒适色温

在工作房间，作业近邻环境的亮度应当尽可能低于作业本身亮度，但最好不低于作业亮度的 1/3。而周围视野的平均亮度，应尽可能不低于作业亮度的 1/10。灯和白天窗户的亮度，应控制在作业亮度的 40 倍以内。墙壁的反射比，最好在 0.3～0.7，其照度到作业照度的 1/2 为宜。

非工作房间，特别是装修水准高的公共建筑大厅的亮度分布，一般根据建筑构造的意图来决定，这类光环境亮度水平的选择和亮度分布的设计也应考虑视觉舒适感，但不受上述亮度比限制。

4. 显色性

Kruithoff 根据实验首先定量地提出了光色舒适区的范围，如图 6-18 所示。由图可知，随着色温的提高，人所要求的舒适照度也相应提高。对于色温 2000K 的蜡烛，照度为 10～20lx 即可，而对于色温为 5000K 的荧光灯，照度在 300lx 以上才会有舒适感。

5. 眩光

眩光就是在视野中由于亮度的分布或亮度范围不适宜，或存在着极端的对比，以致引起不舒适感觉或降低观察细部或目标能力的视觉现象。根据眩光对视觉的影响程度，可分为不舒适眩光和失能眩光。不舒适眩光会影响人们的注意力，长时间会增加视疲劳。而出现失能眩光后，就会降低目标和背景间的亮度对比，使能见度下降，甚至丧失视力。这两种眩光效应有时分别出现，但大多数是同时出现的。对室内光环境来说，控制不舒适眩光更为重要。因为只要将不舒适眩光控制在允许限度内，失能眩光也就自然消除了。

对不舒适眩光的研究历史已经超过 50 年，其中英、美、法等国家进行的研究比较深入。由单个光源引起的不舒适眩光主要有四个参数：①观察者眼睛方向的光源亮度，L_s；②光源对观察者眼睛所成的立体张角，W_s；③光源偏离观察者视线的角位移，θ；④控制着观察者眼睛适应水平的背景亮度，L_f。国外不舒适眩光的计算和评价方法主要有四种，即英国的眩光指数法(GI 法)、美国的视觉舒适概率法(VCP 法)、德国 Bodmann 等提出的眩光评价等级曲线以及 CIE 推荐使用的统一眩光值法(UGR 法)。

眩光污染的危害是多方面的，不舒适眩光会扰乱人体的正常生理规律，使生物机能失去平衡。由于失能眩光对人眼造成伤害后，需要一定时间恢复，所以眩光也是交通安全的重要隐患之一。另外，由玻璃幕墙引起的眩光问题，很大程度上会加强城市的热岛效应。眩光污染还会扰乱动植物的正常生理节律，影响生态平衡。因此，为满足人类拥有更加舒适、安全的光环境的迫切需求，我们需要完善眩光污染的测量手段、评价方法以及限制措施。

眩光减轻或消除的方法有：①限制光源亮度；②增加眩光源的背景亮度；③减小形成眩光的光源面积；④尽可能增大光源仰角，光源位置与眩光的关系，如图 6-19 所示；⑤使作业表面为无光泽表面，减弱规则反射而形成的反射眩光；⑥使视觉作业避开和远离照明光源同人眼形成的规则反射区域；⑦使用发光面积大、亮度较低的光源。

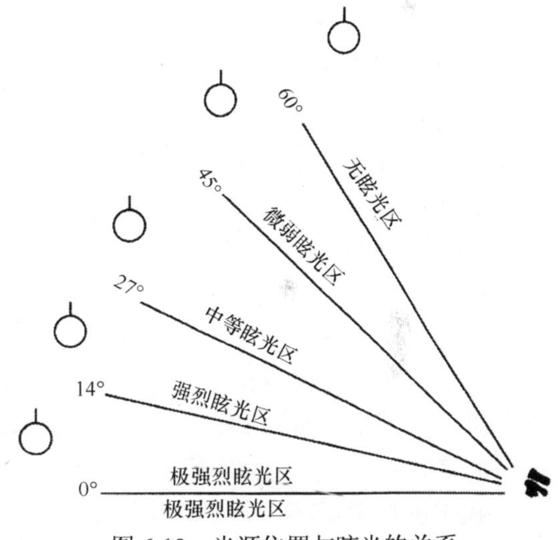

图 6-19 光源位置与眩光的关系

6.2 天然采光原理和方法

天然光能在室内创造出各式各样的光环境，显示出室内的空间效果。从视觉功效曲线可以看出，人眼在天然光下比在人工光下具有更高的视觉功效，并感到舒适和有益于身心健康。这表明人类在长期的进化中，眼睛已习惯于天然光。因此，充分利用天然光，不仅能实现优良的光环境需求，还能节约照明用电，对我国实现可持续发展战略具有重要意义，同时具有巨大的经济效益、环境效益和社会效益。

6.2.1 光气候

1. 天然光的组成与影响因素

天然光就是室外昼光，其强弱变化不定。太阳是昼光的光源，由于地球与太阳相距很远，故可认为太阳光是平行射到地球上。太阳光穿过大气层，一部分透过它照到地面，称为太阳直射光，它形成的照度大，并具有一定的方向，会在被照物体背后形成阴影；另一部分碰到大气层中的空气分子、灰尘、水蒸气等微粒，产生多次反射，形成天空漫射光，使天空具有一定的亮度，它在地面形成的照度较小，没有一定方向，不能形成阴影。昼光是太阳直射光与天空漫射光的总和。在采光设计中，天然光往往指的是天空漫射光。

地面照度来源于直射光和漫射光，其比例随太阳高度与天气而变化。通常，按照天空云量的多少将天气分为三类。

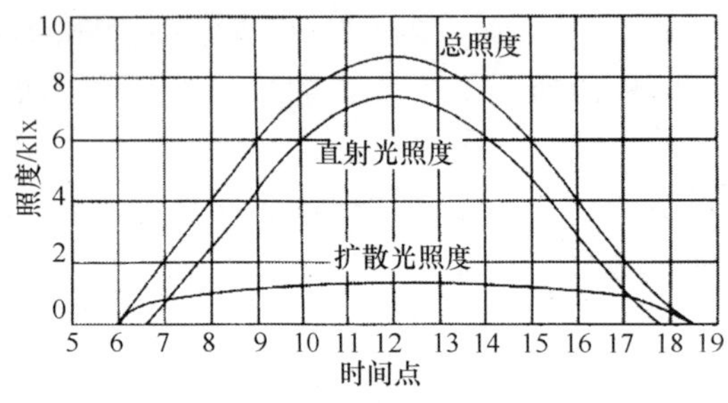

图 6-20 晴天室外照度变化情况

(1) 晴天：云覆盖天空的面积 0～30%。

(2) 多云天：云覆盖天空的面积 40%～70%。

(3) 全阴天：云覆盖天空的面积 80%～100%。

晴天时地面照度是由太阳直射光和天空漫射光两部分组成，随着太阳高度角的增大，直射日光照度在总照度中占的比例也加大，如图 6-20 所示。直射光和漫射光的比例还受大气透明度的影响。大气透明度越高，直射光占的比例越大。

全阴天时天空绝大部分为云所遮盖，因此室外天然光都为漫射光。这时地面的照度取决于太阳高度角、云状、地面反射能力以及大气透明度。这四个因素在一天之中是不断变化的，必然会使室外照度变化，但是幅度没有晴天强烈。多云天介于晴天与全阴天之间，云的数量和在天空中的位置瞬时变化，太阳时隐时现，因此照度值和天空亮度分布都极不稳定。

2. 光气候

影响天然光变化或变动的一些气象因素称为光气候，如太阳高度角、云量、云状、大气透明度、日照率等都属于光气候的范围。其中，日照率是指太阳实际出现的时间和可能出现的时间之比。

我国的地域辽阔，各地的光气候有很大的区别。从日照率来看，由北、西北往东南方向逐渐减少，四川盆地一带最低。从云量来看，大致是自北向南逐渐增多，新疆南部最少，华北、东北较少，长江中下游较多，华南和四川盆地最多。从云状来看，南方以低云为主，向北逐渐以高、中云为主。这些特点说明，天然光照度中，南方以天空漫射光照度占优（西藏情况比较特殊），北方和西北以太阳直射光为主。

以上说明，若采用同一标准值，以我国的光气候条件是不合理的。因此通过对全国各地不同气候特点的日射站进行逐时的照度和辐射对比观测，将全国的光气候分为 5 个分区，再根据光气候特点，按照年平均总照度值确定分区系数，即光气候系数 K，见表 6-6。

表 6-6　光气候系数

光气候区	I	II	III	IV	V
K 值	0.85	0.90	1.00	1.10	1.20
室外天然光临界照度值 *E*/lx	6000	5500	5000	4500	4000

6.2.2　采光口

采光口是建筑的主要采光设备，它的功能一是引进天然光；二是沟通室内外光线的联系。由于采光口处常设置窗户，因此在确定采光口位置、大小，选择窗的形式和材料时，不仅需要考虑采光的需求，还应考虑隔热保温、通风和隔声等因素。

天然采光的形式主要有侧面采光和顶部采光，即在侧墙上或者屋顶上开采光口来采光。另外也有导光管、反光板等采光形式。

1. 侧窗采光

侧窗是在房间的一侧或两侧开窗洞口，是最常见的一种采光形式。侧窗由于构造简单、布置方便、造价低廉，光线具有明确的方向性，有利于形成阴影，对观看立体物件比较适宜，并可通过它看到外界景物，扩大视野，故使用很普遍。

依据窗台离房间地面的高度，侧窗分为普通侧窗、低侧窗以及高侧窗。窗台高度在 0.9～1.0m 的侧窗为普通侧窗；窗台高度低于 0.9m 的侧窗为低侧窗；窗台高度高于 2m 的侧窗为高侧窗。高侧窗常用于展览建筑、厂房及仓库，以提高室内深度处的照度，增加展出墙面及储存空间。

在相同窗口的面积下，窗户的形状和位置对进入室内的光通量的分布有很大影响。如图 6-21 给出了不同形状的侧窗形成的光线分布示意图。在侧窗面积相等、窗台标高相等的情况下，正方形窗口获得的光通量最高，竖长方形次之，横长方形最少。但从照度均匀性角度看，竖长方形在进深方向上照度均匀性最好，横长方形在宽度方向上照度均匀性最好。

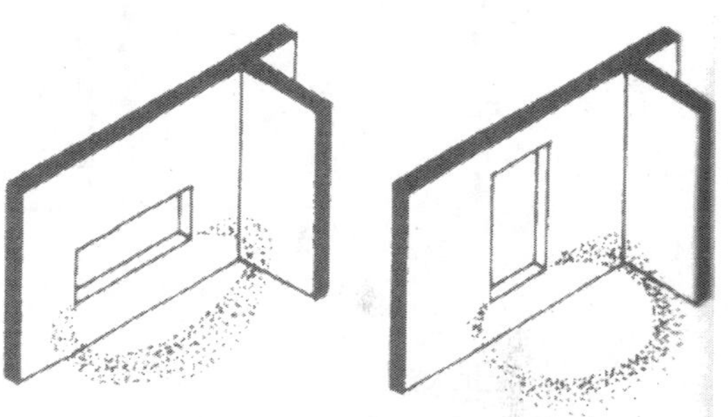

图 6-21　不同形状的侧窗形成的光线分布

窗台高度对室内采光也有很大的影响。如图 6-22(a)所示，在窗上沿高度不变的情况下，下沿窗台高度越低，近窗墙处的照度越大，并沿纵度方向变小，且渐趋一致。如图 6-22(b)所示，在窗的下沿高度不变的情况下，上沿窗台高度越高，近窗处照度也越大，并沿纵度方向变小，且渐趋一致。

侧窗位置对室内照度也是有影响的。对于沿房间进深方向的采光均匀性而言，最主要的是窗位置的高低。如图 6-23，上方的图是平面采光系数分布图，下方的图是通过窗中心的剖面图。由图 6-23(a)、(b)、(c)的对比可见，窗面积相同的情况下，高窗形成的室内照度分布比较均匀，即近窗处比较低，远窗处相对比较高。图 6-23(a)的低窗与图 6-23(c)的分割多个窄条窗形成的照度分布均匀性要差很多。

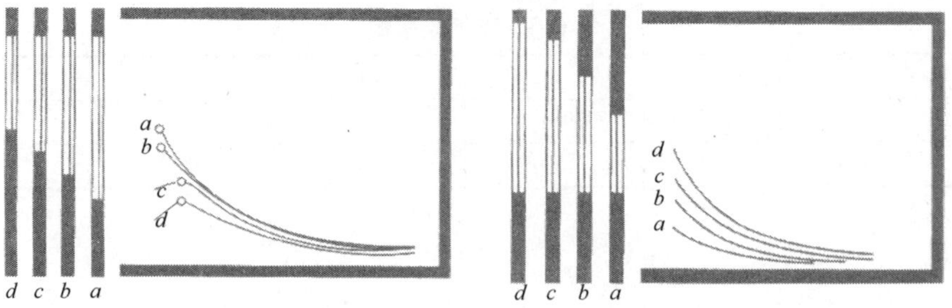

(a)窗台高度对室内照度分布的影响　　(b) 窗上沿高度对照度分布的影响

图 6-22　侧窗高度变化对室内照度分布的影响

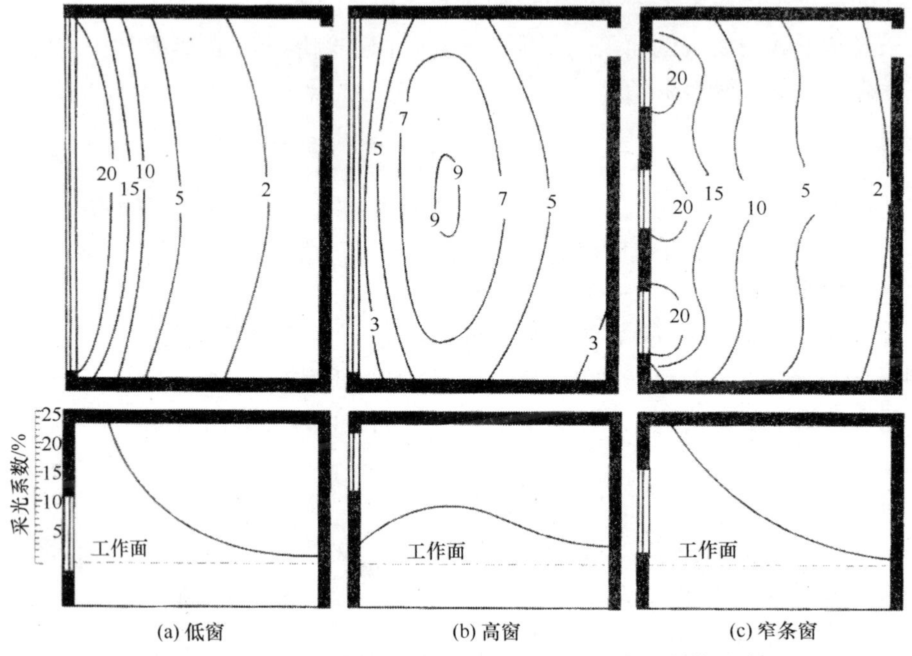

(a) 低窗　　(b) 高窗　　(c) 窄条窗

图 6-23　面积相同的侧窗不同布置对室内照度分布的影响

不同类型的透光材料对室内照度分布也有重要影响。采用扩散透光材料如乳白玻璃、玻璃砖，或将光折射到顶棚的定向折光玻璃，都有助于使室内的照度均匀化。图 6-24 所示为不同类型的透光玻璃对室内照度分布的影响。

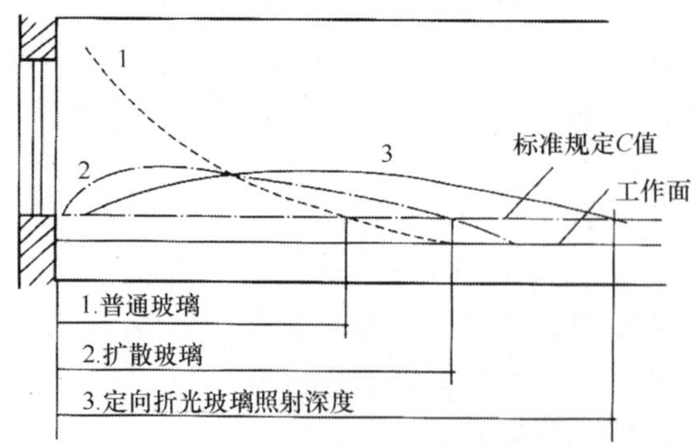

图 6-24　不同类型的透光材料对室内照度分布的影响

2. 顶部采光

随着生产的发展，车间面积增大，用单一的侧窗已经不能满足生产的需要，故在单层房屋中出现顶部采光形式。顶部采光主要有矩形天窗、平天窗和锯齿形天窗，如图 6-25 所示。

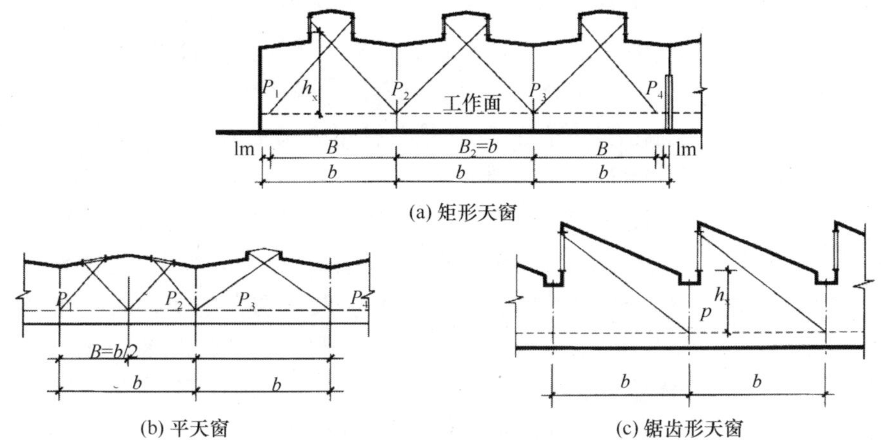

图 6-25　顶部采光形式

矩形天窗是一种常见的天窗形式，它实质上相当于提高位置的高侧窗，它的采光性能与高侧窗相似。矩形天窗的光分布如图 6-26 所示，采光系数最高值一般在跨中，由于天窗布置在屋顶上，位置较高，可避免照度变化大的缺点，达到照度均匀，而且由于窗口位置高，一般处于视野范围内，不易形成眩光。矩形天窗的采光效率取决于窗与房间的剖面尺寸，如天窗宽度、天窗位置高度、天窗间距、相邻天窗玻璃间距等。

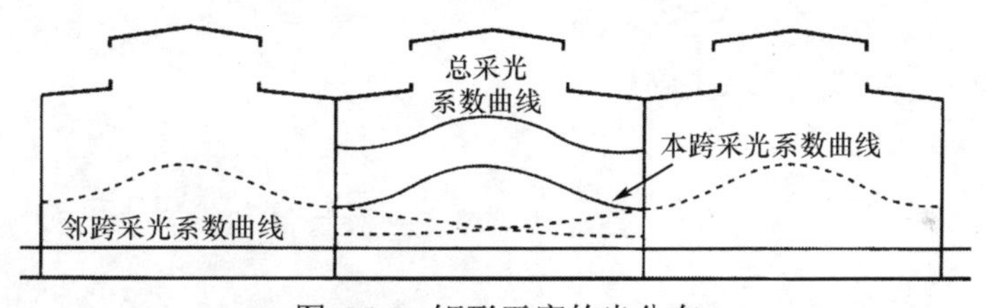

图 6-26　矩形天窗的光分布

平天窗是在屋顶上直接开洞，铺上透光材料。由于不需要特殊的天窗架，降低了建筑高度，简化结构，施工方便，它的造价仅为矩形天窗的 21%～37%。平天窗不但采光效率高，而且布置灵活，易于达到均匀的照度。但是，平天窗采用透明的窗玻璃时，日光容易长时间照进室内，不仅产生眩光，而且夏季强烈的热辐射会造成室内过热。因此，不利于在热带地区使用。

锯齿形天窗属于单面顶部采光。这种天窗由于倾斜顶棚的反光，采光效率比矩形天窗要高，当采光系数相同时，锯齿形天窗的玻璃面积比纵向矩形天窗少 15%～20%。锯齿形天窗窗口朝向背面天空时，可以避免直射阳光射入，因此减小了室内温湿度的波动以及眩光。这种天窗具有单侧高窗的效果，加上有倾斜顶棚作为反射面增加反射光，故较高侧窗光线更均匀。锯齿形天窗可保证 7%的平均采光系数，能满足特别精密工作车间的采光要求。根据这些特点，锯齿形天窗适合在纺织车间、美术馆等建筑使用。

6.2.3　天然光环境控制技术

利用天然采光可以达到有效减少能耗的目的，但是仅仅依靠门窗的天然采光会受到建筑设计的制约，如地下空间的采光问题。利用新的天然采光形式，对一些无法直接获得天然光的区域进行天然采光，如导光管和反光板技术就是近年来常用的天然光环境控制技术。

图 6-27　导光管系统

导光管系统不同于通过建筑的侧窗、中庭和天窗等采光口采光的传统采光方式，它是一种用来采集天然光，并经管道传输到室内，进行天然光照明的采光装置，通常由采光罩、导光管和漫射器组成，如图 6-27 所示。导光管克服了传统采光方式的缺陷，可经过长距离的管道将天然光输送到室内，比较适合用于无法天然采光的空间（无窗建筑或者地下空间）以及识别有色物体或对防爆有要求的房间，如地下车库、体育馆、教室等。图 6-28 所示为北京科技大学体育馆（2008 年奥运会跆拳道、柔道比赛馆）导光管系统，安装了 148 套直径为 530mm 的导光管，最长的导光管长度达 8m，节省了大量照明用电，体现了绿色奥运、科技奥运的理念。

利用反光镜或反光板的采光方式，原理是不限于利用天空散射光，而是充分利用太阳直射光，用反光装置将直射光反射到顶棚，通过顶棚材料的散射得到均匀的照明。

(a) 屋顶采光罩

(b) 室内漫射器

图 6-28　北京科技大学体育馆导光管系统

图 6-29 所示为利用反光镜与反光板采光的示意图，这种方法不仅可以充分利用通过有限的采光口的昼光，而且避免了眩光，保证了照度的均匀度。另外，主动追踪太阳移动轨迹搜集直射光，并通过采光口反射到室内的主动的采光方法，可以更加有效地利用天然光。如图 6-30 所示主动式导光系统，在该系统中，定日镜能跟踪太阳的运动，收集太阳光，通过反射镜将光线引入室内。

充分利用天然光，重点是要有足够大的采光口、避免眩光以及保证照度均匀。除了上述利用导光管系统、主动式导光系统、反光板等方法外，目前还有许多新的天然采光方式，如各种平面、百叶天然采光与人工照明联合控制方法、凹面或凸面反光镜、凸透镜加光纤集光系统等。

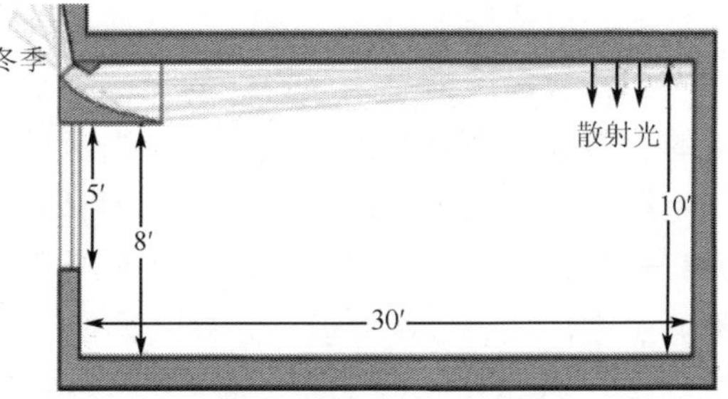

图 6-29　利用反光镜或反光板将直射光反射到顶棚

图 6-30　主动式导光系统

6.2.4　采光设计

采光设计的任务在于根据视觉工作特点所提供的各项要求，正确的选择窗洞口形式，确定必需的窗洞口面积，以及它们的位置，使室内获得良好的光环境，保证视觉工作的顺利进行。

1. 采光标准

采光设计标准是评价天然光环境质量的评价准则，也是进行采光设计的主要依据。我国现行的采光设计标准是《建筑采光设计标准》(GB 50033—2013)。下面对一些主要内容进行介绍。

1) 采光系数

采光系数 C 是指在全阴天条件下，室内测量点直接或间接接收天空扩散光所形成的水平照度 E_n 与室外同一时间不受遮挡的该天空半球的扩散光在水平面上产生照度 E_w 的比值，以百分数表示为

$$C=\frac{E_n}{E_w}\times 100\% \tag{6-18}$$

式中，E_n 为室内某一点的天然光照度(lx)；E_w 为与 E_n 同一时间，室外无遮挡的天空散射光在水平面上的照度(lx)。

利用采光系数这一概念，就可以根据室内要求的照度换算出需要的室外照度，或由室外照度值求出当时的室内照度，而不受照度变化的影响。不过，在晴天或多云天，在不同方位上的天空亮度有差别。因此，按照上述简化的采光系数概念的计算结果与实测的采光系数值会有一定差别。

2) 采光系数标准值

采光系数标准值是采光设计的目标，是根据视觉工作的难度和室外的有效照度确定的。室外的有效照度也称为临界照度，相当于可利用天然采光的室外照度值的下限。临界照度值的确定影响开窗大小、电光源照明的使用时间，有一定的经济意义。《建筑采光设计标准》(GB 50033—2013) 根据五类光气候区的室外年平均总照度长年累计值的高低，分别采用不同的室外临界照度，如表 6-6 所示，并且以第Ⅲ区为基准来确定采光系数标准。

表 6-7 列出了我国工业企业作业场所工作面上的采光系数标准值。其中室内天然光临界照度是室外处于临界照度时的室内照度，也是天然采光的室内照度的下限。当室内实际照度低于该数值时，就需要人工照明。

表 6-7　视觉作业场所工作面上的采光系数标准值

采光等级	视觉作业分类		侧面采光		顶部采光	
	作业精确度	识别对象的最小尺寸 d/mm	室内天然光临界照度/lx	采光系数最低值 C_{min}/%	室内天然光临界照度/lx	采光系数最低值 C_{min}/%
Ⅰ	特别精细	$d \leqslant 0.15$	250	5	350	7
Ⅱ	很精细	$0.15 < d \leqslant 0.3$	150	3	225	4.5
Ⅲ	精细	$0.3 < d \leqslant 1.0$	100	2	150	3
Ⅳ	一般	$1.0 < d \leqslant 5.0$	50	1	75	1.5
Ⅴ	粗糙	$d > 5.0$	25	0.5	35	0.7

表 6-7 中所列出采光系数值适用于Ⅲ类光气候区。其他地区应按光气候分区，选择相应的光气候系数。

3) 采光质量

采光质量主要有采光均匀度、窗眩光以及光反射比三个方面。视野内照度分布不均匀，易使人眼疲劳，视觉功效下降，影响工作效率。因此，要求房间内照度分布应有一定的均匀度。侧窗位置低，对于工作视线处于水平的场所极易产生不舒适眩光，故应采取措施减小窗眩光。如作业区应减小或避免直射阳光照射，不宜以明亮的窗口作为视看背景等。适当的光反射比，可以使室内各表面的亮度均匀。

2. 采光设计内容

天然光环境的设计是以建筑方案设计为基础互相结合进行的。天然光照明设计内容可参考以下项目。

(1) 根据房间的使用功能和使用人的情况，明确视觉工作类别、工作环境以及周围环境概况。

(2) 根据光气候、采光标准确定采光窗的位置、形式、大小、构造和材料，从而保证室内的空间、表面以及色彩效果。

(3) 进行采光计算，并进行必要的修正。

(4) 采取避免眩光、遮光、增加辅助照明和隔热等措施。

(5) 运用光的处理技术，创造天然光的环境艺术。

(6) 进行经济分析比较，取得节能效益。

3. 采光计算

采光计算的目的在于验证所做的设计是否符合采光标准中规定的各项指标。在建筑设计阶段，需按照《建筑采光设计标准》(GB 50033—2013)的要求与初步拟定的建筑条件，估算开窗面积。待技术设计后，窗的位置、尺寸和构造已经大体确定，这时需要通过详细的计算来检验室内天然光水平是否达到标准。

目前，各国使用的采光计算方法有数十种，按照计算目标可分为两大类：一类是集总参数计算法，通常是利用简便的计算来检验一个房间的采光系数基准值；另一类是分布参数计算法，能求出室内各点的采光系数。后一类方法的计算量大，需要通过计算机模拟进行。在一般的设计中，设计人员一般采用第一种方法进行设计计算。

1) 侧面采光

侧面采光利用采光系数平均值的计算方法进行采光计算，该方法是经过实际测量和模拟实验确定的，早在 20 世纪 70 年代就有学者在大量经验数据整理的基础上提出采光系数平均值的计算方法，即

$$C_{\mathrm{av}}=\frac{A_c\tau\theta}{A_z(1-\rho_j^2)} \tag{6-19}$$

式中，C_{av} 为采光系数平均值(%)；A_c 为窗洞口面积(m^2)；τ 为窗的总透射比；θ 为从窗中心点计算的垂直可见天空的角度值，在无室外遮挡时 θ 为 90°；A_z 为室内表面总面积(m^2)；ρ_j 为室内各表面反射比的加权平均值。由此公式可计算得到侧窗洞口的面积。

2) 顶部采光

应用于顶部采光的计算方法原理是“流明法”。计算假定天空为全漫射光分布，窗安装间距与高度之比为 1.5∶1。计算中除考虑了窗的总透射比外，还考虑了房间的形状、室内各个表面的反射比以及窗的安装高度，此外还考虑了窗安装后的光损失系数，即

$$C_{\mathrm{av}}=\tau C_u A_c/A_d \tag{6-20}$$

式中，C_{av} 为采光系数平均值(%)；τ 为窗的总透射比；C_u 为利用系数；A_c/A_d 为窗地面积比。该计算方法具有一定的精度，计算简捷，易操作。

3) 导光管采光

导光管是一种新型的顶部采光技术，由于在天然光采集、传输以及末端漫射部分，采用了光学元件和技术，从而显著提高了天然光利用的效率和建筑内部利用的可能。导光管采光系统的计算原理是“流明法”，与顶部采光类似，即

$$E_{\mathrm{av}}=\frac{n\Phi_u C_u M_f}{lb} \tag{6-21}$$

$$\Phi_u=E_s A_t\eta \tag{6-22}$$

式中，E_{av} 为平均水平照度(lx)；n 为拟采用的导光管系统数量；C_u 为导光管采光系统的利用系数；M_f 为维护系数；l 为导光管的长度；b 为导光管系统直径；Φ_u 为导光管采光系统漫射器的设计输出光通量(lm)；E_s 为室外天然光设计照度值(lx)；A_t 为导光管的有效采光面积(m^2)；η 为导光管采光系统的效率。

此计算方法未对混合采光做出规定，对兼有侧面采光和顶部采光的房间，可将其简化为侧面采光和顶部采光区，分别进行计算。

6.3 人工照明的理论基础

对天然光的利用，受到时间和地点的限制。建筑物内不仅在夜间必须采用人工光源照明，在某些场合，白天也必须要用人工光源照明。人工照明的目的是按照人的生理、心理和社会需求，创造一个人为的光环境。建筑设计人员应掌握一定的照明知识，以便能在设计中考虑照明问题，并能进行简单的照明设计。

6.3.1 人工光源

现代照明用的电光源可以分为两大类，即热辐射光源和气体放电光源。热辐射光源发出的光是电流通过灯丝，将灯丝加热到高温而产生的；气体放电光源是借助两极之间的气体激发而发光。人工光源发出的光通量与它消耗的电功率之比称为该光源的发光效率，简称光效，单位 lm/W，这是表示人工光源节能性的指标。图 6-31 给出了常见人工光源的光通量与光效的关系，曲线上的数字是灯的功率(W)。天然光的光效为 95～105lm/W，因此比绝大多数室内使用的人工光源的光效都高。

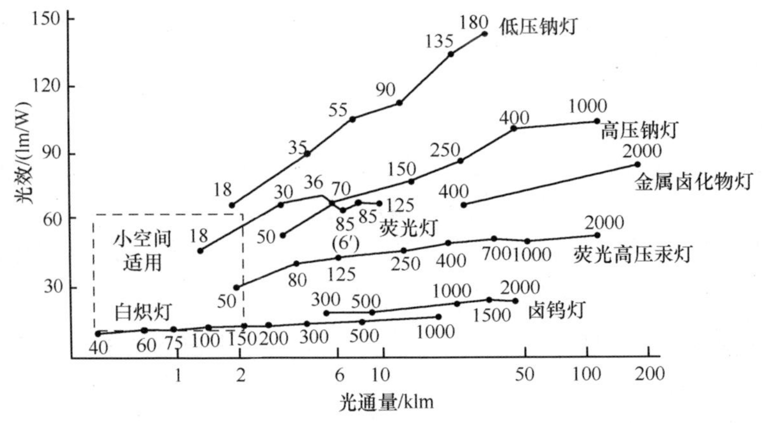

图 6-31 各种光源发出的光通量和光效的关系

电灯的寿命以小时计。电灯从开始使用至光通量衰减到初始额定光通量的某一百分比(通常是 70%～80%)所经过的点燃时数为有效寿命。实验灯从点燃到有 50%失效所经历的时间，称为这批灯的平均寿命。白炽灯、荧光灯等多采用有效寿命指标。高强放电灯常用平均寿命指标。

下面介绍几种常用光源的性能及特点。

1. 热辐射光源

1) 白炽灯

白炽灯是由于电流通过钨丝时，灯丝热至白炽化而发光的，当温度达到 500 ℃左右，开始出现可见光谱并发出红光，随着温度的增加由红色变为橙黄色，最后发出白色光。目前，40W 以下的普通照明用白炽灯都将玻璃壳抽成真空或充入惰性气体，以防止钨丝氧化燃烧，增加灯的寿命。

白炽灯具有高度的集光性，便于控光，适于频繁开关，且频繁开关对性能、寿命影响小。图 6-32 给出了不同灯丝的白炽灯的光谱情况，可以看出白炽灯光谱功率分布是连续的，这一点与自然光有共性，因此它具有良好的显色性。

但是白炽灯的光效不高，仅为 12～20lm/W，也就是说只有 2%～3%的电能转化成为光能，97%以上的电能都以热辐射的形式损失掉了。此外，白炽灯的灯丝亮度很高，易形成眩光。

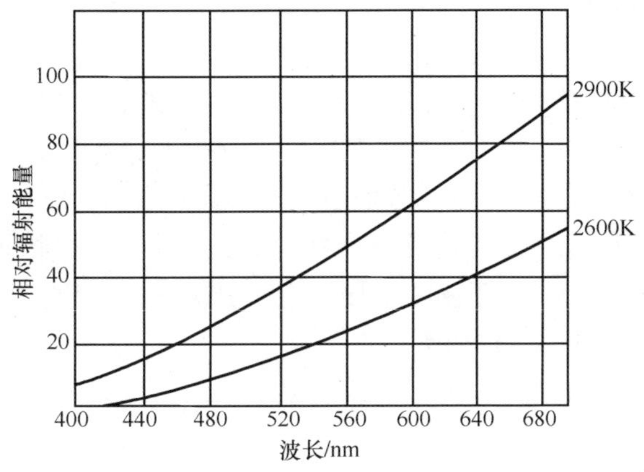

图 6-32　白炽灯的光谱分布特性

2) 卤钨灯

白炽灯的钨丝在高温时蒸发使灯丝变细，灯泡变黑，透光率下降，且当灯丝细到一定程度就会熔断。将卤族元素，如碘、溴等充入灯泡。卤族元素的作用是在高温条件下，将钨丝蒸发出来的钨元素带回到钨丝附近的空间，或者发生卤素循环将钨送回钨丝上。这就减慢了钨丝在高温下的挥发速度，减轻了钨蒸发对泡壳的污染，提高了透光率。

卤钨灯整个寿命期光通量输出稳定，光效达 20～30lm/W，最高寿命可达 2000h，平均寿命为 1500h，是白炽灯的 1.5 倍。灯丝亮度较高，显色性较好。与白炽灯相比，还具有体积小、效率高、功率集中等优点。

2. 气体放电光源

1) 荧光灯

荧光灯是一种低压汞放电灯。它的灯管两端各有一个密封的电极，管内充有低压汞蒸气及少量帮助启燃的氩气。灯管内壁涂有一层荧光粉，当灯管的两个电极通电后加热灯丝，达到一定温度就发射电子，电子在电场的作用下逐渐达到高速，冲击汞原子，使其电离而产生紫外线，紫外线射到管壁上的荧光物质，激发出可见光。荧光灯的荧光物质配合比不同，发出的光谱成分也不同。

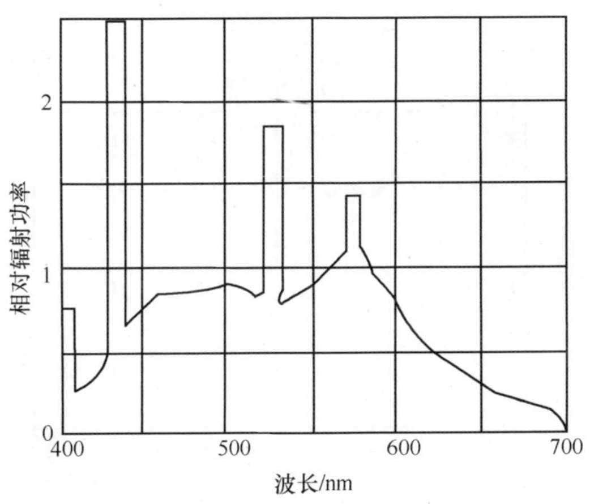

图 6-33　荧光灯(日光色)的光谱分布特性

由于荧光灯是低压汞放电灯，因此其光谱变化与日光相差较远，如图 6-33 所示。荧光灯的发光效率较高，可以达到 90lm/W，比白炽灯高 4 倍左右。寿命也较长，国内灯管可达到 10000h，国外有的产品已达到 20000h 以上。因为荧光灯根据不同的荧光物成分，能产生不同的光色，故可以制成接近天然光光色，显色性良好的荧光灯。

荧光灯尚存在着初投资较高，对温湿度敏感、尺寸较大、不利于对光的控制等缺点，而且由于其光通量随着交流电压的变化而产生周期性的强弱变化，会造成频闪现象。

为适应不同的照明用途，除直管荧光灯外，还有 U 形荧光灯、环形荧光灯、反射型荧光灯等产品，广泛适用于办公室、会议室、教室等场所。

2) 荧光高压汞灯

荧光高压汞灯就是外玻璃壳内壁涂有荧光物质的高压汞灯，它的发光原理与荧光灯相同，只是构造不同。因管内工作气压为 1～5 个大气压，比荧光灯高得多，故名为荧光高压汞灯。

荧光高压汞灯具有光效高(一般可达 50lm/W)、寿命长(可达 12000h)的优点。其主要缺点是显色性差，主要发绿、蓝光。显色指数 20～30。在此灯照射下，物体都增加了绿、蓝色调，使人不能正确分辨颜色，故通常用于施工现场和不需要认真分辨颜色的大面积照明场所。荧光高压汞灯的光谱分布特性如图 6-34 所示。

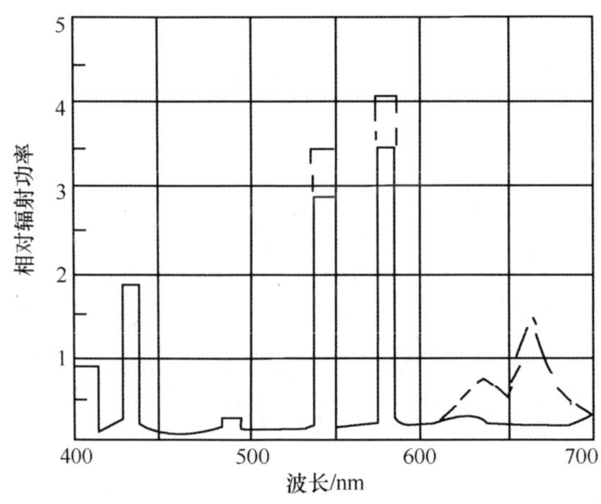

图 6-34 荧光高压汞灯的光谱分布特性

3) 金属卤化物灯

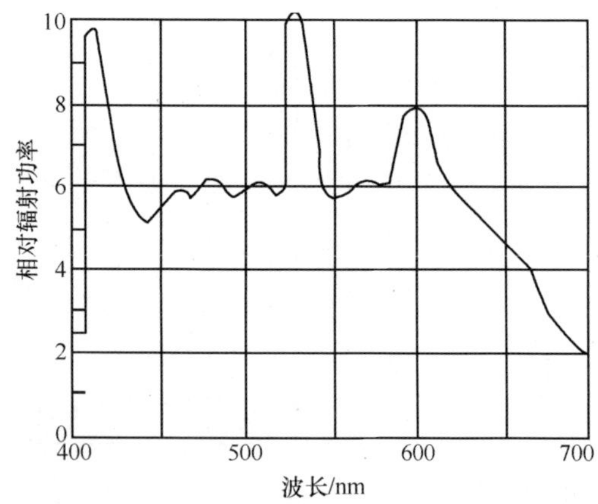

图 6-35 金属卤化物灯的光谱分布特性

金属卤化物灯是由金属蒸气与金属卤化物分解物的混合物放电而发光的放电灯，它是在荧光高压汞灯的基础上发展起来的一种高效光源，它也是一种高强度气体放电灯，它的构造和发光原理与荧光高压汞灯相似，区别在于灯的内管充有碘化铟、溴化钠灯金属卤代物、汞蒸气、惰性气体等，以此提高光效、改善光色。

金属卤化物灯启动时间较长，发光效率可达 80lm/W 以上，显色性相对于汞灯而言也有很大改进，图 6-35 为金属卤化物灯的光谱分布特性。由于金属卤化物灯具有尺寸小、功率小、光效高、光色好、所需启动电流小、抗电压波动稳定性高等特点，因而是一种比较理想的光源，常用于体育馆、高大厂房、繁华街道及车站、码头等场所。

4) 钠灯

钠灯是由钠蒸气放电而发光的放电灯，它也是一种高强度气体放电灯。根据钠蒸气放电时压力的高低，可以把钠灯分为高压钠灯和低压钠灯两种。

高压钠灯是利用高压钠蒸气放电时，辐射出可见光的特性制成的。其辐射光的波长主要集中在人眼最灵敏的黄绿光范围内。高压钠灯光色呈金黄色，色温 2100K 左右，显色指数为 30 左右，光效为 120lm/W，是目前一般照明应用中光效最高的。高压钠灯的寿命也很长，可以达到 20000h 以上。另外，高压钠灯的透雾能力也很强。因此，在街道照明方面，高压钠灯应用也很广泛。

低压钠灯是利用在低压钠蒸气放电，钠原子被激发而产生主要为 589nm 的黄色光。低压钠灯虽然透雾能力强，但显色性极差，在室内极少使用。

5) 紧凑型荧光灯

紧凑型荧光灯就是将放电管弯曲或拼结成一定形状，能够实现灯与镇流器一体化，发光原理与荧光灯相同。

紧凑型荧光灯功率小、光效高、显色性较好，其体积与 100W 普通白炽灯相近，显色指数在 60～85 范围内，色温范围比较大，为 2700～6400K。由于采用稀土三基色荧光粉和电子镇流器，比普通荧光灯光效高，可达 70lm/W。

3. 固体发光光源

发光二极管(Light Emitting Diode，LED)实际上是一个半导体的 PN 结，其基本工作原理是一个电光转换的过程。传统的 LED 主要用于信号显示领域，如建筑物航空障碍灯、航标灯、汽车信号灯、仪表背光照明。随着蓝光和白光 LED 及大功率 LED 的研制成功，目前在建筑物内外照明中的应用日益广泛。

目前的 LED 与传统的照明光源相比较，具有光色纯、彩度大、单一颜色的 LED 辐射光谱较窄、寿命长(实际应用寿命在 20000h 左右)、体积小、发热量低等优点。目前 LED 的光效最高可达 100lm/W。但是 LED 在显色性、单灯效率以及价格等方面仍有不足。

6.3.2　灯具

1. 照明灯具的光特性

1) 配光曲线

照明灯具的光特性，主要用发光强度的空间分布、灯具效率、亮度分布或灯具保护角三项数据来说明。通常用灯具配光曲线和空间等照度曲线来表示照明灯的光强度分布。

把灯具各方向的发光强度在三维空间里用矢量表示出来，把矢量终端连接起来，则构成一封闭的光强体。当光强体被通过 Z 轴线的平面截割时，在平面上获得一封闭的交线。此交线以极坐标的形式绘制在平面图上，这就是灯具的配光曲线。配光曲线上的每一点，表示灯具在该方向上的发光强度。因此，知道灯具对计算点的投光角 α，就可查到相应的发光强度 I_α，利用式(6-5)就可求出点光源在计算点上形成的照度。

因大部分灯具形状都是轴对称的，其发光强度在空间分布也是轴对称的，如图 6-36 所示，而荧光灯在空间的分布是不对称的。

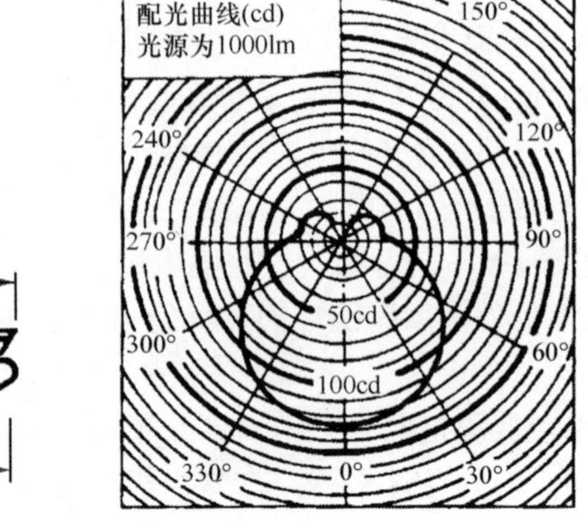

图 6-36　对称灯具的配光曲线

2) 遮光角

眩光对视力危害很大，严重的可使人晕眩，甚至造成事故，长时间的轻微眩光，也会使视力逐渐降低。为了降低或消除高亮度表面对眼睛造成的眩光，给光源罩上一个不透明材料做的开口光罩，可以收到十分显著的效果。

为了说明某一灯具的防止眩光范围，就用遮光角 γ 来衡量。灯具遮光角是指光源最边缘一点和灯具出光口的连线与水平线之间的夹角，如图 6-37 所示。当人眼平视时，如果灯具与眼睛的连线和水平线的夹角小于遮光角，则看不见高亮度的光源。当灯具位置提高，与视线形成的夹角大于遮光角，虽可看见高亮度的光源，但夹角较大，眩光程度已大大减弱。

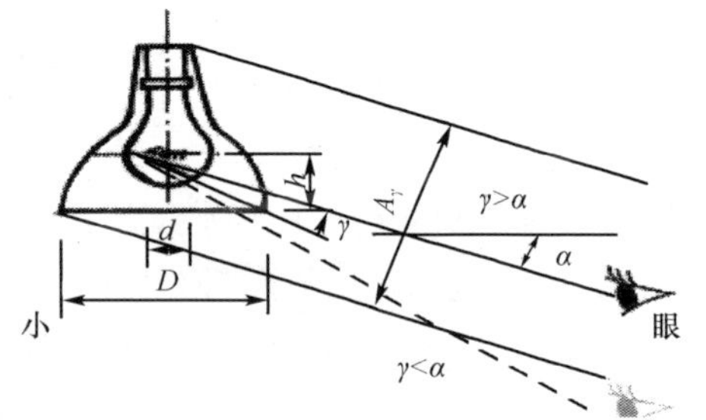

图 6-37　灯具的遮光角与人眼的夹角

3) 灯具效率

任何材料制成的灯罩，对于投射在其表面的光通量都要被它吸收一部分，光源本身也要吸收少量灯罩内表面的反射光，余下的才是灯具向周围空间投射的光通量。灯具效率就是反映灯具的技术与经济效果的指标，定义为

$$\eta=\frac{\Phi}{\Phi_Q} \tag{6-23}$$

式中，η 为灯具的效率；Φ 为灯具向周围空间投射的光通量(lm)；Φ_Q 为灯具内所有光源发出的总光通量(lm)。灯具效率一般用实验方法测出。

2. 灯具的分类

灯具是能透光、分配和改变光源光分布的器具，是光源、灯罩及其附件的总称。灯具在不同场合有不同的分类方法，CIE 按光通量在上下空间的比例分布将灯具分为五类：直接型、半直接型、漫射型、半间接型、间接型。不同类型灯具的光照特性如表 6-8 所示。下面介绍各类灯具在照明方面的特点。

表 6-8　不同类型灯具的光照特性

分类	直接型	半直接型	漫射型	半间接型	间接型
灯具光分布					
上半球光通量	0～10%	10%～40%	40%～60%	60%～90%	90%～100%
下半球光通量	100%～90%	90%～60%	60%～40%	40%～10%	10%～0
光照特性	灯具效率高；室内表面的光反射比对照度的影响小；设备投资少；维护费用使用少	灯具效率中等；室内表面光反射比影响照度中等；设备投资中等；维护费用中等			光线柔和；灯具效率低；室内表面光反射比影响照度大；设备投资少；维护使用费用少

1) 直接型灯具

直接型灯具 90%以上的光通量向下照射，因此光通量效率最高，工作环境照明应优先采用这种灯具。不过直接型灯具存在两个主要缺点：一是由于灯具的上半部分几乎没有光线，顶棚较暗，和明亮灯具开口形成严重的亮度对比；二是光线方向性强，阴影浓重，当工作物受几个光源同时照射时，容易影响视看效果。

2) 半直接型灯具

半直接型灯具一般采用外包半透明灯罩的吊装灯具，或下面敞口式半透明灯罩的灯具。这类灯具下面的开口能把较多的光线集中照射到工作面，具有直接型灯具的优点，又有部分光通量射向顶棚，使空间环境得到适当照明，改善了房间的亮度对比。

3) 漫射型灯具

漫射型灯具是直接和间接型灯具的组合，在一个透光率很低或不透光的上下都有开口的灯罩里，上下各安装一个灯泡。上面的灯泡照亮顶棚，使室内获得一定的反射光；下面的灯泡则用来直接照亮工作面，使之获得高的照度。不仅能满足工作面上的高照度要求，也可使室内亮度分布均匀，避免形成眩光。

4) 半间接型灯具

这种灯具可以为室内增加间接光，使室内光线更加柔和。一般采用上半部透明，下半部扩散透光的材料，遮阳可以使大部分灯光投射到顶棚或墙面上部，获得气氛柔和的照明效果。不过，灯具在使用过程中，透明部分很容易积尘，使灯具照明效率降低。这类灯具现在主要用于民用建筑的装饰照明。

5) 间接型灯具

间接型灯具是用不透光的材料做成，几乎全部的光线都射向上半球。光线通过反射扩散后照亮室内，可以避免阴影、光幕反射、直接眩光，但光通量损失较大，不经济。故一般用于照度要求不高，希望全室均匀照明、光线柔和的情况，如剧院、美术馆和医院的一般照明。

6.3.3 照明方式

在照明设计中，照明方式的选择对光环境质量、照明经济性和建筑艺术风格都有重要的影响。照明方式通常分为一般照明、分区一般照明、局部照明、混合照明，如图 6-38 所示。下面对不同照明方式的特点进行介绍。

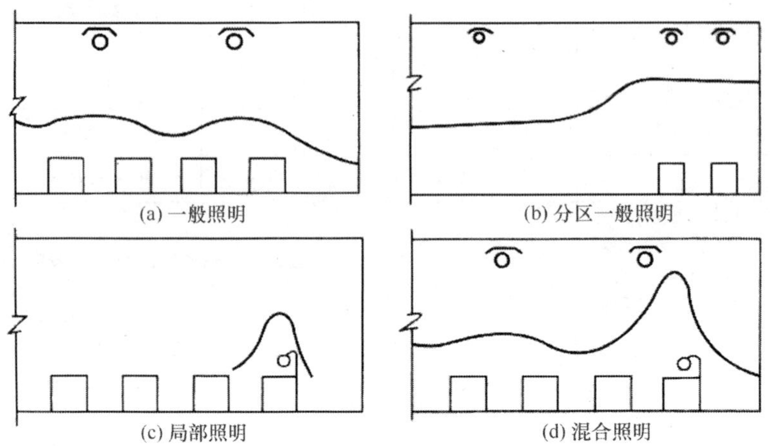

图 6-38　几种照明方式示意图

1) 一般照明

一般照明是在工作场所不考虑特殊的局部需要，为照亮整个场所而设置的均匀照明。此时，灯具均匀分布在被照场所上空，照度的均匀度要求不低于 0.7。这种照明方式，适合于工作人员的视看对象频繁变换的场所，对光投射没有特殊要求的场所以及工作面没有特别需要提高可见度的工作点，以及一些工作点很密且不固定的场所。但是，当房间高度大，工作精度高时，仅仅采用一般照明，就会造成灯具过多，功率过大，很不经济。

2) 分区一般照明

同一房间由于使用功能不同，各功能区所需要的照度值不同，这时需要先对房间进行分区，再对每一分区做一般照明。这种照明方法，不仅能满足各区域的功能需求，还实现了节能的目的。分区一般照明用于开敞式的办公室，其中分有办公区、休息区。或者在大型厂房内，会有工作区、交通区的区别。

3) 局部照明

局部照明是为特定视觉工作用的、为照亮某个局部的特殊需要而设置的照明，如车间的车床灯、办公桌上的台灯等。由于这种照明方式的灯具靠近工作面，故可以在少耗费电能的条件下获得较高的照度。局部照明的灯具通常都具有较大的遮光角以避免眩光。在一个工作场所不应只采用局部照明，因为这样会造成工作点与周围环境极大的亮度对比，不利于视觉工作。

4) 混合照明

工作面上的照度一般由一般照明和局部照明合成的照明称为混合照明。这种照明方式既有一般照明，解决整个工作面的均匀照度，又有局部照明，以满足工作点的高照度和光方向的要求。混合照明是分工合理的照明方式，也是一种经济的照明方式。

6.3.4　人工照明设计计算

照明设计的目的是在室内创造一个人为的光环境，以满足人们生活、学习、工作的要求。以满足视觉工作要求为主的室内照明，它应从功能方面来考虑；以艺术环境观感为主，为人们提供舒适的休息和娱乐场所的照明，除满足视觉功能外，还应强调它的艺术效果。

1. 照明标准

照明标准就是根据识别物件的大小、物件与背景的亮度对比、国民经济的发展情况等因素来制定的，它是从照明数量和照明质量两方面考虑的。

1) 照明数量

由于亮度的现场测量与计算都比较复杂，故标准规定的是作业面或参考平面的照度值。表 6-9 是摘自《建筑照明设计标准》(GB 50034—2013) 的居住建筑照明标准值。

表 6-9　居住建筑照明标准值

<table>
<tr><th colspan="2">房间或场所</th><th>参考平面及高度</th><th>照度标准值/lx</th><th>R_a</th></tr>
<tr><td rowspan="2">起居室</td><td>一般活动</td><td rowspan="2">0.75 水平面</td><td>100</td><td rowspan="8">80</td></tr>
<tr><td>书写、阅读</td><td>300</td></tr>
<tr><td rowspan="2">卧室</td><td>一般活动</td><td rowspan="2">0.75 水平面</td><td>75</td></tr>
<tr><td>床头、阅读</td><td>150</td></tr>
<tr><td colspan="2">餐厅</td><td>0.75 水平面</td><td>150</td></tr>
<tr><td rowspan="2">厨房</td><td>一般活动</td><td>0.75 水平面</td><td>100</td></tr>
<tr><td>操作台</td><td>台面</td><td>150</td></tr>
<tr><td colspan="2">卫生间</td><td>0.75 水平面</td><td>100</td></tr>
</table>

民用建筑照明照度标准值根据各类建筑的不同，使用功能和条件，遵循 0.5、1、3、5、10、15、20、30、50、75、100、150、200、300、500、750、1000、1500、2000、3000、5000 的分级 (单位 lx)。根据不同的条件，作业面或参考平面的照度等级可按照度标准提高或降低。

2) 照明质量

要创造一个良好舒适的光环境，除要求达到一定的照度，还需要照度、亮度均匀度合适，限制眩光，光源颜色符合照明场所的要求，反射比与照度比达到一定标准。

(1) 眩光。为了提高室内照明质量，不但要限制直接眩光，而且还要限制工作面上的反射眩光和光幕眩光。

为了降低或消除直接型灯具对人眼造成的直接眩光，应使灯具的遮光角不小于表 6-10 中的数值。

表 6-10　直接型灯具的遮光角

光源平均亮度/(kcd/m²)	遮光角/(°)	光源平均亮度/(kcd/m²)	遮光角/(°)
1～20	10	50～500	20
20～50	15	≥500	30

减弱光幕眩光的措施有：①尽可能使用无光纸盒、不闪光墨水，使视觉作业和房间内的表面为无光泽的表面；②提高照度以弥补亮度对比的损失；③减少来自干扰区的光；④尽量使光线从侧面来；⑤采用合理的灯具配光。

(2) 光源颜色。光源的颜色主要包括光源的色温和显色性。光源的相关色温不同，产生的冷暖感也不同，光源的有关色温和主观感觉效果如表 6-3 所示。冷色用于高照度水平、热加工车间等；暖色一般用于车间局部照明；中间色适用于其余各类车间。

从建筑的功能或从真实显示装修色彩的艺术效果来说，光源的良好显色性具有重要作用。印染车间、彩色制版印刷和美术品陈列等要求精确辨色的场所，顾客在商店选择商品或医生察看病人的气色都需要真实地显色。研究表明，办公室内显色性好的灯，照度可以降低 25%，具有一定节能效果。

(3) 反射比。当视场内各表面的亮度均匀，人眼视看才会达到最舒服和最有效率，故希望室内各表面亮度保持一定比例。反射比为表面反射光通量与入射光通量之比。工作房间表面的光反射比按表 6-11 推荐值选取。

表 6-11　工作房间表面反射比

表面名称	反射比
顶棚	0.7～0.8
墙面、隔断	0.5～0.7
地面	0.2～0.4

(4) 照明均匀度。为了使工作面上的照明分布均匀，局部照明与一般照明共用时，工作面上一般照明值宜为总照度值的 1/5～1/3，不宜低于 50lx。一般照明中最小照度值与平均照度值之比规定在 0.7 以上。

2. 照明计算方法

室内照明计算的主要内容是照度的计算。根据照度要求以及选定的光源与灯具类型，求出需要的光源功率，或者在室内对设定的光源与灯具布置，计算照度水平。照度的计算方法有很多种，其中有两种基本的方法，即利用系数法和点算法。下面对利用系数法进行详细介绍。

利用系数法也称流明计算法，是计算工作面上平均照度的一种常用方法，利用系数 C_u 表示室内灯具投射到工作面上的光通量与灯具中光源发出的总光通量的比值，即

$$C_u = \frac{\Phi_u}{N\Phi} \tag{6-24}$$

式中，C_u 为利用系数；Φ_u 为投射到工作面上的光通量(lm)；N 为灯具个数；Φ 为单个灯具光源发出的光通量(lm)。

利用系数和灯具类型、灯具效率、房间尺寸、室内壁面、设备的光反射比有关。总体来说直接型灯具比其他灯具更有利，灯具效率越高、室内壁面光反射比越高，利用系数越大。而工作面与房间其他表面相比的比值越大，接收直接光通量的机会就越多，利用系数就越大，这里用室空间比(RCR)来表征这一特性

$$\mathrm{RCR} = \frac{5h_{\mathrm{rc}}(l+b)}{lb} \tag{6-25}$$

式中，h_{rc} 为灯具至工作面的高度(m)；l、b 分别为房间的长和宽(m)。

在知道灯具的利用系数和光源发出的光通量后，就可以通过下式计算出房间内工作面上的平均照度

$$E = \frac{\Phi_u}{A} = \frac{NC_u\Phi}{A} = \frac{NC_u\Phi}{lb} \tag{6-26}$$

式中，E 为工作面上平均照度值(lx)；A 为工作面面积(m^2)。

对于确定的室内照度需求，计算需要安装的灯具功率时，则可将式(6-26)改写为

$$\Phi = \frac{AE}{NC_u} \tag{6-27}$$

照明设施在使用过程中会遭受污染、光源衰减等状况，会引起照度的下降，因此在照明设计时，应将照度标准值除以表 6-12 所列维护系数 K，即公式改为

$$\Phi = \frac{AE}{NC_uK} \tag{6-28}$$

式中，K 为维护系数，不同灯具的维护系数如表 6-12 所示。

表 6-12 维护系数值

环境污染		适用场所举例	灯具清洗次数/(次/年)	维护系数 K
室内	清洁	卧室、办公室、餐厅、阅览室、教室、病房、客房、仪器仪表装配间、电子元件装配间、检验室等	2	0.8
	一般	商店营业厅、候车室、影剧院、机械加工车间、机械装配车间、体育馆等	2	0.7
	污染严重	锻工、铸工、水泥车间、厨房等	3	0.6
室外		雨篷、站台等	2	0.65

不同类型光源对一点产生的直射光照度计算方法是不同的。点光源产生的照度是与光源至受照点的距离平方成反比；无限长的线光源产生的照度则与距离成反比；而面光源产生的照度则与距离无关。

在实际应用的照明计算中，认为光源线尺寸小于光源至受照面距离的 1/5 时，该光源为点光源，计算误差小于 1%。有关于点光源和线光源在一点上产生的直射光照度与反射光照度有如下基本的计算公式：

$$E_n = \frac{I_\theta}{r^2} \tag{6-29}$$

此式为距离平方反比定律，即点光源在与照射方向垂直的平面上产生的照度与光源的光强成正比，与光源至被照面的距离的平方成反比。式中，E_n 为点光源在与照射方向上垂直平面上产生的照度(lx)；I_θ 为点光源在照射方向的发光强度(cd)；r 为点光源至被照点的距离(m)。

当光源斜照一个平面时，光通量将分布在比法线平面更大的面积上，因此该平面的照度会低于法线平面的照度。设被照面法线与入射光线间的夹角为 α，则有

$$E_h = E_n \cos\alpha \tag{6-30}$$

式中，E_h 为点光源在水平面上一点产生的照度(lx)。综合式(6-29)和式(6-30)可知，点光源在水平面上一个点产生的照度，同光源在该方向的发光强度及被照面法线与入射光线夹角的余弦成正比，同光源至该点距离的平方成反比。

①**例 6-1** 某办公室长 12m，宽 6m，高 3m。室内表面反射比分别为顶棚 0.7，墙面 0.5，地面 0.2，清洁环境。采用 10 套 T5 双管日光灯具进行照明，采用电子镇流器，功耗为 7W，T5 单管光源光通量 2600lm，利用系数请查询相关照明设计手册。灯具吸顶安装。求距离地面 0.75m 高的工作面上的平均照度为多少？该灯具的照明功率密度值(定义为单位面积上光源、镇流器或变压器的照明安装功率，用 LPD 表示)是多少？

解：

(1)整理原始数据。

灯具光源光通量 Φ=2600lm，室长 L=12m，宽 W=6m，高 H=3m。反射率：顶棚 0.7，墙面 0.5，地面 0.2，顶棚空间高 h_c=0m，地板空间高 h_f=0.75m，房间空间高 h_r=3−0.75−0=2.25(m)。

(2)计算室空间比。

$$\text{RCR}=\frac{5h_r(L+W)}{LW}=\frac{5\times 2.25\times(12+6)}{12\times 6}=2.8125$$

(3)灯具维护系数，查表 6-12，K=0.8。

(4)查《照明设计手册》中利用系数(C_u)表。

查表得 RCR=2.0，C_u=0.53；RCR=3，C_u=0.47，用内插法，RCR=2.8125，C_u=0.48。

(5)计算平均照度。

$$E=\frac{NC_u\Phi}{LW}=\frac{10\times 5200\times 0.48\times 0.8}{12\times 6}=277.3\ \ (\text{lx})$$

(6)求 LPD 值。

$$\text{LPD}=P/A=10(2\times 28+7)/(12\times 6)=8.75\ \ (\text{W}/\text{m}^2)$$

①**例 6-2** 某办公室长 12m，宽 6m，高 3m。室内表面反射比分别为顶棚 0.7，墙面 0.5，地面 0.2，清洁环境。采用 10 套 31W 的 LED 灯具照明，每盏灯的光通量为 3500lm，利用系数请查询相关照明设计手册。灯具吸顶安装。求距离地面 0.75m 高的工作面上的平均照度为多少？该灯具照明功率密度值(LPD)是多少？

解：

(1)整理原始数据。

灯具光源光通量 Φ=2600lm，室长 L=12m，宽 W=6m，高 H=3m。反射率：顶棚 0.7，墙面 0.5，地面 0.2，顶棚空间高 h_c=0m，地板空间高 h_f=0.75m，房间空间高 h_r=3−0.75−0=2.25(m)。

(2)计算室形指数。

$$\text{RI}=\frac{LW}{h_r(L+W)}=\frac{12\times 6}{2.25\times(12+6)}=1.78$$

(3)灯具维护系数，查表 6-12，K=0.8。

(4)查《照明设计手册》中利用系数(C_u)表。

① 例 6-1 和例 6-2 根据清华大学建筑设计研究院有限公司徐华总工的 PPT 改编。

RI=1.5，C_u=0.89，RI=2.0，C_u=0.96，用内插法，RI=1.78，利用系数 C_u=0.93。

(5) 计算平均照度。

$$E=\frac{NC_u\Phi}{LW}=\frac{10\times3500\times0.93\times0.8}{12\times6}=361.7\ \text{(lx)}$$

(6) 求 LPD 值。

$$\text{LPD}=P/A=10\times31/(12\times6)=4.3\ \ (\text{W}/\text{m}^2)$$

例 6-2 与例 6-1 相比，LED 功率是 T5 灯具的 49.2%，照度是 T5 灯具的 1.3 倍。

3. 照明设计程序

人工照明的设计程序主要为以下步骤。

(1) 明确照明设施的用途与目的。

(2) 光环境构思与光通量分布的初步确定。

(3) 照度、亮度的确定。

(4) 照明方式的确定。

(5) 光源的选择。

(6) 灯具的选择。

(7) 室内布灯数的确定。

(8) 灯具的布置。

(9) 对照明设计结果的检验。

6.4　建筑光环境模拟简介

设计人员要想在设计阶段准确地把握光环境，就需要利用模拟的技术手段。通过模拟，设计人员可以较为准确地把握光环境的效果，照明系统的运行情况及性能，从而作出优化合理的设计。光环境的模拟应用很广泛，如对复杂建筑光环境进行仿真，查找相关问题；可对建筑物的采光性能进行分析检验；对可能使用的技术手段和方案的效果进行分析；对照明能耗和照明系统运行情况进行分析等。国内外研究人员在长期的建筑光环境实践中，发展出了多种天然光环境模拟技术，从其发展来看，经历了从物理模型到虚拟模型，从手工计算到计算机模拟这一变化过程。

随着个人计算机的广泛普及和计算机技术的不断发展，出现了一些计算速度快、准确性好、操作方便和效果直观的照明计算软件。通过在计算机中建立虚拟的模型，可快速计算照度、亮度和眩光等参数，并可生成具有真实感的渲染图形。由于其花费少、发生错误的代价小，易于控制，易于重复，并可模拟任何地点、任意时间、任何天气状况下的光环境，因此得到了广泛的应用。

不同的光环境模拟软件对分析的对象、所使用的阶段以及使用者的定位不同，它们之间有很大的差异，有的适合于项目前期概念设计阶段，有的适合于深化设计阶段；有的适用于工程师，有的适用于研究人员；在主要功能上，有的适合采光计算，有的侧重日照遮挡分析。目前，国际上应用较多的光环境模拟软件包括 Radiance、Ecotect、AGi32、Daysim 等。下面对几个主要的建筑光环境模拟软件进行介绍。

1. Radiance

Radiance 是美国能源部下属的劳伦斯-伯克利国家实验室(LBNL)开发的基于物理真实模拟的光环境软件，可对天然光和人工照明条件下的光环境进行精确的模拟。Radiance 的核心算法是采用蒙特卡洛采样和反向的光线追踪算法，可在可接受的时间内获得较为满意的计算精度。

使用 Radiance 软件模拟前需要建立场景的三维几何模型，输入灯具参数和材料参数。建立模型后，程序将输入的数据编译成 OCTREE 的文件，用于光线追踪分析。Radiance 对多边形、球体、椎体等形状都可进行建模。其先进的算法可以分析遮光板之类的间接光学系统，并进行复杂的场景仿真模拟，其产生的图像效果可以媲美高级商业渲染软件，并且比后者更接近真实的物理光环境，如图 6-39 所示。

图 6-39　Radiance 渲染图

另外，利用 Radiance 的开源代码，进一步开发出了以其为核心的软件，如 Desktop Radiance、Rayfront 等。研究人员通过实测和模拟对比，其计算误差可以控制在 20%以内。

2. Ecotect

Ecotect 是 Square One 公司研发的一款全面的技术性能分析辅助软件。只要输入一个简单的模型，输入相应的参数，如经纬度、海拔、时区等，确定建筑材料的技术参数，就可以完成对模型的太阳辐射、光学、热学、声学、建筑投资等综合的技术分析。另外，它提供了一种交互式的分析方法，可随着设计的深入提供详细的分析结果，预测不同设计方案的效果。

Ecotect 软件的操作界面友好，具有很好的兼容性，3DS、DXF 格式的文件都可以直接导入，并且软件自身也带有强大的建模工具，可以快速建立模型，计算分析速度快，结果直观，图 6-40 展示了 Ecotect 的界面。另外，为了能够精确计算，该软件提供了丰富的数据接口，在需要精确计算时可以将模型导入到 Radiance 和 Daysim 软件中进行深入分析，图 6-41 展示了 Ecotect 与 Radiance 结合的分析案例。

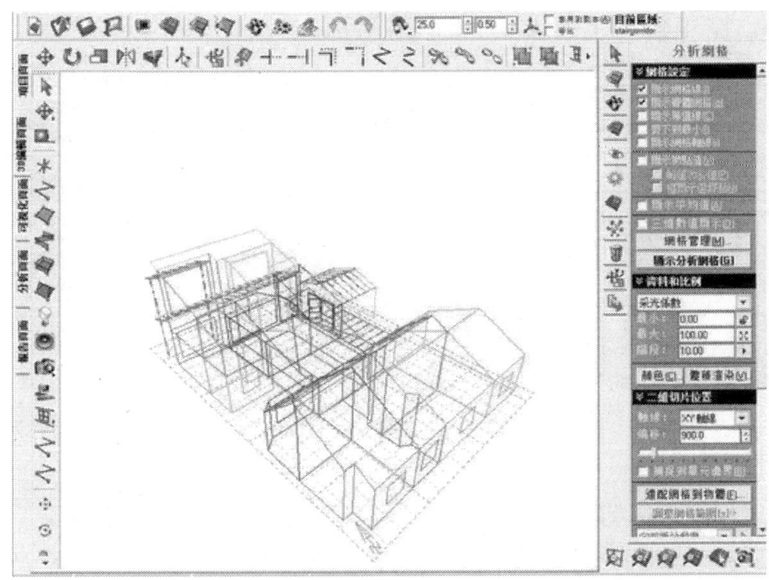

图 6-40　Ecotect 界面

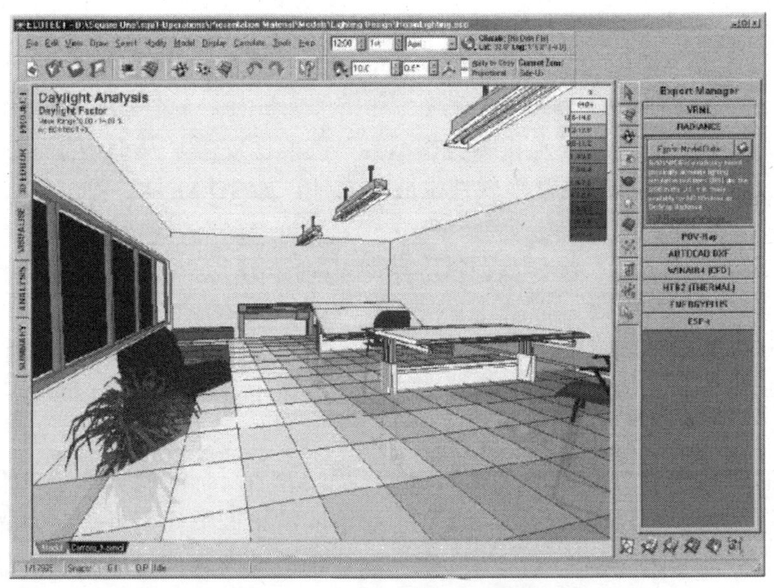

图 6-41　Ecotect 与 Radiance 结合的分析案例

3. AGi32

AGi32 是一款用 Microsoft Visual Basic 编写的大型综合性照明计算软件。AGi32 具有很好的兼容性，除了支持早期的 DXF 格式的 3D 文件外，同时能够导入 DWG 格式的 CAD 三维模型，导入后的模型将自动转为物体类型。AGi32 将照明计算分为三类场景：室内、室外和道路照明计算，根据不同场景，在建立模型时会设定不同的计算面。并且 AGi32 具有完善的日光分析系统，无论室内还是室外场景，AGi32 都能进行日光计算分析。

AGi32 的开放性强，在各照明厂商的灯具配光文件支持下可以进行任何一种应用方式的照明计算，并可以计入建筑结构对光分布的影响。可计算的参数包括照度、亮度、眩光指数、功率密度分布等。图 6-42 展示了 AGi32 的操作界面。

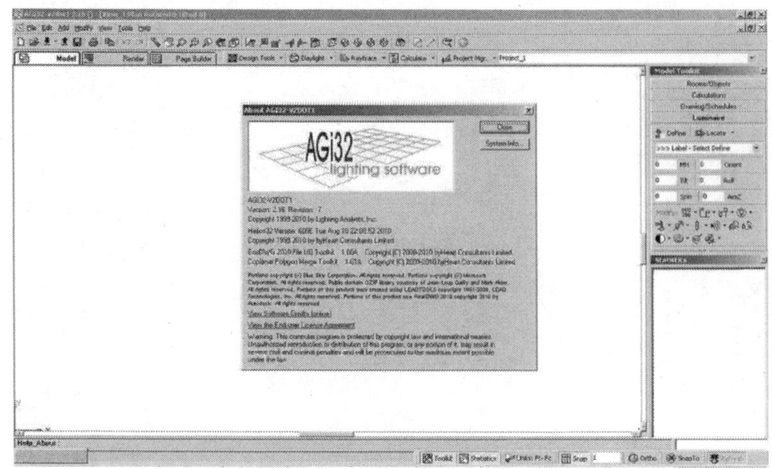

图 6-42　AGi32 的操作界面

4. Daysim

Daysim 由加拿大 NRC-IRC 开发，利用 Radiance 软件作为计算核心，可利用全年的太阳辐射数据，通过设定各种照明控制模式计算全年的照明能耗。软件的 Lightwitch 模块提供了照明控制方式，可以分析天然采光和照明相结合时的照明能耗，从而用于节能分析。该软件没有建模界面，但可以导入一些常用软件生成的文件，如 3D MAX、AutoCAD 等。

6.5　建筑光环境与健康

照明方式与光照水平的高低会直接影响视觉的清晰度、人对人或人对物的辨识度，关系到行车安全。特定的光照能提高人的睡眠质量，光照还可以辅助治疗一些心理疾病。因此，创造良好的光环境，有利于人的身心健康。

光对人类的影响作用主要有三方面，即能让我们看清目标的视觉作用、维持我们身体生物钟的节律作用，以及对我们情感与心理产生影响的情绪调节作用。因此，光环境的设计不仅要解决如何有效地利用光能以及如何利用光美化环境的问题，还应当解决如何利用光满足生理健康、心理舒适与人身安全等问题。

人体要维持体内规律性的生物钟，就需要暴露在足够的光照水平下，与太阳日保持一致，如果不能同步或节律发生破坏，人就会面临生理功能、神经行为认知功能和睡眠质量低下的状况，从而严重影响人体的健康。自然光照的缺乏，是导致人体身体节律紊乱、心理情绪障碍等身心疾病的重要因素之一。

对处于恒暗环境下的被试者进行强光照射，被试者的昼夜节律相位会发生改变，这种改变称为“相位反应”。相位反应主要取决于光照刺激发生的时刻、光照刺激的强度以及光照刺激的持续时间。人体昼夜节律相位反应同时受到清晨及黄昏时段光照刺激的影响，因此在日出早、日照强度大的夏季，人体昼夜节律相位相对其他季节会提前。日本 Honma 等的研究显示，即使在相同的室内温度条件下，人体夏季睡眠时间与其他季节相比会变短，而冬季睡眠时间相对较长。虽然就寝时间四季差异不明显，但是起床时刻受到四季日出时刻变化的影响，会有较大的差异。

有研究显示，从事轮班制工作、夜间工作的女性，乳癌患病率高于其他人群，患病率约为正常人群的1.51倍。患病率的提高与昼夜紊乱引起的MLT(光对褪黑激素，可以促进慢波睡眠)分泌量降低有密切关系。有动物试验结果显示通过光刺激的抑制MLT分泌会加速癌细胞的生长。另外，一般家庭寝室内过高的光照环境会导致癌症发病率增高。

不同色温、光照强度的照明对人体的生理节律也有影响。大脑的兴奋度及敏感性随光源色温、照度值增加，呈正相关关系，在恒定色温的较高照度下，人们往往会呈现更加积极的情绪。学习效率随光源色温、照度值增加而降低，呈负相关关系。研究表明，低色温、低照度对大脑具有“唤醒”作用，可提高短时记忆能力；中间色温为最适宜光环境，可使大脑保持适度的兴奋，但高色温高照度下，脑疲劳相对较重，学习效率会有所降低。

利用不同波段光谱对人体的生物效应不同的特点，可以将光应用于医学临床，即光疗。如利用红外光长波的强渗透性以及热效应来使体内局部血液流动，加速新陈代谢，提高细胞的活性，可以起到消炎止痛的作用；利用波长短辐射能量大的紫外光对表皮进行除菌消毒；利用蓝紫光漂白血液中的胆红素，治疗新生儿黄疸等。

利用可见光范围的光波的光疗，可以改善人的心理与睡眠。如明亮光照可以缓解帕金森病症，减少病人的抖动症状；老年痴呆症的病人白天待在明亮的光照下，夜晚较少光照，有助于病人的行为稳定；通过改变光照条件，可以缓解由于生活节奏快，压力增大而产生的睡眠障碍等。

本章小结

本章首先介绍了人眼的视觉特征、光的度量、材料的光学性质以及颜色的度量等基础知识。在此基础上，对天然采光设计中涉及的问题进行了系统的介绍，包括室外光气候条件、窗洞口的分类与设计、提高采光效果的措施，并介绍了采光设计计算的具体过程。对建筑照明设计相关内容的介绍也是本章重要的方面，包括各类照明光源的特性与设计中的合理选用、灯具的性能、各种照明方式的特点以及室内照明的设计流程。另外，还需要了解几款建筑光环境模拟软件的特点以及建筑光环境与健康的研究前沿。

课外自学

1. 眩光的评价方法。
2. 结合《建筑采光设计标准》(GB 50033—2013)，自学天然采光的设计计算方法。
3. 结合《建筑照明设计标准》(GB 50034—2013)，自学照明灯具的布置与计算。
4. 天然光环境模拟软件的应用。

知识拓展

1. 在天然采光的同时，对建筑室内的能耗是否有影响？有何影响？
2. 在高密度的城市环境中，如何实现良好的天然采光？
3. 建筑地下空间如何实现良好的照明采光？
4. 查阅文献，了解我国的光气候分区图，查查你的家乡和你读书所在的城市都在哪个分区？这些地区的天然采光有什么特点？

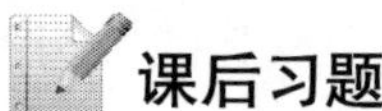

课后习题

一、选择题

1. 可见光是能为人们眼睛所感觉到的一部分辐射能，其波长范围是(　　)nm。

A. 380～680　　B. 480～780　　C. 380～780　　D. 480～980

2. 明视觉是人眼对(　　)最敏感。

A. 红光　　B. 黄绿光　　C. 蓝绿光　　D. 紫光

3. 将一个灯由桌面竖直向上移动，在移动过程中，不发生变化的量是(　　)。

A. 灯的光通量　　B. 桌面上的发光强度

C. 桌面上的水平面照度　　D. 桌子的表面亮度

4. 当光源垂直照射在1m距离的被照面时，照度为 E_1，若至被照面的距离增加到3m时的照度为 E_2，E_2 为 E_1 的(　　)。

A. 1/3　　B. 1/6　　C. 1/9　　D. 1/12

5. 在下面的几种材料中，(　　)是均匀扩散反射材料。

A. 粉刷表面　　B. 油漆表面　　C. 玻璃镜　　D. 粗糙金属表面

6. 人眼睛直接感受到的是下列(　　)光度量。

A. 光通量　　B. 亮度　　C. 照度　　D. 发光强度

7. 孟塞尔颜色体系有三个独立的主观属性，其中不包括(　　)。

A. 色调　　B. 色品　　C. 明度　　D. 彩度

8. 侧面采光口的总透光系数与下列(　　)无关。

A. 采光材料的透光系数　　B. 室内构件的挡光折减系数

C. 窗结构的挡光折减系数　　D. 窗玻璃的污染折减系数

9. 在下列采光窗中，采光效率最高的是(　　)。

A. 高侧窗　　B. 矩形天窗　　C. 锯齿形天窗　　D. 平天窗

10. 下列减少窗眩光的措施不正确的是(　　)。

A. 工作人员的视觉背景不是窗口　　B. 采用室外遮挡措施

C. 减少作业区直射阳光　　D. 窗周围墙面采用深色饰面

11. 《建筑采光设计标准》中规定的采光系数是以(　　)光线为依据来计算的。

A. 全阴天空漫射光　　B. 全晴天空漫射光

C. 全晴天空直射光　　D. 多云天空直射光

12. 采用“利用系数法”计算照度时，下列(　　)与照度计算无直接关系。

A. 灯的数量　　B. 房间的维护系数

C. 灯的光效　　D. 房间面积

13. 下列(　　)措施不利于照明节能。

A. 室内表面采用反射比小的饰面材料　　B. 室内照明多设开关

C. 采用电子镇流器　　D. 近窗灯具多设开关

二、简答题

1. 试说明光通量与发光强度，照度与亮度的区别与联系。

2. 为什么在采光计算中一般不考虑直射日光？

3. 晴天、多云天与全阴天下的光环境各有什么特点？

4. 你上课教室的黑板是否存在反射眩光？是怎么形成的？你认为该如何消除？

5. 灯具的配光曲线有什么用途？

研究型专题

1. 针对你所在城市的公共建筑的天然采光方式，查阅各种文献，写一篇 3000～5000 字的天然采光综述。论述天然采光的国内研究现状，各种天然采光方式及其优缺点，如何因地制宜地采用天然采光，针对具体建筑提出改进天然采光的建议。

(1) 可以阅读相关书籍或查阅相关文献，重点在于总结归纳。

(2) 典型建筑可以选择一个或多个，根据自己的时间自由安排。

(3) 要求论述逻辑严密、条理清晰。

(4) 不讲废话、套话，针对具体建筑提出自己认为可行的天然采光改进建议。

2. 良好的天然采光不仅为学校创造了优良的学习环境，同时也有益于同学的身心健康。计算本校教室的窗地比，利用照度计对本校教室在不同天气条件下的照度值进行测量，参考《建筑采光设计标准》(GB 50033—2013)，检验本校教室的光环境是否达到标准，若不达标，进行合理的设计以改进天然采光效果。

院士简介

扫描二维码，领略专家风采，指引前行之路。

参 考 文 献

崔哲，郝洛西. 2014. 昼夜节律生理机制最新国际研究动态[J]. 照明工程学报. 25(3)：4-12.

高履泰. 1989. 建筑光环境理论的探讨[J]. 北京建筑工程学院学报. (2)：83-92.

郝洛西，崔哲，周娜，等. 2015. 光与健康：面向未来的开拓与创新[J]. 装饰，263(3)：32-37.

李念平. 2010. 建筑环境学[M]. 北京：化学工业出版社.

李农，杨燕，等. 2007. 建筑环境与设备[M]. 北京：中国电力出版社.

刘加平，戴天兴. 2006. 建筑物理实验[M]. 北京：中国建筑工业出版社.

柳孝图，等. 2008. 建筑物理环境与设计[M]. 北京：中国建筑工业出版社.

柳孝图，等. 2010. 建筑物理[M]. 3 版. 北京：中国建筑工业出版社.

罗涛，燕达，赵建平，等. 2011. 天然光环境模拟软件的对比研究[J]. 建筑科学，27(10)：1-6.

西安建筑科技大学刘加平，等. 2009. 建筑物理[M]. 4 版. 北京：中国建筑工业出版社.

徐科峰. 2003. 建筑环境学[M]. 北京：机械工业出版社.

严永红，田海，等. 2012. 荧光灯谱、光强对辨别力的影响[J]. 重庆大学学报，35(1)：142-146.

严永红，晏宁，等. 2012. 光源色温对脑波节律及学习效率的影响[J]. 土木建筑与环境工程，34(1)：77-79.

云朋. 2010. 建筑光环境模拟[M]. 北京：中国建筑工业出版社.

朱颖心. 2016. 建筑环境学[M]. 4 版. 北京：中国建筑工业出版社.

中华人民共和国国家标准. 2012. 建筑采光设计标准(GB 50033—2013). 北京：中国建筑工业出版社.

中华人民共和国国家标准. 2013. 建筑照明设计标准(GB 50034—2013). 北京：中国建筑工业出版社.

Honma K，Honma S，Kohsaka M，et al. 1992. Seasonal variationin the human circadian rhythm：Dissociation between sleep and temperature rhythm. Am. J. Physiol，262：885-891.

Tregenza P，等. 2014. 建筑采光和照明设计[M]. 北京：电子工业出版社.

第 7 章　建筑声环境

本章要点

1. 声音计量的相关概念。
2. 人耳对声音环境的反应原理。
3. 噪声的评价方法、控制方法。

案例导引

案例一：女教师维权 5 年赢噪声官司，开发商被判半年内做降噪减震处理

据《北京晚报》报道，高校教师高女士因住宅楼下的空调机房发出噪声，不得不在每年夏天举家“迁徙”，并走上诉讼之路，在 5 年时间里，花费近 20 万元。记者日前了解到，北京市一中院二审改判，要求小区开发商对机房空调水泵的噪声进行减震处理。这意味着高女士一家的候鸟生涯即将结束。

2010 年，高女士夫妇以每平方米 4 万元的价格在西钓鱼台嘉园购置了一套二手公寓。入住后，他们发现一到夏天房间会 24 小时不间断出现噪声。之后，高女士发现噪声来自该栋楼的中央空调制冷系统。因无法忍受噪声，他们一家不得不在初夏搬家，等入秋后再搬回来。此后，高女士多方投诉并将原房主告上法庭。投诉和官司均失败后，无奈的她将小区开发商和物业公司诉至法院。

之后，高女士开始了漫长而又艰难的取证过程。高女士算了一笔账，五年来光房租加物业费，自己就损失了近 160 万元。有人劝她将房子出售，但她称：卖房转嫁是害了别人，她不愿违背良心做出这样的事。

一审阶段，高女士要求法院判令开发商和物业排除对自家的噪声危害，赔偿精神抚慰金共计 10 万元。因主张地下二层空调机房噪声超标的依据不足，高女士的诉讼请求被法院驳回。

2015 年 4 月二审开庭时，为了证明自己的主张，高女士特意申请了两位专家出庭作证，证明一审所做的检测结果不够专业。

经庭审，北京市一中院撤销了一审判决。判决开发商于 6 个月内对该小区地下二层空调设备机房内的设备进行降噪减震处理，并在小区地下二层空调设备机房内加装防噪隔音墙和隔音门窗。

赢得官司的高女士长舒一口气，她在自己的微信朋友圈里表达了对一路支持她维权的家人、朋友、邻居的感谢。高女士向记者表示：“未来会以行动履行自己的公益承诺，希望自己的官司能引起大家对噪声污染的关注。”

资料来源：今晚网-渤海早报 http://news.163.com/15/0509/08/AP5M26MH00014AED.html

案例二：最高法发布环保案例——噪声致蛋鸡死亡被判赔 45 万

中新网北京 2015 年 12 月 29 日电（张尼）最高人民法院 29 日发布十大环境侵权典型案例，其中一起环境侵权案件中，中铁五局（集团）和中铁五局集团路桥工程有限责任公司在施工期间产生噪声，导致临近养殖场蛋鸡大量死亡的诉讼案引起关注，最终被告企业被判赔偿原告45万余元。

最高人民法院环境资源审判庭副庭长王旭光介绍，2015年1月至11月，全国各级人民法院受理一审环境资源民事案件50331件，其中环境污染损害赔偿案件2595件。在最高法此次发布的典型案例中，一起噪声污染导致蛋鸡死亡的纠纷案颇引人关注。案件中，中铁五局(集团)有限公司(以下简称中铁五局)、中铁五局集团路桥工程有限责任公司(以下简称路桥公司)施工期间，距离施工现场20～30m的吴国金养殖场出现蛋鸡大量死亡、生产软蛋和畸形蛋等情况。

事后，吴国金聘请三位动物医学和兽医方面的专家到养殖场进行探查，认为蛋鸡不是因为疫病死亡，而是在突然炮声或长期噪声影响下受到惊吓，卵子进入腹腔内形成腹膜炎所致。吴某提起诉讼，请求中铁五局、路桥公司赔偿损失150万余元。

针对该诉讼，贵州省清镇市人民法院一审认为，吴国金养殖场蛋鸡的损失与中铁五局、路桥公司施工产生的噪声之间具有因果关系，中铁五局、路桥公司应承担相应的侵权责任。按照举证责任分配规则，吴某应证明其具体损失数额。

虽然吴某所举证据无法证明其所受损失的具体数额，但中铁五局、路桥公司对于施工中产生的噪声造成吴某损失的事实不持异议，表示愿意承担赔偿责任。在此情况下，一审法院依据公平原则，借助养殖手册、专家证人所提供的基础数据，建立计算模型，计算出吴某所受损失并判令中铁五局、路桥公司赔偿35万余元。

贵州省贵阳市中级人民法院二审肯定了一审法院以养殖手册及专家意见确定本案实际损失的做法，终审判令中铁五局、路桥公司赔偿吴某45万余元。

最高法认为，案件中，受案法院并没有机械地因为吴某证据不足，判决驳回其诉讼请求，而是充分考虑噪声污染的特殊性，在认定蛋鸡受损系与二被告施工噪声存在因果关系的基础上，通知专家就本案蛋鸡损失等专业性问题出庭作证，充分运用专家证言、养殖手册等确定蛋鸡损失基础数据，并在专家的帮助下建立蛋鸡损失计算模型，得出损失数额，并判决支持了吴某部分诉请，在确定环境损害数额问题上做了有益尝试。

资料来源：http://www.legaldaily.com.cn/legal_case/content/2015-12/29/content_6423294.htm?node=33816

预备知识

1. 声波的传播规律。
2. 声波在固体、气体、液体介质中传播的差异。

兴趣实践

用噪声测试仪测量学校不同楼层和朝向教室或寝室的噪声水平，分析有哪些规律，白天和夜间噪声水平有无差异？原因是什么？

探索思考

1. 空调风管系统一般会带来噪声，但当经过风管弯头时，噪声有明显下降，原因是什么？

2. 从本专业角度考虑，如何减少暖通空调设备带来的噪声？

3. 去过天坛的同学都知道天坛有一个“回音壁”，请问“回音壁”的原理是什么？

7.1 声音的计量

声环境的基本知识包括人对声音的识别、声波的物理特性及其传播过程中产生的物理现象，以及人在听觉上的一些主观特性。人生活在声音的海洋中，每天的生活、工作都离不开声音。这些声音中有些是人们需要的、想听的，如相互交谈或是音乐欣赏。而有些声音则是工作中、生活中不想听的，这些声音就称为“噪声”，其中也包括有人想听却干扰别人休息的音乐声。因此，噪声与好听的声音是没有绝对界限的。那么人们是如何识别不同声音的呢？从我们日常生活中可以体会到声音总是有三个表征量，即音量的大小、音调的高低与音色的不同，声音的大小、音调的高低与音色的不同，都是与声音的物理特性密切相关的。除此之外，噪声出现的时间是连续的还是间歇的，对人的感觉也是不一样的。

1. 声功率

声源辐射声波时对外做功。声功率是指声源在单位时间内向外辐射的声能，记为 w，单位为瓦(W)或微瓦(μW，10^{-6}W)。声源声功率有时是指在某个有限频率范围所辐射的声功率(通常称为频带声功率)，此时需注明所指的频率范围。声功率不应与声源的其他功率相混淆。例如扩声系统中所用的放大器的电功率通常是几百瓦以至上千瓦，但扬声器的效率很低，它辐射的声功率可能只有零点几瓦。电功率是声源的输入功率，而声功率是声源的输出功率。

在声环境设计中，声源辐射的声功率大都认为不因环境条件的不同而改变，把它看作是属于声源本身的一种特性。表 7-1 中列出了几种声源的声功率，一般人讲话的声功率是很小的，稍微提高嗓音时约 50μW，即使 100 万人同时讲话，也只是相当于一个 50W 电灯泡的功率。歌唱演员的声功率一般约为 300μW，但水平高的艺术家则达 5000～10000μW。由于声功率的限制，在面积较大的厅堂内，往往需要用扩声系统来放大声音。

表 7-1 几种不同声源的声功率

声源种类	声功率/W	声源种类	声功率/μW
喷气飞机	1000	钢琴	2000
气锤	1	女高音	1000～7200
汽车	0.1	对话	20

2. 声强

声强是衡量声波在传播过程中声音强弱的物理量。声场中某一点的声强，是指在单位时间内，该点处垂直于声波传播方向的单位面积上所通过的声能，记为 I，单位是 $\mathrm{W/m^2}$。

$$I=\frac{d_W}{d_S} \tag{7-1}$$

式中，d_S 为声能所通过的面积($\mathrm{m^2}$)；d_W 为单位时间内通过 d_S 的声能(W)。

在无反射声波的自由场中，点声源发出的球面波，均匀地向四周辐射声能。因此，距声

源中心为 r 的球面上的声强为

$$I = \frac{W}{4\pi r^2} \tag{7-2}$$

因此，对于球面波，声强与点声源的声功率成正比，而与到声源的距离平方成反比，见图 7-1(a)。

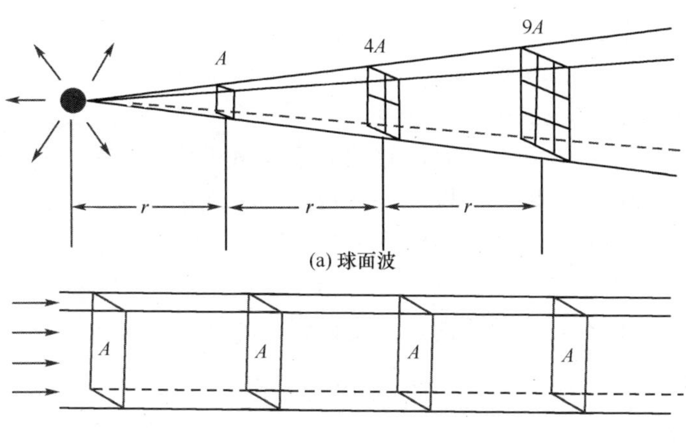

(a) 球面波

(b)平面波

图 7-1 声能通过的面积与距离的关系

对于平面波，声线互相平行，同一束声能通过与声源距离不同的表面时，声能没有聚集或离散，即与距离无关，所以声强不变，见图 7-1(b)。例如指向性极强的大型扬声器就是利用这一原理进行设计的，其声音可传播十几千米远。

以上现象均指声音在无损耗、无衰减的介质中传播时，声能总是有损耗的。声音的频率越高，损耗也越大。在实际工作中，指定方向的声强难以测量，通常是测出声压，通过计算求出声强和声功率。

3. *声压*

所谓声压，是指介质中有声波传播时，介质中的压强相对于无声波时介质静压强的改变量，所以声压的单位就是压强的单位，即牛/平方米(N/m^2)，或帕(Pa)。任一点的声压都是随时间而不断变化的，每一瞬间的声压称瞬时声压，某段时间内瞬时声压的均方根值称为有效声压。对于简谐波，有效声压等于瞬时声压的最大值除以 $\sqrt{2}$，即

$$P = \frac{P_{max}}{\sqrt{2}} \tag{7-3}$$

如未说明，通常所指的声压即为有效声压。

声压与声强有着密切的关系。在自由声场中，某处的声强与该处声压的平方成正比，而与介质密度与声速的乘积成反比，即

$$I = \frac{P^2}{\rho_0 c} \tag{7-4}$$

式中，P 为有效声压(N/m^2)；ρ_0 为空气密度(kg/m^3)；c 为空气中的声速(m/s)；$\rho_0 c$ 为空气的介质特性阻抗，在 20℃时，其值为 415(N·s)/m^3。

因此，在自由声场中，测得声压和已知距声源的距离，就不难算出声强以及声源声功率。

4. 声能密度

声强为 I 的平面波，在单位面积上每秒传播的距离为 c，则在这一空间中声能密度为

$$D = \frac{I}{c} \tag{7-5}$$

式中，D 为声能密度[(W·s)/m^3]或(J/ m^3)；c 为声速(m/s)。

声能密度只描述单位体积内声能的强度，与声波的传播方向无关，应用于反射声来自各个方向的室内声场时，十分方便。在有足够的声强与声压的条件下，能引起正常人耳听觉的频率范围为 20～20000Hz。对频率 1000Hz 的声音，人耳刚能听见的下限声强为 10^{-12} W/m^2，相应的声压为 2×10^{-5}N/m；使人感到疼痛的上限声强为 1W/m^2，相应的声压为 20N/m^2。可以看出，人耳的容许声强范围为 1 万亿倍，声压相差也达 100 万倍。同时，声强与声压的变化范围与人耳感觉的变化也不是成正比的，而是近似地与它们的对数值成正比，这时人们引入了“级”的概念。

5. 级的概念与声压级

所谓级，是做相对比较的无量纲量。如声压以 10 倍为一级划分，声压比值写成 10^n 形式时，从可听闻阀到烦恼阀可划分为 10^0、10^1、10^2、10^3、10^4、10^5、10^6，共七级。n 就是级值，但又嫌过少，所以以 20 倍之，这时把这个区段的声压级划分为 0～120 分贝(dB)，即

$$L_P = 20\lg(P / P_0) \tag{7-6}$$

式中，L_P 为声压级(dB)；P 为某点的声压(N/m^2)；P_0 为参考声压，以 2×10^{-5}N/m^2 为参考值。

从式(7-6)可以看出，声压变化 10 倍，相当于声压级变化 20dB；声压变化 100 倍，相当于声压级变化 40dB；声压变化 1000 倍，则相当于声压级变化 60dB。

6. 声强级

声强级则是以 1×10^{-12}N/ m^2 为参考值，任一声强与其比值的对数乘以 10 记为声强级 L_I，即

$$L_I = 10\lg(I / I_0) \tag{7-7}$$

式中，L_I 为声强级(dB)；I 为某点的声强(W/m^2)；I_0 为参考声强，10^{-12} W/m^2。

在自由声场中，当空气的介质特性阻抗 $\rho_0 c$ 等于 400(N·s)/m^3 时，声强级与声压级在数值上相等。因在常温下，空气的 $\rho_0 c$ 近似为 400(N·s)/m^3，通常可认为二者的数值相等。表 7-2 中列举了声强、声压和它们所对应的声强级、声压级以及与其相应的环境。

表 7-2 声强、声压与对应的声强级(或声压级)以及相应的环境

声强/(W/m^2)	声压/(N/m^2)	声强级或声压级/dB	相应的环境
10^2	200	140	离喷气机口 3m
1	20	120	疼痛阀
10^{-1}	$2\times\sqrt{10}$	110	风动柳钉机旁
10^{-2}	2	100	织布机旁
10^{-4}	2×10^{-1}	80	

续表

声强/(W/m²)	声压/(N/m²)	声强级或声压级/dB	相应的环境
10^{-6}	2×10^{-2}	60	相距 1m 处交谈
10^{-8}	2×10^{-3}	40	安静的室内
10^{-10}	2×10^{-4}	20	
10^{-12}	2×10^{-5}	0	人耳最低可闻阀

7. 声功率级

声功率以“级”表示声功率级，单位也是分贝(dB)，即

$$L_W = 10\lg(W / W_0) \tag{7-8}$$

式中，L_W为声功率级(dB)；W为某声源的声功率(W)；W_0为参考声功率，10^{-12}W。

这里要再一次强调的是声强级、声压级、声功率级是无量纲的量，只是相对比较的值，其数值的大小与所规定的参考值有关。

8. 声级的叠加

当几个不同的声源同时作用与某一点时，若不考虑干涉效应，该点的总声能密度是各个声能密度的代数和，即

$$E = E_1 + E_2 + \cdots + E_n \tag{7-9}$$

它们的总声压(有效声压)是各声压的方根值，即

$$P = \sqrt{P_1^2 + P_2^2 + \cdots + P_n^2} \tag{7-10}$$

声压级叠加时，不能进行简单的算术相加，而要求按对数运算规律进行。例如，n 个声压相等的声音，每个声压级为 $20\lg(P_1/P_0)$，它的总声压级不是 $n20\lg(P_1/P_0)$，应为

$$L_P = 20\lg(\sqrt{nP_1^2} / P_0) = L_{P_1} + 10\lg n \tag{7-11}$$

从式(7-11)可以看出，两个数值相等的声压级叠加时，只比原来增加 3dB，而不是增加 1 倍，如 100dB 加 100dB 只是 103dB，而不是 200dB。这一结论同样适用于声能密度与声功率级的叠加。

此外，可以证明，两个声压级分别为 L_{P_1} 和 L_{P_2}（设 $L_{P_1} \geqslant L_{P_2}$）其总声压级为

$$L_P = L_{P_1} + 10\lg[1 + 10^{-(L_{P_1} - L_{P_2})/10}] \tag{7-12}$$

如果两个声压级差超过 15dB，则附加值很小，可以略去不计。声强级、声功率级的叠加亦可用上述方法进行。

9. 声源的指向性

声源在自由场中辐射声音时，声音强度分布情况的一个重要特性为指向性。当声源的尺度比波长小得多时，可以看作无方向性的“点声源”，在距声源中心等距离处的声压级相等。当声源的尺度与波长相差不多或更大时，它就不是点声源，可看成由许多点声源组成，叠加后各方向的辐射就不一样，因而具有指向性，在距声源中心等距离的不同方向的空间位置处的声压级不相等。声源尺寸比波长大得越多，指向性就越强。实际上，人头和扬声器与低频

波长相比也是小的，这种情况下可以看作是点声源，但对高频声就不能视为点声源，而具有较明显的指向性。通常用极坐标图来表示声源的指向性。在极坐标图中，同一曲线上的各点，具有相等的声压级。图 7-2 为人说话时的指向性图，从图中可知，频率越高指向性越强。指向性越强，则直达声声能越集中于声源辐射轴线附近。因此，厅堂形状的设计，扬声器的布置，都要考虑声源的指向性。

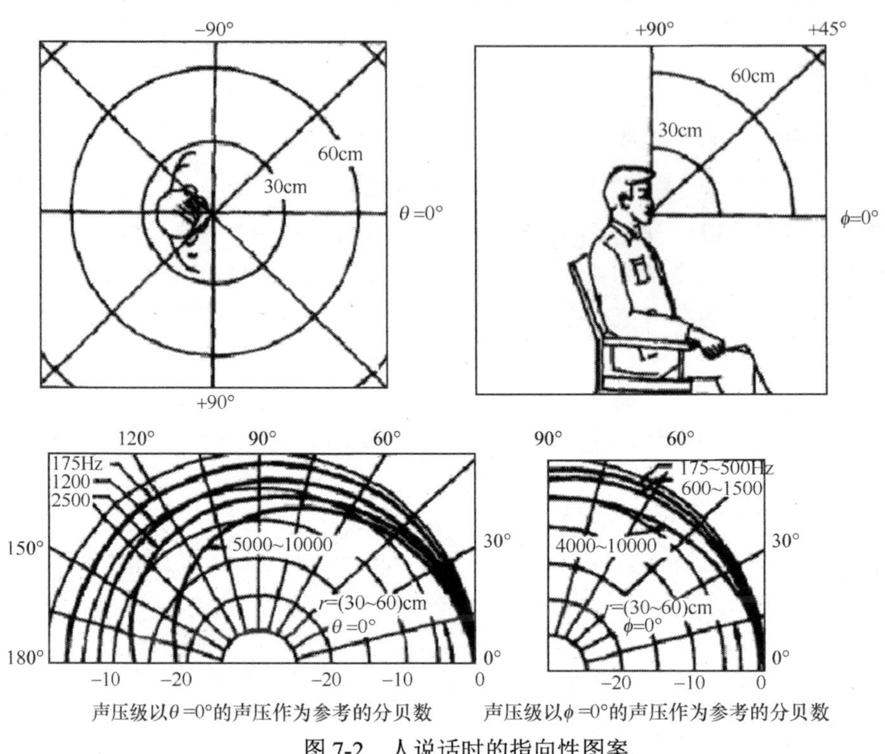

图 7-2　人说话时的指向性图案

7.2　人对声音环境的反应原理

声波现象是可以接收和进行客观度量的，但是人对声音的反应是主观的，十分复杂。不同的人对声音有不同的要求，跟人们文化水平、生活水平以及当时的心理状态等都有关系。听觉的能力主要包括人耳和大脑两个方面，对声音的识别则是根据声音的音调、响度和出现的时间来判断。

1. 人耳

耳是听觉器官的统称，其结构如图 7-3 所示。人耳可分为外耳、中耳和内耳，连同各级听觉中枢构成了令人惊奇的听觉系统。外耳包括耳郭、外耳道和鼓膜。耳郭的形状有利于声波能量的聚集、收集声音，还可以判断声源的位置。外耳道是声波传导的通道，一端开口于耳郭中心，一端终止于鼓膜，长约 25mm，同时它也是一个有效的共鸣腔，能使较弱的声波振动得到加强，并引起鼓膜振动。中耳是和嗓子相连的充满空气的孔洞，它把耳膜的振动向内耳传播。振动的传播是通过三块听小骨来实现的。听小骨间的机械连接把振动放大来调整中耳和内耳的空气流动的差别。中耳还有一个反射作用，这种作用可以在声音很大的时候把耳膜绷紧，从而减小传播到内耳中的压力。内耳把声波的机械振动转化为神经刺激，从而传导到大脑中。耳蜗是由骨盘绕而成的一个空洞，中间充满了流体，声波就在里面振动。基膜在耳蜗的长度方向上把耳蜗分隔，基膜含有大概 25000 个神经末梢。这些神经末梢检测流体中的声音振动，然后信息就通过神经末梢传到大脑里。

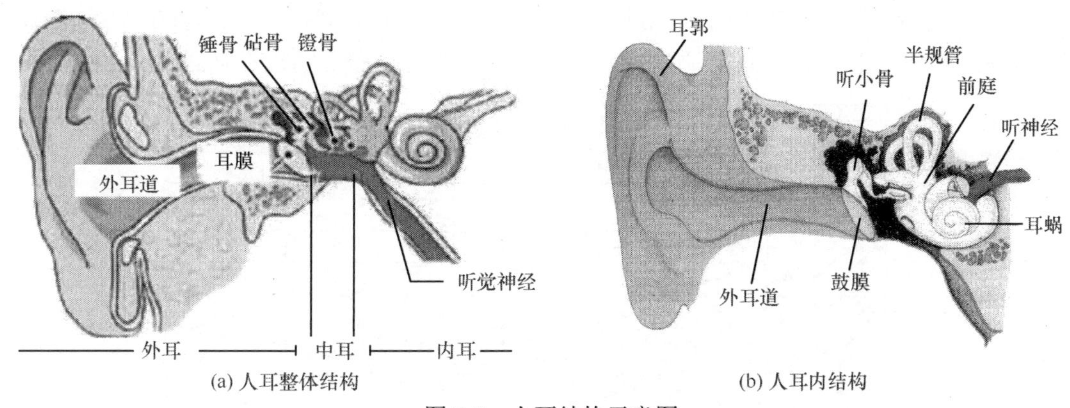

(a) 人耳整体结构　　(b) 人耳内结构

图 7-3　人耳结构示意图

2. 可听极限

1) 最高和最低可听频率极限

对于可听频率的上限，不同的人之间有相当大的差异，而且和声音的声压级也有关系。一般年轻人可听到 20000Hz 左右的声音，而中年人只能听到 12000～16000Hz 的声音。可听频率的下限，通常是 20Hz。

2) 最大和最小可听声压极限

人耳可接受的声压变化范围是很大的。人耳的最小可听声压极限与测试方法有关。在建筑声学中，通常用自由场最小可听阈表示。一般正常年轻人在中频附近的最小可听极限大致相当于基准声压，即 2×10^{-5}Pa(声压级为 0dB)。当一个人最小可听极限提高时，意味着听觉灵敏度降低了。人耳的最大可听极限当然是不能通过破坏性的试验来确定的，但是通过对因极强的声音事故致聋人员的调查，可以统计判断，在强声级的作用下，人耳会有不舒服以致疼痛的感觉，每个人能容忍的声压级上限和其噪声暴露的经历有关。未经过强声级的人，极限为 125dB；有经常处于强噪声环境中经历的人，可达 135～140dB。通常，声压级在 120dB 左右，人就会感到不舒服；130dB 左右耳内将有痒的感觉；达到 140dB，耳内会感到疼痛。当声压级继续升高，会造成耳内出血，甚至听觉机构损坏。

3. 声音的主观响度

前述以分贝表示声音强弱的度量是纯粹的客观量，并没有和人的主观感受联系起来，并不是人耳对声音大小主观的度量。人对声音响度的反应是由多方面因素决定的，其中最主要的是频谱。

人耳对声音响度的反应随频率变化。人耳对 2000～4000Hz 的声音最敏感；在低于 1000Hz 时，人耳的灵敏度随着频率降低而降低；而在 4000Hz 以上，人耳的灵敏度也逐渐下降。这也就是说，相同声压级的不同频率的声音，人耳听起来是不一样响的；反之，不同频率的声音要使其听起来一样响，则应具有不同的声压级。

以纯音做实验，取 1000Hz 的某个声压级，是 40dB，作为参考标准，则听起来和它同样响的其他频率的纯音的各自声压级就构成一条等响曲线，并称为响度为 40 方(Phon)的等响曲线。如果依次改变参考用的 1000Hz 纯音的声压级，就可以得到一组等响曲线。如图 7-4 某一频率的某个声压级的纯音落在多少方的等响曲线上，就可以知道它的响度是多少。等响曲线在声压级低时斜率大，即变化快，而声压级高时，等响曲线比较平坦。这种情况在低频时尤为明显。

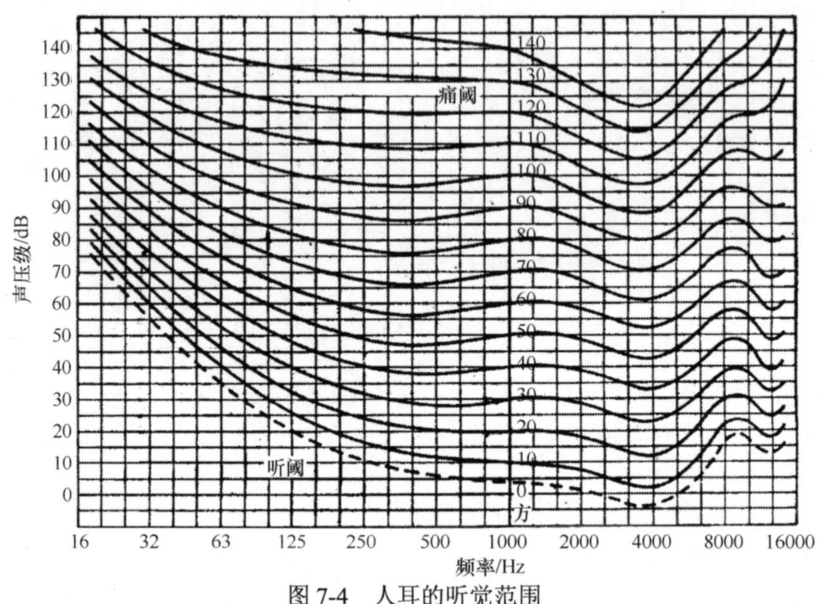

图 7-4　人耳的听觉范围

4. 掩蔽效应

人们在安静环境中听到一个声音可以听得很清楚，即使这个声音的声压级很低，但是如果存在着另外一个声音，则人耳的听闻效果就会受到影响。这时，若要想听清楚就要提高所听声音的听阈。人耳的听觉灵敏度因另外一个声音的存在而降低的现象称为掩蔽效应，听阈所提高的分贝数称为掩蔽量。提高后的听阈称为掩蔽阈。因此，在嘈杂环境中，若要听到某个声音，不仅需要超过听者的听阈，而且要超过环境中的掩蔽阈。一个声音被另一个声音所掩蔽的量，取决于这两个声音的频谱、两者声压级差和两者到达听者的时间和相位关系。有以下特点。

(1) 当被掩蔽声音与掩蔽声频谱接近时，掩蔽量较大，即频谱接近的声音掩蔽效果显著。

(2) 掩蔽声压级越高，掩蔽量就越大。

(3) 低频声对高频声的掩蔽效果明显，特别是在低频声有很大声压级时，其效果尤为显著，但是高频声对低频声的掩蔽效果就相对较小。

5. 时差效应

声音对人耳的作用效果并不会随声音的消失而立即消失，会持续短暂的一段时间。如果到达人耳朵的两个声音的时间间隔小于 50ms，那么人耳就不会觉得这两个声音是断续的。在室内，人耳先听到的是直达声，其次听到的是来自天花板、墙壁、地面经过多次的反射声。一般认为时差超过 50ms，也就是声程超过 17m 时，人耳就能辨别出它们是来自不同方向的两个独立声音，否则会是加强直达声。如果反射声到达的时间间隔比较长，且其强度又比较突出，则会形成回声的感觉。

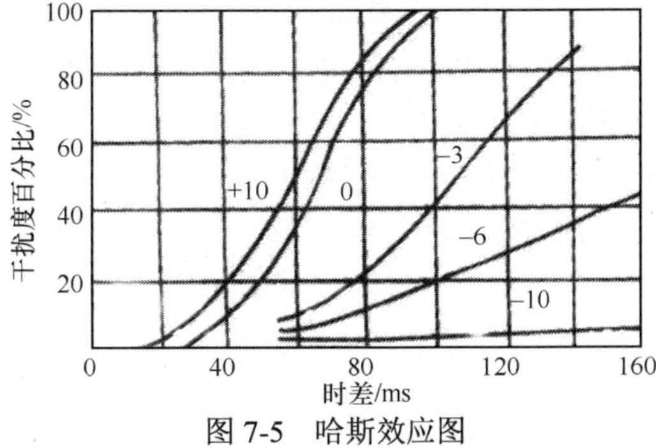

图 7-5　哈斯效应图

图 7-5 为哈斯效应图。图中横坐标为两个声音的时差，纵坐标为干扰度的百分数(即全体被测者中感到有干扰的人数的百分数)，曲线代表不同强度时差干扰情况。从图中可见，时差越小，强差越大则干扰越小；反之则干扰越大。如考虑到语言速度不同的影响，则发现每秒钟的音节越多则干扰越大，节奏缓慢的声音则越小。

6. 双耳听闻与听觉定位

人耳分布在头部两侧。由于生源发出的声波到达双耳有一定的时间差、强度差和相位差，人们就可以依次来判断声源的方向和远近，进行声像定位。这种由双耳听闻而获得的声像定位能力，在频率高于 1400Hz 时，主要取决于到达双耳的强度差；低于 1400Hz 时，取决于声音到达的时间差。通常，人耳分辨水平方向的声源位置的能力比垂直方向的要好。正常听觉的人在安静无声的环境中，可以辨别出 1°～3°的方位变化。在水平方向 0°～60°范围内，人耳具有良好的定位能力。超过 60°，则迅速变弱。而垂直方向的定位，有时要达到 60°的方位变化才能辨别出来。

7.3　噪声评价与控制原则

7.3.1　噪声与噪声评价

在人们每天从事工作、休息或学习活动时，凡使人思想不集中、烦恼或有害的各种声音，都被认为是噪声。作为一个标准定义是：凡人们不愿听的各种声音都是噪声。因此，即使是语言声或音乐声，但不愿意听时，也可以认为是噪声。一个人对一种声音是否愿意听，不仅取决于它的频率、连续性、发出的时间和信息内容，同时还取决于发出声音的主观意愿以及听到声音的人的心理状态和性情。一首优美的歌曲对欣赏者是一种享受，而对一个下夜班需要休息的人则是引起反感的噪声。交通噪声在白天人们还可以勉强接受或容忍，而对夜间需要休息的人则是无法忍受的。

噪声的危害是多方面的，它可以使人听力衰退，引起多种疾病，同时，还影响人们正常的工作与生活，降低劳动生产率，特别强烈的噪声还能损坏建筑物，影响仪器的正常运行。

噪声还是环境污染之一，其他污染还有空气污染、水质污染、光污染等。中国制定的《中华人民共和国环境噪声污染防治法》中把超过国家规定的环境噪声排放标准，并干扰他人正常生活、工作和学习的现象称为环境噪声污染。《中华人民共和国城市区域噪声标准》中则明确规定了城市五类区域的环境噪声最高限值：疗养区、高级别墅区、高级宾馆区，昼间 50dB、夜间 40dB；以居住、文教机关为主的区域，昼间 55dB、夜间 45dB；居住、商业、工业混杂区，昼间 60dB、夜间 50dB；工业区，昼间 65dB、夜间 55dB；城市中的道路交通干线道路，内河航道，铁路主、次干线两侧区域，昼间 70dB、夜间 55dB(夜间指 22 点到次日晨 6 点)。按照国家标准规定，住宅区的噪声，白天不能超过 50dB，夜间应低于 45dB，若超过这个标准，便会对人体产生危害。那么，室内环境中的噪声标准是多少呢？国家《城市区域环境噪声测量方法》中第 5 条第 4 款规定，在室内进行噪声测量时，室内噪声限值低于所在区域标准值 10dB。

1. 城市噪声

近几十年来经济建设的发展使城市噪声出现了许多的新情况，例如一座现代化的城市必须有航空运输，而飞机的频繁起落，就成为城市新的强噪声源。城市高层建筑要求使用轻质建筑材料和装配预制构件的工业化施工方法，也给建筑物隔声减噪带来新的矛盾。

现代城市中环境噪声有四种主要来源。

(1) 交通噪声。主要指机动车辆、飞机、火车和轮船等交通工具在运行时发出的噪声。这些噪声的噪声源是流动的，干扰范围大。

(2) 工业噪声。主要指工业生产劳动中产生的噪声。主要来自机器和高速运转设备。

(3) 建筑施工噪声。主要指建筑施工现场产生的噪声。在施工中要大量使用各种动力机械，要进行挖掘、打洞、搅拌，要频繁地运输材料和构件，从而产生大量噪声。

(4) 社会生活噪声。主要指人们在商业交易、体育比赛、游行集会、娱乐场所等各种社会活动中产生的喧闹声，以及收录机、电视机、洗衣机等各种家电的嘈杂声，这类噪声一般在 80dB 以下。如洗衣机、缝纫机噪声为 50～80dB，电风扇的噪声为 30～65dB，空调机、电视机为 70dB。

尽管城市噪声的强度并未高到足以引起人们永久性的听力损失，但城市噪声对人们的干扰已经使它成为人类社会日益关心的环境污染问题之一。

2. 噪声评价

噪声评价是对各种环境条件下的噪声作出其对接收者影响的评价，并用可测量计算的评价指标来表示影响的程度。噪声评价涉及的因素很多，它与噪声的强度、频谱、持续时间、随时间的起伏变化和出现时间等特性有关；也与人们的生活和工作的性质内容和环境条件有关；同时与人的听觉特性和人对噪声的生理和心理反应有关；还与测量条件和方法、标准化和通用性的考虑等因素有关。早在 20 世纪 30 年代，人们就开始了噪声评价的研究。自那以后，先后提出上百种评价办法，被国际上广泛采用的就有二十几种，现在的研究趋势是如何合并和简化。下面介绍最常用的几种噪声评价方法及其评价指标。

1) A 声级 L_A(或 L_{pA})

这是目前全世界使用最广泛的评价方法，几乎所有的环境噪声均用 A 声级作为基本评价量，它是由声级计上的 A 计权网格直接读出，用 L_A(或 L_{pA})表示，单位是 dB(A)。A 声级反映了人耳对不同频率声音响度的计权。长期实践和广泛调查证明，不论噪声强度是高是低，A 声级皆能较好地反映人的主观感觉，即 A 声级越高，觉得越吵。此外 A 声级同噪声对人耳听力的损害程度也能对应得很好。

将一个噪声的倍频带(或 1/3 倍频带)谱转换成 A 声级，即

$$L_A = 10\lg\sum_{i-1}^{n} 10^{(L_i+A_i)/10} \tag{7-13}$$

式中，L_i 为倍频带(或 1/3 倍频带)声压级(dB)；A_i 为各频带声压级的修正值(dB)。其值可由表 7-3 查出。

表 7-3　倍频带中心频率对应的 A 响应特性(修正值)

倍频带中心频率	A 响应(对应于 1000Hz)	倍频带中心频率	A 响应(对应于 1000Hz)
31.5	−39.4	1000	0
63	−26.2	2000	+1.2
125	−16.1	4000	+1.0
250	−8.6	8000	−1.1
500	−3.2		

对于稳态噪声，可以直接测量 L_A 来评价。

(1) 等效连续 A 声级(简称“等效声级”) L_{eq} (或 L_{Aeq})。

对于声级随时间变化的起伏噪声，其 L_A 是变化的，不能直接用一个 L_A 值来表示。因此，人们提出了等效声级的评价方法，也就是在一段时间内能量平均的方法，即

$$L_{eq} = 10\lg\left[\frac{1}{t_2 - t_1}\int_{t}^{t_2} 10^{L_{A(t)}/10}\,dt\right] \tag{7-14}$$

式中，$L_{A(t)}$ 为随时间变化的 A 声级。等效声级的概念相当于用一个稳定的连续噪声，其 A 声级值为 L_{eq}，用来等效起伏噪声，两者在观察时间内具有的能量相同。

一般在实际测量时，多半是间隔读数，即离散采样的。因此，式(7-14)可改写为

$$L_{eq} = 10\lg\left[\frac{1}{\sum_{i=1}^{N} T_i}\sum_{i=1}^{N} T_i \cdot 10^{L_{A_i}/10}\right] \tag{7-15}$$

式中，L_{A_i} 为第 i 个 A 声级测量值；相应的时间间隔为 T_i；N 为样本数。

当读数时间间隔相等时，即 T_i 都相同时，则式(7-15)变为

$$L_{eq} = 10\lg\left[\frac{1}{N}\sum_{i=1}^{N} 10^{L_{A_i}/10}\right] \tag{7-16}$$

建立在能量平均概念上的等效连续 A 声级，被广泛地应用于各种噪声环境的评价。但它对偶发短时的高声级噪声的出现不敏感。例如，在寂静的夜间有为数不多的高速卡车驰过，尽管在卡车驶过时短时间内声级很高，并对路旁住宅内居民的睡眠造成了很大干扰，但对整个夜间噪声能量平均得出的 L_{eq} 值却影响不太大。

(2) 昼夜等效声级 L_{dn}。

一般噪声在晚上比白天更容易引起人们的烦恼。根据研究结果表明，夜间噪声对人的干扰约比白天大 10dB 左右。因此，计算一天 24h 的等效声级时，夜间的噪声要加上 10dB 的计权，这样得到的等效声级称为昼夜等效声级，其数学表达式为

$$L_{dn}=10\lg\left[\frac{1}{24}\times15\times10^{L_d/10}+9\times10^{(L_n+10)/10}\right] \tag{7-17}$$

式中，L_d 为白天(7:00～22:00)的等效声级[dB(A)]；L_n 为夜间(22:00～7:00)的等效声级[dB(A)]。

(3)累积分布声级 L_N。

实际的环境噪声并不都是稳态的，如城市交通噪声，是一种随时间起伏的随机噪声。对这类噪声的评价，除了用 L_{eq} 外，常常用统计方法。累积分布声级就是用声级出现的累积概率来表示这类噪声的大小。累积分布声级 L_N 表示测量时间的百分之 N 的噪声所超过的声级。例如 L_{10}=70dB，表示测量时间内有10%的时间超过70dB，而其他90%时间的噪声级低于70dB。换句话说，就是高于70dB的噪声级占10%，低于70dB的声级占90%。通常在噪声评价中多用 L_{10}、L_{50}、L_{90}。L_{10} 表示起伏噪声的峰值，L_{50} 表示中值，L_{90} 表示背景噪声。英、美等国家以 L_{10} 作为交通噪声的评价指标，而日本用 L_{50}，我国目前用 L_{eq}。

当随机噪声的声级满足正态分布条件，等效声级 L_{eq} 和累积分布声级 L_{10}、L_{50}、L_{90} 有以下关系

$$L_{eq}=L_{50}+\frac{nL_{10}-L_{90}n^2}{60} \tag{7-18}$$

式中，n 为样本数量。

(4)噪声冲击指数NII。

考虑到一个区域或一个城市由于噪声分布不同，受影响的人口密度不同，用噪声冲击指数NII来评价城市环境噪声影响的范围是比较合适的。其表达式为

$$\text{NII}=\sum W_iP_i/\sum P_i \tag{7-19}$$

式中，$\sum W_iP_i$ 为总计权人口数；W_i 为某干扰声级的计权因子；P_i 为某干扰声级环境中的人口数；$\sum P_i$ 为区域总人口数。

W_i 与昼夜等效声级 L_{dn} 有关，对应关系见表7-4。

表7-4　L_{dn} 与 W_i 的关系表

L_{dn}/dB	W_i	L_{dn}/dB	W_i
30～40	0.01	66～70	0.54
41～45	0.02	71～75	0.83
46～50	0.05	76～80	1.20
51～55	0.07	81～85	1.70
56～60	0.18	86～90	2.31
61～65	0.32	90以上	2.80

(5)噪声评价曲线NR和噪声评价数 N。

噪声评价曲线(NR曲线)是国际标准化组织ISO规定的一组评价曲线，如图7-6所示。

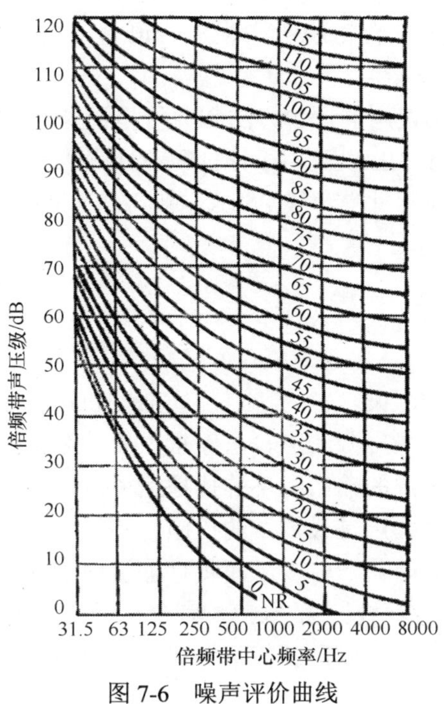

图 7-6　噪声评价曲线

图 7-6 中每一条曲线用一个 N(或 NR)值表示，确定了 31.5～8000Hz 九个倍频带声压级值 L_p。也可以通过下式近似计算对应于 N 值得各个倍频带的 L_p 值为

$$L_p = a + bN \tag{7-20}$$

式中，a、b 为常数，其数据见表 7-5。

表 7-5　a 和 b 数值表

倍频带中心频率/Hz	a/dB	b/dB	倍频带中心频率/Hz	a/dB	b/dB
63	35.5	0.790	1000	0	1.000
125	22	0.870	2000	–3.5	1.015
250	12	0.930	4000	–6.1	1.025
500	4.8	0.974	8000	–8.0	1.030

用 NR 曲线作为噪声允许标准的评价指标，确定了某条 NR 曲线作为限值曲线，就要求现场实测噪声的各个倍频带声压级值不得超过由该曲线所规定的声压级值。例如，剧场的噪声限值定为 NR25，则在空场条件下测量背景噪声(空气噪声、设备噪声、室外噪声的传入等)，63Hz、125Hz、250Hz、500Hz、1kHz、2kHz、4kHz 和 8kHz 八个倍频带声压级分别不得超过 55dB、43dB、35dB、29dB、25dB、21dB、19dB 和 18dB。

实测了一个噪声的各个倍频带声压级值，用式 7-20 反算各自对应的 N 值，则取最大的一个 N 值(取为整数)作为该噪声的噪声评价数 N。也可以把实测的噪声倍频带谱曲线画到 NR 曲线图上，取和噪声频谱曲线最接近的，N 值最大的一条曲线的 N 值作为该噪声的 N 数(图 7-6 上只画出 N 值尾数为 0 和 5 的曲线，处于其间的 NR 曲线可用插入法得到)。

和 NR 曲线相似的有 NC 曲线，其评价方法相同，但曲线走向略有不同。NC 曲线以及后来对其作了修改的 PNC 曲线适用于评价室内噪声对语言的干扰和噪声引起的烦恼，

NR 曲线是在 NC 曲线基础上综合考虑听力损失、语言干扰和烦恼三个方面的噪声影响而提出的。

除了上述介绍的较为普遍使用的评价方法和评价指标外，常用的还有交通噪声指数 TNI、噪声污染级 NPL、语言干扰级 SIL 以及用于评价职业性噪声暴露的噪声暴露指数 D 等。飞机噪声和航空噪声评价是建立在感觉噪声级 PNL 基础上的一套较为复杂的体系。

7.3.2　噪声控制的原则与方法

1. 噪声控制原则

噪声污染是一种物理性的污染，它的特点是局部性和没有后遗症。噪声在环境中只是造成空气物理性质的暂时变化，噪声源的声输出停止以后，污染立即消失，不留下任何残余物质。噪声的防治主要是控制声源的输出和声的传播途径，以及对接收者进行保护。显然，如条件允许，首先在声源处降低噪声是最根本的措施。例如，打桩机在施工是严重影响附近住户，若每个住宅采取措施，势必花费较多，而将打桩机由气锤式改为水压式，就可以彻底解决噪声干扰。又如，降低汽车本身发出的噪声，则会使沿街建筑的隔声处理较为简易。此外，在工厂中，改造有噪声的工艺，如以压延代替锻造，以焊接代替铆接等，都是从声源处降低噪声的积极措施。

1) 对声源的具体噪声控制有两条途径

一是改进结构，提高其中部件的加工质量与精度以及装配的质量，采用合理的操作方法等，以降低声源的噪声发射功率。二是利用声的吸收、发射、干涉等特性，采取吸声、隔声、减震等技术措施，以及安装消声器等，以控制声源的噪声辐射。

采用各种噪声控制方法，可以收到不同的降噪效果。如将机械传动部分的普通齿轮改为由弹性轴套的齿轮，可降低噪声 (15～20dB)；把铆接改为焊接；把锻打改为摩擦压力加工等，一般可降低噪声 (30～40dB)。采用吸声处理可降低 (6～10dB)；采用隔声罩可降低 (15～30dB)；采用消声器可降低噪声 (15～40dB)。对几种常见的噪声源采取控制措施后，其降噪声效果如表 7-6 所示。

表 7-6　声源控制降噪效果

声源	控制措施	降噪效果
敲打、撞击	加弹性垫等	10～20
机械转动部件动态不平衡	进行平衡调整	10～20
整机振动	加隔振机座 (弹性耦合)	10～25
机械部件振动	使用阻尼材料	3～10
机壳振动	包覆、安装隔声罩	3～30
管道振动	包覆、使用阻尼材料	3～20
电机	安装隔声罩	10～20
烧嘴	安装消声器	10～30
进气、排气	安装消声器	10～20
炉膛、风道共振	用隔板	5～10
摩擦	用润滑剂、提高光洁度、采用弹性耦合	10～20
齿轮啮合	隔声罩	20～25

2) 在传声途径中的控制

①声在传播中的能量是随着距离的增加而衰减的，因此使噪声源远离安静的地方可以达到一定的降噪的效果。②声的辐射一般有指向性，处在与声源距离相等而方向不同的地方，接收到的声音强度也就不同。低频的噪声指向性很差，随着频率的增高，指向性就增强。因此控制噪声的传播方向(包括改变声源的发射方向)是降低高频噪声的有效措施。③建立隔声屏障或利用天然屏障(土坡、山丘或建筑物)，以及利用其他隔声材料和隔声结构来阻挡噪声的传播。④应用吸声材料和吸声结构，将传播中的声能吸收消耗。⑤对固体振动产生的噪声采取隔振措施，以减弱噪声的传播。⑥在城市建设中，采用合理的城市防噪规划。

3) 在接收点，为了防止噪声对人的危害，可采取以下防护措施

①佩戴护耳器，如耳塞、耳罩、防噪头盔等。②减少在噪声中暴露的时间。③根据听力检测结果，适当调整在噪声环境中的工作人员。人的听觉灵敏度是有差别的，如在 85dB 的噪声环境中工作，有人会耳聋，有人则不会。可以每年或几年进行一次听力检测，把听力显著降低的人员调离噪声环境。

合理地选择噪声控制措施是根据使用的费用、噪声允许标准、劳动生产率等有关因素进行综合分析而确定的。在一个车间里，如噪声源是一台或少数几台机器。在车间里噪声源多而分散，并且工人也多的情况下，则可采取吸声降噪措施；如工人不多，则可使用护耳器或设置供工人操作或值班的隔声间。

2. 噪声控制的工作步骤

根据工程实际情况，一般应按以下步骤确定控制噪声的方案。

(1) 调查噪声现状，确定噪声声级。为此，需使用有关声学测量仪器，对所设计工程中的噪声源进行噪声测定，并了解噪声产生的原因与其周围环境的情况。

(2) 确定噪声允许标准。参考有关噪声允许标准，根据使用要求与噪声现状，确定可能达到的标准与各个频带所需降低的声压级。

(3) 选择控制措施。根据噪声现状与噪声允许标准的要求，同时考虑方案的合理性与经济性，通过必要的设计与计算(有时尚需进行实验)确定控制方案。根据实际情况可包括：总图布置、平面布置、构件隔声、吸声降噪与消声器等方面。

7.4 建筑声环境与健康

从心理学的观点来看，凡是人们不需要的，使人烦躁的声音称为噪声，它对周围环境造成的不良影响称为噪声污染。

欧洲环境保护署 2014 年 12 月 19 日发布报告指出，超过 1.25 亿欧洲人口受到 55dB 以上道路噪声的困扰，易引发一系列健康问题，并预测，环境噪声每年造成约 4.3 万人次入院治疗，90 万例高血压，并与至少 1 万例过早死亡有关。此外，环境噪声还导致约 800 万人出现睡眠障碍。

噪声对健康的影响除听觉系统外，还包含对心血管系统、神经系统、生殖系统、消化系统和内分泌系统的影响等。一般噪声高过 50dB(A)，就会对人类日常工作生活产生有害影响。

在强噪声下暴露一段时间以后，会引起听觉暂时性听阀上移，听力变迟钝，导致听觉疲

劳。这是暂时性生理现象，内耳听觉器官并未受损，经休息后可以恢复。如长期在强噪声下工作，听觉疲劳就不能复原，内耳听觉器官发生病变。暂时性阀移变成永久性阀移或耳聋，称噪声性耳聋，是一种职业病。总之噪声可以使听力暂时性降低，如果持续作用，会造成永久性听力损失。如果人们突然暴露在高强度噪声（140～160dB）下就会使听觉器官发生急性外伤，引起鼓膜破裂流血，螺旋体从基底急性剥离，双耳完全失聪。

环境噪声会使人不能安眠或被惊醒，当睡眠被干扰后，工作效率和健康都会受到影响。连续噪声可以加快熟睡到轻睡的回转，使人多梦，并使熟睡的时间缩短；突然的噪声可以使人惊醒，在这方面，老人和病人对噪声的干扰更为敏感。长期干扰睡眠会造成失眠、疲劳无力、记忆力衰退，以至产生神经衰弱症候群等。在高噪声环境里，这种病的发病率可达 50%～60%。

噪声作用于人的中枢神经系统，使人们大脑皮层的兴奋与抑制平衡失调，导致条件反射异常，使脑血管张力遭到损害。这些生理上的变化，在早期能够恢复原状，但时间一久，就会导致病理上的变化，常使人产生头痛、脑涨、耳鸣、失眠、心慌、记忆力衰退和全身疲乏无力等临床症状。噪声可以引起心绪不宁、心情紧张、心跳加快和血压增高。噪声还会使人的唾液、胃液分泌减少，胃酸降低，从而易患胃溃疡和十二指肠溃疡。不少人认为，在 20 世纪，噪声是造成心脏病的原因之一。

噪声会使人体内分泌紊乱，导致精液和精子异常，长时间的噪声污染可以引起男性不育。并会导致婴儿早产、难产、妊娠并发症、先天畸形病症概率的增加等；妊娠期暴露于高水平交通噪声可能导致受精卵着床失败、胎盘调节异常、子宫血流量减少等。

课外自学

1. 测量声音的常用仪器及原理。
2. 人的听觉系统。
3. 城市不同噪声源的差异及特点。

知识拓展

1. 为什么混响时间相同的大厅音质不同？

2. 为什么同样的声音在有些时候会成为噪声，而有些时候可以成为改善室内声环境的因素？

3. 在实际应用中，哪些建筑对声环境有特殊要求？其通常是如何实现良好的声环境的？

课后习题

一、选择题

1. 5 个相同的声压级叠加，总声级较单个增加（　　）分贝。

A. 3　　B. 5　　C. 7　　D. 10

2. 实际测量时，背景噪声低于声级（　　）分贝时可以不计入。

A. 20　　B. 10　　C. 8　　D. 3

3. 对城市环境污染最严重的噪声源是（　　）。

A. 生活　B. 交通　C. 工业　D. 施工

4. 降低室内外噪声，最关键、最先考虑的环节是控制(　　)。

A. 传播途径　B. 接收处　C. 规划　D.声源

5. 稳态噪声评价时一般采用(　　)评价指标。

A. 等效声级　B. 统计声级　C. A 声级　D. 昼夜等效声级

6. 以下说法不正确的是(　　)。

A. 相同容重的玻璃窗，厚度越大，吸声效果越好，并成正比关系

B. 声源功率越大，测量得到的材料吸声系数越大

C. 声源在不同位置，材料的吸声情况会略有不同

D. 使用 12mm 厚和 9mm 厚相同穿孔率的穿孔石膏板吊顶，吸声性能相同

7. 以下说法不正确的是(　　)。

A. 一般地，剧场空场混响时间要比满场混响时间短

B. 房间穿孔石膏板吊顶内的玻璃棉受潮吸湿后，房间的混响时间会变短

C. 某厅堂低频混响时间过长，铺架空木地板和木墙裙后会有所改变

D. 剧场后墙上常会看到穿有孔洞，目的是为了美观

二、简答题

1. 在声音物理计量中为何采用“级”的概念？
2. 绕射(或衍射)和反射与频率具有什么关系？
3. 厅堂音质设计中可能出现的声缺陷有哪些？
4. 经过严格的设计后，混响时间设计值仍与混响时间实测值存在误差的原因有哪些？
5. 城市环境噪声源有哪些？写出它们的特点。

院士简介

扫描二维码，领略专家风采，指引前行之路。

参考文献

车世光，项端祈. 1981. 噪声控制与室内声学[M]. 北京：工人出版社.

龚斌忠，雷程远，陈燕圆. 2012. 南宁市噪声作业人员职业健康体检结果分析[J]. 应用预防医学，18(3)：345-346.

黄婧，郭斌，郭新彪. 2015. 交通噪声对人群健康影响的研究进展[J]. 北京大学学报，47(3)：555-558.

刘小华. 2011. 西安市医院建筑室内声环境研究[D]. 西安：长安大学.

商书满，凌顺利. 2007. 健康住宅声环境探讨[J]. 山西建筑，33(8)：345-346.

西安冶金建筑学院，华南工学院，重庆建筑工程学院，等. 1987. 建筑物理[M]. 2 版. 北京：中国建筑工业出版社.

叶建能. 2014. 城市道路声环境影响评价[D]. 石家庄：石家庄铁道大学.

Cremer L，Muller H A. 1995. 室内声学设计原理及其应用[M]. 王季卿，等译. 上海：同济大学出版社.

Erich S. 1987. 建筑环境物理学[M]. 岳文其，等译. 北京：中国建筑工业出版社.

Kuttruff　H. 1982. 室内声学[M]. 沈蠓，译. 北京：中国建筑工业出版社.

Smith B J. 1982. Acoustic and Noise Control[M]. London：Longman Group Limited.

第 8 章　建筑电磁环境

本章要点

1. 电磁环境的概念与分类。
2. 电磁环境产生的基本原理。
3. 建筑电磁辐射污染对人体健康的影响与防护措施。

案例导引

案例一：手机辐射问题

随着通信事业的迅猛发展，人们拥有手机的数量越来越多，那么手机工作时辐射的电磁波是否会对人体构成危害呢？答案是肯定的。研究发现，电磁波发生源开始 1 个波长之内被称为“近边界”，这个范围内的电磁波是非常强烈的。当人们使用手机时，头部正好位于“近边界”区域，导致手机所产生的大部分(超过一半)电磁波被头部吸收，其余的用于通信。通过表 8-1 可大致了解头部对手机辐射能量的吸收情况。因为儿童头部较小，整个头部都位于“近边界”区域内，所以头部吸收的电磁波能量(SAR 值)较大。

表 8-1　头部对手机辐射的能量吸收比　　(mW/kg)

年龄	脑内	眼的液体部分	眼的聚光部分	眼的组合组织
成人	7.84	3.3	1.34	1.77
10 岁儿童	19.77	18.38	6.93	9.8
5 岁儿童	33.12	40.18	15.6	19.66

人体血液的 1/4 会被输送到大脑，为其提供营养和氧气。为了不让血液中的毒素进入脑内，被称为“血脑障壁”的组织部分时刻工作着，它仅让血红蛋白和营养成分进入大脑，时时刻刻保护着大脑。但当受到电磁辐射时，“血脑障壁”系统失效了，导致血液中的毒素进入大脑，影响了大脑的正常运行。

案例二：高速公路交通事故

日本高速公路安全研究所所长加藤先生长期从事高速公路交通事故处理工作，他注意到一个奇妙的事实：大部分事故现场的照片都带有高压送电线或是高压线铁塔，在这样的背景前面，或是小车猛撞在防护壁上，或是大卡车撞在正进行道路工程的工程车辆上，或是夜行巴士和 7 辆车连续撞车……

通过对 15 年事故发生情况的总调查，发现除了饮酒之类原因明显的事故以外，一共还有 12000 起原因不明的交通事故，其中 78%发生在距离高压线 1km 以内的地区。之后他做了一个试验。他在安装着脑电波测定仪情况下驾驶汽车行走在高速路上，结果发现，在没有接近高压线的地段，不论以怎样快的速度行驶，都没有出现脑波紊乱的现象，可是只要到距离高压线 100m 附近，脑波测定仪立刻出现紊乱的波动，直到距离高压线所在地 200m，这个影响始终存在。他还发现，脑波测定仪出现激烈波动的时候，是当时速度达到 100km/h 前后的高速行驶。

为此，加藤先生呼吁大家，为防止事故发生，只要一看到高压线，就立刻将行驶速度放慢并比往常更要集中精力驾驶。

资料来源：出云谕明(日)著《禁断的辐射：论电磁波污染对人体健康的危害》. 北京：中国环境科学出版社，2005。

预备知识

查阅文献，了解国内电磁辐射的最新规范。

兴趣实践

调查学校周边通信基站的位置分布，思考这样的分布会产生多大的电磁污染？并实地走访附近住户了解情况，群众有无异常反应及怨言？

探索思考

我们每天都生活在大量的电磁污染中，大量的电子器件或多或少会产生一定的电磁污染，思考你身边的电磁污染源有哪些？你知道这些电磁污染对你可能产生的危害吗？

8.1　建筑电磁环境的基本概念与原理

8.1.1　电磁环境的基本概念

电子和通信行业的高速发展提高了建筑本身的智能化程度，同时也带来了电磁环境污染问题。由于电磁辐射看不见、摸不着，且穿透力较强，不仅对室外有影响，对室内人群也会产生影响，近年来关于通信基站的建设位置、电器产品的电磁辐射、高压线紧邻住宅等问题的环保投诉很多。电磁辐射污染继水污染、大气污染、噪声污染、光污染之后，已被公认为第五大污染。

对电磁环境的定义为“存在于给定场所的所有电磁现象的总和”，环境中的电磁辐射主要包括频率范围 100kHz～300GHz 的长波、中波、短波、超短波和微波引起的人工电磁辐射。所有电磁现象包括所有电场、磁场、电磁场。电场与磁场的交互变化产生电磁波，电磁波向空中发射或泄漏的现象称为电磁辐射。电磁辐射所衍生的能量，取决于频率的高低，频率越高，能量越大。频率极高的 X 射线与伽马射线携带的能量可以破坏分子间的化学键，被称为“电离辐射”，其量子能量达到 12eV 以上；携带的能量不足以破坏分子间的化学键的电磁辐射，称为“非电离辐射”，其每个量子能量小于 12eV。波长大于 100nm 的电磁辐射是我们现代生活一些电磁场的人造来源，像电力、微波、无线电波，在电磁波谱中处于相对长的波长和低的频率一端，它们的光子没有能力破坏化学键。电离辐射能导致机体严重损伤，对其生物效应的研究已有 100 多年的历史；而对于非电离辐射，由于研究时间不长，且频谱范围非常大(图 8-1)，人们对它的认识还存在着差异。

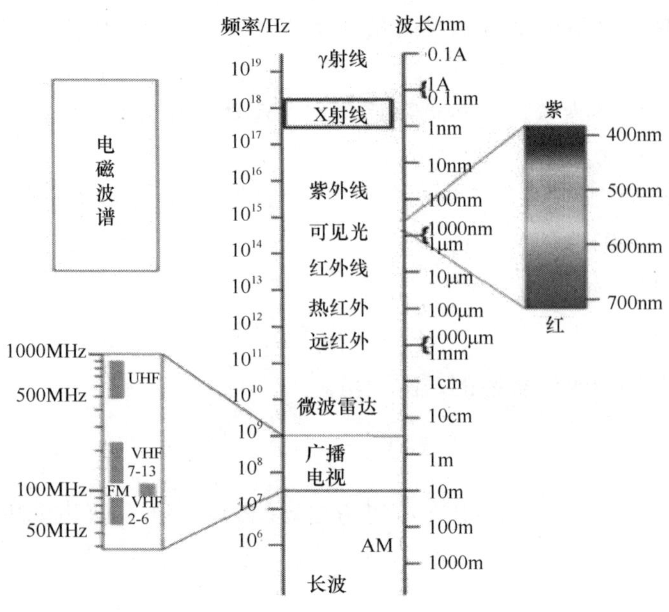

图 8-1　电磁波谱

电磁场来源有很多种，一般分为自然辐射源和人工辐射源，如表 8-2 所示。自然辐射源主要来源于大气层的天电噪声、地球外层空间的宇宙射线等，闪电就是一个自然辐射源。人工辐射源是由机电或其他人工装置产生的电磁辐射，其中一部分是专门用来发射电磁能量的装置，如广播、电视、通信、雷达等。还有一部分是在完成自身功能的同时附带产生电磁能量的发射，如输电线、电动机械、家用电器等。电磁辐射源还可以按照其属性分为功能型辐射源与非功能型辐射源。电磁辐射源的数目、频率、功率、极化、时间以及工作方式等特性影响了电磁环境的频带、空间、时间等分布。

表 8-2　主要电磁辐射源

自然电磁辐射源	雷电	
	磁暴	
	太阳辐射	
	宇宙辐射	
人工电磁辐射源	有意辐射源	广播
		电视
		通信
		雷达
		导航
	无意辐射源	交通车辆
		输电线
		电动机械
		家用电器
		办公设备

电磁传播途径是指电磁波以某种传播方式所经过的途径。不同传播途径的传播特性不仅

依赖于传播方式，还依赖于传播途径中的介质特性，不同的传播介质会影响电磁环境中电磁波的方向与波形、电磁波达到时间以及能量的空间分布。电磁辐射的传播途径主要有空间辐射和线路传导。空间辐射是指电子设备或电气装置在工作时不断向空间辐射电磁能量。线路传导是指当射频设备与其他设备共用一个电源或相互间有电气连接时，借助于电磁耦合，电磁能通过线路传播。空间辐射和线路传导都会造成电磁辐射污染。

8.1.2　电磁环境的原理

电荷、电流(即电磁场的场源)与电磁场的关系可以用麦克斯韦方程组来描述。麦克斯韦方程组是经典的电磁理论的基本方程组，它揭示了场源产生电磁场的规律和电场、磁场相互激励的规律，体现了电磁场的基本性质。

麦克斯韦方程组的微分形式包括如下四个方程。

全电流定律

$$\nabla \times \boldsymbol{H} = \boldsymbol{J} + \frac{\partial \boldsymbol{D}}{\partial t} \tag{8-1}$$

法拉第电磁感应定律

$$\nabla \times \boldsymbol{E} = -\frac{\partial \boldsymbol{B}}{\partial t} \tag{8-2}$$

磁通连续性定律

$$\nabla \times \boldsymbol{B} = 0 \tag{8-3}$$

高斯定律

$$\nabla \times \boldsymbol{D} = \rho \tag{8-4}$$

标量 ρ 是电荷密度，矢量 $\boldsymbol{D}$、$\boldsymbol{B}$、$\boldsymbol{J}$ 分别为电位移矢量、磁感应强度矢量、电流密度矢量，它们与电场强度 $\boldsymbol{E}$、磁场强度 $\boldsymbol{H}$ 的关系式称为结构方程，这关系到电磁场所在介质的介电常数 ε、磁导率 μ 和电导率 σ，即 $\boldsymbol{D} = \varepsilon \boldsymbol{E}$ 、$\boldsymbol{B} = \mu \boldsymbol{H}$ 、$\boldsymbol{J} = \sigma \boldsymbol{E}$ 。在线性介质中，麦克斯韦方程组是线性方程组，满足叠加原理，即多个场源各自产生的电磁场可以在空间中同时存在，空间任一点的电磁场等于所有场源在该点产生的电磁场的叠加。

麦克斯韦方程组是电磁理论的核心，是研究宏观物理现象的理论基础和出发点，不仅揭示了场源产生电磁场的规律和电场、磁场相互激励的规律，还预言了电磁波的存在。

若研究的区域中没有外加的电荷和电流，即 ρ=0、$\boldsymbol{J}$=0，则麦克斯韦方程组中的两个旋度方程可简化为

$$\nabla \times \boldsymbol{H} = \varepsilon \frac{\partial \boldsymbol{E}}{\partial t} \tag{8-5}$$

$$\nabla \times \boldsymbol{E} = -\mu \frac{\partial \boldsymbol{H}}{\partial t} \tag{8-6}$$

由上式可知，在一定条件下，时变电场、时变磁场可以不断互相激励，这样的激励过程，使得远离场源处的电磁场具有与场源相同的时变规律，这种源的振动称为波动，因此时变电磁场是以波动形式在空间传播的，称为“电磁波”。根据麦克斯韦方程组可以推出电磁波传播的速度为 $v = 1/\sqrt{\varepsilon\mu}$ ，在干燥的空气中传播速度约为 3×10^{8}m/s。

电磁波传播遇到介质参数发生变化的交界面时，电磁波会出现反射、折射、散射、绕射(也

称衍射）等现象。“反射”与“折射”的概念与几何光学中的含义相同。“散射”是指电磁波向各个方向发散传播；“衍射”是指电磁波绕过障碍物继续前进，会有一定能量损失，如图8-2所示。一般情况下，人们很难改变大气、大地、电离层等电磁波传播的宏观环境，但是可以利用电磁波的反射、折射、绕射、衰减等物理现象，采取屏蔽、遮挡、使用吸波材料等措施，控制或改变电磁环境。

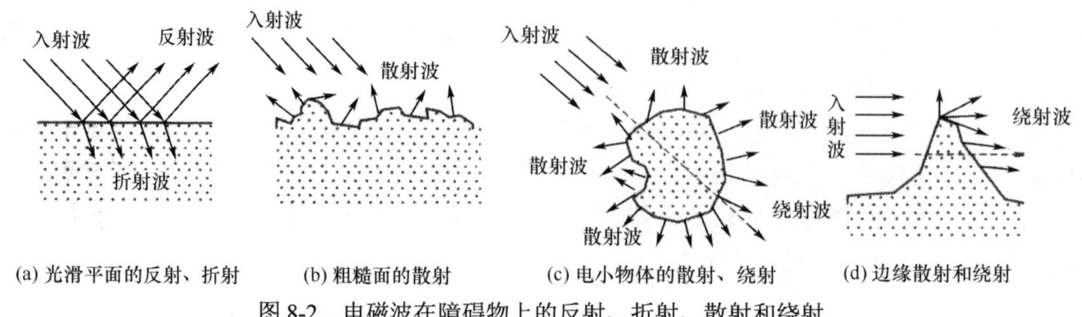

图 8-2　电磁波在障碍物上的反射、折射、散射和绕射

8.2　电磁辐射对人体健康的影响

地球是个大磁场，不仅地球表面的热辐射和雷电等会产生电磁辐射，太阳及其他星球也会从外层空间源源不断地产生电磁辐射，而人造辐射源也会发出不同的辐射，因此可以说现代人类是生活在一个电磁环境中。

人类本身的组织活动，也可产生诸如电子运动、离子转移、神经元活动等生物电过程，因此本身也存在着一定的生物电场、磁场以及生物电磁波。电磁场对人体的作用不只取决于它们的强度，也取决于它们的频率和能量。我们的电源和各种电器是极低频电磁场的主要来源；计算机显示屏、防盗设备和安全检查系统是中频电磁场的主要来源；收音机、电视、雷达、手机天线和微波炉是射频电磁场的主要来源。

电磁辐射对人体的作用主要有三种方式：热效应、非热效应和累积效应。热效应是人体内的水分受到电磁辐射后相互摩擦，引起肌体升温，从而影响到体内器官的正常工作；非热效应是由电磁辐射破坏了人体内平衡状态的微弱电磁场而引起的；累积效应是因为热效应与非热效应作用于人体后，对人体的伤害尚未及时恢复，再次受到电磁辐射后产生的累积效果。这些作用，可能对人体的神经系统、免疫系统、生殖系统造成伤害，并诱发一些疾病。

人类受电离辐射的照射在正常地区约为2.4mSv/年（毫希/年，Sv为核辐射剂量单位），较高的地区可达6.4mSv/年。现代社会电磁辐射依然在快速增加，空间电磁能量平均每年将增加7%～14%。比如2006年杭州市区环境平均电场强度为1991年杭州市区环境电场强度的17.50倍，杭州市环境平均电场强度年平均增长率为12.1%。

关于电磁辐射对于人体的影响现在还尚无定论。研究发现，适当的电磁辐射，对于生物的生长具有一定的刺激作用，并且在一定安全剂量内，还有助于生物的生长。如广东阳江的研究发现，虽然这里辐射水平比其他地区整体水平要高，但是这个地区人群的免疫水平和免疫功能却比其他地区的人群高。另外，一些研究人员通过对电视台、基站、手机、微波炉等设备研究发现，与辐射源保持一定距离就是安全的。如表8-3所示。

表 8-3　不同对象电磁辐射研究成果

电视台	在一定距离范围外的综合电场强度均低于国标《环境电磁卫生标准》(GB 9175—1988) 10μW/cm^{2}的一级标准限值
基站	基站产生的电磁辐射功率密度与天线的距离成反比，天线后向场电磁辐射功率密度随着测点与天线面板水平距离的逐渐增加而迅速减小，在距离天线面板 50cm 外，后向场均已减小到 0.08W/m^2
微波炉	再开机时磁场强度为 54μT，当距离为 10cm、100cm 时，磁场强度分别下降到 4.3μT 和 1.1μT。若距离更远可降到 0.1μT 以下
手机	通话时手机天线距离头部 2cm，头部总接受辐射功率为 32μW/cm^2，当手机与人体距离 20cm 时为 0～10μW/cm^2
电视	辐射的功率密度，距离电视机 10cm 时为 1100～1200μW/cm^2，距离 20cm 为 90～100μW/cm^2，距离 100cm 可以排除辐射功率

关于电磁辐射对于人类的危害，流行病学调查、学者的研究结果仍存在分歧。例如，芬兰在 1970～1989 年的 20 年间对居住在高压线 500m 范围内 383700 名居民逐一普查，发现上述人群患癌率比芬兰全国居民低 2%，患肺癌率比芬兰全国居民低 7%。但是，美国得克萨斯州癌症医学基金针对一些遭受电磁辐射损伤的病人所做的抽样化验结果表明，在高压线附近工作的工人，其癌细胞生长速度比一般人要快 24 倍；而在瑞士，靠近高压线得乳腺癌的概率要高出正常值的 7.4 倍。

虽然还没有准确的试验结果显示电磁辐射会对人类的身体健康造成威胁。但是，随着电脑、手机、Wi-Fi 设备等工具的普遍使用，人们逐渐对这些用具的电磁辐射产生了恐惧。2009 年欧洲议会通过了一项协议，呼吁欧洲各国采取措施控制电磁辐射的影响范围，显示了很多政府对于这一问题的担心。而一些权威机构也对电磁辐射可能造成的影响进行了评估。

世界卫生组织 WHO 下属的国际癌症研究机构(IARC)及 WHO 专题工作组经评估认为极低频(0～100kHz)磁场与儿童白血病及脑癌有关，当工频(50～60Hz)磁场暴露强度超过 0.3μT 或 0.4μT 时，儿童白血病的患病风险增加 2 倍。据 WHO 统计显示为 1%～4%的儿童长期暴露于强度大于 0.3μT 的工频磁场环境。

虽然人群流行病学资料及实验室研究资料尚不能证明工频磁场与儿童白血病存在因果关系，不过 WHO 在其 2007 年出版的环境健康标准极低频电磁场专论中强调，尽管低强度环境电磁辐射生物学效应机制尚未阐明，但不能就此排除低强度环境电磁辐射能够产生有害的健康影响。

1997 年我国发布了《电磁辐射环境保护管理办法》，此办法是为加强电磁辐射环境保护工作的管理，有效地保护环境，保障公众健康。另外，我国现行的电磁辐射防护标准主要是由卫生部和国家环保局制定，最常用的标准是《电磁环境控制限值》(GB 8702—2014)、《环境电磁卫生标准》(GB 9175—1988)。不过，对于室内电磁辐射，我国还是缺乏相关的法律规定，亟须进一步完善。

8.3　电磁辐射污染的防护

电磁辐射污染的防护需要综合防治才能取得更好的效果。

首先，是从污染源头减少电磁辐射。主要包括合理设计发射单元、工作参数与输出回路的匹配、线路滤波、线路吸收和结构布局等，以保证元件、部件等级上的电磁兼容性，减少电子设备在运行中的电磁漏场、电磁漏能，使辐射降低到最低限度。这种方法是最有效、最合理的防护措施。

其次，是通过合理的工业布局，使电磁污染源远离居民稠密区。将电子设备密集使用的部门和企业集中到某一区域进行集中控制和防治。对可能产生严重电磁辐射污染的新建、改建项目，按照环境影响评价制度开展环境影响评价，并进行严格的控制。另外，还需加强对城市电磁辐射的监测，掌握电磁辐射源强度及分布情况。

最后，是对已经进入环境中的电磁辐射，采取一定的防护手段。如电器设备用户应注意室内办公和家用电器的安排，不要集中摆放，并保持人体与办公和家用电器的距离，彩电的距离应在 4～5m，日光灯的距离应在 2～3m，微波炉开启后离开至少 1m 以上。同时，还应注意办公、家用电器的时间。各种电器、办公设备、移动电话尽量避免长时间操作，并避免多种办公和家用电器同时开启。

本章小结

本章介绍了电磁环境的基本概念以及详细的分类方式与传播方式，并介绍了电磁辐射产生的基本原理。在此基础上，介绍了现在建筑环境中的电磁辐射污染问题以及对人体健康的影响，并简要概述了电磁辐射污染的防护措施。

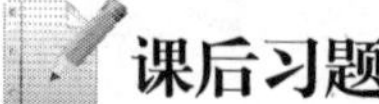

课外自学

自学《电磁环境控制限值》(GB 8702—2014) 和《环境电磁波卫生标准》(GB 9175—1988)。

课后习题

1. 电磁环境的基本概念？生活中有哪些电磁现象？
2. 生活中有哪些具体的措施可以防护手机的电磁辐射？
3. 电磁辐射污染与大气污染、噪声污染和光污染相比有何异同？
4. 说明电磁辐射污染对人体健康的影响。

研究型专题

专题一：从中国期刊网查阅最新的文献，写一篇 2000 字左右的综述，论述电磁辐射的最新研究进展。

专题二：从国外的数据库资源，如 Elsevier SDOL 电子期刊全文数据库查阅 1～2 篇国外关于电磁辐射污染的学术文章，写出文章的主题思想。

院士简介

扫描二维码，领略专家风采，指引前行之路。

参考文献

孔昌俊，杨凤林. 2004. 环境科学与工程概论[M]. 北京：科学出版社.

李恩敬，田德祥. 2015. 室内电磁辐射污染及防护[C]. 中国环境科学学会室内环境与健康分会第七届学术年会. 杭州，9：181-184.

刘博，王惠敏. 2003. 室内电磁辐射[J]. 环境污染治理技术与设备，4(7)：91-92.

刘培国. 2010. 电磁环境基础[M]. 西安：西安电子科技大学出版社.

陆明浩，程大章. 2005. 绿色建筑中的电磁兼容问题[J]. 智能建筑，(7)：47-51.

陶祖范，孙全富，李嘉，等. 2004. 中国阳江高本底地区居民恶性肿瘤死亡研究(1979—1998)[J]. 中华放射医学与防护杂志，(2)：57-62.

张文辉，陈勇强，鲁德强，等. 2009. 杭州市区环境电磁辐射强度调查及变化趋势研究[J].中国预防医学杂志，(11)：1033-1034.

第 9 章 工业建筑的室内环境与职业卫生

本章要点

1. 工业建筑室内环境的影响因素。
2. 工业建筑室内环境的营造机理。
3. 工业建筑室内通风方式的分类及适用情况。
4. 工业建筑室内环境的评价标准及指标。

案例导引

案例一：某电解铝项目职业病危害预评价

1. 职业病危害因素辨识与分析

该项目采用冰晶石——氧化铝熔盐电解法，其基本原理是：在直流电作用下，溶解在熔融冰晶石中的氧化铝被电解成铝离子和氧离子，铝离子在阴极析出形成铝液，在阳极电解产物是 O_2。O_2 使碳阳极氧化析出 CO_2 和 CO 气体。铝液经过净化和澄清后，浇铸成锭。原辅料及产品主要原料有氧化铝、氟化铝、冰晶石和氟化钙，产品为铝锭。生产过程中的主要职业病危害因素有：粉尘、毒物(包括氟化氢、氟化物、CO、氮氧化物、SO_2、CO_2、臭氧、六氟化氢)、噪声和振动、高温及热辐射等。

2. 职业病危害防护措施

(1) 防尘、防毒。主要生产装置建筑考虑利用自然通风，车间采取自然通风和机械通风。在铸造车间、氧化铝供配料车间和电解车间，应设随机的除尘设备或抑尘装置，地面应随时清扫，避免扬尘。废渣场应配备水冲和喷水设备，防止灰渣二次扬尘。

(2) 防暑降温。外壁温度高于 50℃的设备、管道均使用保温材料，以保证正常的工作条件，防止人员烫伤。高温车间厂房侧面均设置大面积门窗，顶部设矩形避风天窗，利于自然通风。电解厂房电解槽操作面配置通风格子地板，室外新鲜空气由低层经通风格子板进入车间内，利用热压形成上升气流，从厂房天窗排出，具有较好的通风换气性能。制定操作规范，减少操作工人接触高温时间，减轻劳动强度，辅以机械通风等防暑降温措施。

(3) 防噪。选用低噪声、低振动的设备。对产生高噪声的设备独立设计成间，远离其他厂房；加强通气管道的密封性，避免漏气产生噪声；在风机、空压机进出口加设消声器；电解烟气排烟机安装在室外，采取加固基础的减振措施；高噪声的设备与其他生产单元相互隔开；控制室单独设置，与生产装置隔离，作业工人定时巡检。

案例二：某矿山机械厂项目职业病危害预评价

1. 职业病危害因素辨识与分析

本项目属于机械制造业，主要生产过程包括焊接、热处理、机械加工、装配及切割、涂装等。其中焊接操作人员可接触到电焊烟尘、二氧化锰、氮氧化物、臭氧、一氧化碳、铬、锌、镍、高温、紫外线辐射和噪声，抛光、打磨操作工人可接触砂轮磨尘、手臂振动和噪声，热处理岗位作业人员可接触到氨、一氧化碳、甲醇、丙酮、噪声和高温，涂装工序操作人员可接触到苯、甲苯、二甲苯、丙酮和汽油等。

2. 职业病危害防护措施

项目针对焊接厂房拟采取自然通风结合机械排风的通风形式，焊接作业相对固定的岗位采用固定式排烟罩，对于大而长的焊件拟使用多吸头排烟罩。项目针对新建各事业部的涂装工艺进行了不同的卫生防护设计，钢材预处理线、结构件抛丸设备自带多级除尘系统。腻子打磨区配置工业吸尘器，对腻子打磨产生的粉尘进行处理，产生的粉尘通过分离器和吸尘器的集尘桶统一处理。喷涂过程在密闭的喷漆室内进行。钢管预处理设备由抛丸室、上下料辊道和除尘器组成。涂装设备主要选用喷烘两用的干式喷漆室。

噪声的控制措施：设计时选用低噪声设备，产生噪声较大的通风机、鼓风机、空压机等进出口处均加消音器。所有风机、水泵均设于单独机房内，机房门窗采用隔音门窗。空压机为全封闭式，噪声很小。

高温的防护措施：通过厂房内合理组织自然通风气流，设置全面、局部送风装置降低工作环境的温度，一般生产厂房高温季节使用移动式电风扇及固定式电风扇，对高温作业的人员供应含盐清凉饮料、限制操作人员持续接触热源时间等，能满足防暑降温需要。

资料来源：http://wenku.baidu.com

预备知识

1. 了解工业建筑室内环境相关国家标准并查找相关资料。
2. 了解各种通风方式的分类方法及优缺点。

兴趣实践

去一些典型的工业建筑厂房参观实习，了解不同工作区域和不同工作性质对室内环境的要求，利用有关仪器检测工业建筑内污染物浓度、温度、湿度及噪声，与相关国家标准进行对比。

探索思考

针对不同工种和工作场所并结合工业建筑室内环境评价标准和评价指标，探索一些新的营造工业建筑室内环境方法。

随着社会的进步，生活水平的提高，人们对工作环境也提出了更高的要求，那些“工业建筑只满足生产需求”的观念已经不复存在。因此良好的工业建筑环境已成为人们逐渐关注的重要问题之一。工业建筑与民用建筑有所不同，它的室内环境比较复杂，工业厂房的室内环境与生产工艺密切相关，而工业建筑不良的室内环境会导致职业病的发生。近十年来，我国每年新发职业病 1 万多例，每年因职业病引起的直接经济损失高达千亿元，职业病危害成为中国经济发展的沉重负担。因此，在保证不影响生产工艺的前提下，有效降低工业建筑室内环境对工作人员健康的影响，也是建筑环境与能源应用工程专业的重要任务。

本章将结合建筑环境学有关知识，介绍工业建筑室内环境和健康的关系、工业建筑室内环境的营造机理及工业建筑室内环境的评价指标等，为最终掌握如何营造一个健康、舒适的工业建筑室内环境奠定基础。

9.1　工业建筑的室内环境与健康

近年来，我国经济突飞猛进，令世人瞩目，但伴随而来的职业健康问题也引起社会各界的广泛关注。如图 9-1 所示，如何营造一个舒适健康的工业建筑室内环境，显得十分重要。我国存在职业病危害的企业包括传统工业、新兴产业及第三产业，这些企业分布广泛，据相关部门统计接触职业病危害因素的人数应以亿计。我国职业病患者死亡数量、累计数量及新发病人数量较多，居世界首位。

图 9-1　营造舒适的工业建筑室内环境

由于中国小型和中型公司企业较多，职业病防治责任意识差，职业卫生管理制度还不尽完善，职业健康检查普及率较低，导致实际患职业病的工人数量也许会远远高于目前的检测数据。最近几年，中国职业病的病例分布广泛，其中不但包含了传统的煤炭、冶金、化工、建筑行业，同时还涉及电子制造、生物工程等新兴产业。

根据中华人民共和国卫生部网站公布的数据，如图 9-2 所示，2005～2013 年全国职业病发病呈上升的趋势。其中尘肺占 84.22%，苯所致白血病占职业性肿瘤的 49.50%，2009～2013 年噪声聋年均发病病例数为 490.2 例。2005～2009 年 5 年间全国职业病发病病例数为 1.1～1.8 万例，2010～2013 年为 2.6～3.0 万例。这些数据表明职业病发病情况依然严重，相关部门应根据不同地区、不同人群(行业、工种)职业病的发病特点进行综合防治，尤其要加强尘肺病、噪声聋等疾病的重点防治。

1. 钢铁行业室内环境

钢铁企业的生产工艺流程分为：矿山、烧结、化工、炼铁、炼钢、连铸、轧钢等及其附属工序。而各个流程都有各自相应的系统，在这些系统中则产生了相应的职业健康危害因素，其中包括高温、热辐射、苯(甲苯、二甲苯)高浓度中毒、粉尘、一氧化碳中毒、噪声、电离辐射等。这里主要分析粉尘、一氧化碳中毒、苯高浓度中毒和高温作业这四个因素。

1)粉尘

粉尘是指直径很小的固体颗粒，其可以是自然环境中天然生成，也可以是生产或人为因素产生的，而在钢铁行业中的粉尘多是指生产粉尘。生产粉尘的定义是指在生产过程中形成的，并能长时间飘浮在空气中的固体颗粒，对人类健康威胁最大的粒径主要在 2～3μm。

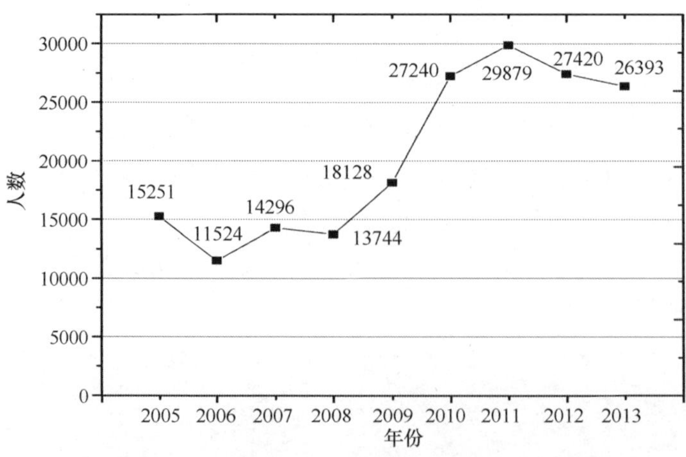

图 9-2　2005～2013 年中国职业病报告数量

在钢铁行业中，大部分生产工艺都需要固体金属材料，而在此过程中所进行的固体物质的机械加工或粉碎就会导致许多细小固体颗粒产生，如矿山开采、爆破等，这些细小的固体颗粒就是粉尘的一种，称为无机粉尘。在铁矿熔炼的过程中，铁矿石由于加热融化后，有一部分由于温度过高而蒸发，再遇冷凝结或氧化后形成固体小颗粒物质，如焊接、金属熔炼等，这也是钢铁行业中产生无机粉尘的一种情况。图 9-3 为钢铁工业生产过程中的粉尘污染。

图 9-3　钢铁工业生产产生的粉尘污染

粉尘通过呼吸道、眼睛、皮肤等进入人体，其中以呼吸道为主要途径。当人体吸入粉尘后，粉尘会经过气管、主支气管、细支气管进入气体交换区域的呼吸性细支气管、肺泡管和肺泡，并在进入的过程中产生毒作用，影响气体交换功能。粉尘对人体的呼吸系统的损害最大，其主要病症包括尘肺、粉尘沉着症、上呼吸道炎症、游离二氧化硅肺炎、肺肉芽肿和肺癌等肺部疾病。同时尘肺病也是职业病中影响面最广、危害最严重的一类疾病。据统计，尘肺病例约占我国职业病总人数的 2/3。其主要原因是由于长期吸入生产性粉尘而引起的以肺组织纤维化为主的疾病。按发病病因，尘肺病可分为硅肺、硅酸盐肺、灰尘肺、混合性尘肺、金属尘肺五种。其中钢铁行业的从业员工由于长期吸入煤尘、金属粉尘或二者及二者以上的混合粉尘，易导致灰尘肺、混合性尘肺和金属性尘肺。

粉尘附着在呼吸道黏膜上，早期引起其功能亢进、黏膜下毛细血管扩张、充血，以阻碍更多的粉尘进入呼吸道。但是粉尘长期附着在呼吸道黏膜上则会由于功能亢进时间过长，从而造成黏膜肥大性病变，使呼吸道抵御功能下降，进而引起上呼吸道炎症。如果皮肤长期接触粉尘可导致阻塞性皮脂炎、粉刺、毛囊炎、脓皮病。并且劳动工人在长期接触金属粉尘的同时还可能导致眼角膜损伤、浑浊。

2) 一氧化碳

一氧化碳(CO)是一种化学性血液性窒息气体，它是靠阻碍人体血红蛋白与氧气的化学结合能力来妨碍其向组织释放携带的氧气。一氧化碳为无色、无臭、无味的气体，其爆炸极限为 12.5%～74.2%。

在钢铁生产过程中，一氧化碳主要产生于三个部位，分别是高炉、转炉和焦炉。高炉、转炉和焦炉在生产过程中会产生大量煤气，这种煤气的主要成分是一氧化碳，其中高炉煤气一氧化碳的含量一般为 20%～31%，转炉煤气一氧化碳的含量一般为 4%～11%，焦炉煤气一氧化碳含量一般为 63%～71%。

一氧化碳主要是从高炉炉顶和炉腰向外散发，或者是在炼焦厂向各铸造厂输送的过程当中，由于某种原因导致煤气输送管道破损从而使一氧化碳向外泄漏。

一氧化碳从呼吸道进入血液中，吸收迅速，与血红蛋白发生紧密可逆性结合，形成碳氧血红蛋白(HbCO)，使之失去携氧能力。CO 与血红蛋白的结合能力比氧气与血红蛋白的结合能力大 240 倍，而 HbCO 的解离速度比氧气合血红蛋白的解离速度慢 3600 倍，故 HbCO 不仅本身不携带氧气而且还影响氧气合血红蛋白的解离，阻碍氧的释放和传递。由于组织受到双重缺氧作用，导致低氧血症，引起组织缺氧窒息。

长期接触低浓度 CO 可出现神经系统症状，如头晕、耳鸣、无力、记忆力衰退、睡眠障碍等。

3) 苯

苯是常温下带有特殊芳香气味的无色易挥发的液体，微溶于水，易与乙醇、乙醚、汽油等有机溶剂互溶。按《职业性接触毒物危害程度分级》划分，苯属于Ⅰ级(极度危害)毒物，在车间空气中苯短时间允许接触的最高浓度为 $40mg/m^3$。

在钢铁行业中，产生苯的主要途径就是焦炉煤气，并且在此过程中苯是以蒸汽的形态存在于环境中，而且少量的苯还会附着在管道、阀门、风机、调压器等设备的内壁上面。

苯在生产环境中以蒸汽的形式进入到人体当中，经消化道完全吸收，被人体消化吸收后的苯主要分布在含类脂质较多的组织和器官中，以待人体更进一步的代谢吸收。苯再被人体吸收后所产生的代谢产物会随血液被转运到骨髓或其他器官当中，通过干扰人体的造血干细胞的生长和分化、损伤人体 DNA、激活人体的癌基因来影响人体的健康，从而对人体产生骨髓毒性和导致白血病。

短时间吸入大量苯蒸气会引起急性中毒，主要表现为中枢神经系统的麻醉作用。轻者出现兴奋、欣快感、步态不稳、头晕、恶心、呕吐等症状。重者神志模糊、进入深度昏迷或出现抽搐。严重者导致呼吸、心跳停止。慢性中毒是由于长期接触低浓度苯所致，其对人身体有两种损伤，分别是神经系统损伤和造血系统损伤。神经系统损伤表现为头痛、头昏、失眠、记忆力减退并伴有植物神经系统功能紊乱。造血系统损伤使人会产生齿根、鼻腔与皮下出血，最终会导致白血病。经常接触苯会导致皮肤脱脂干燥甚至脱屑皲裂，苯还可以损伤生殖系统，女工接触苯会导致自然流产、胎儿畸形率增高。

4) 高温作业

根据环境温度及其和人体热平衡之间的关系，通常把工作地点有热源，同时又有直接接触高温的作业人员，并且环境温度在 32℃以上的生产劳动环境视作为高温环境，如图 9-4 所示。高温环境按其产生原因可分为自然高温环境和工业高温环境。对于钢铁行业而言，其显而易见为工业高温环境。

图 9-4 钢铁行业高温作业

在钢铁行业中，高温作业环境的产生，主要是由锅炉煤炭的燃烧、炼焦，铁水的高温辐射和铁渣的高温冷却，铸造、锻造工业的热轧过程而产生的。

高温作业通常分为三类：高温、强热辐射作业，高温、高湿作业，夏季露天作业。高温、强辐射作业特点为气温高，热辐射强度大，而相对湿度较低，形成干热环境。高温、高湿作业特点为高温、高湿(相对湿度在 80%以上)，而热辐射强度不大。夏季露天作业特点为除受太阳的辐射作用以外，还受被加热的地面周围物体发出的热辐射作用。在钢铁行业的生产车间，炎热季节的气温可达 40℃ 以上并且相对湿度一般为 13%～47%，所以钢铁行业属于高温、强热辐射作业。

工人们同时暴露于高温空气和热辐射下，导致热量在体内积累，加上代谢的热量，会造成散热失调和病理变化。

体温调节障碍，表现有头晕、头痛、眼花、耳鸣、心悸等。水盐代谢紊乱，主要表现有无力、口渴、尿少、脉搏加快，体温升高严重而可能导致痉挛。循环系统负荷增加，主要表现有心跳过速而每搏心输出量减少，加重心脏负担，长期影响可使心肌肥大。消化系统疾病增多，主要表现消化所需要的酶减少，食物不能完全消化。神经系统兴奋性降低，主要表现在中枢神经系统兴奋性降低，因而肌肉的工作能力、动作的准确性和协调性、反应速度均降低，易发生事故。

2. 纺织行业室内环境与职业卫生

纺织行业是我国重要的传统产业，属于劳动密集型行业，从业人员中青工多、女工多，且年轻的女工占绝大多数。纺织企业大多是以多机台、多工序、长流程、流水作业及连续性大协作生产方式、轮班工作制进行生产的，工人不仅劳动时间长、劳动强度大，而且作业环境条件较为恶劣。纺织车间作业环境的主要特点有噪声大、粉尘浓度高、高温高湿、采光照明不良，噪声是纺织业的主要职业危害之一。

根据噪声源发声的机理，噪声可以分为机械噪声、空气动力性噪声和电磁噪声三大类，纺织车间的噪声主要是机械噪声，并伴随有空气动力性噪声和电磁噪声。纺织车间的机械性噪声主要来源于车间各个机械设备的机件间的摩擦力、撞击力或非平衡力，使机械部件和壳体产生振动而产生噪声。国内外研究表明，长期接触噪声会对听觉系统、非听觉系统(神经、心血管、内分泌、免疫、消化和生殖系统）和工作效率、安全产生不利或有害的影响。纺织车间的噪声一般在 85dB 以上，纺织工人长年累月工作在这种噪声环境下很容易引起听觉疲劳，听力会逐渐减弱，容易产生耳鸣，严重时将会造成职业性耳聋。此外噪声还可能对工人身体的中枢神经系统、植物神经系统、心血管系统、消化系统造成损害，导致大脑条件反射异常、神经衰弱、头晕头痛、消化功能减退等病症。而且长期接触噪声的女工容易发生高血压、头晕、胸闷和生理功能紊乱等病症。噪声对工人的心理影响也十分明显，主要表现为引起工人烦恼、急躁、易怒、心悸等多种不愉快的情绪。这些不仅会影响到纺织生产的效率、工人的工作能力及安全，还会对纺织工人的健康造成危害，甚至对女工的生育和后代的健康带来不利影响，易导致职业病。

3. 医药行业室内环境与职业卫生

医药行业是我国国民经济的重要组成部分，是传统产业和现代产业相结合，是集第一、第二、第三产业为一体的产业，它对于保护和增进人民健康、提高生活质量，为计划生育、救灾防疫、军需战备以及促进经济发展和社会进步均具有十分重要的作用。医药制造业是《国民经济行业分类》（GB/T 4754—2011）中的大类行业，也是医药行业的重要组成部分，它包括化学药品原药制造业、化学药品制剂制造业、中药饮片加工业、中成药生产业、兽用药品制造业、生物药品制造业、卫生材料及医药用品制造业共七个中类行业。医药行业的室内环境对药品的质量起着不可忽视的作用，如图 9-5 所示。

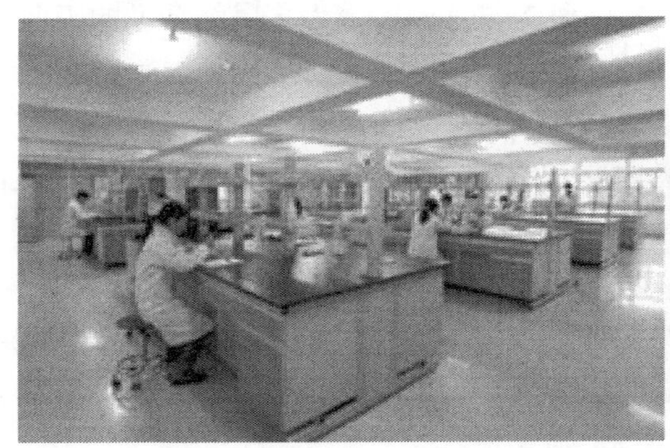

图 9-5　医药行业室内环境

1）化学因素危害

化学性职业损害是指工作中所接触的有毒化学物质所致的危害，包括在化学消毒药物和细胞毒性药物的配制、使用过程引起的损伤。对护理人员职业安全危害最大的化学因素是细胞毒性药物。在日常工作中细胞毒性药物是用来治疗肿瘤的主要方法之一，但对于正常组织细胞毒性药物同样具有杀伤作用。随着抗肿瘤药物的不断开发和应用，其毒性、致畸性、致突变性和致癌性也已被证实，它不仅对患者有害，对医务人员也有危害性。医护人员可能通过皮肤、呼吸道或消化道等多种途径受到侵害，副反应表现为肝肾功能损害、骨髓抑制、脱发、月经异常等多个系统的损伤和功能障碍。此外几乎各个临床科室都有化学消毒药物的使用，如 84 消毒液、碘、甲醛、含氯消毒剂、过氧乙酸等，它们被医护人员广泛接触，而人的皮肤、眼睛、呼吸道、消化道、神经系统等都可能受到化学消毒药物的损伤。

2）生物因素危害

医院是病毒、细菌等各种病原微生物密集的场所，医务人员在工作中难以避免通过针刺伤口、皮肤、呼吸道、消化道、眼、鼻等多种途径接触病人具有传染性的体液、分泌物、排泄物等，被各种微生物感染的机会高于一般人群。WHO 报告，医院工作人员中乙肝的感染率比一般居民高 3～6 倍。截至 2000 年 7 月，美国 CDC 已收到 56 份医务人员血清 HIV 阳性与职业性接触有关的报道。在 2003 年春季暴发的 SARS 疫症中，一线医务人员感染率高达 20%以上。

3) 非电离辐射危害

非电离辐射包括射频辐射(微波、高频辐射)、红外辐射(红外线)、紫外辐射和激光等，多见于理疗室、介入室和外科等。紫外线消毒操作不当造成紫外辐射在临床一般科室非电离辐射伤中较为多见。由此造成皮肤红斑、眼角膜炎的发生并不罕见，长期接触甚至可致皮肤癌。

4) 电离辐射危害

主要包括 X 射线、α 射线、γ 射线等，电离辐射会给医务人员造成机体损伤，如白细胞减少、不良生育结构、放射病、致癌、致畸等。影像科室的医护人员往往接触电离辐射较多，而病房中病重患者不能自己行动，时有床边拍片的情况，所以病房医护人员也暴露在电离辐射的危险之中。

4. 航天行业室内环境与职业卫生

航天行业是研制与生产航天器、航天运载器及其所载设备和地面保障设备的工业，国防科技工业的重要组成部分，国防工业的一个重要行业，也是综合性的高技术产业之一。由于管理体制的不同，有些国家的航天工业是航空航天工业的一个组成部分，有些国家的航天工业包括导弹武器系统及其所载设备和地面保障设备的研制与生产，成为军民结合型的工业。

对于太空中的“隐形杀手”，航天员必须始终保持“警惕的心”。

1) 航天辐射

航天辐射包括电离辐射和非电离辐射，前者主要是银河宇宙辐射、地磁捕获辐射和太阳粒子，后者主要是光辐射和射频辐射。

2) 乘员舱化学污染

污染主要来源于航天员的代谢挥发物、乘员舱非金属材料的脱气和燃烧产物、有毒化学品的存放容器或管道的泄漏物、食品和生活用品的挥发物、大气悬浮颗粒等。

3) 温度骤变

意外事故造成座舱内或航天服内的温度较大幅度地上升或下降，容易导致航天员精力分散，耐力降低，工效下降，甚至危及生命。

4) 航天振动和冲击

载人航天器从发射到返回，都会产生强烈的振动和冲击。振动和冲击会影响航天员的视觉、通话、操作能力等，甚至会产生机械性损伤。主要由火箭发动机、电子仪器设备和空气动力形成，会对航天员的听力、情绪、语言通信、工作效率等造成影响。

5) 超重和失重

在航天器发射升空和返回降落时，航天员可能感受到 10 倍于体重的超重；在轨飞行期间，航天员又长期处于失重环境中。

5. 微电子行业室内环境与职业卫生

为了在识别职业病危害因素时做到能够系统、全面、准确，根据工程分析，按其岗位分布和工艺流程特点划分评价单元，生产厂房的工艺及布局基本相同，故选用代表性例子划分评价单元，共分为线路板印刷、组装测试区、维修区和辅助工程四个评价单元，如图 9-6 和图 9-7 所示。

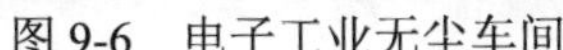

图 9-6　电子工业无尘车间

图 9-7　电子厂生产线

生产过程中产生的危害因素有：锡及其化合物、铅及其化合物、异丙醇、环己烷、戊烷、丁酮、丙酮、石油醚、二丙二乙醇丁醚、噪声、工频电场、X 射线等。

1) 锡及其化合物

多数的锡及其无机化合物是属于低毒物品，一般情况只要防护得当对人体在短时间无明显危害，但部分锡盐以及长期接触锡粉尘可导致锡肺的发生，而且可能会有神经毒害！因此如果长期接触锡粉尘需要注意防护，尤其保护呼吸道，部分锡盐(如四氯化锡)，还要保护皮肤不要与之接触。由于锡的品种不同，对人体损害也不一样，不过多数侵袭呼吸道和消化道，部分损害皮肤黏膜，少部分有神经毒害。一般呼吸道表现可出现初期：稍有呼吸困难，干咳，不影响工作能力。中期：明显呼吸困难，影响工作能力。末期：无法工作。侵袭消化道时，可出现恶心、呕吐、腹痛、便秘，皮肤可出现溃疡，神经毒害，早期为精神萎靡，明显乏力，后期为慢性头晕，头痛。

2) 铅及其化合物

铅主要用于制造铅蓄电池；铅合金可用于铸铅字、做焊锡；铅还用来制造放射性辐射、X 射线的防护设备；铅被用作建筑材料，用在乙酸铅电池中，用作枪弹和炮弹，焊锡、奖杯和一些合金中也含铅。铅及其化合物对人体有较大毒性，并可在人体内积累。

铅进入人体后，除部分通过粪便、汗液排泄外，其余在数小时后溶入血液中，阻碍血液的合成导致人体贫血，出现头痛、眩晕、乏力、困倦、便秘与肢体酸痛等。铅会损伤儿童大脑中枢及周围神经系统，引起儿童多动、注意力不集中、学习困难、任性冲动、脾气急躁；破坏造血系统，阻碍血红素的合成，导致贫血；影响消化系统功能，导致孩子厌食、异食癖、味觉丧失或错乱等；抑制生长激素的合成与释放，使孩子发育迟缓；抑制免疫系统功能，使孩子体质差，感冒、感染概率增加；影响身体对其他金属元素的吸收、代谢，导致进补铁、锌、钙等无效或吸收少；对生殖器官，尤其是对肾脏损害极大，引起肾功能障碍；影响心脏正常运转，引发心肌损伤。

(1) 铅对消化系统的危害。消化道黏膜具有分泌铅的能力，泌铅过程中，铅对胃黏膜直接作用，破坏胃黏膜再生能力，使胃黏膜出现炎症变化。慢性铅中毒患者胃黏膜病理损害检出率达 96.7%。铅可抑制肠壁多种酶的活性，使平滑肌痉挛，引起腹痛，即常见的铅绞痛。

(2) 铅对免疫系统的危害。铅可削弱机体对病原微生物的抵抗力，使易感性增高。主要原因是铅抑制了 T 细胞的功能，使其免疫调控能力极大削弱。

9.2 工业建筑室内环境营造机理

工业建筑室内环境相比于民用建筑更为复杂，空气污染物(如粉尘、一氧化碳及苯等)是影响工业建筑室内环境最主要的因素，而消除室内污染物最经济、最有效的方法是采用通风换气。所谓通风，从最浅显的意义来说，就是把室内的废气排出去，把新鲜空气送进来，从而达到提供呼吸和燃烧所需要的空气，除去过量的湿气，稀释室内污染物及调节室温等目的，以解决(保障)人们所需要的最基本的生活条件和工作条件。同人类的要求一样，许多工业生产过程对空气环境也有一定的要求，当这些要求得到满足后，生产过程才能正常进行，从而保证产品的质量。工业建筑室内通风就是要解决零部件加工过程中所产生的各种有害物(如热量、湿气、粉尘和酸等)对人体健康的危害和对设备的损伤。

按照工作动力不同，通风系统可分为机械通风和自然通风。而按照通风系统作用范围不同又可分为局部通风、全面通风。有些特殊的应用场所还需设置事故通风。

1. 自然通风系统

自然通风是依靠自然风压和热压造成空气流动(图 9-8)，它不需要消耗动力，在热加工车间都是利用自然通风来消除余热的。任何一个在外围护结构上有着开口(像窗口、门等)的建筑物，在自然力的作用下，总会因一部分孔洞上室内压力小于室外压力，从而使室外空气由此进入室内，而室内空气又经另一部分开口(该处室内压力高于室外压力)排出，即形成自然通风，从而改善室内空气环境。

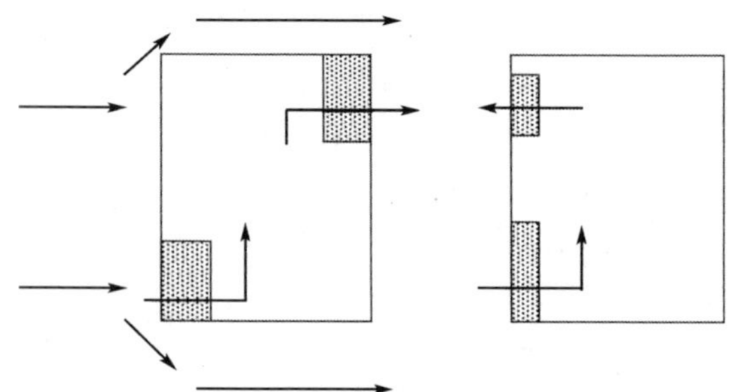

图 9-8 风压(左)和热压(右)作用下的自然通风

1) 利用风压实现自然通风

风压是指空气受到阻挡时产生的静压，由于建筑物迎风面的气流受到阻挡时，静压增高；侧风面和背风面将产生局部涡流，静压降低。这样便在迎风面与背风面形成压力差，室内的空气在这个压力差的作用下由压力高的一侧向压力低的一侧流动，风压作用下产生的压差为

$$\Delta P_W = \frac{1}{2}\rho C_{p1}u^2 - \frac{1}{2}\rho C_{p2}u^2 \tag{9-1}$$

式中，C_{p1}、C_{p2} 分别为进出口的风压系数；u 为风速(m/s)；ρ 为室内空气密度(kg/m^3)。

2) 利用热压实现自然通风

自然通风的另一个原理是利用建筑内部空气的热压差，即所谓的“烟囱效应”来实现建筑的自然通风。室内温度高的空气比重小而上升，并从建筑物上部风口排出，这时会在空气密度低的地方形成负压区。于是，室外温度比较低而比重大的新鲜空气从建筑物的底部被吸入，从而室内外的空气源源不断地流通。热压作用下的压差为

$$\Delta P_r = g\Delta h(\rho_o - \rho_i) \tag{9-2}$$

式中，ΔP_r 为热压(Pa)；ρ_i、ρ_o 分别为室内、外空气密度(kg/m^3)；Δh 为进出口中心线的垂直距离(m)。

3) 风压与热压共同作用下的自然通风

建筑中的自然通风往往是风压与热压共同作用的结果，只是各自作用的强度不同，对建筑整体自然通风的贡献不同。建筑物受到风压、热压同时作用时，各个窗口的内外压差就等于风压、热压单独作用时的内外压差之和。

自然通风又可分为无组织自然通风和有组织自然通风，有组织自然通风是指合理安排进、排风口的位置和面积，使室外空气通过可调节的门窗、孔洞，有规律的流经生活或者作业地带的自然通风。通过围护结构缝隙进出的自然通风，称为无组织自然通风，该通风方式的换气量是难以调节的。

2. 机械通风系统

机械通风是指为实现通风换气而设置的由通风机和通风管道组成的系统。如图 9-9 所示，机械通风依靠风机提供的风压、风量，通过管道和送、排风口系统可以有效地将室外新鲜空气或经过处理的空气送到建筑物的任何工作场所；还可以将建筑物内受到污染的空气及时排至室外，或者送至净化装置处理合格后再予以排放。机械通风可以克服自然通风风压动力小的问题，受室内外条件件的影响较小，保证工业建筑车间作业环境的正常。

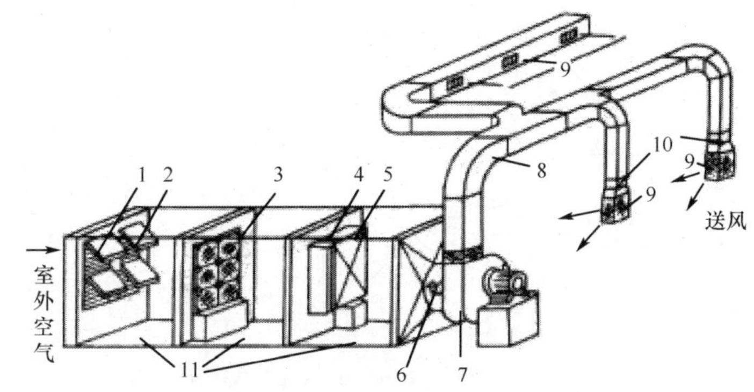

图 9-9　机械通风系统示意图

1—百叶窗；2—保温阀；3—过滤器；4—旁通阀；5—空气加热器；6—启动阀；7—通风机；8—通风管网；9—出风口；10—调节活门；11—送风室

3. 局部通风系统

防止工业有害物在室内扩散最有效的方法是，在有害物产生的地点直接把它们收集起来，并加以处理后再排至室外，这种通风方法称为局部通风。局部通风需要的风量小，效果好，应首先采用。局部通风系统又分局部排风和局部送风。

局部排风是直接从污染源处排除污染物的一种局部通风方式，如图 9-10 所示。当污染物集中于某处发生时，局部排风是最有效的治理污染物对室内环境危害的通风方式。

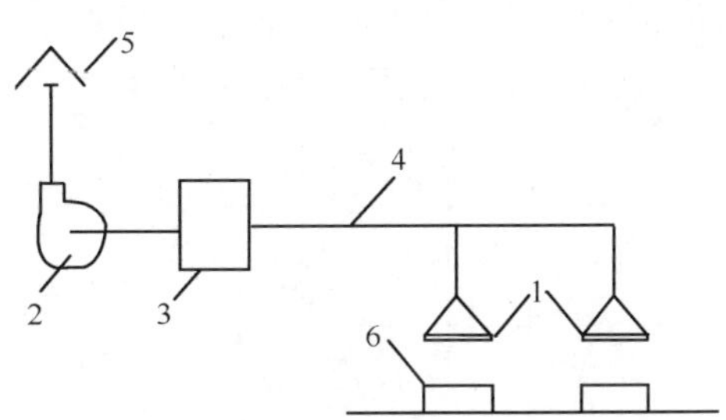

图 9-10　局部机械排风系统

1—排风罩；2—风机；3—净化设备；4—风管；5—排风口；6—污染源

局部排风系统主要由 5 个部分组成：排风罩、风管、废气净化设备、风机和排风口。

局部送风是指向局部工作地点送风，在局部区域内营造良好的空气环境。

1) 局部排风罩的形式

局部排风罩是局部排风系统的重要部件，其效能对于整个局部排风系统的技术经济效益具有十分重要的影响。设计完善的局部排风罩能在不影响生产工艺和生产操作的前提下，用较小的排风量获得最佳的效果，以保证工作区有害物浓度不超过国家卫生标准的规定。

按照工作原理不同，局部排风罩可分为以下几种基本形式：密闭罩、柜式排风罩（通风柜）、外部吸气罩（包括上吸式、侧吸式、下吸式及槽边排风罩等）、接收式排风罩、吹吸式排风罩。

2) 排风罩口的气流运动规律

局部排风罩口气流运动方式有两种：一种是吸气口气流的吸入流动；另一种是吹气口气流的吹出流动。

(1) 吸气口气流运动规律。

当吸气口吸气时，在吸气口附近形成负压，周围空气从四面八方流向吸气口，形成吸入气流或汇流，如图 9-11 所示。当吸气口面积较小时，可视为“点汇”。它会形成以吸气口为中心的径向线和以吸气口为球心的等速面。

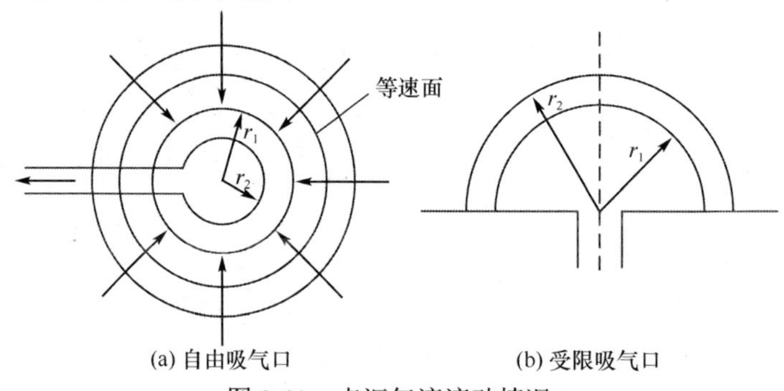

图 9-11　点汇气流流动情况

实际上，吸气口有一定大小，不能看作一个点，气流流动也有阻力，形成吸气区气体流动的等速面不是球面而是椭球面。如图 9-12 和图 9-13 是通过实验得到的四周无法兰边和有法兰边的圆形吸气口速度分布图。图中横坐标是相对距离 x/d，这里 x 为某一点至吸气口的距离，d 为吸气口的直径；等速面的速度则以罩面速度的百分值表示。图 9-14 绘出了宽长比为 1∶2 的矩形吸气口吸入气流的等速线，图中数值表示中心轴离吸气口的距离以及在该点气流速度与吸气口流速 v_0 的百分比。

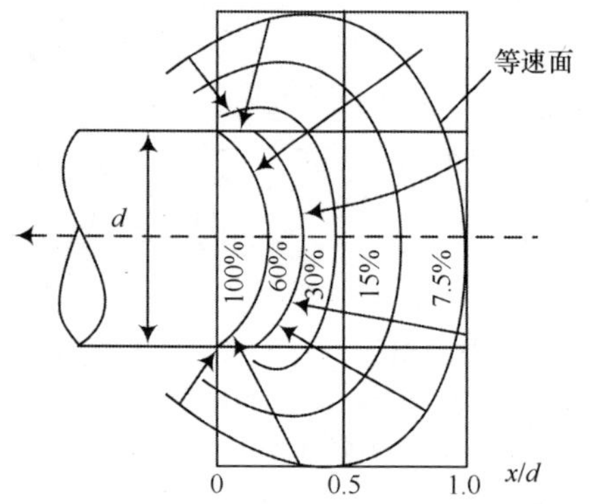

图 9-12　四周无边圆形吸气口的速度分布图

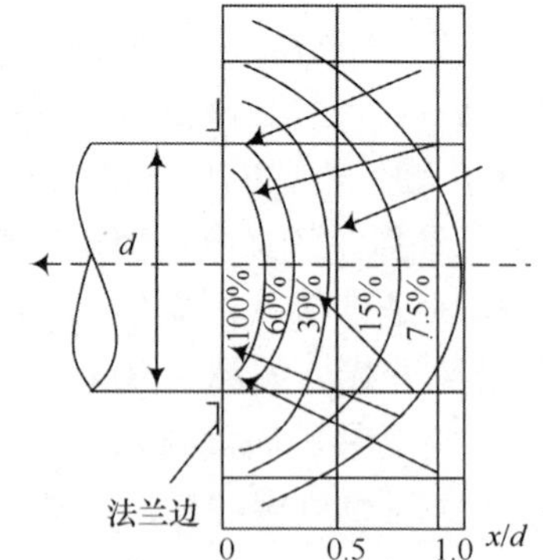

图 9-13　四周有边圆形吸气口的速度分布图

根据试验结果，吸气口气流速度分布具有以下特点。

①吸气口附近的等速面近似与吸气口平行，随离吸气口距离 x 的增大，逐渐变成椭圆面，而在 1 倍吸气口直径处已接近为球面。当 $x/d>1$ 时可近似当作点汇；当 $x/d=1$ 时，气流速度已大约降至吸气口流速的 7.5%；当 $x/d<1$ 时，根据实际测得的气流速度衰减公式计算。

②对于结构一定的吸气口，不论吸气口风速大小如何，其等速面形状大致相同。而吸气口结构形式不同，其气流衰减规律则不同。

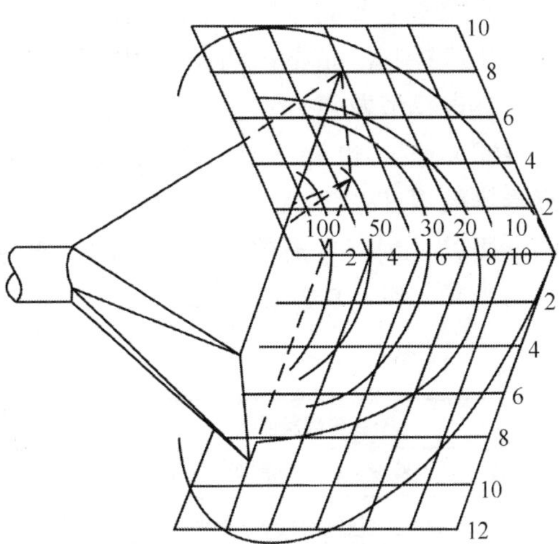

图 9-14　宽长比为 1∶2 的矩形吸气口的速度分布图

(2) 吹出气流运动规律。

空气从孔口吹出，在空间形成一股气流称为吹出气流或射流。根据空间界壁对射流的约束条件，射流可分为自由射流和受限射流；按射流内部温度的变化情况可分为等温射流和非等温射流。

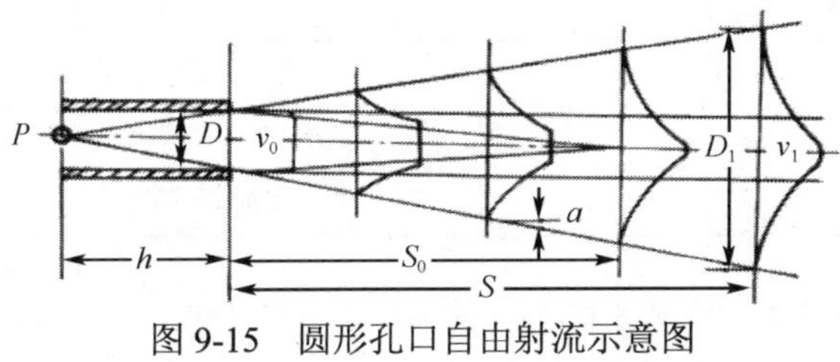

图 9-15　圆形孔口自由射流示意图

由直径 D 的喷口以出流速度 v_0 射入同温空间介质内扩散，在不受周界表面限制的条件下，形成等温自由射流，如图 9-15 所示。由于射流边界与周围介质间的紊流流动，周围空气不断被卷入，射流不断扩大。在射流理论中，将射流轴心速度保持不变的一段称为起始段，如图中 S_0，其后称为主体段。

图 9-16 是三种基本的吹吸气流形式。图中 H 表示吹气口和吸气口的距离；D_1、D_3、F_1、F_3 分别为吹气口、吸气口的尺寸大小及其法兰边宽度；q_{v1}、q_{v2}、q_{v3} 分别为吹气口的吹气量、吸入的室内空气量和吸气口的总排风量；v_1、v_3 分别为吹气口和吸气口的气流速度。

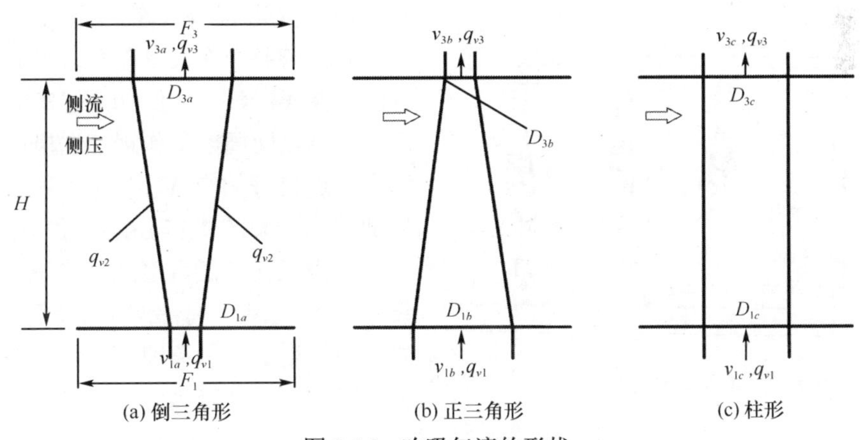

图 9-16　吹吸气流的形状

(3) 排风罩排风量计算方法。

排风量是排风罩设计的一个重要参数，确定排风罩的形式后，必须明确捕集污染源散发的有害物所需要的排风量。这里仅介绍目前最常用的排风罩风量计算方法，即风速控制法。

风速控制法是指，当排风罩抽吸时，为保证有害物全部吸入罩内，必须在距离吸气口最远的有害物散发点(控制点)上造成适当的空气流动，控制点的空气运动速度称为控制风速(也称吸捕风速)，也就是指正好克服该尘源散发粉尘的扩散力再加上适当的安全系数的风速。只有当排风罩在该尘源点造成的风速大于控制风速时，才能使粉尘吸入罩内。控制风速与尘源的性质以及周围气流的状况有关，一般通过实验测得。如果缺乏现场实测的数据，设计时可参考表 9-1 和表 9-2 来确定。

表 9-1　控制风速

有害物散发情况	最小控制风速 v_x/(m/s)	举例
以轻微速度散发到相当平静的空气环境	0.25～0.5	槽内液体的散发，气体或烟从敞口容器外逸
以较低的初速度散发到较平静的空气环境	0.5～1.0	喷漆室内喷漆、断续地往容器中倾倒有尘屑的干物料、焊接、低速带输送
以相当高的速度散发出来，或是散发到空气运动迅速的区域	1.0～2.5	小喷漆室内高压喷漆、快速装袋或装桶、往带式输送机上给料、破碎机破碎
以高速散发出来，或是散发到空气运动很迅速的区域	2.5～10	磨床加工、重破碎机破碎、砂轮机、喷砂、清理滚筒、热落砂机落砂

表 9-2　控制风速上、下限

范围下限	范围上限	范围下限	范围上限
室内空气流动小或有利于捕捉	室内有扰动气流	间歇生产，产量低	连续生产，产量高
有害物毒性低	有害物毒性高	大罩子大风量	小罩子局部控制

控制风速法计算排风罩排风量，就是首先确定防止距离罩口 x 处尘源扩散所需要的控制风速 v_x 的大小，然后根据实验求得的排风罩口速度分布曲线找出控制风速 v_x 与罩口平均风速 v_0 的关系式，求得排风罩捕集粉尘所需要的罩口平均风速 v_0，计算出排风量为

$$q_v = v_0 F \tag{9-3}$$

式中，q_v 为吸气口的排风量(m^3/s)；F 为吸气口的面积(m^2)。

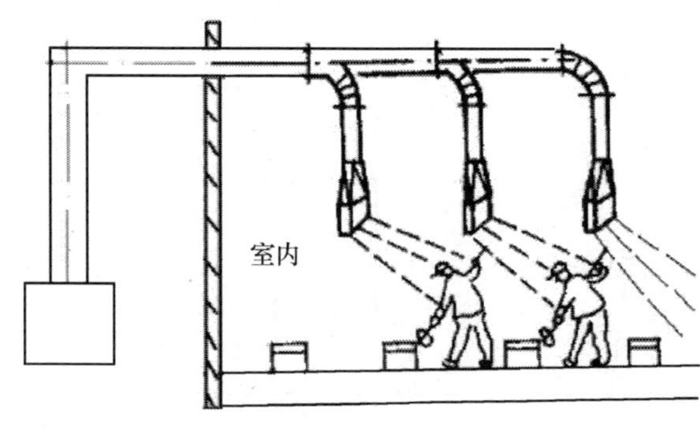

图 9-17　局部送风系统

对于人数很少，车间面积很大的工业建筑，要改善整个车间的空气环境是很困难的，同时也是不经济的。例如高温车间，在这种情况下，可以向局部工作地点送风，在局部的区域内营造良好的空气环境。这种通风方法称为局部送风，如图 9-17 所示。我国的规范规定，当车间中操作点的温度达不到卫生要求时，应设置局部送风。局部送风实现对局部地区降温，而且增加空气流速，增强人体散热，以改善局部地区的热环境。

4. 全面通风系统

全面通风又称为稀释通风。全面通风是对整个房间进行通风换气，其基本原理是：用清洁空气稀释(冲淡)室内含有害物的空气，同时不断地把污染空气排至室外，保证室内空气环

境达到卫生标准。

本节所分析的全面通风换气量是指车间内连续、均匀地散发有害物，在合理的气流组织下，将有害物浓度稀释到卫生标准规定的最高容许浓度以下所必需的通风量。

1) 全面通风换气的基本微分方程

房间内有害物浓度的变化情况可根据“物质平衡”原理建立微分方程。

在时间 $\mathrm{d}\tau$ 内，送入量+散发量−排走量=变化量，则

$$q_v y_0 \mathrm{d}\tau + X\mathrm{d}\tau - q_v y \mathrm{d}\tau = V_f \mathrm{d}y \tag{9-4}$$

式中，q_v 为全面通风量 (m^3/s)；y 为某一时刻空气中的有害物浓度 (g/m^3)；y_0 为进风空气中的有害物浓度 (g/m^3)；$\mathrm{d}\tau$ 为无限小的时间间隔 (s)；V_f 为房间体积 (m^3)；X 为有害物发生量 (g/s)；$\mathrm{d}y$ 为房间空气中在 $\mathrm{d}\tau$ 时间内的有害物浓度增量 (g/m^3)。

式 (9-4) 是全面通风的基本微分方程，它表示在任何瞬间，房间空气中有害物浓度 y 与全面通风量 q_v 之间的关系 (假定进、排风过程是等温的)。

式 (9-4) 可以变换为

$$\frac{\mathrm{d}\tau}{V_f} = \frac{\mathrm{d}y}{q_v y_0 + X - q_v y} \tag{9-5}$$

由常数的微分为零，并假定在 τ 内，房间空气中有害物浓度 y_1 又可变成为 y_2，可得

$$\int_0^\tau \frac{\mathrm{d}\tau}{V_f} = -\frac{1}{q_v}\int_{y_1}^{y_2} \frac{\mathrm{d}(q_v y_0 + X - q_v y)}{q_v y_0 + X - q_v y} \tag{9-6}$$

对式 (9-6) 再进行积分，并求解，可得

$$q_v = \frac{X}{y_2 - y_0} - \frac{V_f}{\tau}\frac{y_2 - y_1}{y_2 - y_0} \tag{9-7}$$

用式 (9-7) 可以求得在时间 τ 内，房间空气中有害物浓度降至要求的 y_2 值所需的全面通风量。全面通风量 q_v 与时间 τ 有关，式 (9-7) 为不稳定状态下全面通风量计算式。

对式 (9-7) 再进行变换，假定室内空气中的有害物初始浓度 $y_1=0$，且当 $\tau\to\infty$时，室内有害物浓度可认为已稳定，即可得在稳定状态下室内有害物的浓度

$$y_2 = y_0 + \frac{X}{q_v} \tag{9-8}$$

稳定状态下所需的全面通风量按下式计算

$$q_v = \frac{X}{y_2 - y_0} \tag{9-9}$$

考虑到室内有害物分布和通风气流的不均匀性，引入安全系数 K，式 (9-9) 为

$$q_v = \frac{KX}{y_2 - y_0} \tag{9-10}$$

取用 K 值要考虑多方面因素，如有害物的毒性，有害物散发的不均匀性，有害物源的分布情况，通风气流的组织等。对于一般的房间，取 K=3～10；对于生产车间的全面通风，取 K≥6；只有精心设计的实验室，才能取 K=1。

2) 全面通风量的确定

在车间内散发的有害物是有害气体或蒸汽时，可以用式(9-9)和式(9-10)来计算消除这些有害物所需的全面通风量。

如果车间产生的有害物是余热，则根据热平衡原理得到消除余热所需的全面通风量计算为

$$q_m = \frac{Q}{c(t_p - t_0)} \tag{9-11}$$

式中，q_m为全面通风量(kg/s)；Q为室内余热量(kJ/s)；c为空气的质量比热容，取c=1.01kJ/(kg · K)；t_p为排出的空气温度(K)；t_0为进入的空气温度(K)。

如果车间产生的有害物是余湿，则根据湿平衡原理可得到消除余湿所需的全面通风量计算为

$$q_m = \frac{W}{d_p - d_0} \tag{9-12}$$

式中，q_m为全面通风量(kg/s)；W为室内余湿量(g/s)；d_p为排出空气的含湿量[g/kg(干空气)]；d_0为进入空气的含湿量[g/kg(干空气)]。

应当注意的是，当车间内有数种溶剂(苯及其同系物或醇类，或醋酸类)的蒸汽，或数种刺激性气体(三氧化二硫，或氟化氢及其盐类等)同时散发时，由于它们对人体有相同的危害作用，全面通风量应按各种气体或蒸汽分别稀释至容许浓度所需的通风量总和计算。

当车间内同时散发数种其他有害物时，全面通风量应按消除各种有害物所需的最大通风量计算。

在实际计算时，如果无法具体确定散入房间的有害物量，全面通风量可按照类似房间的换气次数经验值确定。所谓换气次数n，是指通风量q_v(m^3/s)与通风房间体积V_f(m^3)的比值，即$n=q_v/V_f$(次/s)。若已知换气次数，可以确定全面通风量为

$$q_v = nV_f \tag{9-13}$$

3) 全面通风的气流组织

全面通风量不仅取决于通风量，还与通风气流的组织有关。房间的气流组织是指房间内空气的流动形式和送排风口的位置。通风房间气流组织的主要方式有下送上回、上送上回、上送下回和中间送上下回等，如图 9-18～图 9-22 所示。其中图 9-20(a)为单侧上送上回；如果房间深度较大，可采用图 9-20(b)所示的双侧上送上回方式；图 9-20(c)为一侧上送另一侧上回的方式；图 9-20(d)为送吸散流器的侧送上回方式。

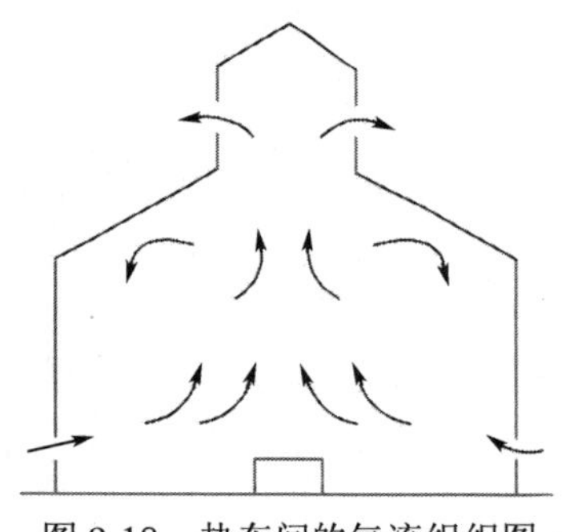
图 9-18　热车间的气流组织图

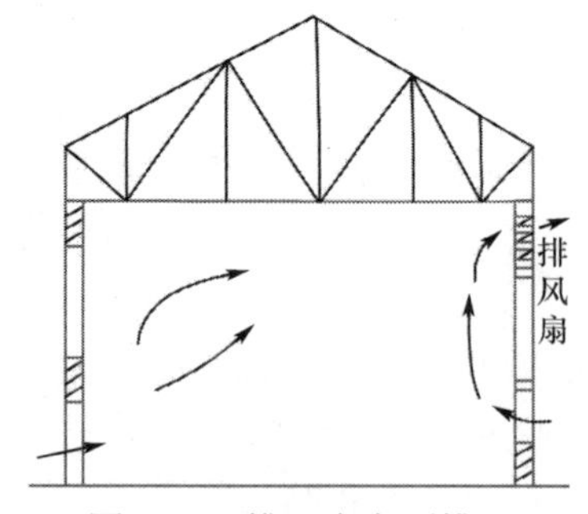

图 9-19　排风扇全面排风

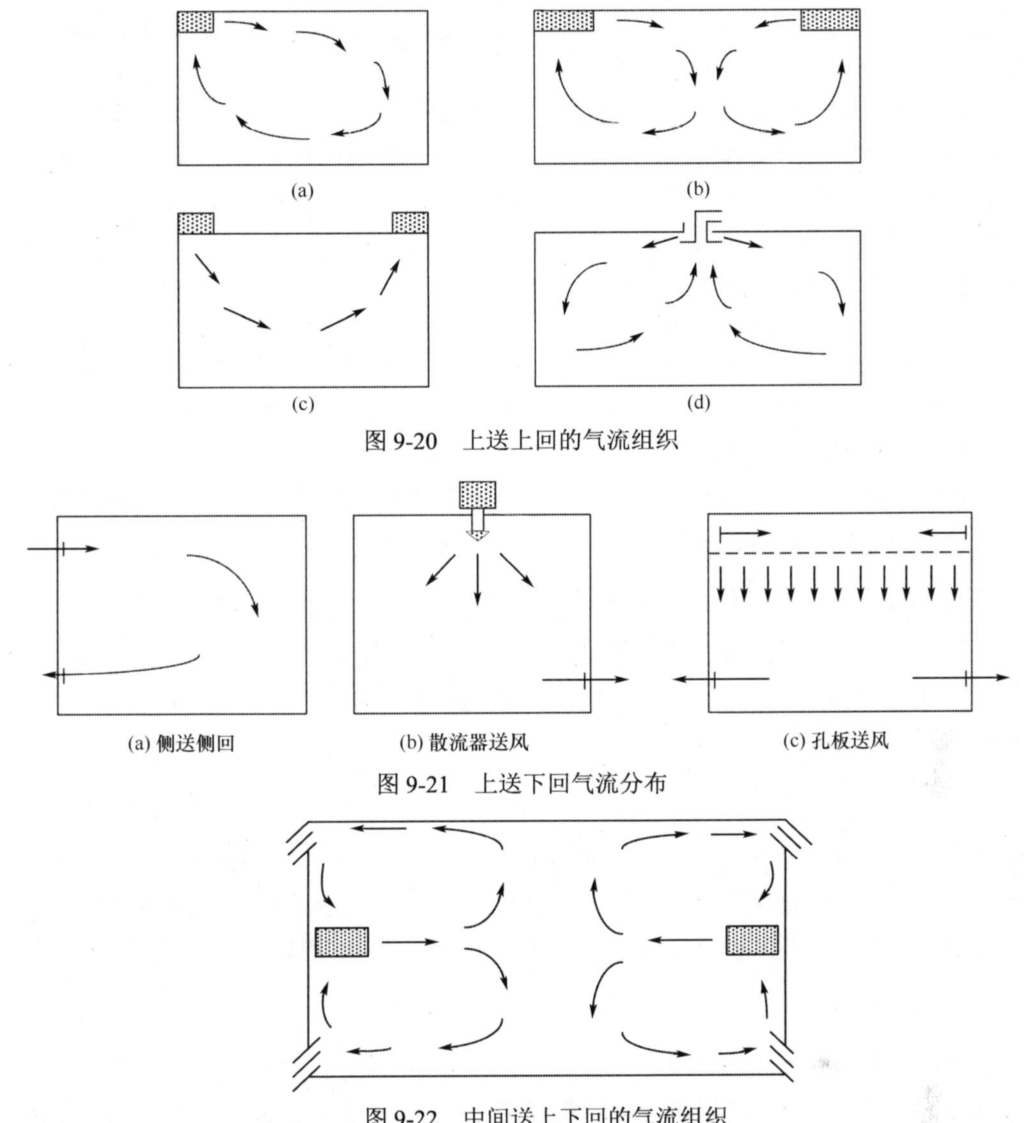

图 9-20　上送上回的气流组织

图 9-21　上送下回气流分布

图 9-22　中间送上下回的气流组织

确定气流组织时，送风口应接近操作地点，并尽量靠近有害物源或有害物质浓度高的区域，以便把有害物质迅速从室内排出。而且在整个通风房间内，尽量使进风气流均匀分布，以均匀稀释和排走有害物质；减少涡流，避免有害物质在局部地区积聚。

4) 空气平衡和热平衡

在用通风方法控制有害物污染、改善房间的空气环境时，必须考虑通风房间的空气平衡和热平衡，这样才能达到设计要求。

(1) 空气平衡。

对于通风房间，不论采用哪种通风方式，单位时间进入室内的空气质量总是和同一时间内从此房间排走的空气质量相等，也就是通风房间的空气质量总要保持平衡，即空气平衡。

空气平衡的表达式为

$$q_{m,\mathrm{jj}}+q_{m,\mathrm{zj}}=q_{m,\mathrm{jp}}+q_{m,\mathrm{zp}} \tag{9-14}$$

式中，$q_{m,\mathrm{jj}}$ 为机械进风量(kg/s)；$q_{m,\mathrm{zj}}$ 为自然进风量(kg/s)；$q_{m,\mathrm{jp}}$ 为机械排风量(kg/s)；$q_{m,\mathrm{zp}}$ 为自然排风量(kg/s)。

在没有自然通风的房间中，若机械进、排风量相等(即 $q_{m,\mathrm{jj}}=q_{m,\mathrm{jp}}$)，此时室内压力等于室外大气压力，即室内外压差为零。若机械进风量大于机械排放量(即 $q_{m,\mathrm{jj}}>q_{m,\mathrm{jp}}$)，此时，室内压力升高并大于室外大气压力，房间处于正压状态。反之房间压力降低，处于负压状态。在通风房间处于正压状态时，室内一部分空气总会通过房间的窗户、门洞、或不严密的缝隙流到室外。渗透到室外的这部分空气量称为无组织排风量。与之相反，当通风房间处于负压状态时，总会有室外空气渗透到室内，这部分空气量称为无组织进风量。

(2) 热平衡。

要使通风房间的温度达到设计要求并保持不变，必须使房间的总得热量等于总失热量，即保持房间热量平衡，即热平衡。

对于采用机械通风，使用再循环空气补偿部分热损失的车间，热平衡的表达式为

$$\sum Q_h + cq_{v,p}\rho_n t_n = \sum Q_f + cq_{v,\mathrm{jj}}\rho_{\mathrm{jj}}t_{\mathrm{jj}} + cq_{v,\mathrm{zj}}\rho_w t_w + cq_{v,\mathrm{hx}}\rho_n(t_s - t_n) \tag{9-15}$$

式中，$\sum Q_h$ 为围护结构、材料吸热造成的总失热量(kW)；$\sum Q_f$ 为车间内的生产设备、产品、半成品、热力管道及采暖散热器等总放热量(kW)；$q_{v,p}$ 为房间的总排风量，包括局部和全面排风量(m^3/s)；$q_{v,\mathrm{jj}}$ 为机械进风量(m^3/s)；$q_{v,\mathrm{zj}}$ 为自然通风量(m^3/s)；$q_{v,\mathrm{hx}}$ 为再循环空气量(m^3/s)；c 为空气质量比热容，且 c=1.01kJ/(kg・℃)；ρ_n 为房间空气密度(kg/m^3)；ρ_w 为室外空气密度(kg/m^3)；t_w 为室外空气温度(℃)；t_{jj} 为机械进风温度(℃)；t_n 为室内空气温度(℃)；t_s 为再循环空气温度(℃)。

实际的通风问题比较复杂，有时需要根据排风量确定进风量；有时则根据热平衡确定送风参数；有时既有局部排风系统，又有全面通风系统；既要确定风量，又要确定空气参数。不管问题如何复杂，只要掌握了空气平衡、热平衡原理，这些问题都不难解决。

5. 混合通风系统

混合通风是指自然通风和局部机械通风相结合的通风方式。对于工业建筑来说，人员的活动区域很大，而污染源的部位相对集中和固定，采用局部排风措施与自然通风设计相结合，是工业建筑常用的通风方式。对于人员密集部位，安装局部送风设备；热量及污染物的发生源，往往有抽风机等局部排风措施，直接将废气排出室外。改善室内工作区域环境参数的同时，最大限度地减少通风能量的消耗。混合通风能充分结合自然通风节能、通风量大，以及机械通风针对性强、效率高的优点，达到单一通风系统无法实现的目的，在节能与通风效果上，都是不错的选择。

6. 事故通风系统

工业建筑中有一些工艺过程，由于操作事故和设备故障而突然产生大量有毒气体或有燃烧、爆炸危险的气体、粉尘或气溶胶物质。为了防止对工作人员造成伤害和防止事故进一步扩大，必须设有临时的排风系统称为事故通风系统。

事故通风的排风量宜根据工艺设计要求通过计算确定，而且事故通风所必须的风量应由事故通风系统和经常使用的通风系统共同保证，在发生事故时，必须能提供足够的送排风量。事故排风必须设在有害物质大量放散的地点，对事故排风死角处，应采取导流措施。

事故通风的排风口应尽量避开人员经常停留或通行的地方，与机械送风系统进风口的水平距离不应小于 20m；当水平距离不足 20m 时，排风口必须高于进风口，并不得小于 6m。如果排除的是可燃气体或蒸汽，排风口应距离可能溅落火花的地点 20m 以上。

事故通风的风机可以是离心式或轴流式，其开关应设置在室内、外便于操作的位置，若条件许可，也可以直接在墙上或窗上安装轴流风机。排放有燃烧、爆炸危险气体的风机应选择防爆型风机。

事故通风只是在紧急的事故下应用，因此可以不经净化处理直接向室外排放，而且不必设置机械补风系统，可以由门、窗自然补入空气，但应注意留有空气自然补入的通道。

9.3　工业建筑室内环境的评价指标

作为保护工业企业建筑环境内劳动者的安全与健康，使工业企业设计符合卫生标准要求，目前实施的标准为《工业企业设计卫生标准》(GBZ 1—2010)和《工作场所有害因素职业接触限值》(GBZ 2.1—2007、GBZ 2.2—2007)。标准 GBZ 1—2010 适用于国内所有新建、扩建、改建建设项目和技术改造、技术引进项目的职业卫生设计及评价。该标准还规定了工业企业的选址与整体布局、防尘、防暑、防噪声与振动、防非电离辐射、辅助用室等方面的内容、以保证工业企业的设计符合卫生要求。标准 GBZ 2 给出了具体工作场所污染因素的职业接触限值。

卫生标准中规定的工作场所污染因素的职业接触限值，是职业性污染因素的接触限值，指劳动者在职业活动过程中长期反复接触对机体不引起急性或慢性有害健康影响的容许接触水平。有害物质的容许浓度按《工业场所有害因素职业接触限值第 1 部分：化学有害因素》(GBZ 2.1—2007)的规定执行。该标准规定化学有害因素的职业接触限值包括时间加权平均允许浓度(PC-TWA)、短时间接触容许浓度(PC-STEL)和最高允许浓度(MAC)三类。

1. 湿球黑球温度

湿球黑球温度(WBGT)，用来评价高温车间气象条件环境的，此法可方便地应用在工业环境中，以评价环境的热强度。它是用来评价在整个工作周期中人体所受的热强度，而不适宜于评价短时间内或热舒适区附近的热强度。美国和一些欧洲国家用此法评价高温车间热环境气象条件已有多年，ISO 国际标准化组织也从 1982 年起正式采用此法作为标准(ISO 7243)。

我国新修订的《高温作业分级》(GB/T 4200—2008)也采用了 WBGT 指数法。WBGT 指数是用来评价高温车间气象条件的。它综合考虑空气温度、风速、空气湿度和辐射热四个因素。WBGT 是由黑球、自然湿球、干球三个部分温度构成的。

WBGT 指标的计算式为

$$\text{WBGT}=0.7T_s+0.2T_g+0.1T_a \tag{9-16}$$

式中，T_a 为空气干球温度(℃)；T_s 为空气自然湿球温度(℃)；T_g 为黑球温度(℃)。

按照工作地点 WBGT 指数和接触高温作业的时间将高温作业分为四级，级别越高表示热强度越大，如表 9-3 所示。

表 9-3　高温作业分级

接触高温作业时间/min	WBGT 指数/℃									
	25～26	27～28	29～30	31～32	33～34	35～36	37～38	39～40	41～42	≥43
≤120	I	I	I	I	II	II	II	III	III	III
121～240	I	I	II	II	III	III	IV	IV		
241～360	II	II	III	III	IV	IV				
≥361	III	III	IV	IV						

注：轻劳动为 I 级，中等劳动为 II 级，重劳动为 III 级和 IV 级。

为便于用人单位管理和实际操作，提高劳动生产率，采用工作地点温度规定高温作业允许持续接触热时间限值。在不同工作地点温度、不同劳动强度条件下允许持续接触热时间不宜超过表 9-4 所列数值。

表 9-4　高温作业允许持续接触热时间限值

工作地点温度/℃	轻劳动/min	中等劳动/min	重劳动/min
30～32	80	70	60
＞32	70	60	50
＞34	60	50	40
＞36	50	40	30
＞38	40	30	20
＞40	30	20	15
＞42～44	20	10	10

(1) 持续接触热后必要休息时间不得少于 15min，休息时应脱离高温作业环境。

(2) 凡高温作业工作地点空气湿度大于 75%时，空气湿度每增加 10%，允许持续接触热时间相应降低一个档次，即采用高于工作地点温度 2℃的时间限值。

(3) 各地区调整劳动期限应参考当地气候学的标准，即候平均气温(五天为一候)低于 10℃为冬季，高于 22℃为夏季，介于两者之间为春秋季。

2. 时间加权平均容许浓度

以时间为权数规定的 8h 工作日、40h 工作周的平均容许接触浓度。

8h 时间加权平均容许浓度(PC-TWA)是评价工作场所环境卫生状况和劳动者接触水平的主要指标。职业病危害控制效果评价，如建设项目竣工验收、定期危害评价、系统接触评估、因生产工艺、原材料、设备等发生改变需要对工作环境影响重新进行评价时，尤应着重进行 TWA 的检测、评价。个体检测是测定 TWA 比较理想的方法，尤其适用于评价劳动者实际接触状况，是工作场所化学有害因素职业接触限值的主体性限值。定点检测也是测定 TWA 的一种方法，要求采集一个工作日内某一工作地点，各时段的样品，按各时段的持续接触时间与其相应浓度乘积之和除以 8，得出 8h 工作日的时间加权平均浓度(TWA)。定点检测除了反映个体接触水平，也适用评价工作场所环境的卫生状况。定点检测可按下式计算出时间加权平均浓度：

$$C_{\mathrm{TWA}} = (C_1T_1 + C_2T_2 + \cdots + C_nT_n)/8 \tag{9-17}$$

式中，C_{TWA} 为 8h 工作日接触化学有害因素的时间加权平均浓度(mg/m³)；8 为一个工作日的工作时间(h)，工作时间不足 8h 者，仍以 8h 计；$C_1,C_2,\cdots,C_n$ 为 $T_1,T_2,\cdots,T_n$ 时间段接触的相应浓度；$T_1,T_2,\cdots,T_n$ 为 $C_1,C_2,\cdots,C_n$ 浓度下相应的持续接触时间。

3. 短时间接触容许浓度

在遵守短时间接触容许浓度前提下容许短时间(15min)接触的浓度。

4. 最高容许浓度

工作地点、在一个工作日内、任何时间有毒化学物质均不应超过的浓度。

5. 超限倍数

对未制定 PC-STEL 的化学物质和粉尘，采用超限倍数控制其短时间接触水平的过高波动。在符合 PC-TWA 的前提下，粉尘的超限倍数是 PC-TWA 的 2 倍；化学物质的超限倍数见表 9-5。

表 9-5　化学物质超限倍数与 PC-TWA 的关系

PC-TWA/(mg/m^3)	最大超限倍数	PC-TWA/(mg/m^3)	最大超限倍数
PC-TWA＜1	3	10≤PC-TWA＜100	2
1≤PC-TWA＜10	2.5	PC-TWA≥100	1.5

课外自学

比较工业建筑通风与民用建筑通风，分析其中有什么不同。

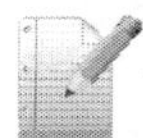

课后习题

1. 形成自然通风的必要条件是什么？简述热压和风压作用下自然通风的基本原理。

2. 局部通风有哪两种基本形式？分别在什么情况下使用？

3. 热平衡计算中，在计算稀释有害气体所用的全面通风耗热量时，为什么采用冬季采暖室外计算温度；而在计算消除余热、余湿所需的全面通风耗热量时，则采用冬季通风室外计算温度？

4. 分别解释湿球黑球温度、时间加权平均容许浓度、短时间接触容许浓度、最高容许浓度的具体含义。

5. 某车间某工种每周工作 5d，每天工作时间 8h。据调查劳动者工作中接触乙酸乙酯(PC-TWA 为 200mg/m^3)状况为：300mg/m^3，接触 3h；60mg/m^3，接触 2h；120 mg/m^3，接触 3h。根据上述情况，请分析判断该工种劳动者接触乙酸乙酯水平是否符合卫生学要求，要求说明理由。

6. 某箱包生产企业工人接触苯的情况为：10mg/m^3，接触 2h；15mg/m^3，接触 1h；8mg/m^3，接触 4h。计算该工人一个工作日内接触苯的时间加权平均浓度为多少？

知识拓展

1. 查阅相关文献资料，学习如何营造健康、舒适的工业建筑环境。

2. 查阅相关文献资料，学习每种通风方式之间的区别及适用条件。

3. 查阅相关文献资料，对比学习国内外工业建筑室内空气的评价标准和评价指标。

院士简介

扫描二维码，领略专家风采，指引前行之路。

参 考 文 献

戴青梅，王立英，刘素美，等. 2002. 医务人员职业损伤的危险因素及防护对策[J].中华护理杂志，37(7)：532.

梁友信，雷玲，金泰. 2003. 医疗卫生人员的职业卫生[J].中华劳动卫生职业病杂志，21(3)：163.

刘镜愉. 2004. 我国职业病现况与诊疗概述[J].预防医学文献信息，10(2)：251-256.

缪晓辉. 2003. 由小汤山医院医务人员的零感染率谈 SARS 的个人防护[J].第二军医大学学报，24(7)：702-703.

孙燕. 2001. 内科肿瘤学[M]. 北京：人民卫生出版社.

王汉青. 2013. 通风工程[M]. 北京：机械工业出版社.

王淑云，唐剑丽，胡鸿，等. 2010. 基于安全人机工程学的棉纺织企业事故隐患剖析及对策[J].山东纺织经济，(9)：21-24.

杨二英. 2010. 工业厂房通风设计的探讨[J]. 科技资讯，(33)：72.

杨顺秋. 2003. 现代实用护理管理[M]. 北京：军事医学科学出版社.

张斌. 2012. 我国职业卫生面临的挑战与机遇[J]. 劳动保护，10(12)：74-76.

张磊，孟庆林，赵立华，等. 2008. 室外热环境评价指标湿球黑球温度简化计算方法[J].重庆建筑大学学报，30(5)：108-111.

赵玫，周海亭，陈瑞石，等. 2003. 动力机械振动与噪声学[M]. 北京：科学出版社.

赵一鸣，王菱芝. 2004. 听力对噪声的易感性在噪声所致高血压中的作用[J]. 中华劳动卫生职业病杂志，22(6)：128.

郑晓澜，邸英如，郭蕾. 2005. 医护人员医疗锐器损伤情况调查分析[J]. 中华医院感染学杂志，15(5)：501.

中华人民共和国卫生部. 工业场所有害因素职业接触限值第 1 部分：化学有害因素[S]. GBZ2.1—2007.

钟儡，周恩斌，王革新. 2014. 钢铁行业的职业健康管理[C]. 重庆：冶金安全与健康年会.

ASHRAE Handbook. 1987. Heating ventilating and air conditioning systems and application[C]. Atlanta：ASHRAE，Inc.

Lighty J S，Veranth J M，Sarofim A F. 2000. Combustion aerosols：Factors governing their size and composition and implications to human health[J]. Journal of the Air & Waste Management Association，50(9)：1565-1618.

Maynard A D，Kuempel E D. 2005. Airborne nanostructured particles and occupational health[J]. Journal of Nanoparticle Research，7(6)：587-614.

Mbuligwe S E. 2004. Levels and influencing factors of noise pollution from Small Scale Industries(SSIs) in a developing country[J]. Environmental Management，33(6)：830-893.

Oliveira M J，Pereira A S，Guimaraes L，et al. 2002. Chronic exposure of rats to cotton mill room noise changes the cell composition of the tracheal epithelium[J]. Journal of Occupational and Environmental Medicine，44(12)：1135-1142.

第三篇　建筑环境与能源应用

建筑环境与能源应用工程专业在创造安全、健康、舒适的建筑环境的同时往往需要消耗大量的能源。建筑能耗从广义上是指与建筑有关的能源消耗，包括建筑材料生产用能，建筑材料运输用能，房屋建造、维修和拆除等过程中的用能以及建筑使用过程中的建筑运行能耗。本专业所指的建筑能耗一般是指民用建筑(包括居住建筑和公共建筑)使用过程中的能耗，主要包括建筑供暖、空调、通风、给排水、照明、炊事、家用电器、电梯等方面的能耗，能源消耗和环境污染经常相伴而生，因此建筑环境与能源应用工程专业在节能减排、保护环境方面负有艰巨的责任。营造绿色建筑、实现建筑的可持续发展是本专业的神圣使命。本篇介绍建筑环境与节能的基本原理以及绿色建筑的基础知识。

第 10 章　建筑环境与节能

本章要点

1. 建筑环境与能源的关系。
2. 建筑节能的基本原理。
3. 建筑保温与隔热的原理。
4. 建筑中太阳能的利用方式。

案例导引

零能耗建筑(Zero Energy Consumption Buildings)，也称为零能源建筑，不消耗常规能源建筑，完全依靠太阳能或者其他可再生能源。其将建筑物所消耗的一次性能源通过提高建筑物及设备的节能性以及再生能源的利用予以削减，使得一年的一次性能源实际消耗量为零或接近于零。

当前在零能源建筑中，最主要的是对太阳能技术的运用。太阳能可以为热水、光伏发电、蓄热采暖、空调提供能量，解决家居热水、生活用电、制冷采暖、空气调节的耗能问题。除电信信号外，不需要任何常规能源。节能 75%以上。全智能控制，24h 生活热水即开即用，室内空气保持清新，温度、湿度、含氧量适宜。

技术应用：太阳能集热技术、太阳能空调技术、太阳能蓄热采暖技术、太阳能遮阳技术、太阳能光伏发电技术、太阳墙、智能控制技术和新风换能技术、高性能围护节能技术——陶粒砌块、墙体外保温、高性能温屏玻璃窗。

Tvzeb 零能耗住宅

意大利建筑事务所 Traverso-Vighy 联合帕多瓦大学技术物理部为自己设计了 Tvzeb 工作室。这所建筑考虑了各方面的可持续性，从物理结构和装配到人们对空间的使用及感觉。这项工程符合欧盟新标准，即所有公共建筑自 2020 年起一定要实现零碳排。

该建筑位于意大利东北部城市 Vicenza 的外围山区，见图 10-1。那里夏季炎热湿润，冬季寒冷多雾，景观变化四季分明。

图 10-1　TVzeb 零能耗住宅

资料来源：http://www. archreport. com. cn/show-6-1105-1. html

预备知识

查阅文献，了解目前我国的建筑能耗状况。

兴趣实践

调查一下你们学校的建筑保温和隔热的做法是什么？什么情况下需要考虑保温？什么情况下需要考虑隔热？

探索思考

1. 现代建筑大量使用玻璃幕墙造成建筑的热损失，有什么方法能使通过玻璃幕墙的热损失减小？

2. 从本专业角度考虑，如何减少建筑能耗？

第二次世界大战结束以来，由于大量的实际需求，建筑业实现了持续的发展。这种发展与新技术、新材料的发展相互促进，不断强化人为建设的控制力，体现出人类对来自自然的能源利用水平的提高。然而，与建筑及其运行有关的能耗和环境问题却也日益严峻，能源危机、CO_2 排放量增加导致的全球变暖等问题已日益得到人们的重视。对于建筑能源而言，现在以及将来的发展趋势是如何开源节流，更加高效地利用太阳能等无污染能源来满足建筑材料的获取和制造、建筑运行过程对保温、光照和生活用热水的要求等。本章将从能源消耗与建筑环境和建筑节能的基本原理两个方面来分析和探讨建筑发展与能源开发之间关系。

10.1　能源消耗与建筑环境

建筑的运行耗能与资源、环境和经济有关。1980 年，美国著名生态学家霍华德·托马斯(H. T. Odum)建立了能值理论(Emergy，是 Energy Memory 或 Embodied Energy 的缩写)，用太阳能值转换率来分析某种产品或服务需要投入的能量。能值理论后来逐渐被用于建筑与能源的相关性研究，如布朗(Brown)和布鲁纳卡恩(Buranakarn)对建筑材料的循环利用进行的能值分析；里卡尔多·普塞里(Ricardo Maria Pulselli)对意大利某建筑的建造、维护和使用进行的能值分析；梅约(Meillaud)通过能值分析方法，对于特定建筑的投入与产出的关系做出的系统评价。这些都反映出建筑的发展是建立在人类对能源利用水平提高的基础之上的。与建筑有关的能源消耗包括冬季采暖、夏季降温、照明、烹饪和洗浴等。古罗马就开始采用中央火坑供暖系统，热空气从炉内经由穿过地板的管道被输送到居民的住房中。罗马古城的卡拉卡拉浴场(Baths of Caracalla) 在地下有两层供暖设施，由炉子和热空气管道构成了供热系统。到中世纪早期，生活在阿尔卑斯山北麓的居民在门厅的顶端设计了厨房，炉灶同时被用做壁炉，它可以给门厅供暖。从 9 世纪初，瑞士人开始使用瓷砖壁炉，由于瓷砖可以储存更多的能量，它的供暖效果优于普通壁炉。18 世纪发明的集中供暖设施采用锅炉将水加热，然后经由管道让热水通过建筑物的每一个房间。集中供暖有赖于钢铁的大量生产，因为钢铁是管道和暖气片的主要材料。20 世纪后期，传统的煤炉逐渐被电炉、油炉或天然气炉取代。现代化住宅综合考虑了供暖和洗漱需求，由专门的设施提供热水。

从建筑学的角度考虑，未来的住房应该考虑节约能源、开发无污染能源并保护生态环境。建筑不是一个封闭系统，它从来都是人类对地球、太阳和空间掌控能力的反映。在人类历史发展的早期阶段，可利用的能源物质只有脂肪酸、木材、秸秆等生物质能，水能、煤炭和石油是随着技术的进步才被人们利用的。但是目前，建筑在运行和操作过程中能耗很大，是社会经济的主要能耗终端之一，同时室内环境(建筑)、居住环境将越来越引起人们关注和重视。解决建筑中的环境问题和能源问题，是一项复杂而又任务艰巨的系统工程。

10.2　建筑节能的基本原理

建筑节能是一门跨学科、跨行业、综合性和应用性很强的技术，它集成了城乡规划、建筑学及土木、设备、机电、材料、环境、热能、电子、信息、生态等工程学科的专业知识，同时，又与技术经济、行为科学和社会学等人文学科密不可分。

建筑节能的核心以不影响人们感觉舒适度为前提，减少建筑耗能，提高建筑中的能源利用效率。我国石油消耗量仅次于美国。燃煤紧张、拉闸限电、北方冬季供暖受阻，我国正面临一场真正的能源危机，建筑节能迫在眉睫。

10.2.1　建筑得热与失热的途径

冬季采暖房间的正常温度是依靠采暖设备的供暖和围护结构的保温之间相互配合，以及建筑的得热量与失热量的平衡得以实现，即

采暖设备散热+建筑物内部得热+太阳能辐射得热=建筑物总得热

非采暖区的房屋建筑有两类：一类是采暖房屋有采暖设备，总得热同上；另一类是没有采暖设备，总得热为建筑物内部得热加太阳辐射得热两项，一般仍能保持比室外日平均温度高 3～5℃。对于有室内采暖设备散热的建筑，室内外日平均温差，北京地区可达 20～27℃，哈尔滨地区可达 28～44℃。由于室内外存在温差，且围护结构不能完全绝热和密闭，导致热量从室内向室外散失。建筑的得热和失热的途径及其影响因素是研究建筑的采暖和节能的基础。其基本情况如图 10-2 所示。

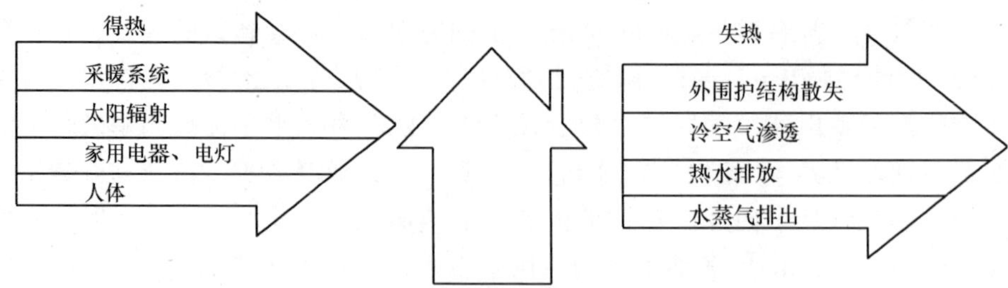

图 10-2　建筑得热与失热的因素示意图

1. 建筑得热因素在一般房屋建筑中的热量来源

(1) 系统供给的热量。主要有暖气、火炉、火炕等采暖设备供给。

(2) 太阳能辐射供给的热量。阳光斜射，透过玻璃进入室内供给的热量。普通玻璃透过率达 80%～90%，北方地区太阳入射角度低达 13°～30°，南窗房间得热量大。

(3) 家用电器发出的热量。

(4) 炊事及烧热水散发的热量。

(5) 人体散发的热量。一个成人的散热量为 80～120W。

2. 建筑失热因素在一般房屋建筑中的散失热量途径

(1) 通过外墙、屋顶和地面产生的热传导损失，以及通过窗户造成的传导和辐射传热损失。

(2) 由于通风换气和空气渗透产生的热损失。其途径可有门窗开启、门窗缝隙、烟囱、通气孔以及穿墙管缝孔隙等。

(3) 由于热水排入下水道带走的热量。

(4) 由于水分蒸发形成水蒸气外派散失的热量。

10.2.2　建筑传热的方式

建筑物内外热流的传递状况是随发热体(热源)的种类、受热体(房屋)部位及其介质围护结构的不同情况而变化的。热流的传递称为传热，传热的方式可分为辐射、对流和传导三种方式。

1. 辐射传热

辐射传热是指以电磁波的形式把热能由一个物体(发热体)传递给另一个物体(受热体)的现象。

由于物体的热辐射与其表面的热力学温度的四次方成正比，因而温差越大，由高温物体向低温物体转移的热量便越多。冬天靠窗坐时，感到特别冷；屋顶保温不好，冬冷夏热，均因热交换量加大的缘故。不同的物体向外界辐射放热的能力不同，一般建筑材料，如砖石、混凝土、油漆、玻璃、沥青等的辐射放热能力很强，发射率高达 0.85～0.95；而有些材料，如铝箔、抛光的铝，发射率低至 0.02～0.06，利用材料辐射的不同性能，达到建筑节能的效果。

2. 对流传热

对流传热是指具有热能的气体或液体在移动过程中进行热交换的传热现象。

在采暖房间中，采暖设备周围的空气被加热升温，密度减小上浮，邻近较冷空气，密度较大下沉，形成对流传热；在门窗附近，由缝隙进入的冷空气，温度低、密度大，流向下部，热空气则由上部逸出室外；在外墙和外窗内表面温度较低，室内热空气被冷却，密度增大而下降，热空气上升，又被冷却下沉形成对流换热。

对于采暖建筑，当围护结构质量较差时，室外温度越低，则窗与外墙内表面温度也越低，邻近的热空气迅速变冷下沉，散失热量，这种房间，只在采暖设备附近及其上部较暖，外围特别是下部则很冷；当围护结构质量较好时，其内表面温度较高，室温分布较为均匀，无急剧的对流换热现象产生，保温节能效果较好。

3. 导热

导热是指两直接接触的物体质点的热运动所引起的热能传递。一般来说，密实的重质材料，导热性能较差，而保温性能好。材料的导热性能以热导率表示。

热导率与材料的组成结构、密度、含水率、温度等因素有关。通常把热导率较低的材料称为保温材料，把热导率在 0.05W/(m·K)以下的材料称为高效保温材料。普通混凝土的热导率为 1.75W/(m·K)，黏土砖砌体为 0.81W/(m·K)，玻璃棉、岩棉和聚苯乙烯的为 0.04～0.05W/(m·K)。

建筑物的传热通常是以辐射、对流、导热三种方式同时进行，综合作用的效果。

以屋顶某处传热为例，太阳照射到屋顶某处的辐射热，其中 20%～30%的热量被反射；其余一部分热量以导热的方式经屋顶的材料传向室内，另一部分则由屋顶表面向大气辐射，并以对流换热的形式将热量传递给周围空气，如图 10-3 所示。

又如室内传热情况，火炉炉体向周围产生辐射传热，以及与室内空气的导热传热，室内空气被加热部分产生对流传热。室内空气温度升高和炉体热辐射作用，使外围结构温度升高，这种温度较高的室内热量又向温度较低的室外流散，如图 10-4 所示。

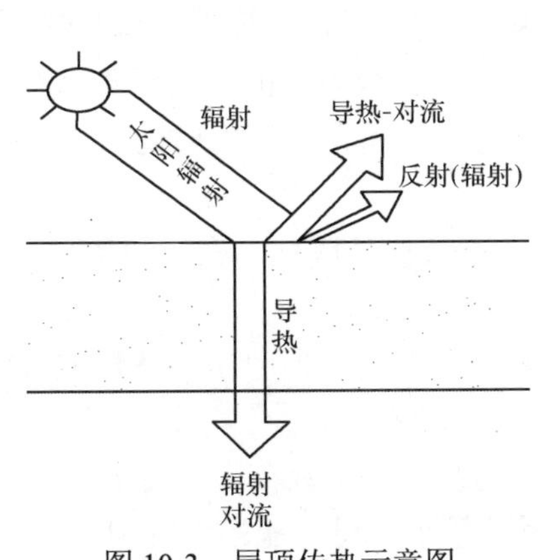

图 10-3　屋顶传热示意图

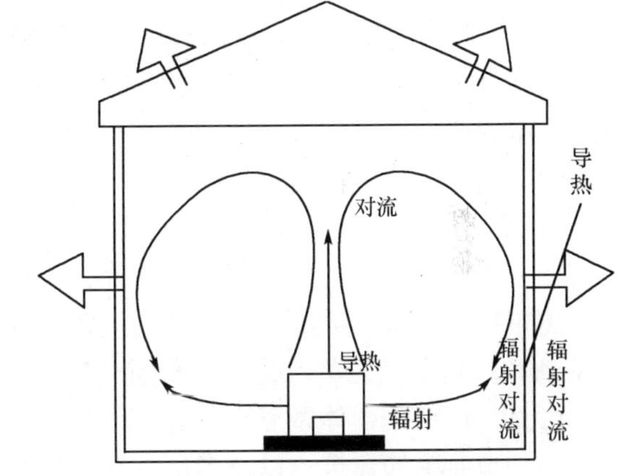

图 10-4　室内外传热示意图

10.3　建筑保温与隔热

10.3.1　建筑保温

1) 建筑保温的含义

建筑保温通常指围护结构在冬季阻止室内向室外的传热，从而保持室内适当的温度的能力。保温是指冬季的传热过程，通常按稳定传热考虑，同时考虑不稳定传热的一些影响。

2) 围护结构的含义

围护结构是指建筑物及其房间各面的围护物，分为透明和不透明两种类型。不透明围护结构有墙、屋面、地板、顶棚等；透明围护结构有窗户、天窗、阳台门、玻璃隔断等。按是否与室外空气直接接触，又可分为外围护结构和内围护结构。与外界直接接触者称为外围护结构，包括外墙、屋面、窗户、阳台门、外门，以及不采暖楼梯间的隔断和户门等。不需特别指明的情况下，围护结构即外围护结构。

3) 保温性能的评价

保温性能通常用传热系数值或传热绝缘系数值来评价。

传热系数 K 值，是指在稳定传热条件下，围护结构两侧空气温度差为 1K 或 1℃，1h 内通过 1m^2 面积传递的热量，单位是[W/(m^2 • K)]或[W/(m^2 • ℃)]。

热绝缘系数 M 值是传热系数 K 的倒数，即 M=1/K，单位是(m^2 • K/W 或 m^2 • ℃/W)。围护结构的传热系数 K 值越小，或热绝缘系数 M 值越大，则保温性能越好。

单层平壁围护结构的传热系数为

$$K = \frac{1}{\dfrac{1}{\alpha_0} + \dfrac{\delta}{\lambda} + \dfrac{1}{\alpha_1}} \tag{10-1}$$

式中，α_0 为外表面传热系数[W/(m^2 • K)]；α_1 为内表面传热系数[W/(m^2 • K)]；δ 为围护结构厚度(m)；λ 为围护结构材料热导率[W/(m • K)]。

单位时间内通过围护结构的热量值为

$$q = KA(t_1 - t_0) \tag{10-2}$$

式中，q 为围护结构传递的热量值(W)；K 为围护结构的传热系数[W/(m^2 • K)]，见式(10-1)；A 为围护结构的面积(m^2)；t_1 为围护结构内侧的温度(℃)；t_0 为围护结构外侧的温度(℃)。

由式(10-1)、式(10-2)可知：围护结构材料热导率越小，外内表面的表面传热系数 α_1、α_2 越小，围护结构厚度越大，则围护结构传热系数 K 值也越小，单位时间内通过围护结构的热量 q 值就越小，建筑保温效果越好。

(1) 建筑围护结构的传热量 q 与其围护结构的面积 A 成正比。因此，在其他条件相同时，建筑物采暖耗热量随其体型系数 S 的增大而成正比例升高。

建筑物的体型系数 S 是指建筑物接触室外大气的表面积 A，与其所包围的体积 V_0 的比值，即 $S=A/V_0$。其含义为单位建筑体积所分摊到的外表面积。

可见，体积小，体型复杂的建筑，以及平房和低层建筑体形系数较大，对节能不利；体积大、体型简单的建筑，以及多层和高层建筑，体型系数较小，对节能较为有利。

(2) 提高建筑的保温性能必须控制围护结构的传热系数 K 或热绝缘系数 M。为此，应选择传热系数较小、热绝缘系数较大的围护结构材料。具体做法是，对于外墙和屋面，可采用多孔、轻质，且具有一定强度的加气混凝土单一材料，或由保温材料和结构材料组成的复合材料。对于窗户和阳台门，可采用不同等级的保温性能和气密性的材料。

10.3.2 建筑隔热

1) 建筑隔热的含义

建筑隔热通常是指围护结构在夏天隔离太阳辐射热和室外高温的影响，从而使其内表面保持适当温度的能力。隔热针对夏季传热过程，通常以 24h 为周期的周期性传热来考虑。

2) 建筑隔热性能的评价

隔热性能通常用夏季室外计算温度条件下，围护结构内表面最高温度值来评价。如果在同一条件下，其内表面最高温度低于或等于 240mm 厚砖墙的内表面最高温度，则认为符合隔热要求。

3) 建筑隔热对室内热环境的影响

盛夏，如果屋顶和外墙隔热不良，高温的屋顶和外墙内表面将产生大量辐射热，使室内温度升高。若风速小，人体散热困难，人的体温一般保持在 36.5℃，这是由于人体下丘脑的体温调节中枢进行复杂而巧妙的调节，使体内保持热稳定平衡的结果。外界温度太高，体内热量散发困难，体温增高，人体感到酷热难熬，白细胞数量减少，从而导致病患。

即使设有空调制冷设备，对于隔热不良的房屋，进入室内的热量过多，将很快抵消空调制冷量，室温仍难达到舒适程度。

为达到改善室内热环境、降低夏季空调降温能耗的目的，建筑隔热可采取以下措施。

(1) 建筑物屋面和外墙外表面做成白色或浅白色饰面，以降低表面对太阳辐射热的吸收系数。

(2) 采用架空通风层屋面，以减弱太阳辐射对屋面的影响。

(3) 屋面采用挤压型聚苯板倒置屋面，能长期保持良好的绝热性能，且能保护防水层免于受损。

(4) 外墙采用重质材料与轻型高效保温材料的复合墙体，提高热绝缘系数，以便节约空调降温能耗。

(5) 提高窗户的遮阳性能。如采用活动式遮阳篷、可调式浅色百叶窗帘、可反射阳光的镀膜玻璃等。遮阳性能可由遮阳系数来衡量。遮阳系数是指实际透过窗玻璃的太阳辐射得热与透过 3mm 透明玻璃的太阳辐射得热之比。遮阳系数小，说明遮阳性能好。

10.4　空气间层的传热

在房屋里的某些部位上常设置空气间层。空气间层内，导热、对流、辐射三种传热方式并存，但主要是空气间层内部的对流换热及间层两侧界面间的辐射换热，如图 10-5 所示。

影响空气间层传热的因素如下：

(1) 空气间层的厚度。

(2) 热流的方向。

(3) 空气间层的密闭程度。

(4) 两侧的表面温度。

(5) 两侧的表面状态。

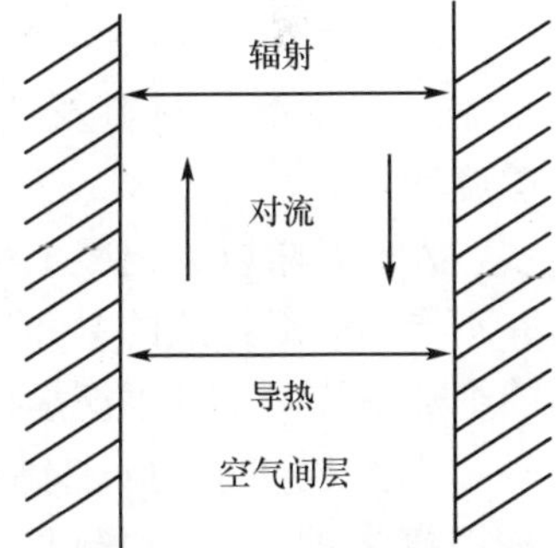

图 10-5　空气间层的传热

空气间层的厚度加大，则空气的对流增强，当厚度达到某种程度之后，对流增强与热绝缘系数增大的效果互相抵消。因此，对一般空气层厚度达到 40mm 以上时，即使再增加厚度，其封闭空气层间热阻值几乎不变。热流方向，对对流影响很大。热流朝上时，它将产生所谓的环形细胞状态的空气对流，其传热也最大。在同一条件下，水平空气间层，热流朝下时，传热最小，垂直的空气层则介于两者之间，如表 10-1 所示。

表 10-1　封闭空气间层热阻值

位置、热流状态及材料特性		间层厚度/mm						
		5	10	20	30	40	50	60
一般空气间层	热流向下(水平、倾斜)	0.1	0.14	0.17	0.18	0.19	0.20	0.20
	热流向上(水平、倾斜)	0.1	0.14	0.15	0.16	0.17	0.17	0.17
	垂直空气间层	0.1	0.14	0.16	0.17	0.18	0.18	0.18
单面铝箔空气间层	热流向下(水平、倾斜)	0.16	0.28	0.43	0.51	0.57	0.60	0.64
	热流向上(水平、倾斜)	0.16	0.26	0.35	0.40	0.42	0.42	0.43
	垂直空气间层	0.16	0.26	0.39	0.44	0.47	0.49	0.50
双面铝箔空气间层	热流向下(水平、倾斜)	0.18	0.34	0.56	0.71	0.84	0.94	1.01
	热流向上(水平、倾斜)	0.17	0.29	0.45	0.52	0.55	0.56	0.57
	垂直空气间层	0.18	0.31	0.49	0.59	0.65	0.69	0.71

注：本表为冬季工况值。

在施工现场制作的空气间层，密度程度各不相同。有些空气间层存在缝隙，室内外空气直接侵入，传热量必然增大。

两侧表面温度对间层传热影响很大，当两表面温差较大时，会增强对流且使辐射换热增大。表面粗糙度对对流换热稍有影响，但在实际应用中可忽略不计。然而，材质的表面状态对辐射的影响颇大。当使用辐射率小而又光滑的铝箔等材料时，有效辐射常数将变小，辐射换热也就减小。

辐射换热在空气间层的传热中所占比例较大，采用在内部使用铝箔等反射辐射效果好的材料或者在空气间层的低温侧设绝热材料，均可使空气间层的辐射换热量大幅度减少，寒冷地区在空气间层，用软质泡沫塑料或纤维类绝热材料作为填塞物，以确保空气间层的绝热效果。温暖地区，空气间层内是适当通气，可将室内水蒸气排向室外，从而可以防止因内部堵塞所造成的基础或柱子的腐蚀。

对空气间层传热影响最大的首先是空气间层的密闭程度；其次便是热流方向、两侧温差、有无绝热材料及其布置位置以及形成空气间层材料的性质。辐射率和空气间层的厚度等。

人们常常以为混凝土梁或柱本身的厚度已完全满足绝热的要求，或者以施工麻烦为理由并不专门制造绝热的梁和柱，这样一来，热桥部分的热损失就会相当大。为此应该考虑相应的绝热措施，否则不仅热损失大，而且往往形成内部结露，如图 10-6 所示。

当空气间层内设钢制肋时，由于钢与空气间层，钢与内外装修材料(外装修材料也是用钢板的)之间的热导热率差别较大，则钢制肋将成为热桥，而热流势必在热桥处比较集中，使钢制肋局部产生了较大的温差。该温差不仅在钢制肋的宽度上，而且在相距钢制肋约 5cm 的两端均受到影响，由此通过测量可确定热桥的热损失，图 10-7 所示为槽钢热桥。

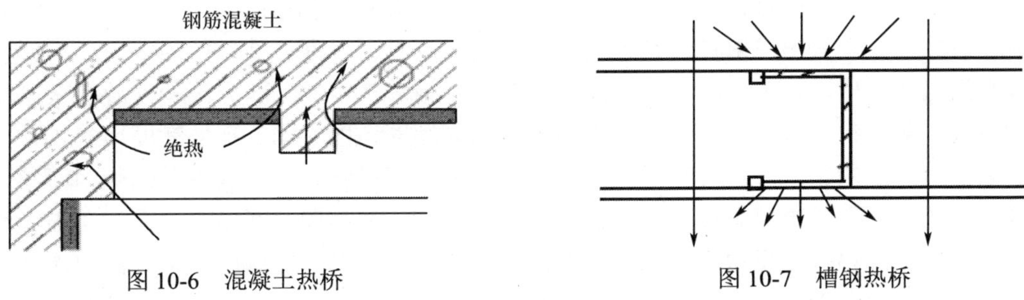

图 10-6　混凝土热桥　　　　图 10-7　槽钢热桥

在混凝土墙体里埋入锚固螺栓也将成为圆形热桥，其温度分布是以圆形热桥为中心，向外呈同心圆状逐渐升高。对于混凝土结构的房屋，因热桥的存在会产生局部结露，设计时应给予充分注意。

10.5　建筑气密性

1. 建筑气密性及换气次数

建筑气密性是指建筑物围护结构阻止空气流通的严密程度。

由于受到外界空气流动及建筑物内外温差作用，以及开启的门窗及各种孔洞、缝隙的存在，则产生内外空气流通，引起换气热转移和建筑的通风换气。

建筑气密性指标主要用室内换气次数确定，换气次数为 1h 内通过孔隙进入室内空气量与室内体积之比值，单位为次/h，可按下式计算

$$n = V_a / V \tag{10-3}$$

或按体积比热容计算

$$q = 0.3nVC_V(t_i - t_g) \tag{10-4}$$

或

$$q = 0.3V_aC_V(t_i - t_g) \tag{10-5}$$

式中，n 为换气次数(次/h)；V_a 为换气量(m^3/h)；C_V 为空气的体积比热容[kJ/(m^3 · ℃)]；V 为室内空气体积(m^3)；q 为耗热量(W)；$t_i - t_g$ 为室内外温差(℃)。

换气次数除根据式(10-3)计算外，还可用示踪气体衰减法或鼓风门增压法测定。

2. 换气次数的选定

换气次数的确定应兼顾卫生和节能两方面。从节能角度，以尽量提高建筑的气密性减少换气次数；从卫生角度看，则必须有足够的通风换气量，以稀释人体新陈代谢产生的二氧化碳气及其他气味，保证有足够的新鲜空气。一般情况下，每个人所需新鲜空气量约为 $20m^3$/h。现代气密性程度高的住宅，换气次数尤为重要。

10.6　太阳能的利用

1. 太阳能

太阳能是地球上最主要的天然能量的源泉，太阳能辐射是地球大气层的基本热源，是气

候形成的决定性因素，也是建筑外部环境的主要条件。太阳辐射穿过大气层，把太阳辐射输送到地球表面上来。太阳辐射在遇到大气层的各种成分时，一部分被反射回宇宙；一部分是以平行光线直接投射，称为直接投射；还有一部分是被空气中的气体分子和浮游的灰尘反射造成的各向散射，称为散射辐射。太阳辐射强度在高纬度地区较弱，在低纬度地区较强，其最高值为当地时间的正午，其最低值为早晚时间。太阳辐射强度随不同季节和朝向而异。北京地区，各垂直面上的辐射强度，一月份以南向为最大，东南向、西南向次之，东向、西向更次之，北向为最小；7 月份则以东向、西向为最大，东南向、西南向略小，南向次之，北向仍为最小。

我国太阳能资源丰富。寒冷地带，一年的辐射总量在 500kJ/cm^2 以上，其热量相当于 170kg 标准煤/m^2 以上。采暖期间，晴天多，辐射角度低，日照率在 60%以上。

2. 建筑中太阳能的利用

经过良好设计，达到优化利用太阳能的建筑称为“太阳能建筑”。在建筑中太阳能的利用，可分为主动式、被动式和混合式。混合式是主动式和被动式相结合的形式。

(1) 主动式采暖系统太阳能建筑。以主动采暖系统供暖的建筑物称为主动式太阳能建筑。主动采暖系统主要由集热器、管道、储热物质以及散热器等组成。主动系统要有专用的设备，一次性投资较大。一般用供热水系统兼做采暖系统，单纯用采暖系统者少见。主动式太阳能采暖系统多用于供应热水，但是必须注意供热的集水器水温不宜加热过高，否则其效率将会降低。

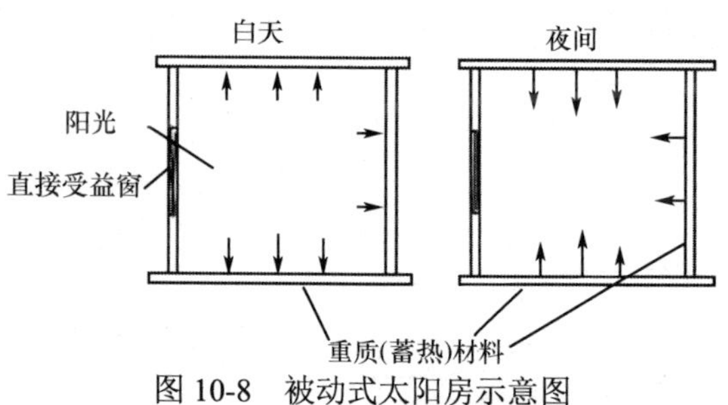

图 10-8　被动式太阳房示意图

(2) 被动式采暖系统太阳能建筑。被动式太阳采暖系统的特点是将建筑物的全部或一部分作为集热器，同时又作为储热器和散热器，因而既不要连接管道，又不需要水泵或风机。被动式采暖系统一般由双层或玻璃窗，集热储热墙，活动隔离保温装置等组成，如图 10-8 所示。

被动式采暖系统中，集热装置主要为南向双层玻璃窗，由它直接收集射入室内的太阳能。集热储热器是一种附有玻璃或透明塑料薄片形成空间层的墙体，白天太阳光加热空气间层，并通过墙顶和墙底部通风口形成对流向室内供暖。夜间，主要靠储热墙体释放热量向室内供暖。被动式太阳能采暖系统不必另设专用设备，应积极提倡采用。美国在 20 世纪 70 年代初，各地设有专职银行资助居民自建并研究太阳能房。1976～1986 年间就建成 20 万幢各种被动式太阳房；欧洲各国也在住宅和各类民用房屋中提倡太阳能的利用。目前，北美、西欧和日本已建成 300 万幢太阳能商业住宅。

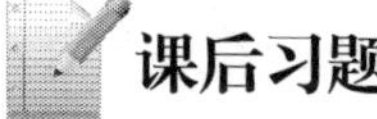

课外自学

自学国家标准《公共建筑节能设计标准》(GB 50189—2015)。

课后习题

一、选择题

1. 下列有关不同建筑热工设计分区的设计要求中错误的是(　　)。

A. 严寒地区必须充分满足冬季保温要求，一般可不考虑夏季防热

B. 寒冷地区一般可不考虑夏季防热，应满足冬季保温要求

C. 夏热冬冷地区必须满足夏季防热要求，适当兼顾冬季保温

D. 夏热冬暖地区一般不考虑冬季保温，必须充分满足夏季防热要求

2. 下列关于保温材料的导热系数的叙述，正确的是(　　)。

A. 保温材料的导热系数随材料厚度的增加而减小

B. 保温材料的导热系数不随材料使用地域的改变而改变

C. 保温材料的导热系数随湿度的增加而增加

D. 保温材料的导热系数随密度的减小而减小

3. 把木材、实心黏土砖和混凝土三种常用的建材按导热系数从小到大排列，正确的顺序应该是(　　)。

A. 木材、实心黏土砖、混凝土　　B. 实心黏土砖、木材、混凝土

C. 木材、混凝土、实心黏土砖　　D. 混凝土、实心黏土砖、木材

4. 为增加封闭空气间层的热阻，以下措施(　　)是可取的。

A. 在封闭空气间层壁面贴铝箔

B. 将封闭空气间层置于围护结构的高温层

C. 大幅度增加空气间层的厚度

D. 在封闭空气间层涂贴反射系数小、辐射系数大的材料

5. 关于建筑保温综合处理的原则，下列(　　)不正确。

A. 适当增加向阳面窗户面积

B. 建筑物平、立面凹凸不宜过多

C. 大面积外表面不应朝向冬季主导风向

D. 间歇使用的采暖建筑，房间应有较大的热稳定性

6. 在进行外围护结构的隔热设计时，室外热作用应该选择(　　)。

A. 室外空气温度　　B. 室外综合温度

C. 太阳辐射的当量温度　　D. 最热月室外空气的最高温度

7. 在进行外围护结构的隔热设计时，隔热处理的侧重点依次是(　　)。

A. 西墙、东墙、屋顶　　B. 南墙、西墙、屋顶

C. 屋顶、西墙、东墙　　D. 西墙、屋顶、南墙

8. 室外综合温度最大的外围护结构是(　　)。

A. 平屋顶　　B. 南墙　　C. 西墙　　D. 东墙

9. 关于夏季防热设计要考虑的“室外综合温度”，以下说法正确的是(　　)。

A. 一栋建筑只有一个室外综合温度

B. 屋顶和四面外墙分别有各自的室外综合温度

C. 屋顶一个，四面外墙一个，共有两个室外综合温度

D. 屋顶一个，东面墙一个，南北墙一个，共有三个室外综合温度

10. 为了加强建筑物的夏季防热，以下措施中不正确的是(　　)。

A. 加强夜间的自然通风　　B. 窗户遮阳

C. 减小屋顶的热阻，使室内的热容易散发　　D. 墙面垂直绿化

11. 下列措施中(　　)虽有利于隔热，但不利于保温。

A. 采用通风屋顶　　B. 采用带有封闭空气间层的隔热屋顶

C. 采用蓄水屋顶隔热　　D. 采用屋顶植被隔热

12. 以下措施中(　　)对建筑物的夏季防热是不利的。

A. 外墙面浅色粉刷　　B. 屋顶大面积绿化

C. 窗户上设遮阳装置　　D. 增大窗墙面积比

13. 为了防止炎热地区的住宅夏季室内过热，以下措施不正确的是(　　)。

A. 增加墙面对太阳辐射的反射　　B. 减小屋顶的热阻，以利于散热

C. 窗口外设遮阳装置　　D. 屋顶绿化

14. 关于建筑防热设计中的太阳辐射“等效温度”，下列(　　)结论是正确的。

A. 与墙的朝向无关　　B. 与墙的朝向和墙面的太阳辐射吸收率有关

C. 与太阳辐射吸收率无关　　D. 只和太阳辐射强度有关

15. 在《夏热冬冷地区居住建筑节能设计标准》(JGJ 134—2010)中，有条文规定了建筑物体形系数的上限，其主要原因是(　　)。

A. 体形系数越大，外围护结构的传热损失就越大

B. 体形系数越大，越不利于自然通风

C. 体形系数越大，外立面凹凸就越多，相互遮挡视线

D. 体形系数越大，平面布局就越困难

二、简答题

1. 通过数据说明建筑节能和中国社会持续发展的关系？

2. 你认为我国目前建筑节能存在的主要问题有哪些？

3. 你所了解的建筑节能的基本途径有哪些？请举例说明。

4. 太阳能在建筑节能中的基本应用有哪些？请举例说明。

研究型专题

运用能耗分析软件，研究被动式太阳能集热器与主动通风相结合的采暖系统的性能。

院士简介

扫描二维码，领略专家风采，指引前行之路。

参 考 文 献

任乃鑫. 2015. 一、二级注册建筑师资格考试建筑物理与建筑设备模拟知识题[M]. 大连：大连理工大学出版社.

王荣光，沈天行. 2004. 可再生能源利用与建筑节能[M]. 北京：机械工业出版社.

徐占发. 2005. 建筑节能实用手册[M]. 北京：机械工业出版社.

中国建筑业协会建筑节能专业委员会. 1996. 建筑节能技术[M]. 北京：中国计划出版社.

第 11 章　绿色建筑与建筑环境性能综合评价

本章要点

1. 绿色建筑的相关概念。
2. 绿色建筑的节能技术原理。
3. 绿色建筑的评定方法。

案例导引

案例一：杭州绿色建筑科技馆

绿色建筑科技馆位于杭州能源与环境产业园，总投资 6000 万元，占地 1348m^2，总建筑面积 4679m^2。科技馆设计建设依靠英国德·蒙特福特大学、清华大学建筑节能研究中心等单位的专家团队，集成了国内外最先进、适用的建筑节能技术系统。其中包括：被动式通风系统，尽可能多地利用屋顶天然采光和不需要耗能的日光照明系统，设计中使建筑向南倾斜形成建筑自遮阳系统，使用智能化自动调节的外遮阳通风百叶系统，环保合理的外围护系统，温度、湿度独立控制的空调系统，雨水收集、中水回用系统；能源再生电梯系统等，都是可以大量普及推广的建筑节能技术。杭州绿色科技馆采用的绿色技术示意如图 11-1 所示。

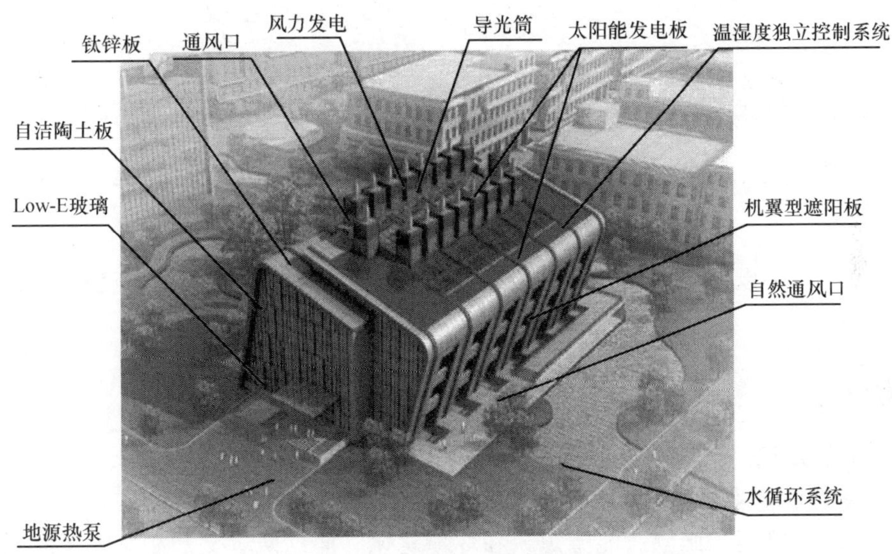

图 11-1　杭州绿色科技馆采用的绿色技术示意图

同时，科技馆还采用了太阳能、风能、氢能发电系统。先进的楼宇自控系统，可达到智能控制，根据室内的温度和环境质量，自动调节各种设备运行，分项计量各种设备能耗，中国节能投资公司将根据这些实时测量情况对楼宇自控系统本身进行优化改进与研发。

此外，科技馆的建设还采用大量的节能环保材料，如建筑物南北立面、屋面采用的钛锌板，东西立面采用的陶土板，均属于可回收循环使用、自洁功能的绿色、环保型建材。建筑物门窗采用的断桥隔热金属型材多腔密封窗框和高透光双银 Low–E 中空玻璃，使夏季窗户的得热量大大减少，空调负荷从基准建筑的 41.71W/m^2 下降到了 23.53W/m^2。

科技馆采用集成的低能耗、生态化、人性化的建筑形式及先进的节能环保建筑技术产品，示范并推广系列的节能、生态、智能技术在公共建筑中的应用，被住房与城乡建设部列入建筑节能和可再生能源利用示范项目。

案例二：广东科学中心

广东科学中心位于广州市大学城(番禺区小谷围岛西端)，占地面积 450000m^2，建筑面积 137500m^2。如图 11-2 所示，展馆整体建筑形象为“科技航母”，造型独特，气势恢宏。从正面看，像一只灵动的科学“发现之眼”；侧面看，像一支整装待发的“舰队”；俯瞰整个建筑，酷似一朵盛开的木棉花。它秉承“绿色建筑”的理念，注重节能技术的应用，在通风系统设计、建筑围护、空调系统、可再生能源利用等方面采取了多项节能措施，项目设计方案被建设部评为“绿色建筑十佳设计方案”；建设项目荣获“广州市建筑节能示范工程”和建设部“2007 中国建筑节能年度代表工程”称号。

图 11-2　广东科学中心

资料来源：http://www. gbmap. org/info. php?id=143

预备知识

查阅文献，了解我国和你所在的省市关于绿色建筑最新的标准、规范，了解绿色建筑的发展现状。

兴趣实践

若条件允许，可以参观本地区三星级绿色建筑，学习其中的节能措施和节能设备的管理维护。

探索思考

1. 根据所学知识，如何推进绿色生态校园的建筑建设？
2. 从本专业角度考虑，推行绿色建筑的难点有哪些？

目前，人类面临两大问题：能源短缺和环境恶化。而这两者又是相互紧密联系，由此带来的气候变化已成为 21 世纪全球经济发展所面临的巨大挑战之一。

众所周知，二氧化碳是导致气候变化的主要原因。在英国、美国等国家，建筑业的能源消耗所产生的二氧化碳已占到全部能源消耗排量的 40%。在中国，目前建筑业的能源消耗也占到了全部能源消耗的 30%。

建筑作为人类文明最重要的产物，耗费了地球约 50%的资源，其已成为最不可持续发展的产业。而在今后 50 年的建筑设计和建造中，还将有大量的建筑将维系着过去 5000 年的模式。因此，探索建筑的可持续发展模式已成为了建筑业发展的迫切所需。

11.1　绿色建筑的基本概念

绿色建筑的出现标志着传统的建筑设计摆脱了仅仅对建筑的美学、空间利用、形式结构、色彩结构、色彩等方面的考虑，逐渐地走向从生态的角度来看待建筑，这意味着建筑不仅被作为非生命元素来看待，而更被视为生态循环系统的有机组成部分。

《绿色建筑评价标准》(GB/T 50378—2014) 对绿色建筑定义如下：在建筑的全寿命周期内，最大限度地节约资源(节能、节地、节水、节材)、保护环境和减少污染，为人们提供健康、适用和高效的使用空间与自然和谐共生的建筑。

绿色建筑的“绿色”，并不是指一般意义的立体绿化、屋顶绿色建筑花园，而是代表一种概念或象征，指建筑对环境无害，能充分利用环境自然资源，并且在不破坏环境基本生态平衡条件下建造的一种建筑，又可称为可持续发展建筑、生态建筑、回归大自然建筑、节能环保建筑等。

从概念上来讲，绿色建筑主要包含了三点：一是节能，这个节能是广义上的，包含了上面所提到的“四节”，主要是强调减少各种资源的浪费；二是保护环境，强调的是减少环境污染，减少二氧化碳排放；三是满足人们使用上的要求，为人们提供“健康”“适用”“高效”的使用空间。

绿色建筑设计理念包括以下几个方面。

(1) 节约能源。充分利用太阳能，采用节能的建筑围护结构以及采暖和空调，减少采暖和空调的使用。根据自然通风的原理设置风冷系统，使建筑能够有效地利用夏季的主导风向。建筑采用适应当地气候条件的平面形式及总体布局。

(2) 节约资源。在建筑设计、建造和建筑材料的选择中，均考虑资源的合理使用和处置。要减少资源的使用，力求使资源可再生利用。节约水资源，包括绿化的节约用水。

(3) 回归自然。绿色建筑外部要强调与周边环境相融合，和谐一致、动静互补，做到保护自然生态环境。舒适和健康的生活环境包括：建筑内部不使用对人体有害的建筑材料和装修材料，室内空气清新，温、湿度适当，使居住者感觉良好，身心健康。

11.2　绿色建筑技术原理

在当今世界对低碳排放的追求愈演愈烈、人们对健康节能的要求越来越高的背景下，节能减排与绿色生态成为了建筑设计的发展方向。建造绿色建筑是我们对周围环境的改变和适应的开发行为。建筑行为要素是自然资源的消耗、改变和转化，绿色建筑行为在各方面都对环境产生重要的影响，也将对经济社会可持续发展产生重大影响。

11.2.1　绿色建筑节能技术原理

1) 合理的建筑布局能够大幅降低建筑使用过程中的能耗

在一栋建筑的规模、功能、区域确定以后，建筑外形和朝向对建筑能耗将有重大影响。

一般认为，建筑体形系数与单位建筑面积对应的外表面积的大小成正比关系，合理的建筑布局可以降低采暖空调系统的电力使用载荷。从热力学与空气动力学的角度出发，较小的体形系数与较小的外部负荷呈现正比关系。而用途为住宅的建筑物外部负荷不稳定，其对能量消耗占主要因素。而对运动场馆、影院等大型公共用途的建筑物而言，其内部的发热量要远远高于外部的发热量，所以在设计中较大的体形系数更加有利于散热。也就是说普通住宅与大型的公共建筑由于用途不一样，其发热量影响因素也不一样。从节能的角度出发，其体形系数的设计要求是相反的。

2）建筑物进行外墙保温能够大幅降低建筑使用过程中的能耗

对建筑物进行外墙保温是一项能够大幅提高热工性能的绿色节能工程。其外墙保温材料的铺设厚度与其保温效果呈现正比例关系。外墙保温工艺的广泛应用不但可以在寒冷的冬季有效地避免室内温度的快速流失，而且在炎热的夏季还可以有效地避免由于太阳光辐射而导致的外墙温度升高进而带动室内温度的上升，从而减小了空调等制冷设备的工作载荷。这样一来，通过铺设建筑物外墙保温层不但使夏季的隔热性能得到提升，还使得冬季的保温性能得以加强。这样就减轻了冬季供暖压力和夏季的降温电力载荷，从而使得建筑物的能耗得到降低。所以，从考虑降低能耗的角度来看，我们应该大力推广建筑物外墙保温工艺与技术的广泛实施。

3）对室内环境进行系统控制以达到综合性系统节能的目的

绿色建筑的一大特点就是综合利用空气处理，尽可能地多采用自然光，优化完善自然通风设计等诸多综合系统，整体性多方位地进行优化与系统整合。将多方面的使用功能有机地进行整合与优化完善，科学系统地从整体上降低建筑物的能耗。在整体性综合控制中暖通系统占有极其重要的作用，因为一般的建筑中暖通系统能耗占其总能耗百分比高达50%以上。对建筑物的暖通系统进行科学、合理的优化和有机地整合具有极其重要的意义。而要降低暖通系统的能耗，首先就是要从优化暖通系统的设计入手，其节能成败的关键因素是对暖通系统的自动控制。而从当前的暖通空调系统优化设计方案实施效果来看，节能效率最高的基本上都是采用集散控制技术的绿色建筑系统，一般地，整个暖通空调系统的节能效率最高可达30%左右。

4）充分利用洁净丰富的太阳能天然能源

太阳能为目前已开发的绿色能源中最重要的能源，是取之不尽、用之不竭、广泛存在的天然能源，其具有极为洁净和廉价等诸多显著优点。目前，在住宅建筑中太阳能的利用主要有太阳能空调、太阳能热水器和太阳能电池。对于我国而言，太阳能资源是相对十分丰富的。这为我国开发利用洁净的太阳能资源提供了良好的条件。现在制约着太阳能利用的最大因素在于其能量转换率过低，但是从发展的角度来看，随着科学技术的进步，太阳能利用的范围将会更广，能量转换效率将会更高。

5）引入中水系统，对水资源进行合理的开发使用

我国的年平均年水资源总量为$28124\times10^8m^3$，年平均人均水资源占有量仅有$2200m^3$，年平均人均水资源占有量仅为世界年平均人均水资源占有量的四分之一。中国属于被联合国列为水资源紧缺的国家之一。在正常生活中使用量占95%的洗涤及排污用水使用的都是饮用水，这就造成了极大的浪费。而饮用水的处理要求极高，但是使用量只占5%。引入中水系统后95%的非饮用水（浇灌、洗涤、冲刷）将不再使用饮用水，并且经过简单处理后即可循环使用，这样极大地节约了对饮用水的浪费性使用，减少了水处理成本，从而实现

节能降耗的目标。

6) 应用昼光照明技术降低照明能耗

在建筑的能耗排行中，建筑照明是排名前列的选项。在一些商业性质的建筑物中，建筑照明所消耗的电量有时候可以占到总耗电量的 30%以上。而且由于照明发光制热的因素，在一些需要降低环境温度的区域空间里，因为照明制热的原因导致制冷系统载荷的被动性加大。昼光照明就是将日光引入建筑内部，并将其按照一定的方式分配，以提供比人工光源更理想和质量更好的照明。昼光照明减少了电力光源的需要量，减少了电力消耗与环境污染。研究证明，昼光照明能够形成比人工照明系统更为健康和更兴奋的环境，可以使工作效率提高 15%。昼光照明还能够改变光的强度、颜色和视觉，有助于提高工作效率和学习效率，广泛应用于绿色建筑中。

11.2.2　技术路线及材料改进

(1) 设计方法。建筑节能设计是全面的建筑节能中一个很重要的环节，有利于从源头上杜绝能源浪费。建筑整体及外部环境设计是在分析建筑周围气候环境条件的基础上，通过选址、规划、外部环境和体型朝向等设计，使建筑获得一个良好的外部微气候环境，达到节能的目的。

(2) 合理选址。建筑选址主要是根据当地的气候、土质、水质、地形及周围环境条件等因素的综合状况来确定。建筑设计中，既要使建筑在其整个生命周期中保持适宜的微气候环境，为建筑节能创造条件，同时又要不破坏整体生态环境的平衡。

(3) 合理的外部环境设计。在建筑位置确定之后，应研究其微气候特征。根据建筑功能的需求，通过合理的外部环境设计来改善既有的微气候环境，创造建筑节能的有利环境，主要方法为：①在建筑周围布置树木、植被，既能有效地遮挡风沙、净化空气，还能遮阳、降噪；②创造人工自然环境，如在建筑附近设置水面，利用水来平衡环境温度、降风沙及收集雨水等。

(4) 合理的规划和体型设计。合理的建筑规划和体型设计能有效地适应恶劣的微气候环境，它包括对建筑整体体量、建筑体型及建筑形体组合、建筑日照及朝向等方面的确定。像蒙古包的圆形平面，圆锥形屋顶能有效地适应草原的恶劣气候，起到减少建筑的散热面积、抵抗风沙的效果。对于沿海湿热地区，引入自然通风对节能非常重要，在规划布局上，可以通过建筑的向阳面和背阴面形成不同的气压，即使在无风时也能形成通风，在建筑体型设计上形成风洞，使自然风在其中回旋，得到良好的通风效果，从而达到节能的目的。

(5) 屋顶的节能设计。屋顶是建筑物与室外大气接触的一个重要部分，主要节能措施：①采用坡屋顶；②加强屋面保温措施；③根据需要设置保温隔热屋面。

(6) 楼板层的节能设计。利用其结构中空空间，对楼板吊顶造型加以设计。如将循环水管布置在其中，夏季可以利用冷水循环降低室内温度，冬季利用热水循环取暖。

(7) 建筑外围护墙体的节能设计。墙体的节能设计除了适应气候条件做好保温、防潮、隔热等措施以外，还应体现在能够改善微气候环境条件的特殊构造上。如寒冷地区的夹心墙体设计、被动式太阳房中各种蓄热墙体(如水墙)设计、巴格达地区为了适应当地干热气候条件在墙体中的风口设计等。

(8) 建筑门窗的节能设计。据统计资料，在我国既有的高耗能建筑中，有 40%的耗能是通窗散失的。因此，解决好门窗节能的问题相当重要。

(9) 建筑物围护结构细部的节能设计。细部的节能设计对于建筑物的整体节能也非常重要，应从以下各部位着手：①热桥部位应采取可靠的保温与“断桥”措施；②外墙出挑构件及附墙部件，如阳台、雨罩、靠外墙阳台栏板、空调室外机搁板、附壁柱、凸窗、装饰线等均应采取隔断热桥和保温措施；③窗口外侧四周墙面，应进行保温处理；④门、窗框与墙体之间的缝隙，应采用高效保温材料填堵；⑤门、窗框四周与抹灰层之间的缝隙，宜采用保温材料和嵌缝密封膏密封，避免不同材料界面开裂，影响门、窗的热工性能；⑥采用全玻璃幕墙时，隔墙、楼板或梁与幕墙之间的间隙，应填充保温材料。

(10) 合理的建筑空间设计。合理的空间设计是在充分满足建筑使用功能要求的前提下，对建筑空间进行合理分隔(平面分隔和竖向分隔)，以改善室内保温、通风、采光等微气候条件，达到节能目的。

11.2.3 积极采用节能材料，重视节能建筑设备的开发

(1) 节能墙体的应用。我国传统围护结构墙多为无机材料组成，如砖石砌体、混凝土、水泥砂浆等。如今为了节能保温的需要，引入了大量有机保温材料，如模塑聚苯乙烯泡沫板、挤塑聚苯乙烯泡沫板、硬泡聚氨酯等，因为这些有机保温材料的保温性能要比传统墙体材料的保温性能强，所以有机保温材料在建筑围护结构节能中广泛应用，形成了一种无机材料与有机材料复合墙体。这样就对施工工艺提出了新的要求。典型的保温墙体，是有机与无机材料相间复合而成，而这种墙体除传统的承重、隔声要求外，还增加了保温隔热的要求。要求无机材料和有机材料组合成一个整体，在自然环境中能共同作用，因此对组成墙体的材料性能及施工工艺有了新的要求。

(2) 节能门窗的应用。门窗是建筑物内外进行能量交换的主要通道，因此门窗的节能对整体建筑节能具有很大意义，建筑门窗的节能除了从提高玻璃和框扇本身的热工性能和尽量使用中空玻璃并保证中空玻璃的密闭性外，还应该从玻璃和边框接缝以及门窗框扇搭接处的严密程度着手，因为各搭接处严密才能保证空气流通量的减少。门窗节能从设计、施工、材料等方面应做到门窗安装必须采用预留洞口的施工工艺，严禁采用边安装边砌口或先安装后砌口，根据门窗不同材质来决定采用焊接、膨胀螺栓等工艺进行门窗固定，无论采用何种工艺均应保证其安装牢固。设计时应尽量增加其开启缝隙的搭接量从而减少开启缝隙宽度，根据门窗材质选用各种密封条进行密封，保证外窗的气密性，对金属框门窗在保证足够空间的条件下采用塑料、橡胶等隔热材料进行断桥处理，断桥的长度及宽度均应保证，并应保证其在安装配件时不破坏断桥，外门窗四周与墙体连接处缝隙采用聚苯板或聚氨酯等材料嵌填而不得采用水泥砂浆嵌填，以保证其严密性等。

(3) 节能屋面的应用。通常屋面保温是将容重低、导热系数小，吸水率低，有一定强度的保温材料设置在防水层和屋面板之间，按此种铺法，可选择的保温材料很多，板块状有加气混凝土块、水泥或沥青珍珠岩板、水泥聚苯板、水泥蛭石板，聚苯乙烯板、各种轻骨料混凝土板等；散料加水泥等胶结料现场浇注的有珍珠岩、蛭石、陶粒、浮石，废聚苯粒、炉渣等；采用松散料直接或袋装设置在尖顶屋面下或吊顶上部的有膨胀珍珠岩、玻璃棉、岩棉、废聚苯粒等；现场发泡浇注的有硬质聚氯脂泡沫塑料和粉煤灰、水泥为主料的泡沫混凝土等。反铺法主要将防水层置于保温层以下，可有效保护防水层，方便施工检修，但由于造价较高，

住宅建筑尚未大量使用。

(4) 其他方面的节能应用。在夏季较热的地区采用建筑遮阳的方式，同样能达到建筑节能的目的，而且是一个自然降低能耗的、经济实用且效益又不错的好方法。在设计遮阳时应根据地区的气候特点和房间的使用要求以及窗口所在朝向把遮阳做成永久性或临时性的遮阳装置。永久性的即是在窗口设置各种形式的遮阳板，设施中，按其构件能否活动或拆卸，又可分为固定式或活动式两种。活动式的遮阳可视一年中季节的变化、一天中时间的变化和天空的阴暗情况，任意调节遮阳板的角度。在寒冷季节，为了避免遮挡阳光，争取日照，这种遮阳设施灵活性大，还可以拆除。遮阳措施也可以采用各种热反射玻璃，如镀膜玻璃、阳光控制膜、低发射率膜玻璃等，因此近年来在国内外建筑中普遍采用。

太阳能作为无污染、无止尽能源近年来在建筑物中得到越来越广泛的应用，总的来讲，其在建筑节能中的应用主要包括太阳热能应用和光电应用两方面。

11.3　建筑环境性能综合评价体系

20 世纪 70 年代世界能源危机的爆发，使人们意识到以牺牲生态环境为代价的高速文明发展难以为继，也认识到节能与环保对人类生存的地球的重要性，耗用自然资源最多的建筑产业必须改变发展模式，走可持续发展之路。因此，绿色建筑成为建筑业发展的必然趋势。绿色建筑是用绿色的观念和方式进行建筑的规划、设计、开发、使用和管理，执行统一的绿色建筑体系，并由独立的第三方进行认证和管理。几十年的发展过程中，人们逐渐认识到绿色建筑是一个高度复杂的系统工程。对“绿色建筑”概念的具体化，使绿色建筑脱离空中楼阁真正走入实践，一套清晰的绿色建筑评价系统将起到不可替代的作用。绿色建筑的评价是绿色建筑发展的关键。

绿色建筑评估体系是一项复杂的系统工程，它以可持续发展战略为指导，以保护自然资源，促进建筑与生态环境相协调为主题。在建立我国的绿色建筑评估体系时，应该注意结合中国的国情，基本的要求包含：一是将评估体系的量化指标与我国已颁发的规范、标准一致起来，并把现行规范、标准作为评估体系指标的基础；二是评估体系应该客观并且结果直观明了，通过评估体系的评估，公众和开发商可以简单明确的了解建筑物的环保性能和品质。我国人口数量巨大，发展任务迫切，年建筑量世界排名第一，资源消耗总量增长迅速，而许多资源的人均拥有量居世界平均水平以下。在中国发展绿色建筑，是建筑界一项意义重大而又十分迫切的现实任务。但如果没有相应的绿色标准和评估体系，我们呼唤的绿色建筑永远只能是飘忽不定的空中楼阁。

11.3.1　国内外绿色建筑评价体系的实践分析与特征

1) 国外实践分析与特征

目前国际上发展比较成熟、有影响力的绿色建筑评价体系有英国的 BREEAM、美国的 LEED、加拿大的 GBTool、日本的 CASBEE 等，它们的架构和运作，成为各国建立新型绿色建筑评估体系的重要参考。其他一些国家开发的具有鲜明特色的评价体系，也具有一定的借鉴价值。

(1) 英国的 BREEAM。

BREEAM (Building Research Establishment Environmental Assessment Method) 是英国建筑研究院 (Building Research Establishment，BRE) 和相关的私人部门研究者制定的绿色建筑指导，其目的是为了减少建筑对环境的影响。经过多年的理论研究和实践经验 BREEAM 已经成为世界上最成功的建筑环境评估体系之一。BREEAM 是一个相对比较开放、透明而简单的评价体系，采用的是“简单评价”，其特点是简单直接、容易理解，但是都表示了相关评估条款本身的重要性。后来评价体系中提出了“明确权重”，其特点是将评分系统和权重系统分开，使得系统更加严谨。BREEAM 据此给予“合格、良好、优良、优异”4 个级别的评定，最后则由 BRE 授予被评估建筑正式的“评定资格”。BREEAM 将建筑项目分为不同阶段，相应阶段评价的内容也不同。评价的内容包括建筑性能、设计建造和运行管理 3 个方面。从建筑性能、管理和运行等方面评价计算不同阶段的 BREEAM 等级和环境性能指数。评价条目包括室内和室外环境、CO_2 的排放、消耗和渗漏问题、场地的生态价值、空气和水污染等若干条项目。分别根据建筑的性能、设计、管理等这方面对建筑进行评价得到相应的分数。

(2) 美国的 LEED。

LEED (Leadership in Energy and Environmental Design) 是美国能源与环境设计先导绿色建筑评估体系 (Leadership in Energy Environmental Design Build in Rating System) 的简称，是目前在世界各国的各类建筑环保评估、绿色建筑评估以及建筑可持续性评估标准中被认为是最完善、最有影响力的评估标准。LEED 是自愿采用的评估体系标准，主要目的是规范一个完整、准确的绿色建筑概念，防止建筑的滥绿色化，推动建筑的绿色集成技术发展，为建造绿色建筑提供一套可实施的技术路线。LEED 是性能性标准，主要强调建筑在整体、综合性能方面达到“绿化”要求。该标准很少设置硬性指标，各指标间可通过相关调整形成相互补充，以方便使用者根据本地区的技术经济条件建造绿色建筑。LEED 评估体系及其技术框架由五大方面及若干指标构成，主要从可持续建筑场址、水资源利用、建筑节能与大气、资源与材料、室内空气质量等方面对建筑进行综合考察，评判其对环境的影响并根据各方面指标综合打分。通过评估的建筑，按分数高低分为白金、金、银、铜 4 个认证级别，以反映建筑的绿色水平。现在研究的不仅仅是 LEED 本身怎么再去完善，还包括怎么改变资本市场的评估方法，让 LEED 认证的建筑得到更高的估值。美国 LEED 的优点在于：采用第三方认证机制，增加了该体系的信誉度和权威性；评定标准专业化且评定范围已扩展形成完善的链条；体系设计简洁，便于理解、把握和实施评估；已成为世界各国建立绿色建筑及可持续性评估标准和评价体系的范本。

(3) 加拿大的 GBTool。

绿色建筑挑战 (Green Building Challenge，GBC) 是从 1996 年起由加拿大自然资源部 (Natural Resources Canada) 发起并有 14 个国家参加的一项国际合作行动。绿色建筑挑战 (GBC) 目的是发展一套统一的性能参数指标，建立全球化的绿色建筑性能评价标准和认证系统，使有用的建筑性能信息可以在国家之间交换，最终使不同地区和国家之间的绿色建筑实例具有可比性。其核心内容是通过“绿色建筑评价工具”(Green Building Tool，GBTool) 的开发和应用研究，为各国各地区绿色生态建筑的评价提供一个较为统一的国际化平台，从而推动国际绿色生态建筑整体的全面发展。各国于 1998 年正式确立了 GBTool，从资源效率、环境负荷、室内环境质量、服务质量、经济性、使用前管理和社区交通 7 个方面对绿色建筑进行评价。

GBTool 的优点在于：由于多国参与，相对于英美的体系，该评价体系设计得更为开放，变化更为显著；该评估体系充分尊重地方特色，评价基准灵活且适应性强，各国和各地区可以根据当地实际情况增减评估体系的某些条款，并设置评价性能标准和权重系数，充分反映了用户对不同区域、不同技术、不同建筑体系甚至不同文化的价值取向。

(4) 日本的 CASBEE 体系。

为了能够针对不同建筑类型和建筑生命周期不同阶段的特征进行准确的评价，CASBEE (Comprehensive Assessment System for Built Enviroment Efficiency) 体系由一系列的评价工具构成。CASBEE 的权重系数是由企业、政府、学术团体组成各专业委员会，通过对提高建筑物环境质量、降低外部环境负荷的重要性反复比较，并经案例试评后确认。CASBEE 和 LEED、BREEAM 等评价体系一样，主要通过专家调查法获得权重。目前，CASBEE 的评价工具设 4 级权重。CASBEE 需要评价"Q (Quality) 建筑的环境品质和性能"和"L (Loadings) 建筑的外部环境负荷"两大指标，分别表示"对假想封闭空间内部建筑使用者生活舒适性的改善"和"对假想封闭空间外部公共区域的负面环境影响"。"建筑物的环境品质和性能"(Q) 包括 Q1 室内环境、Q2 服务性能、Q3 室外环境等评价指标。"建筑的外部环境负荷"(L) 包括 L1 能源、L2 资源与材料、L3 建筑用地外环境等评价指标。每个指标又包含若干子指标。Q 和 L 的各子项共约 80 个，从环境、能源、水资源、材料与资源、室内环境质量等各个方面概括了影响建筑物环境效率的所有因素。

2) 国内实践分析与特征

我国绿色建筑评估体系发展较晚，迄今为止，已相继出台了《中国生态住宅技术评估手册》《中国绿色奥运建筑评估体系》《绿色建筑评价技术细则》《绿色建筑评价标识实施细则(试行修订)》《绿色建筑评价标识管理办法》等标准。我国在 2001 年 9 月出版了《中国生态住宅技术评估手册》。这一评估手册参考了 LEED 体系，吸收我国《国家康居示范工程建设技术要点》及《商品住宅性能评定方法和指标体系》的相关内容。其目标是指导生态住宅规划、设计与建设，保护自然资源，创造健康、舒适的居住环境，提高我国住宅建设水平，带动相关产业发展。内容包括住宅区环境规划设计、能源与环境、室内环境质量及住宅区水环境、材料与资源 5 个方面。按照这一评价体系，先后 3 批对 12 个住宅小区的设计方案进行了评估，并对其中个别小区进行了设计、施工、竣工验收全过程评估、指导与跟踪检验，对引导绿色住宅建筑健康发展起到了较大的作用。但是《中国生态住宅技术评估手册》在指导性方面还存在以下不足：缺乏权重，不利于引导生态住宅的全方位发展；缺乏措施与得分间的关系，不足以引导项目中生态技术措施的深化使用，并影响评估结果的精确性而不利于指导日后的项目；列举的案例少且详细度不足，难以对以后项目作出有效指导。

11.3.2　国内外绿色建筑评价体系理论研究现状

绿色建筑评价体系是根据绿色建筑的固有特征以及评价的目的，以统计资料为依据，借助综合评价方法，对不能直接加总、性质不同的各评价指标进行综合，得出概括性的结论而建立起来的系统。也就是说，绿色建筑评价是以定量的方式检测建筑实现绿色的程度。

绿色建筑评价体系的建立一般包括指标体系的确立、指标权重的确定以及指标属性值的合成三部分。目前，现有的绿色建筑评价体系都普遍具有如下几个特点。

1) 从全生命周期角度确定评价指标

绿色建筑全生命周期评价是指包括建筑从原材料采集、加工生产、运输、建造、运营维护、拆解填埋整个生命周期进行资源和环境等影响的分析和评价。绿色建筑全生命周期评价重点关注在保证一定使用舒适性的前提下，实现全程的节约与环保，最大限度地减少与外界的能量、物质交换和资金投入。

关于全生命周期评价，由于各国国情和基础数据库的不同而有所不同。英国 BREEAM 体系率先提出了采用全生命周期评价方法，对绿色建筑进行了经济方面的分析。BREEAM 对建筑全生命周期环境影响的评价是基于“生命点值”原理之上的，即采用一个典型的英国公民对环境的影响作为“基准”量度不同类别的环境影响，其数值等于英国全国的环境影响总量与英国公民总数的比值。美国的 LEED 基本上没有对绿色建筑的建设过程进行阶段划分，而加拿大 GBTool 和日本的 CASBEE 与英国 BREEAM 一样，对建设过程的不同阶段的评价内容、重点得分做出了相应的调整。我国的绿色奥运建筑评估体系最详细，将建筑生命周期分为“规划阶段”“设计阶段”“施工阶段”“验收和运行管理阶段”，分别开发相应的评估版本，每个阶段的评价项目、重点得分都有所不同。我国的《绿色建筑评价标准》将运营管理专作一项进行评定，但对规划设计施工没有分阶段进行评定，因此可以认为是分二阶段评估。

2) 用层次分析法确定评价体系的层次结构

层次分析法（Analytic Hierarchy Process，AHP）是指将决策问题的有关元素分解成目标、准则、方案等层次，在此基础上进行定性分析和定量分析的一种方法。将绿色建筑的评价指标建立这样一个层次结构模型，将评价的性能内容从整体到细节逐层展开，有利于认清绿色建筑各评价指标的层次关系，为之后用较少的定量信息求解多指标的综合评价问题提供一种简便的决策方法。系统的层次可多可少，一般为 2～4 级。以上介绍的几种国内外绿色建筑评价体系均采用了 AHP 的层次结构模型梳理评价指标，如加拿大 GBTool 的指标体系共分 4 个层次，由 6 大领域、120 多项指标构成，基本上涵盖了建筑环境评价的各个方面。

3) 采用德尔菲法确定指标权重

根据计算权重系数的原始数据来源不同，确定权重系数的方法大致可分为两大类：一类是主观赋权法，其源信息来自专家咨询，即利用专家群的知识和经验，如综合指数法、德尔菲法、层次分析法、环比法、模糊综合评判法等；另一类是客观赋权法，其源信息来自统计数据本身，如均方差法、主成分分析法、离差最大化法、熵值法、代表计数法、组合赋权法等。

现有的绿色建筑评价体系一般采用德尔菲法确定指标权重。德尔菲法最突出的优势在于能够很好地兼容定性评价指标和定量评价指标、有量纲和无量纲指标，同时加入了专家的经验，增强了体系的适应性。美国 LEED、英国 BREEAM、日本 CASBEE 及我国绿色奥运评估体系等评价体系都主要通过德尔菲法获得权重。

4) 指标合成方法由线性求和法向加乘混合法发展

国际上采用的绿色建筑评价体系的框架，即指标属性值的合成方法，大致经历 3 代发展过程：第 1 代以 LEED 为代表的评价框架；第 2 代是以 GBTool 为代表的评价框架；第 3 代是以 CASBEE 为代表的评价框架。采用第 1 代框架的评价体系中没有设置独立的权重系统，评价结果是由各个指标的得分直接求和获得的。这一类型的评价体系包括英国的 BREEAM

(早期版本)、美国的 LEED、我国的《绿色建筑评价标准》。这一代评价体系的特点在于结构简单，易于掌握，从市场推广角度来说有一定优势。但也有一定的不足之处：首先，由于最终等级是依据各指标得分之和划分的，信息量丢失较大，无法避免指标之间的互偿性。其次，体系的可扩展性较差，具体指标的增删对于分数分配以及最后的等级区间划分都会产生影响。

5) 评价结果都采用分级制以确定建筑实现绿色的程度

国内外主要绿色建筑评价体系的评价结果都采用分级制确定实现绿色的程度。评价等级划分法主要有两种：一是根据总得分直接划分等级制；二是将结果在 Q 和 L 二维图上表示，根据评价结果所在区域判定等级。

美国 LEED 和英国 BREEAM 把绿色建筑划分为 4 个等级，采用的是第 1 种评定方法；日本 CASBEE 和中国的绿色奥运评估体系采用 A～E 5 个等级，并用图表形象地显示出其绿色品质和环境付出的状况，采用的是第 2 种评定方法。分级制体现了不同建筑实现绿色的程度，引导建筑向节能环保、健康舒适、讲求效益的轨道发展。

11.3.3　现有绿色建筑评价体系的不足

1) 评价结果存在较强的主观性

(1) 现有绿色建筑评价体系权重系数的确定大都采用德尔菲法。德尔菲法是请一批有经验的专家对如何确定各目标权重发表意见，然后用统计平均方法估算出各目标的权重值。评价体系权重系数的准确度，主要取决于专家的阅历经验以及知识的广度和深度，这就要求参加评价的专家具有较高的学术水平和丰富的实践经验。因此，一般情况下，这种方法有时很难保证评价结果的客观性和准确性。另外，除了德尔菲法外，层次分析法和模糊综合评价法也逐渐应用到绿色建筑评价体系中来。但这两种方法的信息来源是来自专家咨询，以致在评价结果中仍然存在主观因素的影响。

(2) 在利用现有的绿色建筑评价体系对建筑进行评价的时候，主要采取的是主观打分的方法，即工作人员根据建筑负责方提供的建筑设计参数和详情，结合绿色建筑实际的运行状况等，参照评价指标对绿色建筑进行打分。在评价实施的过程中，必然会存在评价者的主观影响，使绿色建筑的评价结果缺乏可靠性。由此可见，目前绿色建筑评价体系的权重系数的确定及评价过程均含有人为的主观性，这就直接影响了评价结果的客观性和准确度。因此，寻找一种能应用于绿色建筑评价，且使整个评价体系受主观因素的影响最低的评价方法，是一项值得研究的内容。

2) 重视技术的应用，忽视实际运行效果

虽然大多数评价体系都不同程度地从全生命周期角度提出了有关的评价指标和内容，但各个评价体系基本都只是从建筑的设计施工技术措施和管理办法方面设立了评价指标，也就是说只考虑技术的应用，很少从实际建筑的运行效果上进行评价。这样导致在建筑领域过多地关注能体现建筑节能和环保的新技术，而忽视了这些技术在实际应用中的运行效果。如某些建筑的空调系统安装了水泵变频装置，但实际运行并没有启用，使得先进的技术并没有发挥其应有的职能。由此可见，以后要更加注重将技术措施和运行效果结合，才能使绿色建筑评价体系更加完善。

我国正处于工业化、城镇化加速发展时期，当务之急是必须加大发展绿色建筑技术的力度，发展一套适合我国国情的绿色建筑评价体系。2006 年 6 月，我国实施了《绿色建筑评价标准》，这是我国首个广泛适用于各类建筑的评价标准，它在绿色建筑评价体系领域虽然有较大突破，但与世界上较成熟的体系相比还有很大差距，需要进一步完善。此外，要想使绿色建筑评价体系真正发挥作用，政府的配套法律法规必须跟上，建立健全绿色建筑立项、设计、施工、运营各环节管理机制。此外，也应搭建国际交流平台，学习、借鉴国外成功经验。大力推行绿色建筑是实现我国可持续发展的城市化进程中的关键性一环。建立绿色建筑体系是一个高度复杂的系统工程，除了生态环境方面的内容，还涉及社会经济、历史文化以及意识形态(如景观、审美)的内容，且人工环境的营造对生态环境的作用可以从不同的层面划分为全球的、地区的、社区的以及室内的环境影响。利用建筑评估体系，能够确保绿色建筑设计的顺利实施，意义十分重大。

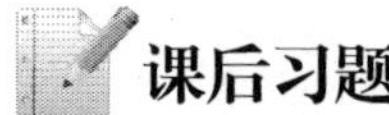

课外自学

自学我国《绿色建筑评价标准》(GB/T 50378—2014)。

课后习题

一、单选题

1. 在南方，下列不同朝向窗口的遮阳系数(　　)最小。

A. 错列式　　B. 周边式　　C. 行列式　　D. 斜列式

2. 下列不同朝向窗口的遮阳系数(　　)最小。

A. 南向　　B. 北向　　C. 东南向　　D. 东向

3. 下列有关我国南北方的天然光照度的说法正确的是(　　)。

A. 南北方均以扩散光为主　　B. 南北方均以直射光为主

C. 南方以扩散光为主，北方以直射光为主　　D. 南方以直射光为主，北方以扩散光为主

4. 根据国家现行的绿色建筑政策，下列表述中正确的为哪一项？(　　)

A. 我国绿色建筑的实施尚未提上国家建设领域的议事日程。

B. 我国绿色建筑的实施要求与美国的认证标准完全相同。

C. 绿色建筑的实施是由设计师全面、全过程负责完成的。

D. 按每一项评价条文的要求，将目前最先进的技术全部应用于某一处建筑之中，该建筑不会成为名副其实的绿色建筑。

5. 根据国家现行的绿色建筑评价标准，下列表述中错误的为哪一项？(　　)

A. 绿色建筑的评价等价分为一星级、二星级、三星级 3 个等级，其中一星级要求是最高，二星级次之，三星级最低。

B. 绿色建筑建设选址时，场地内不应存在超标的污染物(源)。

C. 一般不得采用电热锅炉和电热水器作为直接供暖和空气调节系统的热源。

D. 夏热冬冷地区的住宅，自然通风的开口面积不得小于房间地板面积的 8%。

6. 绿色建筑的评价体系表述中，下列哪一项不正确？(　　)

A. 我国的《绿色工业建筑评价标准》已经颁布实施。

B. 我国的绿色建筑评价标准中提出的控制项是必须满足的要求。

C. 我国民用建筑和工业建筑进行绿色建筑评价时，评价标准各有其相应标准规定。

D. 美国 LEED 评价体系适用范围是新建建筑。

7. 下列哪一项为不可再生能源？(　　)

A. 化石能　　B. 太阳能　　C. 海水潮汐能　　D. 风能

二、多选题

1. 下列关于绿色建筑的表述中，哪几项不符合国家标准中的正确定义？(　　)

A. 建筑物全寿命周期是指建筑从规划设计到施工，再到运行使用及最终拆除的全过程

B. 绿色建筑一定是能耗指标最先进的建筑

C. 绿色建筑运行评价重点是评价设计采用的“绿色措施”所产生的实际性能和运行效果

D. 符合节约资源(节能、节地、节水、节材)的建筑就是绿色建筑

2. 根据现行标准，对绿色公共建筑进行评价的说法，哪几项是错误的？(　　)

A. 仅对建筑单体进行评价

B. 对合理利用太阳能等可再生能源的评价方法：审核有关设计文档、产品形式检验报告

C. 对合理采用蓄冷蓄热技术的评价方法：审核有关设计文档、产品形式检验报告

D. 空调系统的冷热源机组的能效比属于控制项

3. 关于绿色建筑的表述，下列哪几项是不正确的？(　　)

A. 绿色建筑中采用暖通空调技术仅反映在节能与能源利用篇章的内容中

B. 根据德国提出的碳排放量技术方法，采用的材料碳排放量计算时间是按 50 年考虑的

C. 我国政府规定的二氧化碳减排计划的指标基数是国土面积，即每平方千米的二氧化碳排放量

D. 绿色建筑时间应充分体现，共享、平衡、集成的理念

4. 《绿色建筑评价标准》(GB/T 50378—2014)适用于下列哪几类建筑？(　　)

A. 厂房建筑　　B. 商场建筑　　C. 公共建筑中的办公建筑　　D. 住宅建筑

三、简答题

1. 什么是绿色建筑？绿色建筑就是节能建筑吗？

2. 简要说明绿色建筑设计的技术路线。

3. 目前国际上发展比较成熟、有影响力的绿色建筑评价体系有哪些？

4. 收集资料了解我国绿色建筑评估体系的发展过程。

5. 查阅文献，说明绿色建筑、节能建筑、生态建筑、低碳建筑概念的区别与联系。

研究型专题

专题一：绿色建筑工程实例考察。考察当地 2～3 个绿色建筑，从节约土地、节能降耗、节约用水、节省材料、太阳能利用等方面掌握绿色建筑的应用技术措施，写出一篇不少于 5000 字的调查报告。

专题二：建筑环境先进技术评价。以专题一为基础，分别用 LEED 和《绿色建筑评估标准》(GB/T 50378—2014)对某绿色建筑在可持续的场地设计、有效利用水资源、能源与环境、材料与资源、室内环境质量和革新设计六个方面进行评分，最后做出针对该绿色建筑的经济技术评价。

院士简介

扫描二维码，领略专家风采，指引前行之路。

参考文献

林宪德. 2011. 绿色建筑[M]. 北京：中国建筑工业出版社.

美国绿色建筑委员会. 1999. 绿色建筑技术手册[M]. 北京：中国建筑工业出版.

诺伯特·莱希纳. 2004. 建筑师技术设计指南——采暖·降温·照明[M]. 张利，等译. 北京：中国建筑工业出版社.

任乃鑫. 2015. 一、二级注册建筑师资格考试建筑物理与建筑设备模拟知识题[M]. 大连：大连理工大学出版社.

西安建筑科技大学绿色建筑研究中心. 2008. 绿色建筑[M]. 北京：中国计划出版社.